세라믹 제조공정

工學博士　裵 哲 薰
工學博士　李 弘 林　共著

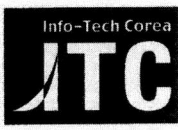

Info-Tech Corea
ITC

머리말

세라믹스란 그리스어인 keramikos가 어원으로, keramos (점토) 를 물로 반죽하여 원하는 형태로 만들고, 열을 가하여 그 형태를 견고하게 한 것을 지칭한다. 즉, 세라믹스란 "인위적인 열처리에 의해서 소정의 형태로 만들어진, 강도와 특성을 지닌 비금속 무기실 고체재료"로 정의할 수 있다. 고온, 부식성의 마찰이 있는 조건에서는 세라믹스에 필적할 재료가 없지만, 반면에 세라믹스는 만들기가 어렵다는 결점도 있다. 즉, 잠재적인 소질은 뛰어나지만 그것을 실현화시키기가 어렵다. 이 어려움을 극복하기 위해서 필수적인 것이 다름 아닌 우리 세라미스트들이 담당할 제조 기술인 것이다.

여기서 중요한 것은 세라믹스의 기술적 계보를 거슬러 올라가면 토기가 그 발단이 된다는 것이다. 그리고 기능적 계보의 발단은 석기라고 말할 수 있다. 따라서 세라믹스는 인류의 발상과 같은 정도, 적어도 문명 발상 정도의 오래된 재료이며, 그 제조방법도 토기, 도기, 자기의 흐름을 답습하고 있다.

절삭공구 및 절연재료로서의 알루미나가 공업적으로 중요한 의미를 지니고 등장한 것이 1960년 전후이며, 이 시기를 인공석기시대의 원년이라고 볼 수 있다. 뉴세라믹스는 인공석기시대 그리고 정보화 사회라는 새로운 시대를 탄생시키는 원동력이 되었으나, 초기에는 특성면에서 불충분하였다. 즉, 기계재료로서는 취약하였고 강도도 충분하지 못하였다. 절연재료로서는 절연성이 부족하였다. 이러한 부족함의 원인은 열처리시의 첨가물에 있었다. 형상을 만들기 위해서 첨가된 성분이 주성분 물질의 우수한 특성을 손상시킨 것이다. 즉, 세라믹 재료에 있어서는 '형상부여'와 '특성발휘'가 동시에 이루어지기가 어려웠던 것이다.

제2 석기시대의 시작이 1960년도 무렵이었지만, 그 후의 발전이 늦은 것은 인간의 재료를 대하는 사고방식이 플라스틱이나 금속의 상식에서 벗어나지 못하였기 때문이다. 근대에 와서 그 사고방식이 조금씩 바뀌어 세라믹스가 현저히 진보하게 된 것이다. 기술이 세라믹스를 요구하고, 세라믹스가 아니면 도움이 되지 않는 재료의 사용법이 생기기 시작한 것이다.

한편, 세라믹스의 연구 진전과 함께 지금까지의 재료에서는 볼 수 없었던 새로운 특성 및 기능을 나타내는 재료가 발견되기 시작했다. 콘덴서용 전자재료인 티탄산바륨, 세라믹 칼이나 가위 등에 사용되는 부분안정화 지르코니아, 그리고 세라믹 초전도체 등은 필요가 있어서 발견한 것이 아니고, 발견이 필요를 유발한 것으로 볼 수 있다. 이와 같이 세라믹 재료는 뛰어난 특성과 다양한 기능을 가지고 있다는 특징이 있다. 그러나 금속이나 플라스틱과 같이 쉽게 만들 수는 없다. 따라서 세라믹스는 만들기 쉬워서 사용되어지는 것이 아니고, 뛰어나기 때문에 사용되고 있는 것이다.

이 책에서는 다양한 세라믹 재료의 제조공정에 있어서 공통적으로 요구되는 원리와 법칙 그리고 그 응용기술에 대해서 안내함으로써, 세라믹 제조공정 전반에 관한 지식향상을 도모하며, 더 나아가 대학졸업 후에 곧바로 현장에서 응용할 수 있도록 설명하였다.

여러 부분에서 부족함이 보이지만, 세라믹 관련 학부생 및 대학원생들에게 조금이나마 도움이 되길 바라는 마음 간절하며, 또한 세라믹스의 연구개발을 수행하는 연구원 및 기술자들에게도 세라믹스의 설계 및 제조생산 면에서 참고가 되었으면 한다.

마지막으로 본의 아닌 표현의 잘못이나 오류가 없기를 바라면서, 이 책을 비롯해서 세라믹관련 서적의 보급에 적극적으로 노력하시는 ITC의 최규학 사장님과 편집부 직원들께 깊은 감사를 전하고 싶다.

2003년 12월
저자

차 례

제 5 장   혼 합

제 6 장   액상합성 및 건조

제7장 성 형

제 **1** 장

분 체

1.1 　입자 크기와 모양

일반적으로 분체라 함은 미립 결정이나 분진이 주가 되지만 슬러리, 암석, 소결재료, 다결정 금속이나 시멘트 수경물 등도 분체로 취급되므로 그 상태가 매우 다양하다. 또한 구성입자의 크기도 먼지와 같은 콜로이드상태($10^{-2}\mu m$ 정도)의 것으로부터 모래나 고체촉매와 같이 수 cm에 달하는 것이 있으므로 그 크기 한계를 명확하게 나타내기가 어렵다. 그리고 그 성질은 물리적 · 화학적인 것이 다같이 문제가 된다.

분체의 과학은 입자의 크기 범위로부터 추측할 수 있듯이, 원자 · 분자를 다루는 마이크로(micro) 과학과 물체의 구조에는 관여하지 않고 연속체로서 물체를 다루는 매크로(macro) 과학과의 중간에 존재한다. 따라서 분체의 과학은 서브마이크로(sub-micro) 또는 세미마이크로(semi-micro) 과학이라고도 부른다.

분체 문제는 현상의 성격으로 보아 역학현상, 물리현상 및 화학현상으로 나눌 수 있다. 이 중 분체 역학 현상은 종래 마이크로 메리틱스(micro meritics)라는 학문영역에서 주로 다루어진 것으로 분쇄, 수송, 분급, 혼합, 계량, 성형분사, 조립, 여과, 세척 등 세라믹공학의 대상이 되는 것이 많고 최근 많은 연구가 이루어지고 있다. 분체화학 현상은 분체계의 고상반응을 의미하는 것으로 토포케미스트리(topochemistry)라고 부르는 분야에서 다루어지고 있다. 분체물리 현상은 위 두 분야의 중간 영역으로 현재 거의 발달되지 않은 분야이나 유동층의 전열문제나 소결재료의 발전에 힘입어 마이크로 메리틱스와 토포케미스트리 연구의 진보와 더불어 서서히 개척되어지고 있다.

분체는 다음과 같은 몇 가지 특징을 가지고 있다.

① 다수의 불연속면을 가진다. 연속체가 절단되어 새로운 계면이 생성되면 표면적 성질이 변화된다. 불연속면이 많아지면 표면현상이 강해지고 입자 내부의 현상은 감추어진다. 산란은 그 좋은 보기이다.

② 계면이 특히 넓다. 이 결과 흡착, 흡습 등의 현상이 뚜렷해지며 분진폭발과 같은 현상이 일어난다.

③ 독특한 집합상태를 형성한다. 충전상태나 분산상태의 경우, 입자경의 분포, 입자의 형상, 물성 등에 의한 영향은 미묘하며, 단순히 공간 충전율이나 함유 백분율의 지정만으로는 기계적 성질이나 열 · 전기의 전도성 등이 일정해지지 않는다.

④ 입자가 미소하여 결정결함이 많다. 따라서 화학 반응성이 커지는 이른바 활성화가 일어나기 쉽다. 분체가 고상반응을 일으키기 쉬운 것은 표면적이 크기 때문만이 아니라 이 이유 또한 중요한 인자가 된다.

1.1.1 분체의 생성이론

고체는 그 특성이 일률적이 아니므로 유체보다 취급이 어렵다. 즉, 고체는 그 형태와 크기가 매우 다양하다. 입자의 크기가 어느 정도 이하인 것을 총칭하여 분체(particulate solid)라고 하는데, 분체의 입자 하나하나는 그 크기, 모양 및 밀도가 다르다. 균질 고체입자의 밀도는 벌크 고체의 밀도와 같다. 분체는 고체 덩어리를 쪼개어서 얻으며 이 쪼개는 과정을 분쇄(size reduction 또는 comminution)라고 한다. 분쇄에 의하여 얻은 입자가 구형, 입방정형 등과 같이 규칙성이 있는 것일 때는 모양과 크기를 정확하게 표시할 수 있으나, 보통 불규칙적이므로 이런 경우 크기나 모양은 임의의 기준을 세워 정의한다.

(1) 입자의 모양과 크기

임의로 택한 한 방향으로의 입자의 길이를 D_p라고 하면 구형입자에서는 지름이 된다. 입자가 정육면체인 경우, D_p를 한 변의 길이라고 하면 부피는 D_p^3이며 표면적은 $6D_p^2$이 된다. 이때 부피와 표면적의 비는 $D_p^3/6D_p^2 = D_p/6$가 된다. 일반적인 입자의 부피 v_p와 표면적 s_p는 다음과 같다.

$$v_p = aD_p^3 \tag{1-1}$$

$$s_p = 6bD_p^2 \tag{1-2}$$

여기서 a와 b는 입자의 모양에 따라 그 값이 달라지는 형상계수(shape factor)이다. 이때 a/b를 구형도(sphericity)라 하며 λ로 표시하면

$$\lambda \equiv a/b \tag{1-3}$$

따라서

$$V_p/s_p = (D_p/6)\, a/b \ = (D_p/6)\lambda \tag{1-4}$$

구형도 λ는 구형 또는 정육면체일 때 1이며, 대부분의 분쇄입자의 경우 0.6~0.7의 범위의 값이 된다(표 1-1).

입자의 크기 D_p는 입자의 가장 긴 부분이나 두 번째로 긴 부분을 잡아서 정의할 수도 있다. 바늘모양의 입자에서 D_p는 길이보다 두께로 정의하는 수가 많다. 일반적으로는 등가지름(equivalent diameter) D_{pe}로 나타내며 이는 실제의 입자를 같은 부피의 구로 가정했을 때 구의 지름을 말한다.

$$D_{pe} = \frac{6v_p}{s_p} = \frac{D_p}{\lambda} \tag{1-5}$$

여기서 D_p는 입자의 크기이다. 입자의 크기는 크기의 범위에 따라서 다르게 나타낸다. 거친 입자의

표 1-1 구형도(λ)

물 질	구형도(λ)	물 질	구형도(λ)
구형, 정육면체	1.0	원기둥($L=D_p$)	1.0
둥근 모래	0.83	미분탄	0.73
각진 모래	0.73	분쇄유리	0.65
운모 조각	0.28		

경우 in 또는 cm로, 고운 입자의 경우 체눈의 크기로, 아주 고운 입자는 μm 또는 nm로 표시하며 초미분은 질량당의 비표면적(m²/g)으로 나타낸다.

(2) 분체의 입도 분석

여러 가지 크기의 입자 혼합물의 입도 분석은 현미경에 의한 방법, 침강분리에 의한 방법, 표준체(standard sieve)를 사용하는 방법 등이 사용된다. 공업적으로는 체가름 방법이 이용된다.

(가) 표준체

표준체는 금속의 실로 짜여지고 체의 구멍은 정사각형으로 되어 있다. 표준체는 1in당 메시(mesh)의 수로서 구분된다. 그러나 실제 구멍의 크기는 금속이 차지하는 부분이 있으므로 하나의 메시에 해당하는 크기와는 다르다. 예컨대 타일러(Tyler) 표준체에서 200메시체는 1in당 눈금이 200개이고 1in² 중에는 40,000개의 구멍이 있다. 이 200메시체를 기준으로 일련의 체 계열이 만들어졌다. 200메시보다 한 단계 구멍이 큰 체는 그 구멍의 면적이 200메시의 그것보다 2배 더 크며, 또 한 단계 구멍이 큰 체는 또 이것의 2배로 되어 있다. 그러므로 연속계열의 체에서 눈금 크기의 비는 $\sqrt{2}$ = 1.41이며 이를 $\sqrt{2}$계열의 체라고 한다. $\sqrt{2}$계열에서는 200메시보다 구멍이 큰 체는 서로 이웃되는 체 사이의 구멍 크기의 차가 너무 크므로 이 구간은 사이를 좁혀 $_4\sqrt{2}$ = 1.189계열이 되게 하고 있다. 표 1-2에 Tyler의 표준체 스케일을 나타내었다.

(나) 체가름

입자 혼합물을 체가름할 때 표준체 계열의 구멍 크기가 제일 작은 것부터 차례로 올려놓고, 맨 위의 체에 시료를 넣은 후 일정 시간 동안 흔든다. 시료가 차례로 체에 걸려 각각으로 분리되면 이들의 무게를 달아 질량분율이나 질량퍼센트로 계산한다.

지름 D_p가 같은 입자로 된 집합체인 경우, 그 밀도를 ρ_p라고 하면 입자의 수 N은 다음과 같다.

$$N = \frac{m}{V_p \rho_p} = \frac{m}{(aD_p^3)(\rho_p)} \tag{1-6}$$

여기서 m은 입자군 전체의 질량이다. 따라서 전체표면적 A는

표 1-2 타일러 표준체

메 시	개구경(in)	개구경(mm)	체선 직경(in)
	1.050	26.67	0.148
†	0.883	22.43	0.135
	0.742	18.85	0.135
†	0.624	15.85	0.120
	0.525	13.33	0.105
†	0.441	11.20	0.105
	0.371	9.423	0.092
2½ †	0.312	7.925	0.088
3	0.263	6.680	0.070
3½ †	0.221	5.613	0.065
4	0.185	4.699	0.065
5 †	0.156	3.962	0.044
6	0.131	3.327	0.036
7 †	0.110	2.794	0.0328
8	0.093	2.362	0.032
9 †	0.078	1.981	0.033
10	0.065	1.651	0.035
12 †	0.055	1.397	0.028
14	0.046	1.168	0.025
16 †	0.0390	0.991	0.0235
20	0.0328	0.833	0.0172
24 †	0.0276	0.701	0.0141
28	0.0232	0.589	0.0125
32 †	0.0195	0.495	0.0118
35	0.0164	0.417	0.0122
42 †	0.0138	0.351	0.0100
48	0.0116	0.295	0.0092
60 †	0.0097	0.246	0.0070
65	0.0082	0.208	0.0072
80 †	0.0069	0.175	0.0056
100	0.0058	0.147	0.0042
115 †	0.0049	0.124	0.0038
150	0.0041	0.104	0.0026
170 †	0.0035	0.088	0.0024
200	0.0029	0.074	0.0021

$$A = N \cdot s_p = \frac{m}{(aD_p^3)(\rho_p)} \cdot 6bD_p^2 = \frac{6m}{\rho_p D_p \lambda} \tag{1-7}$$

이 누적합계를 메시 또는 체눈의 크기의 함수로 나타낸 것을 누적체가름 분석(cumulative screen analysis)이라 한다. 그 예를 표 1-4에 나타내었는데 표 1-4는 표 1-3에 대한 누적체가름 분석이다. 이것을 그림으로 나타낸 것이 그림 1-1이다.

여러 가지 크기의 입자의 혼합물인 때는 그들이 걸린 체들의 눈금의 크기로부터 D_p가 계산된다. 입자가 14메시를 통과하고 20메시에 걸렸을 때는 14/20 또는 -14 + 20이라는 기호로 표시한다. 체가름한 결과, 위로부터 n번째 체에 걸린 입자의 질량분율을 $\Delta\phi_n$, 이 체의 눈금의 크기와 같은 입자의 지름을 D_{pn}이라고 할 때, $\Delta\phi_n$을 D_{pn}의 함수로 나타내는 체가름 분석을 미분체가름 분석(differential screen analysis)이라고 한다. 그 예를 표 1-3에 나타내었다.

또한 ϕ를 각 질량분율의 누적합계라 하면 이는 다음과 같이 나타내어진다.

$$\phi = \Delta\phi_1 + \Delta\phi_2 + \Delta\phi_3 + \cdots\cdots + \Delta\phi_{nT} = \sum_{n=1}^{nT} \Delta\phi_n \tag{1-8}$$

(다) 입자 혼합물의 비표면적

입자 혼합물의 총비표면적 A_w는 입자밀도 ρ_p가 일정한 경우 미분체 지름으로부터 계산된다. 식 (1-7)로부터 $A_1/m_1 = 6/\rho_p D_p \lambda$이고 $m_1/m = \Delta\phi_1$이며, 또한 $\overline{D}_{pn}$은 D_{pn}과 $D_{\rho(n-1)}$의 산술평균이라고 하면, 시료의 총표면적 A_w는 다음과 같이 쓸 수 있다.

$$
\begin{aligned}
A_w &= \frac{A_1}{m_1} + \frac{A_2}{m_2} + \frac{A_3}{m_3} + \cdots\cdots + \frac{A_{nr}}{m_{nr}} \\
&= \frac{6\Delta\phi_1}{\rho_p \lambda D_1} + \frac{6\Delta\phi_2}{\rho_p \lambda D_2} + \cdots\cdots + \frac{6\Delta\phi_{nr}}{\rho_p \lambda D_{nr}} \\
&= \frac{6}{\rho_p \lambda} \sum_{n=1}^{nT} \frac{\Delta\phi_n}{D_{pn}}
\end{aligned}
\tag{1-9}
$$

누적 분석치를 이용할 경우에 $\phi = 0$에서 $\phi = 1.0$까지 적분하면 다음과 같이 쓸 수 있다.

$$A_w = \frac{6\lambda}{\rho_p} \int_0^{1.0} \frac{d\phi}{D_p} \tag{1-10}$$

이는 수치법에 의하여 계산된다.

(라) 평균입자지름

불균일 입자 혼합물의 평균지름은 여러 가지 방법으로 표시한다.

부피표면 평균지름(volume-surface mean diameter):

$$\overline{D}_{ns} = 6/A_w \rho_p \lambda \tag{1-11}$$

표 1-3 미분체가름의 예

메 시	$\Delta\phi_n$	D_{pn}, mm
4/6	0.0251	3.327
6/8	0.1250	2.362
8/10	0.3207	1.651
10/14	0.2570	1.168
14/20	0.1590	0.833
20/28	0.0538	0.589
28/35	0.0210	0.417
35/48	0.0102	0.295
48/65	0.0077	0.208
65/100	0.0058	0.147
100/150	0.0041	0.104
150/200	0.0031	0.074
Pan	0.0075	

표 1-4 누적체가름의 예

메 시	D_{pn}, mm	ϕ
4	4.699	0
6	3.327	0.0251
8	2.362	0.1501
10	1.651	0.4708
14	1.168	0.7278
20	0.833	0.8868
28	0.589	0.9406
35	0.417	0.9616
48	0.295	0.9718
65	0.208	0.9795
100	0.147	0.9853
150	0.104	0.9894
200	0.074	0.9925
Pan		1.0000

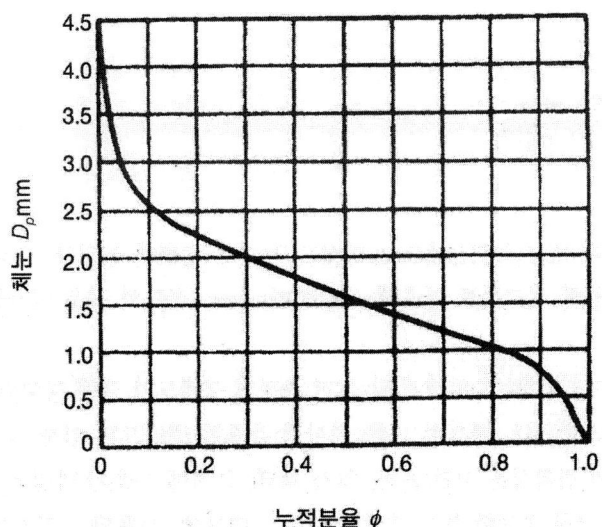

그림 1-1 누적분율 분포도(표 1-4로부터)

산술평균지름 D_N(arithmetic mean diameter):

$$\overline{D}_N = \frac{\int_0^{Nw} D_p \, dN}{N_w} \tag{1-12}$$

질량평균지름 $\overline{D}_w$(mass mean diameter):

$$\overline{D}_w = \int_0^{1.0} D_p \, d\phi \tag{1-13}$$

중위지름(median diameter): 전 입자들을 크기순으로 나열할 때 그 중 한가운데의 입자지름을 말한다.

균일한 입자 혼합물일 때는 이 세 지름의 값이 같아진다. 식 (1-12)에서 N_w는 단위질량당 입자의 개수이며, 식 (1-9)와 (1-10)으로부터,

$$N_w = \frac{\varDelta\phi_1}{a\,\rho_p\,\overline{D}_1^{\,3}} + \frac{\varDelta\phi_2}{a\,\rho_p\,\overline{D}_2^{\,3}} + \cdots\cdots + \frac{\varDelta\phi_{nT}}{a\,\rho_p\,\overline{D}_{nT}^{\,3}}$$

$$= \frac{1}{a\,\rho_p} \sum_{n=1}^{nT} \frac{\varDelta\phi_n}{\overline{D}_{pn}^{\,3}} \tag{1-14}$$

또는

$$N_w = \frac{1}{a\,\rho_p} \int_0^{1.0} \frac{d\phi}{D_p^{\,3}} \tag{1-15}$$

로 표시된다.

대부분 보통 재료의 입자 크기는 50nm에서 1.0cm의 범위에 놓인다. 그러나 10cm 정도의 큰 입자들이 내화 캐스터블과 콘크리트 제조에 사용되며, 5nm 정도의 작은 입자들은 화학적으로 제조된 재료에서 관찰된다.

입자 분석 관련기기의 진보에 의해 입자 크기 측정의 정밀도가 크게 향상되었고, 분석치를 얻는 데 소요되는 시간도 감소되었다. 따라서 더욱 적시에 유효한 방법으로 입자 크기 결과를 이용할 수 있다. 입자 크기 자료의 정확성은 시편 준비, 입자 형태, 분석에 사용된 방법에 약간 의존한다. 입자 크기 분포는 입자계의 가장 중요한 특성 중의 하나이기 때문에, 사용되는 기기분석에 포함된 원리와 자료 및 그의 해석에 영향을 주는 인자들을 이해하는 것이 중요하다.

1.1.2 입도 분석방법

각종 화학 분석에서와 마찬가지로, 적절한 양이면서 전체를 대표하는 시료를 얻는 것이 중요하다. 입자 크기 분석에서 시료 채취 및 조작은 시료의 물리적 상태를 변화시킬 수 있다. 또한 액체 내에 재

료를 분산시키는 것은 응집체의 농도와 크기를 감소시킬 수 있다. 역으로, 느린 분석방법이 사용된다면, 잘 분산된 현탁액에서 응집이 일어날 수 있다. 기기를 선택하고 시료 준비과정을 지정할 때, 크기 정보의 목적하는 용도를 감안하여야만 한다. 크기 분석에서 대표하는 시료의 크기와 오차의 원인을 감소시키기 위한 방법들을 그림 1-2에 나타내었다.

(1) 전자현미경법

입자의 크기 및 형태를 관찰하는 가장 일반적인 방법으로, 정벽(crystal habit), 입도분포, 표면구

(1) 시료채취

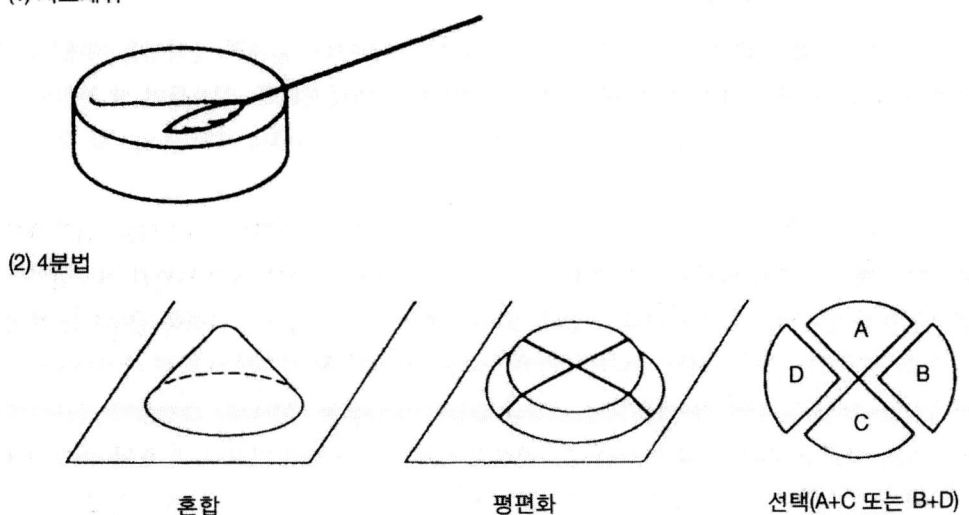

(2) 4분법

혼합   평편화   선택(A+C 또는 B+D)

(3) 분배

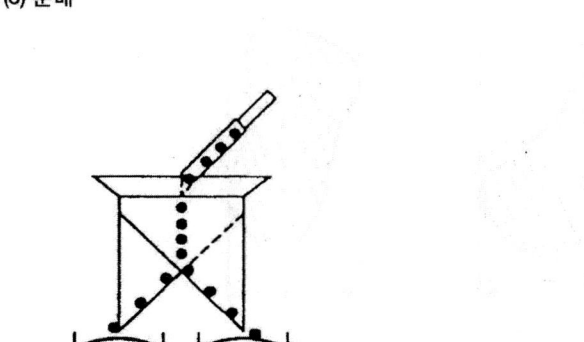
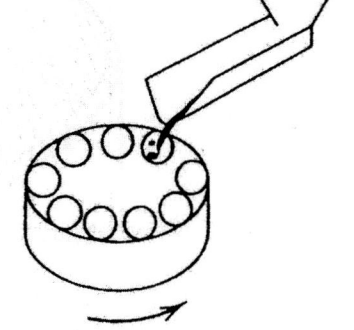

그림 1-2 분말시료의 채취

조, 응집의 정도에 관한 정보도 명확하게 알 수 있다. 또한 결정의 격자결합, 전위와 그것들의 종류, 성질, 방향 등도 관찰할 수 있으며, 결정의 배향방위, 반응 전후의 방위관계 등도 알 수 있다. 초고분해능 전자현미경상으로부터는 결정 내의 분자배열, 원자배열과 그 흩어짐, 분자 내의 원자배열 등도 명확하게 알 수 있다. 부수적으로, 시료에서 나오는 X선의 에너지를 분석하여 시료 구성 원소의 정성, 정량 분석 또는 시료 중의 위치분포를 알 수 있다. 그리고 입사 전자가 시료 안을 지날 때, 전자선의 에너지의 일부가 시료에 의해 흡수되므로, 이 에너지를 분석하면 똑같은 분석이 가능하다. 전자선 회절상은 X선 회절이 시료의 평균적 구조를 반영하는 데 비하여 훨씬 미소한 영역으로부터 정보가 얻어지며, 규칙 구조 중의 불규칙 부분이나 불규칙 구조 중의 규칙적 부분 등 모두 $1\,\mu m^2$ 이하의 미소한 시료 영역의 초마이크로 분석이 가능하다는 것 및 분석영역을 직접 눈으로 보면서 선택할 수 있다는 것이 다른 분석법에는 없는 큰 특징이다.

　정량적 영상분석을 위해서는 사진 확대 또는 모니터를 사용한다. 통계적 정확성을 위해서는 한 평면 안에 적어도 700개 이상의 입자들을 측정하고 계산함이 바람직하다. 입자들이 잘 분산되지 않은 경우, 또는 큰 입자와 미세 입자의 비가 10 이상인 경우는 미세사진에서 미세한 입자를 구별하여 측정하기에는 세심한 주의가 따른다.

　구형의 혹은 입방체의 입자들의 크기는 지름 혹은 변의 길이로서 나타낼 수 있지만, 대부분의 경우는 완전한 구형 또는 입방체가 아니기 때문에 그림 1-3과 같이 두 접선 간에 특별한 기준방향으로 최대 현의 길이를 입자의 크기로 나타내고 있다. 또 다른 방법으로는 입자의 면적을 양분하는 현의 길이로 나타내기도 한다. 입자 크기는 버니어캘리퍼스 혹은 압전패드를 사용하여 확대 사진상에서 수동적으로 측정할 수 있다. 또한 전자현미경으로부터 상들이 영상분석 컴퓨터의 화면상에 나타내어질 수 있는데, 이는 빠르고 자동적으로 영상을 주사하여 광학적 밀도가 서로 다른 각 영역의 미리 선택된 특징적 크기를 결정할 수 있다. 이때 광펜을 사용해서 응집체와 같은 특정의 형태를 선택 또는 제거할 수도 있다.

　입자의 종횡비(aspect ratio)는 가장 긴 길이와 가장 짧은 길이의 비를 의미하며, 종횡비가 1보다

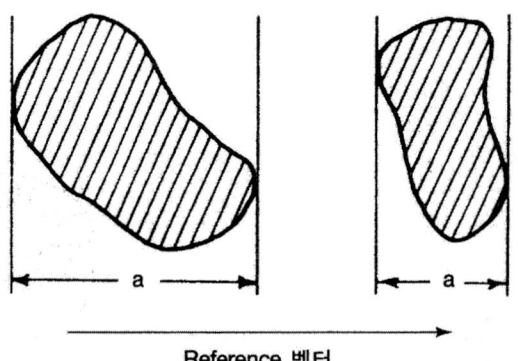

Reference 벡터

그림 1-3 분말의 크기

더 큰 입자를 비등축성이라고 말한다. 입자의 종횡비는 미세사진에서 적당히 배향된 입자의 주축과 부축을 측정함으로써 계산할 수 있다. 입자 크기와 그 면적 A 혹은 부피 V 사이에 비례상수는 수치적인 형상인자로서 고려될 수 있다(그림 1-4). 구에 대한 상대적인 Ψ_A/Ψ_B 비는 종종 모남(angularity)의 지수로서 사용하기도 한다.

(2) 체가름법

앞서 분체의 입도 분석에서 설명한 바와 같이, 체가름은 조절된 크기의 구멍을 통한 입자들의 통과 여부에 의해 분류하는 방법으로, 일반적으로 44 μm 이하의 입자인 경우는 응집에 의한 오차가 발생할 수 있기 때문에 그 이상의 입자 크기에 대하여 널리 사용된다.

같은 무게의 시료에 대하여, 입자수는 (크기)$^{-3}$에 따라 증가하는데, 입자가 지나치게 크거나 체가름 기구가 비효율적인 경우에는 체의 미세한 구멍이 막히게 된다. 따라서 기계적 요동 또는 공기 펄스장치를 이용하여 크기가 작은 입자들의 체가름 효율을 향상시키고 있다. 만일 입자들이 규칙적이거나 혹은 단지 약간의 비등축성 형태라면, 큰 입자를 병진시키는 저주파수의 기계적 펄스와 고주파수의 공기 펄스의 결합은 넓은 크기에 대한 정밀한 건식 체분석이 가능하다. 반면에 종횡비가 큰 입자는 하나의 특징적 길이로 나타낼 수 없으며, 체분석의 정밀성도 입자의 종횡비에 의존한다.

체가름법으로 일반적으로는 건식 체분석법이 이용되고 있지만 미세한 입자의 체가름을 위해서 습식 체분석법이 사용되기도 한다. 이 경우에는 구멍을 통하여 액체와 미세한 입자를 잡아당기기 위하여 흡인이 필요하다. 입자의 운동은 초음파 탱크 안에 체를 지지하거나 혹은 기계적 진동기를 사용함으로써 효율을 높일 수 있다. 체의 형태, 효율, 능력에 대해서는 3장의 분리부분에서 다루기로 한다.

(3) 침강법

낮은 밀도 D_L, 점도 η_L인 점성액체 안에 놓인 밀도 D_P, 직경 a인 구형입자는 잠시 가속된 후 일정한 종속도로 낙하한다. 입자의 레이놀드 수(Reynolds number, Re)가 0.2보다 작을 때, 층상(laminar) 액체유동이 일어난다. 레이놀드 수는 식 $Re = (vaD_L)/\eta_L$로부터 계산된다. 세라믹 입자에

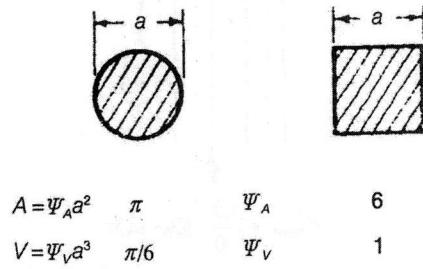

$$A = \Psi_A a^2 \quad \pi \qquad \Psi_A \qquad 6$$
$$V = \Psi_V a^3 \quad \pi/6 \qquad \Psi_V \qquad 1$$

그림 1-4 면적형상인자(Ψ_A)와 체적형상인자(Ψ_V) (a; 분말 크기, A; 면적, V; 체적)

대하여, 크기 상한은 약 $50\ \mu m$ 이며, 종속도는 스토크스(Stokes) 식에 따라 입자직경과 관련된다(그림 1-5).

$$v = a^2(D_P - D_L)g/18\eta_L \tag{1-16}$$

여기서 g 는 중력 혹은 원심력으로 인한 가속도이다. 높이 H 를 침강하는 데 소요되는 시간 t 는

$$N_w = \frac{1}{a\ \rho_p} \int_0^{1.0} \frac{d\phi}{D_p^{\ 3}} \tag{1-17}$$

이다. 물 안의 알루미나 입자에 대하여, 중력 침강 $1\ cm$ 에 걸리는 시간은 $10\ \mu m$ 입자에 대하여 1분이나, $1\ \mu m$ 입자에 대하여 약 2시간이다. 분석시간은 입자밀도와 미세한 정도에 따라 다르다.

침강법에서는 입자 상호작용, 작은 입자가 큰 입자를 뒤따르면서 끌리는 경향, 브라운 운동에 의한 응집으로 인한 방해된 침강 등에 의한 오차가 발생한다. 또한 액체분자의 흡착막 또는 해교제는 크기를 증가시키며, 마이크론 이하의 입자의 평균밀도를 감소시킬 수 있다. 침강시 불완전한 분산과 응집 현상도 영향을 미친다. 최상의 입자 크기 분석을 위하여 일반적으로 초음파 분산과 해교제를 사용한다. 침강법은 서로 다른 밀도의 입자들로 구성된 시료에 대하여서는 사용하지 않으며, 비구형의 입자인 경우에는 같은 속도로 침강하는 구의 직경인 등가 구직경으로 나타낸다.

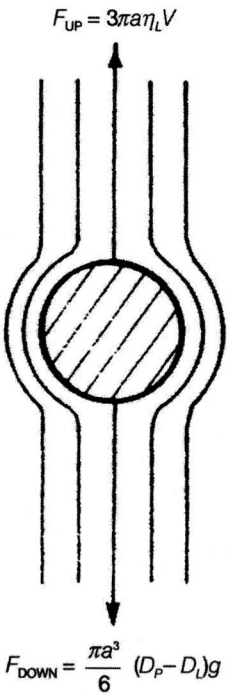

그림 1-5 층류인 뉴톤유체에서 입자 거동 중의 힘 평형

(4) 전기적 감지법

세라믹 입자가 구멍(orifice)을 통과할 때 두 전극 사이의 좁은 구멍을 지나는 전해질 흐름 경로의 저항이 증가하는 현상을 이용한 방법으로, 구멍을 지나는 분산된 입자의 흐름에 대한 저항 펄스는 전압 펄스로 변환되고, 전기적으로 증폭시켜 정보화된다(그림 1-6).

단일 크기의 기지시료가 보정을 위해 사용된다. 한 개의 구멍을 가진 관을 사용할 경우, 분산된 시료에 대한 분석시간은 1분 이하이며, 매우 높은 통계적 신뢰도를 갖는다. 여러 개의 구멍을 가진 관을 사용할 경우, 작업 범위는 구멍 크기의 2～40%이거나 또는 0.3～400 μm 정도이다. 이 방법은 서로 다른 밀도의 입자 혼합물과 종횡비가 약 10인 입자로 구성된 시료에 대하여 사용된다.

(5) 레이저 회절법

입자가 빛의 파장보다 클 때, 순간적으로 평행 광선을 방해하는 분산입자들에 의해 프라운호퍼(Fraunhofer) 회절이 발생한다. 전방으로 회절된 빛의 강도는 입자 크기의 제곱에 비례하고, 회절각은 입자 크기에 반비례한다. 보통 광원으로는 He-Ne 레이저가 사용된다. 광학필터, 렌즈, 광검출기 등을 이용하여 입자 크기 분포의 계산이 가능하다(그림 1-7). 시료로는 입자가 분산된 액체 혹은 기체 현탁액이 사용되며, 분석시간이 매우 짧다는 장점이 있다. 이 방법에서 측정 가능한 크기 범위는 1～1800 μm이며, 입자의 밀도와는 무관하다.

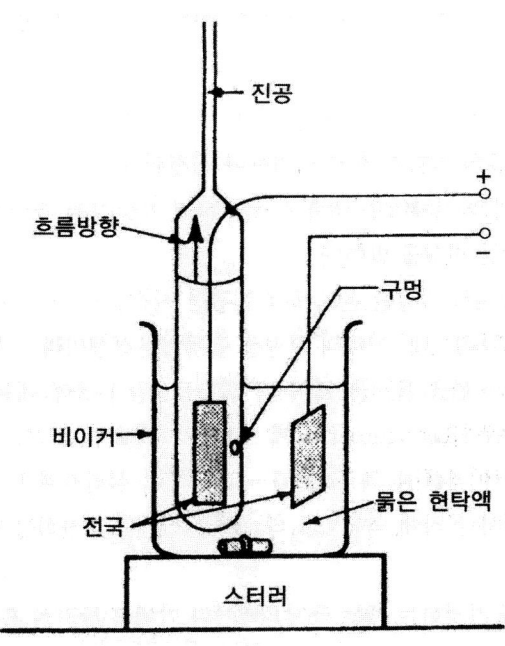

그림 1-6 전기적 감지법

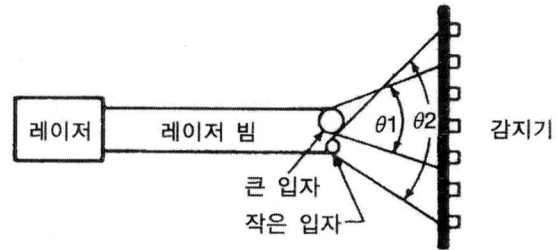

θ1 ; 큰 입자의 회절각
θ2 ; 작은 입자의 회절각

그림 1-7 레이저 회절법

(6) 광 강도 요동법

5 μm 보다 더 작은 분산된 입자들은 액체를 통해 무질서하게 확산되고 빛을 산란시킨다. 요동의 진동수는 광증폭기를 사용하여 검출되며, 입자 크기는 다음의 Stokes-Einstein 식을 사용하여 진동수로부터 계산된다.

$$a = (k_B T)/(3\pi\eta_L D_T) \tag{1-18}$$

여기서 D_T는 온도 T에서 병진확산계수이다. 측정 크기 범위는 0.005~5 μm 정도이다.

(7) 비표면적 측정법

비표면적은 재료의 단위질량 혹은 부피당 입자들의 표면적이다. 그것은 보통 기체의 물리적 흡착 혹은 메틸렌 블루와 같은 염료의 화학적 흡착에 의하여 결정된다.

고체에 있어서 흡착은 고체와 기체(또는 액체)가 접촉하여 기상(또는 액상)의 분자가 기상(또는 액상)으로부터 고체면으로 이동하는 현상을 말한다.

고체가 기체 또는 액체 중에서 일정한 온도에서 일정한 시간동안 방치되면 기체의 압력(또는 용액의 농도)에 따라 일정량이 흡착되는데, 이때의 평형을 흡착등온평형이라고 하며, 흡착량과 기체의 압력(또는 용질의 농도)에 관한 곡선을 흡착등온성이라 한다. 그림 1-8에 대표적인 흡착등온선의 예를 나타내었다. 제 I 형은 랑그뮈어(Langmuir) 식에 따르는 활성화 흡착으로 0℃에서 환원동에 의한 H_2, N_2, CO의 흡착, 활성탄에 의한 N_2의 흡착, 0~30℃에서 실리카겔에 의한 SO_2의 흡착 등 많은 예가 있다. 제 II 형은 저온에서 유리에 의한 CS_2의 흡착, 제 IV 형은 산화철겔에 의한 C_6H_6의 흡착에서 볼 수 있다.

세라믹 분말의 비표면적을 결정하는 데는 극저온에서의 기체의 물리적 흡착이 사용된다. 그림 1-8의 제 II 형 또는 제 IV 형 흡착등온선에 대하여, 단위질량당 비표면적 S_M은 다음 식에 의하여 주어진다.

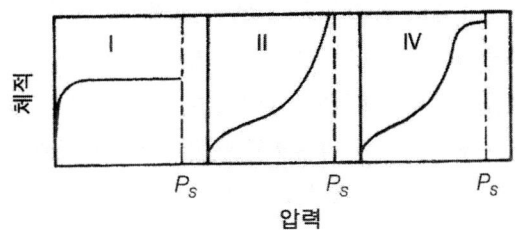

그림 1-8 흡착등온선

$$S_M = \frac{N_A \, V_m \, A_m}{V_{mol} \, M_S} \tag{1-19}$$

여기서 N_A는 아보가드로 수, V_m은 단층흡착 기체부피, A_m은 흡착분자 한 개가 점유한 면적(N_2: 1.62×10^{-20} m², Kr: 19.5×10^{-20} m²), V_{mol}은 V_m의 표준온도와 압력에서 기체 1몰의 부피, M_S는 시료질량을 나타낸다. 일반적으로 분말의 비표면적이 1 m²/g 이상인 경우에 사용된다.

(8) 기타 방법

X선의 선폭 증가법(line-broadening)은 약 0.5 μm보다 더 작은 분말에서 평균 결정 크기를 결정하는 데 사용하며, 소각 X선 산란법(small-angle X-ray scattering)은 0.1 μm 이하에서 사용된다. 보정이 필요하며, 입자들이 다결정이어서는 안 된다.

공기 투과도법(air permeability techniques)은 0.2 ~ 50 μm 범위의 평균입자 크기의 지수를 결정하는 데 사용된다. 공기투과도는 분말층 내의 모세관 수와 형태에 연관된다.

1.2 분체의 물리적 성질

근대 과학의 주제는 마이크로(micro)한 세계를 규명하여, 그 지식을 기초로 매크로(macro)한 현상을 설명하는 데 주안점을 두고 있다. 마이크로 구조를 주체로 하여 매크로한 성질이나 현상을 유도하기 위한 학문은 통계역학을 제1의 무기로 삼고 있는 근대물성론이다.

중간적인 입자라고 불리는 단계에 의하면, 서브마이크로한 $10^{-5} \sim 10^{-1}$ μm 정도의 차원이 존재하여 이러한 입자의 집합이 현상연구의 경우에 단순한 고상과는 다른 별도의 계로서 고찰하는 편이 편리할 때가 많다. 즉, 마이크로한 성질로부터 입자 하나 하나의 성질이나 현상이 도출된 다음, 이들 입자가 집합되었을 때의 성질로 확대시키려 할 때 새로운 이론 방침이 요구되는 경우가 있다. 이를테면, 빛의 산란현상에서 입자 1개에 의한 산란강도 분포는 파동광학 또는 기하광학의 지식으로 해석되었다 할지라도, 입자가 집합된 다중산란 문제에 있어서는 그 문제에 고유한 취급을 필요로 한다.

여과에 있어서도, 입자 1개 둘레의 흐름은 유체역학으로 풀린다할지라도 분체층의 여과 문제에 있어서는 가는 관을 여러 개 늘어놓은 모형으로 취급하는 것이 좋다.

분체의 충전상태 또는 분산상태와 구성물질의 순수한 성질이 실제 나타나는 이른바 분체의 물성이 되는가를 규명하는 것이 분체의 물리적 성질에 관한 연구의 주목적이다. 집합상태를 지배하는 원인 중 가장 중요한 것은 입자의 크기, 모양 및 무게이다.

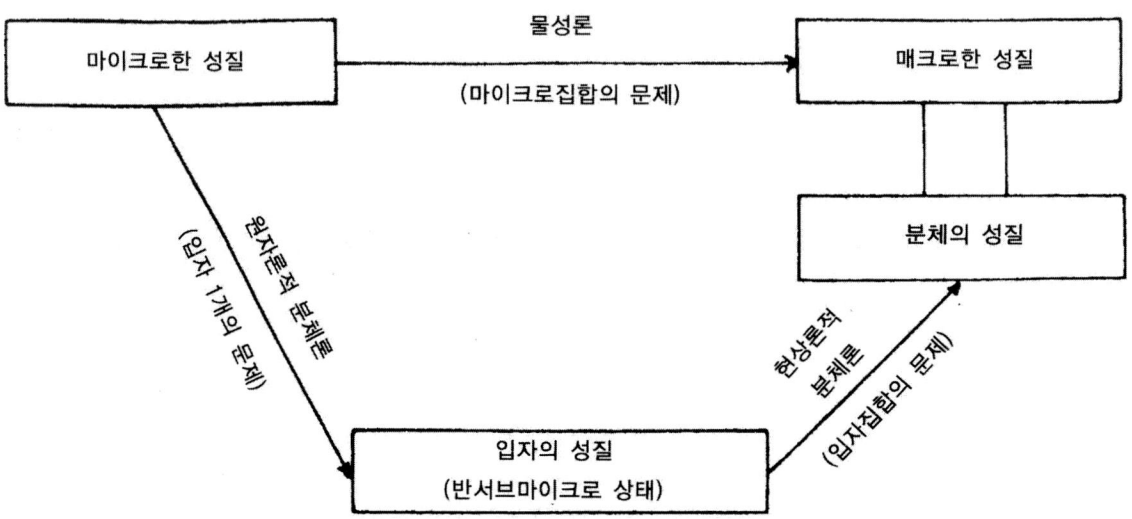

1.2.1 분체의 물성

분체의 물성은 다음과 같이 크게 두 가지로 나눌 수 있다.

① 입자 1개에 대한 해답이 얻어지면, 입자의 수, 지름 또는 표면적에 대한 가성성만으로도 매크로한 물성까지 도출해 낼 수 있는 것을 입자의 물성 또는 1차 물성이라고 부른다.

② 앞서 설명한 바와 같이, 입자 1개에 관한 해답이 얻어진 후에 그와는 별도로 분체, 즉 입자의 집합에 대해 새로운 특성이 부가된 새로운 법칙을 구할 필요가 있는 물성을 좁은 의미로 분체의 물성 또는 2차 물성이라고 부른다. ①은 이를테면 분체에 대한 실질과 공극의 대략평균으로 나타내는 물성으로, 비열, 비중, γ선 및 중성자의 흡수, 용해열, 반응열 등이 여기에 속한다. ②는 입자의 집합상태 및 운동상태가 크게 지배하는 물성으로, 분말현상의 대부분은 이 물성에 관련된다.

분체의 물성을 입자상호간의 어떤 현상에 의존하는가에 따라 분류하면 다음과 같다.

① 입자 간 또는 입자매질 간의 마찰이 주원인이 되는 물성(공간충전, 침강용적, 레올로지적 성질, 여과성, 분쇄에너지의 손실 등)

② 입자계면의 접촉이 주원인이 되는 물성(전기전도, 열전도, 확산, 대전유전율, 표면전위 등)

③ 불균질 구조에 의한 산란이 주원인인 물성(안료, 페인트의 색조, 은폐력, 충격파 흡수, 음파 흡수, X선 산란 등)

입자의 물리적 성질은 크게 나누어, 입자의 크기, 형태(또는 표면적)가 주 지배인자가 되는 성질과 입자의 내부구조가 지배인자가 되는 성질이 있다.

① 입자의 크기, 형태가 지배인자가 되는 성질: 비중, 운동, 흡착성, 광학적 성질, 전기적 성질, 융점, 비열, 증기압 등의 열적 및 열역학적 성질이 속한다. 이 가운데 흡착성을 제외하고는 집합계가 되었을 때의 성질과 1개 입자의 성질 사이에 큰 차이가 있다. 열적 성질에 관해서는 이상적인 형태의 입자에 대한 이론적인 고찰이 있으나 집합계에 대해서는 열전달 문제가 고려되어야 한다. 전기적 성질에서도 마찬가지로, 접촉저항, 접촉전위 등이 크게 영향을 받는다. 광학적 성질에서는 충분히 분산된 계에서 측정한 입자 1개의 성질이 집합계의 성질의 기초가 된다.

② 내부구조가 지배적인 성질: X선·전자선의 회절, 산란, 입자의 자기적 성질, 그 이외에도 반전도성, 감광성 등 소위 구조 민감성을 가진 성질 등이 속한다. 이런 성질은 물론 입자가 다결정인 경우, 입자의 크기, 형태가 지배인자로 되는 것은 당연하다.

1.2.2 입자의 운동

입자의 운동은 충분히 분산된 상태에서 일어나며, 매체 사이의 점성저항이 문제된다. 내부구조나 형태에 대한 세세한 점은 거의 문제되지 않고 다만 겉보기밀도가 영향을 미칠 정도이며, 주로 입경과 형태의 영향이 지배적이다. 입자지름에 따라 변화하는 운동법칙의 이상성은 두 영역으로 나누어 생각할 수 있다. 그 하나는 입자가 매우 클 때는 레이놀드 수가 커 난류이지만, 입자가 작아짐에 따라 레이놀드 수가 감소하여 1~2보다 작아지게 되어 층류로 되는 그 범위 사이의 변화를 말하며, 다른 하나는 층류에서 스토크스의 법칙에 따르던 운동이, 지름이 더욱 작아져 브라운 운동이 커짐에 따라 스토크스의 법칙으로부터 멀어지는 범위를 말한다.

(1) 층류와 난류

힘 f가 가해진 방향으로의 속도 v에 대해 운동방정식을 세우면,

$$mdv/dt = f + m K_n v^n \tag{1-20}$$

이때 m은 입자의 질량, 최종 항은 매체에 의한 저항의 항이다. n은 레이놀드 수가 2보다 크면 그 값이 2이며, 2보다 작으면 1이다. K_n은 입자에 따른 상수이다.

중력에 의한 침강일 경우 $f = mg/g_c$ (g: 중력가속도)이며, 구상입자일 때 레이놀드 수는 $dv_t \rho_0 / \mu$ (d: 입자지름, v_t: 종말침강속도, ρ_0: 매체의 밀도, μ: 매체의 점성계수)이다. 종말속도는 식 (1-20)으로부터

구한다. ρ를 입자의 밀도라 하면,

층류: $n=1$

$$K_1 = \frac{18\mu}{d^2(\rho - \rho_o)} \tag{1-21}$$

$$v_t = \frac{g(\rho - \rho_o)\,d^2}{18\mu} \tag{1-22}$$

난류: $n=2$

$$K_2 = \frac{3}{4}\,\frac{C_D}{d}\,\frac{\rho_o}{\rho - \rho_o} \tag{1-23}$$

$$v_t = \left(\frac{4}{3}\,\frac{g}{C_D}\right)^{1/2} \left\{\frac{d(\rho - \rho_o)}{\rho_o}\right\}^{1/2} \tag{1-24}$$

C_D는 입자의 저항력계수로 보통 0.5 전후의 값을 가진다. $10^{-4} < R < 2$에서는 $n=1$, 즉 스토크스의 법칙이 성립되며, $500 < R < 10^5$에서는 $n=2$, 즉 뉴튼의 법칙이 성립된다. $2 < R < 500$의 천이영역에서는 다음과 같은 식이 성립된다.

$$v_t = k_3 \left(\frac{\rho - \rho_o}{\rho_o}\right)^{2/3} \frac{1}{\sqrt[3]{\mu}} \left(d - \zeta \sqrt[3]{\frac{36\,\mu^2}{g\,\rho_o\,(\rho - \rho_o)}}\right) \tag{1-25}$$

여기서 k_3은 입자에 따른 상수, ξ는 입자의 모양에만 따른 정수로서, 공의 경우 $\xi = 0.4$이다. 그림 1-9에 이들 세 종류의 식이 지름에 의존하는 모양을 나타내었다.

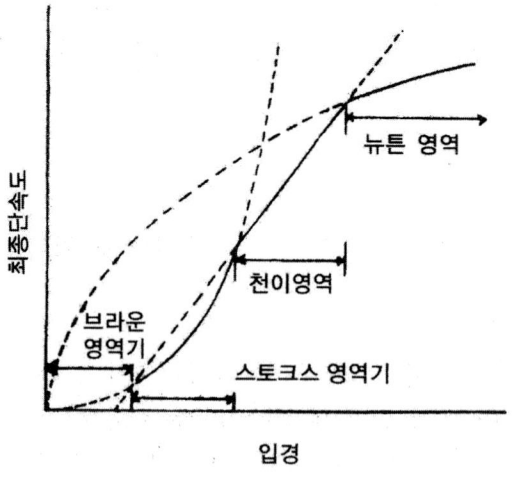

그림 1-9 입자의 운동법칙에 대한 분류

석영분말이 물 속에서 강하할 때, 지름이 $84\ \mu m$ 이하에서는 스토크스의 법칙이 성립하며, $85 \sim$ $2000\ \mu m$의 범위에서는 천이영역, 그 이상의 입자지름에서는 뉴튼의 포물선 법칙이 성립한다.

(2) 평균운동과 브라운 운동

스토크스의 법칙이 적용되는 범위의 하한점은 입자의 지름이 매체분자의 평균자유행로(mean free path)보다 훨씬 크다는 조건이 만족되지 않는 곳이다. 따라서 매체가 기체일 때 문제가 된다. 기체의 운동론에 의하면 기체분자의 평균자유행로 λ는,

$$\lambda \fallingdotseq 2\mu / \rho_o \overline{v} \tag{1-26}$$

$$\overline{v} = 2\ (2RT/\pi M)^{1/2} \tag{1-27}$$

여기서 $\overline{v}$는 기체운동의 평균속도, R은 기체상수, M은 기체의 분자량이다. 1기압, 15℃일 때, 공기, 탄산가스 및 수소의 λ값은 각각 0.064, 0.0419 및 0.1177 μ이다. 이러한 영향이 무시되지 않는 영역에서 λ를 식 (1-22)에 적용하여 스토크스의 법칙으로부터 속도 v_t를 보정한 침강속도 v_t^*를 구하면

$$v_t^* = f_c v_t \tag{1-28}$$

$$f_c = 1 + A\lambda / d \tag{1-29}$$

$$A = 2.46 + 0.82\ e^{-0.44d/\lambda} \tag{1-30}$$

여기서 f_c는 컨닝햄(Cunningham) 계수라고 부르며 λ/d의 함수이다. 공기 중의 미립자에 관해, 지름 d와 f_c의 관계를 25℃일 때 계산하면 표 1-5와 같다.

더욱이 미립자는 브라운 운동이 심해 그 속도는 입자가 운동하는 질량운동(mass motion)의 속도에 가까워져 마침내는 브라운 운동이 빨라진다. 이때 시간 t동안 △만큼 이동되었다면, 이동거리 △는 다음과 같다.

$$\triangle = \left(\frac{2RT}{3\pi} \cdot \frac{f_c}{\mu Nd} \cdot t \right)^{1/2} \tag{1-31}$$

N은 아보가드로 수이다. 표 1-6은 21℃의 공기 중에서 비중 1인 미립자의 중력에 의한 침강속도와 브라운 운동에 의한 이동거리를 계산하여 비교한 것이다.

표 1-5 공기 중 미립자의 컨닝햄 계수

입경 $d(\mu)$	10	5	3	1	0.5	0.1
f_c	1.016	1.032	1.052	1.158	1.38	2.84

표 1-6 공기 중 미립자의 침강속도와 브라운 운동

입경(μ)	중력에 의한 침강속도(μ/sec)	브라운 운동에 의한 침강속도(μ/sec)
10	6,096	1.75
5	1,550	2.49
2.5	400.0	3.58
1.0	69.6	5.91
0.5	19.9	8.92
0.25	6.30	14.2
0.1	1.73	29.4

1.2.3 밀 도

중량 배합물 조성의 부피분율 계산, 침강특성 평가 등을 위해서는 원료의 입자밀도 및 액체와 첨가제의 밀도에 관한 정보가 필요하다. 입자밀도의 변화는 재료의 상구조, 화학조성 또는 기공률의 변화를 수반한다.

입자계의 벌크밀도는 입자와 틈새의 단위부피당 질량이다. 입자의 밀도는 입자의 질량/부피이며, 입자계에서의 입자밀도는 모든 다른 크기의 입자들의 평균밀도이다. 비다공성 입자의 밀도는 입자 진밀도라고 하며, 입자를 구성하는 고체상들의 평균밀도를 의미한다. 화학구조식 중량과 단위포의 부피로부터 계산된 밀도는 X선 밀도라고 한다. 진밀도와 X선 밀도는 거의 일치하나, X선 밀도를 계산할 때 중원소의 불순물을 무시하면 크게 차이가 나게 된다.

이에 반해 다공성 입자의 밀도는 특별하게 정의되고 있다. 유체 안에 분산된 입자들은 유체분자들을 입자표면으로부터 기공 안으로 흡착시킨다. 유체분자가 도달 가능한 기공률은 입자의 기공률의 전체 또는 일부분이다. 유체의 침투는 기공 크기, 적심, 기공 내의 다른 액체의 존재 여부 등에 대한 유체의 분자 크기에 의존한다. 진부피(ultimate volume)는 고체상의 부피이다. 유체 안에 분산된 다공성 입자에 대하여 겉보기 부피(apparent volume)는 고체와 폐기공의 부피를, 벌크부피는 고체와 입자에 존재하는 모든 기공(개·폐기공)의 부피를 의미한다. 이 특정한 부피들 각각은 진(D_w), 겉보기(D_a) 및 벌크(D_b) 입자밀도를 정의하는 데 사용된다(그림 1-10). 비중은 같은 부피의 물의 무게에 대한 입자의 무게이다.

그림 1-11에 나타낸 액체 비중병은 굵은 분말의 평균 겉보기 입자밀도를 약 ±0.005mg/m^{3}의 정밀도까지 측정하는 데 사용되고 있다. 측정의 정확도는 입자들의 적심상태 및 기포제거 정도에 의존한다. 적심제(제포제)는 물의 표면장력을 감소시키고 적심을 도와주며, 마이크론 크기의 입자의 부유를 최소화한다.

기체 비중계는 10 μm 보다 더 미세한 분말의 밀도를 측정하는 데 사용되며, 기체가 매우 미세한 기공까지 침투해서 응축하게 되면 액체 비중계를 사용하여 얻어진 밀도보다 큰 값을 나타내는 경우도

20.0g

10.0cm³ (총부피)

0.5cm³ (폐기공 부피)

2.0cm³ (개기공 부피)

D_u = 2.7g/cm³

D_a = 2.5

D_b = 2.0

그림 1-10 벌크, 겉보기 및 진밀도

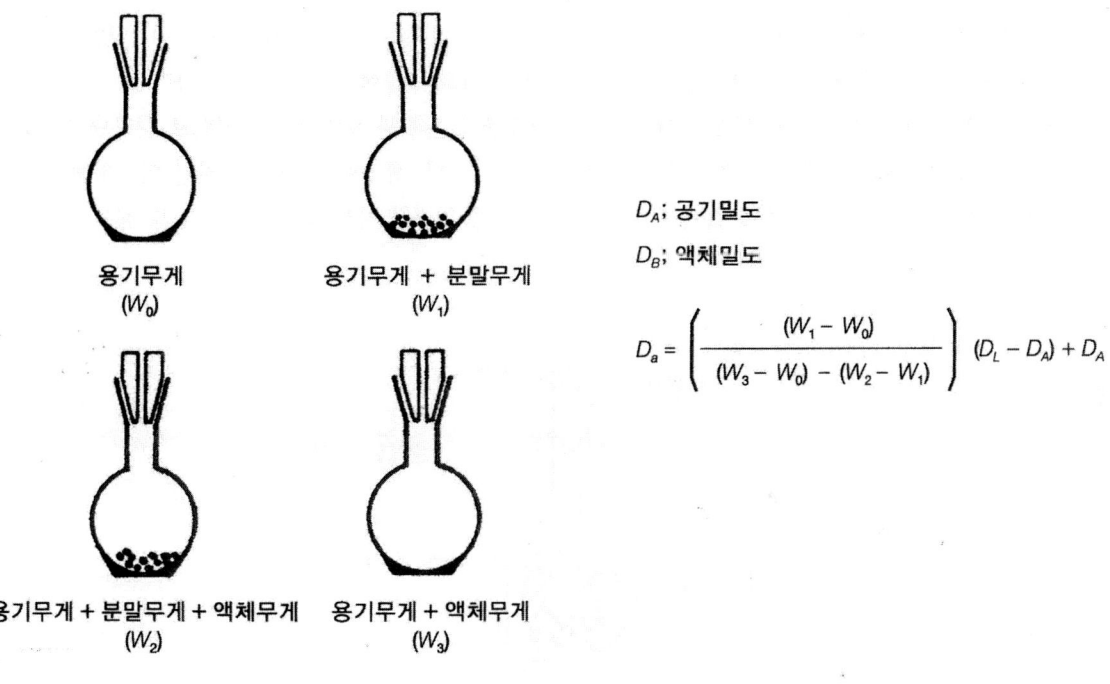

용기무게
(W_0)

용기무게 + 분말무게
(W_1)

용기무게 + 분말무게 + 액체무게
(W_2)

용기무게 + 액체무게
(W_3)

D_A; 공기밀도

D_B; 액체밀도

$$D_a = \left(\frac{(W_1 - W_0)}{(W_3 - W_0) - (W_2 - W_1)} \right) (D_L - D_A) + D_A$$

그림 1-11 액체 비중병

있다.

1.2.4 기공률과 기공의 구조

천연 광물입자, 하소 분말의 응결체에는 기공틈새, 미소균열 및 기공들을 지니고 있다. 이 기공결함은 크기와 형태가 다양하게 분포되어 있다. 개기공과 폐기공의 형태는 외부표면과 내부구조의 파괴면 혹은 연마된 면으로부터 관찰할 수 있다. 앞에서 설명한 바와 같이 기공 크기의 대략적인 범위는 영상분석에 의하여 쉽게 구할 수 있다. 그러나 2차원 영상으로부터 기공의 크기분포와 구조의 정량적 및 부피적 분석은 매우 복잡하다.

　보다 정확한 기공 크기를 측정하기 위해서 수은침입 기공측정기(mercury intrusion porosimetry)를 사용한다(그림 1-12). 수은은 대부분의 세라믹 재료를 적시지 않으며, 진공에서 수은이 표면기공으로 들어가도록 압력을 가한다. 수은에 가해진 압력은 특정 크기보다 더 큰 기공으로 침투를 일으킨다. 어느 가압 P에서 침투된 기공반경 R은 원통형 기공에 대한 Washburn 식으로부터 계산된다.

$$R = \frac{-2\,\gamma_{LV}\cos\theta}{P} \tag{1-32}$$

대부분의 산화물에서 수은의 접촉각은 $130 \sim 140°$이며, $110 \sim 140°$ 범위 안에 있다. 일반적으로 200MPa까지의 압력이 사용되며, 약 $2nm \sim 200\mu m$ 크기의 기공에의 침투가 가능하다.

　수은침투 결과는 흔히 기공직경의 함수로서 시편질량당 침투된 누적부피의 형태로 나타낸다(그림 1-13). 곡선의 상승은 특정 크기의 기공에의 침투를 나타낸다. 충전된 입자들을 지닌 미소성된 소지나, 혹은 입자 또는 과립 시료에 있어서, 초기침투는 보통 입자들 사이의 틈새 안으로의 침투에 해당

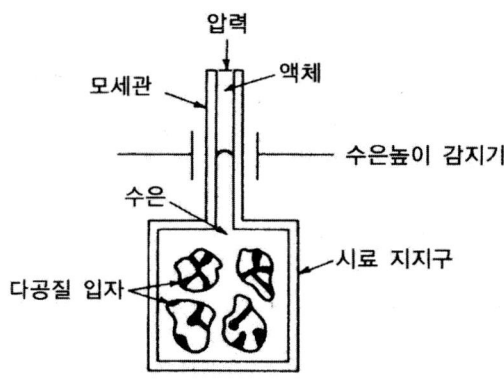

그림 1-12 수은침입 기공측정기

표 1-7 침입반경과 압력의 관계

반경(μm)	$\theta = 130°$ 압력(MPa)	$\theta = 140°$ 압력(MPa)
100	0.006	0.007
10	0.06	0.07
1	0.6	0.7
0.1	6.0	7.0
0.01	60	70
0.001	600	700

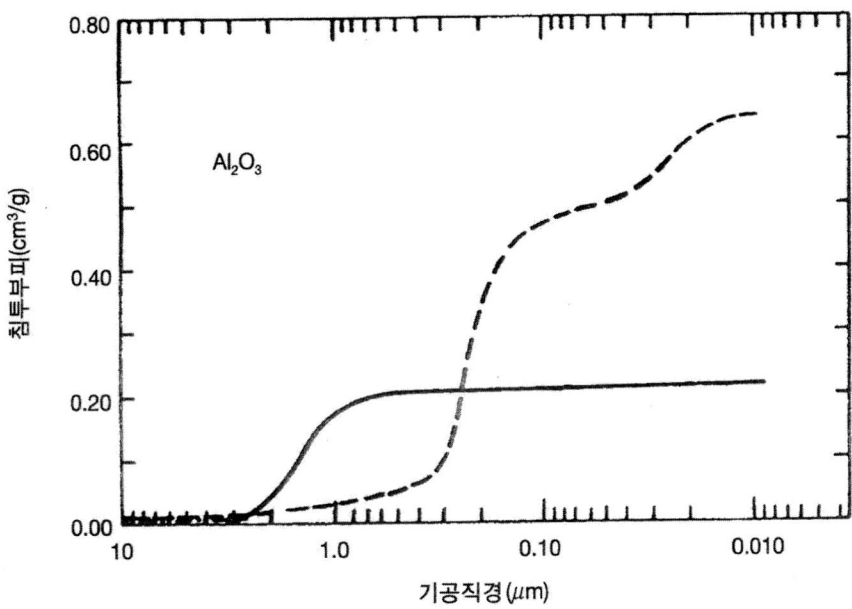

그림 1-13 수은침입 기공측정 결과 예(실선; 고밀도 알루미나, 점선; 다공성 알루미나)

한다. 응집체나 응결체 안의 미세한 기공들 안으로의 침투는 더 높은 압력에서 일어난다. 최고의 압력에서 전체 침투부피는 겉보기 부피를 계산하는 데 사용된다. 침투의 두 영역이 분명하게 구분될 때, 각 크기 범위에서 기공의 상대적 분율을 추정할 수 있으며, 기공률 분석으로부터 벌크 및 겉보기 입자밀도를 결정할 수 있다.

제 **2** 장

분 쇄

2.1 분쇄이론

2.2 분쇄기

대부분의 세라믹스 제조에는 고품위 광석의 분쇄물, 또는 순도 향상을 위해서 정제한 분말, 고상·액상·기상을 이용한 화학반응으로부터 합성한 분말이 이용되고 있다. 이 장에서는 원광분쇄공정에 이용되는 분쇄기를 중심으로 분쇄이론 및 기구에 관해 설명하고자 한다.

고체를 잘게 부수는 조작을 분쇄라 한다. 분쇄에서 취급하는 분쇄생성물의 크기는 수 10cm에서 수 μm 이하까지로, 그 크기의 정도를 표시하기 위하여 분쇄생성물의 크기가 수 cm 이상일 때에는 조분쇄, 수 mm 정도일 때에는 중간분쇄, 수 $100 \mu m$에서 수 $10 \mu m$ 정도일 때에는 미분쇄, 수 μm 이하일 때에는 초미분쇄라 한다.

분쇄의 직접적인 목적은 분쇄생성물의 지름, 비표면적 또는 입도분포를 소요의 크기 또는 소요의 분포상태로 하는 데 있으며, 또 그와 같이 하는 이유는 다음과 같다.

① 비표면적을 증가시킴으로써 반응속도나 용해속도를 높인다.
② 다성분으로 된 광석을 미세화하여 필요 성분의 분리를 쉽게 한다.
③ 다성분의 혼합도를 높여 균일하게 한다.

분쇄의 기구는 외부로부터 파괴력을 가하여 새로운 분쇄면을 만들고 많은 분쇄생성물을 분리 생성하는 것이다. 고체를 분쇄하기 위해서는 인장, 압축, 굽힘, 비틀림, 전단, 충격, 마찰 등의 어느 것이든 사용할 수가 있지만, 실제의 효율적인 분쇄에는 압축(compression), 충격(impact), 마찰(attrition 또는 rubbing) 및 절단(cutting)의 4가지 힘이 사용된다.

압축은 조분쇄 및 중간분쇄에, 충격은 중간분쇄, 미분쇄 및 초미분쇄에, 마찰은 미분쇄 및 초미분쇄에, 절단은 미분쇄 및 인성재료의 미세화에 사용된다. 또한 분체는 그 강도에 따라서 분쇄기의 형태, 분쇄동력이 달라진다. 고체의 경도를 표 2-1에 나타내었다.

분쇄생성물은 원래의 덩어리에 비하여 표면적이 커진다. 즉, 표면에너지가 증가한다. 분쇄조작의 에너지 효율은 이 표면에너지로부터 계산된다. 그러나 분쇄생성물의 크기나 형태는 일률적인 것이 아니다. 동일한 크기와 재질의 원료를 사용하여도 생성물의 입도나 형태는 같을 수가 없으며, 매우 광범위하게 변한다. 가장 작은 것은 분자 또는 원자단위일 수도 있고, 큰 것은 원료의 크기에서 그다지 큰 변화가 없는 것까지가 섞이게 된다.

표 2-1 모오스 경도

경도	물질	경도	물질
1	흑연, 자토	5	인회석, 크롬철광, 인광석(경질)
1~1.5	점토, 규조토, 활석	5.5	유리, 경질석회석
2	석고, 도토, 초석	6	장석, 휘석, 각섬석
2.5	갈탄, 방연광	6~6.5	적철광, 유화철광
3	운모, 중정석, 방해석	7	석영, 화강암, 사암
3~4	무수석고, 석면, 백운석, 동광	8	황옥석, 녹주석
4	형석, 황아연광	9	강옥, 청옥, 금강사
4~4.5	능철광, 능고토광	10	금강석

2.1 분쇄이론

2.1.1 분쇄동력과 에너지

분쇄에 있어서 동력비는 가장 중요한 인자이다. 분쇄할 때 원료입자는 변형되며, 외부에서 가한 에너지는 응력으로 입자 내에 축적된다. 적용된 에너지가 변형한계를 넘어서면 갑자기 부서져서 새로운 표면이 만들어지고 가해진 에너지는 표면에너지로 변화된다. 이 때 상당량이 열로 변하여 손실된다.

어떤 입자의 분쇄 전후의 비표면적을 A_{wa}, A_{wb}(ft²/lb)라고 하고, 표면에너지를 e_s(ft · lbf/ft²)라고 하면, 분쇄원료에 흡수된 에너지 W_n과 분쇄효율 η_c와의 관계는 다음과 같다.

$$W_n = \frac{e_s(A_{wb} - A_{wa})}{\eta_c} \tag{2-1}$$

분쇄되었을 때의 표면에너지는 파괴시 원료 내의 역학적 에너지보다 작으며, 이 역학적 에너지의 대부분은 열로 바뀐다. 따라서 분쇄효율은 낮다.

분쇄기계에 전해진 에너지를 W(ft · lbf/lb)라고 하면, 이 중의 일부는 기계 부분의 마찰에 의하여 손실되고, 이 중에서 W_n에 해당하는 에너지만이 분쇄원료에 흡수된다. 따라서 기계적인 효율을 η_m이라고 하면,

$$W = \frac{W_n}{\eta_m} \tag{2-2}$$

식 (2-1)에 대입하면,

$$W = \frac{e_s(A_{wb} - A_{wa})}{\eta_m \eta_c} \tag{2-3}$$

식 (1-11)로부터 $A_w = 6/\overline{D}_{vs}\rho\lambda$이고, W와 동력 P(hp)와의 관계는 $P = W\dot{m}/550$이므로,

$$P = \frac{6\,\dot{m}e_s}{550\rho_p\eta_c\eta_m}\left(\frac{1}{\overline{D}_{vsb}\lambda_b} - \frac{1}{\overline{D}_{vsa}\lambda_a}\right) \tag{2-4}$$

여기서 $\dot{m}$은 원료의 도입속도(lb/sec)이다. 1분당 1ton을 분쇄하는 데 필요한 동력으로 표시하면,

$$\frac{P}{\dot{m}} = \frac{2000 \times 6}{550 \times 60}\frac{e_s}{\rho_p\eta_c\eta_m}\left(\frac{1}{\overline{D}_{vsb}\lambda_b} - \frac{1}{\overline{D}_{vsa}\lambda_a}\right)$$

$$= \frac{0.364}{\rho_p\eta_c\eta_m}\frac{e_s}{}\left(\frac{1}{\overline{D}_{vsb}\lambda_b} - \frac{1}{\overline{D}_{vsa}\lambda_a}\right) \tag{2-5}$$

2.1.2 분쇄법칙

(가) 리팅거(Rittinger)의 법칙

리팅거의 분쇄이론은 「분쇄에 필요한 에너지는 분쇄물의 표면적 증가에 정비례한다」는 것으로, 분쇄기와 분쇄원료가 같을 때 분쇄효율 η_c는 일정하여 분쇄원료나 생성물의 크기에는 무관함을 뜻한다. 식 (2-4)에서 $\lambda_a = \lambda_b$, 또 기계의 효율이 일정할 때 정수 K_r을 사용함으로써 리팅거의 법칙을 얻을 수 있다.

$$\frac{P}{\dot{m}} = K_r \left(\frac{1}{D_{vsb}} - \frac{1}{D_{vsa}} \right) \tag{2-6}$$

이 법칙은 단위질량의 물질을 분쇄하는 에너지가 크지 않을 때 유용하다.

연습문제

어떤 분쇄기에 부피-표면 평균지름이 0.75in(19mm)인 원료를 도입하여 0.25in(5mm)인 것이 생성된다. 시간당 12ton(3kg/s)을 분쇄하는 데 소요되는 동력이 9.3hp(6.9kW)이다. 분쇄속도를 시간당 10ton(2.5kg/s)으로 줄이고 제품의 부피-표면 평균입경이 0.15in(3.8mm)가 되게 하면, 소요동력은 얼마인가? 단, 기계의 효율은 일정하다고 간주한다.

풀 이

변수는 분쇄속도와 원료 및 생성물의 크기이므로 식 (2-6)이 사용된다. 환산계수가 K_r에 포함되기 때문에 단위환산은 하지 않고 그대로 사용한다.

$$\frac{9.3}{12} = K_r \left(\frac{1}{0.25} - \frac{1}{0.75} \right), \quad \frac{P}{10} = K_r \left(\frac{1}{0.15} - \frac{1}{0.75} \right)$$

처음의 식으로 그 다음 식을 나누어, K_r을 소거하면

$$(P/10)\,(12/9.3) = \frac{1/0.20 - 1/0.75}{1/0.15 - 1/0.75}, \quad \text{따라서} \quad P = 11.4 \text{ hp } (8.5\,\text{kW})$$

(나) 본드(Bond)의 법칙

본드의 이론에 의하면 무한히 큰 덩어리로부터 D_p인 입자로 분쇄하는 데 필요한 일은 「분쇄생성물의 부피에 대한 표면적의 비, 즉 s_p/v_p의 평방근에 비례한다」는 것이다. $s_p/v_p = 6/D\lambda$이므로

$$\frac{P}{\dot{m}} = \frac{K_b}{\sqrt{D_p}} \tag{2-7}$$

여기서 K_b는 원료의 성질과 기계의 종류에 따른 상수이다. 대개 공업적 분쇄기에는 이 법칙이 잘 적용된다. 좀더 작은 입자생성물인 경우, 본드의 법칙은 리팅거의 법칙보다 에너지의 소비가 적다. 이식을 이용하려면 일지수(work index)를 정의하여야 한다. 일지수 W_t는 무한히 큰 덩어리의 고체를 분쇄하여 생성물의 80%가 $100\mu m$의 체를 통과하게 하는 데 필요한 에너지이며, 보통 kWh/ton(200lh)의 단위로 표시된다. $\dot{m}$를 ton/h, D_p를 mm, P를 kW의 단위로 사용하면 식 (2-7)로부터,

$$\frac{P}{\dot{m}} = W_t = K_b(\frac{1}{100\times10^{-3}})^{1/2} \qquad\qquad \therefore K_b = 0.3162\,W_t \qquad\qquad (2\text{-}8)$$

따라서 원료의 80%가 통과하는 체의 크기를 D_{pa}(mm), 생성물의 80%가 통과하는 체의 크기를 D_{pb}(mm)라고 하면,

$$\frac{P}{\dot{m}} = 0.3162\,W_t\,(\frac{1}{\sqrt{D_{pb}}} - \frac{1}{\sqrt{D_{pa}}}) \qquad\qquad (2\text{-}9)$$

이 일지수에는 기계의 마찰손실까지 포함된다. 일지수의 예는 표 2-2와 같다. 이 값은 습식분쇄일 때의 일지수이며, 건식분쇄일 때는 표에서 주어진 값에 4/3을 곱하여 준다.

표 2-2 일지수(W_t)의 예

원 료	비 중	W_t	원 료	비 중	W_t	원 료	비 중	W_t
장 석	2.59	10.80	화강암	2.66	15.13	석 영	2.65	13.57
현무암	2.91	17.10	형 석	3.01	8.91	자철광	3.88	9.97
유 리	2.58	12.31	점 토	2.51	6.30	흑 연	1.75	43.56
백운석	2.74	11.27	석 고	2.69	6.73	금강사	3.48	56.70
규 석	2.68	9.58	석회석	2.66	12.74	망 간	3.53	12.20
규 사	2.67	14.10	석 탄	1.40	13.00			

연습문제

원료의 80%가 2in 체를 통과하는 석회석 100ton/h를 분쇄하여 생성물의 80%가 1/8in 체를 통과하도록 할 때의 필요한 동력은 얼마나 되겠는가?

풀 이

석회석의 일지수는 표 2-2에서 12.74이다. 식 (2-9)를 사용하면,

$$D_{pb} = 0.125\times25.4 = 3.175\text{mm}$$

$$D_{pa} = 2\times25.4 = 50.8\text{mm}\ 이므로,$$

$$P = 100\times0.3162\times12.74(\frac{1}{\sqrt{3.175}} - \frac{1}{\sqrt{50.8}}) = 169.6\text{kW}\ (227\,\text{hp})$$

참고

분쇄기에 대한 동력의 근사계산: 공업적으로 이용되는 분쇄기는 조분쇄, 중간분쇄, 미분쇄기로 입도 범위가 매우 넓고 또 분쇄기구도 서로 다르므로 총괄적인 관계를 얻기가 어렵지만, 본드-왕(Bond-Wang)의 도표(그림 2-1)를 이용하면 분쇄에너지에 대한 근사계산과 입도에 따른 분쇄기를 선정하는 데 편리하다.

소요에너지 $h = k\sqrt{\dfrac{r^{0.5}}{P}}$ (2-10)

여기서 γ는 분쇄비, P는 생성물의 80%가 통과하는 입자지름(in), k는 상수(경질 1, 중경질 0.5, 연질 0.25)이다.

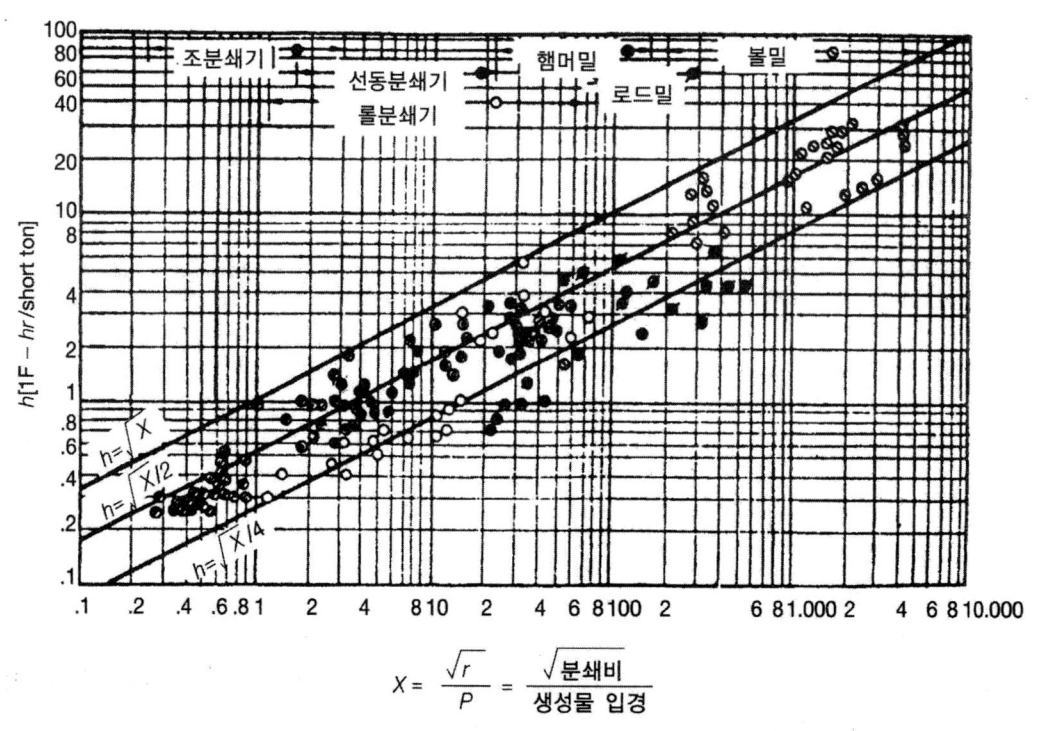

$$X = \frac{\sqrt{r}}{P} = \frac{\sqrt{분쇄비}}{생성물\ 입경}$$

F; 원료의 80% 통과 체눈(in) h; 분쇄일량($HP- Hr$/ton)

P; 생성물의 80% 통과 체눈(in) r; 분쇄비(=F/P)

k; 정수(경질재료 1, 중경질 0.5, 연질 0.25)

그림 2-1 본드-왕(Bond-Wang)의 도표

따라서 $\gamma = 2/\dfrac{1}{8} = 16$

$\sqrt{\gamma} = 4$
$k = 0.5$
$\therefore h = 0.5\sqrt{32} = 2.83$ hph/ton

소요동력 $2.83 \times 100 = 283$ hp (그림 2-1로부터 롤 크러셔가 적당)

(다) 킥(Kick)의 법칙

이 분쇄이론은 「기하학적으로 서로 비슷한 2개의 물체가 똑같은 변형을 받을 때, 분쇄에 필요한 일의 양은 두 물체의 부피 또는 무게에 비례한다」는 것으로, 일반적으로 분쇄의 각 단계에 대하여, 분쇄비를 γ라 하면, n 단계에서의 전체 분쇄비는 γ^n이 된다. 분쇄원료와 생성물의 크기를 각각 D_{pa} 및 D_{pb}라 하면,

$$\gamma^n = \frac{D_{pa}}{D_{pb}} \tag{2-11}$$

양변에 대수를 취하면,

$$n\log\gamma = \log(D_{pa}/D_{pb}) \tag{2-12}$$

1단의 분쇄에 필요한 에너지를 W_1이라고 하면, 전체 에너지는

$$\frac{P}{\dot{m}} = nW_1 = \frac{W_1}{\log\gamma} \cdot \log\left(\frac{D_{pa}}{D_{pb}}\right) \tag{2-13}$$

여기서 W_1과 γ는 각 단계에서 일정하므로,

$$\frac{P}{\dot{m}} = K_c \log\left(\frac{D_{pa}}{D_{pb}}\right) \tag{2-14}$$

즉, 어떤 원료의 일정량을 분쇄하는 데 필요한 에너지는 분쇄비가 같으면 같은 값을 가진다. 주로 화강암, 현무암 같은 재료의 분쇄에 적합하다. 일반적으로 조분쇄에 대하여 성립한다.

킥의 법칙에서 1단당의 에너지는 일정하지만, 리팅거의 법칙에서 1단당의 에너지는 분쇄 정도가 커짐에 따라 증대한다. 일반적으로 킥의 법칙은 조분쇄에, 리팅거의 법칙은 미분쇄에 적용된다.

입경이 D_p인 입방체 원료를 분쇄하는 데 필요한 일은 리팅거의 이론에서는 D_p^2, 킥의 이론에서는 D_p^3에 비례하므로, 중간값인 $D_p^{2.5}$에 비례한다는 것이 본드의 이론이다. 이것은 최초 원료가 파괴를 일으키는 상태에서의 일은 D_p^3에 비례하지만, 균열의 진행과 더불어 왜곡에너지가 분쇄표면에 집중되어 D_p^2에 비례하므로 전체적으로는 $D_p^{2.5}$에 비례한다고 볼 수 있다.

분쇄에 필요한 일을 미분식으로 나타내면 다음과 같으며, 이것을 루이스(Lewis)의 일반식이라고

한다.

$$dW = -K\frac{dP_p}{D_p^n} \tag{2-15}$$

여기서 W는 일, D_p는 입자지름이며, K와 n은 상수이다.

킥의 이론은 식 (2-15)의 $n=1$에 상당하며, 리팅거의 이론은 $n=2$일 때 얻을 수 있다. 본드의 법칙은 $n=1.5$로 킥과 리팅거의 중간값을 갖는다고 볼 수 있어 실용적이라 할 수 있으나, 분쇄기구를 해명하기에는 아직 충분하지 못하다.

2.2 분쇄기

분쇄에 이용되는 힘은 압축력, 충격력, 마찰력, 전단력, 구부리는 힘 등이 있으나, 이들 힘이 단독으로 작용하지 않고 여러 힘이 조합되어 작용한다. 이들 중 압축력은 경질 원료의 조분쇄에, 충격력은 조분쇄, 중간분쇄 및 미분쇄에, 마찰력은 경질 원료의 미분쇄에 주로 작용된다. 표 2-3에 분쇄기의 분쇄기구를 나타내었다.

표 2-3 주요 분쇄기의 분쇄기구

분쇄기구 분쇄기	압 축	충 격	마 찰	전 단	구부림
조오 크러셔	○				
자이러토리 크러셔	○				○
롤 크러셔	○			○	
엣지런너	○		○	○	
해머 크러셔		○			
디스크 크러셔			○	○	
볼밀		○	○		
제트밀		○	○		

2.2.1 분쇄기의 분류

분쇄장치는 크게 조분쇄기(crusher), 중간분쇄기(grinder), 미분쇄기(ultrafine grinder) 및 절단기(cutting machine)로 나눌 수 있다. 표 2-4에 나타낸 바와 같이, 조분쇄기는 원광석을 40mm까지, 중분쇄기는 이를 3~10mm의 크기까지 분쇄한다. 미분쇄기는 중분쇄한 물질을 150μm까지 분쇄하며, 초미분쇄기로는 다시 1~50μm까지 분쇄한다. 절단기는 특수 형태로 절단하며, 1/6~1/2in까지 절단한다.

표 2-4 분쇄기의 적용 범위에 의한 분류

	분쇄물의 크기	분쇄생성물의 크기	분쇄비	적용 예
조분쇄기	>100mm	<40mm	3~4	조오 크러셔 자이러토리 크러셔
중분쇄기	6~50mm	3~10mm	5~10	롤 크러셔 엣지런너 해머 크러셔 디스크 크러셔
미분쇄기	3~10mm	<150μm	20~50	볼밀 제트밀

(1) 조분쇄기

압축력에 의한 조분쇄기에는 조오 크러셔(jaw crusher), 자이러토리 크러셔(gyratory crusher) 및 평활 롤 크러셔(smooth roll crusher)가 있으며, 톱니형 롤 크러셔(toothed roll crusher)는 잡아 찢어서 분쇄한다.

(가) 조오 크러셔

$20\sim30°$의 각도로 벌어져 있는 V자 모양의 조오에 원광을 넣고 압축하여 분쇄하는 장치이다. 한쪽 조오는 고정되어 있고 다른 한쪽은 왕복운동을 한다. 움직이는 조오의 운동은 1분당 $250\sim400$회 왕복하며 조오의 면은 평활하거나 홈이 파여져 있다. 움직이는 조오의 주축이 위에 있는 것을 블레이크형(brake type), 밑에 있는 것을 덧지형(dodge type)이라고 한다. 블레이크형은 하부의 분쇄생성물 출구가 활차의 운동에 따라서 넓어졌다 좁아졌다 하지만 덧지형은 출구가 일정하므로 분쇄물의 배출이 적고 잘 막힌다.

그림 2-2는 블레이크형이며 오늘날 많이 사용되고 있다. 움직이는 조오의 운동폭을 조절하여 생성물의 크기를 어느 범위에서 규제할 수 있다. 조오 크러셔에서는 물체가 조오 사이에 물려서 밀려나가지 않아야 한다.

그림 2-3의 물림각과 압축력의 관계에서 두 조오의 면이 이루는 각을 물림각이라 한다. 그림과 같이 질량 m인 입자가 물려 있을 때 입자의 중력을 무시하면, 점 a, b에서 입자의 중심에 작용하는 힘은 다같이 F_γ이며 이 힘의 윗방향으로의 분력은 $F_\gamma \sin\alpha$이다. 또 a, b에서 조오면에 평행하게 아래로 작용하는 힘은 마찰력 F_t이며 마찰계수를 μ'라고 하면 $F_t = \mu' F_\gamma$이다. F_t의 밑방향으로의 분력은 $F_t \sin\alpha$이다.

따라서 입자가 물려서 분쇄되는 조건은,

$$2F_t \cos\alpha = 2F_\gamma \mu' \cos\alpha \geq 2F_\gamma \sin\alpha \tag{2-16}$$

$$\mu' \geq \frac{\sin\alpha}{\cos\alpha} = \tan\alpha \tag{2-17}$$

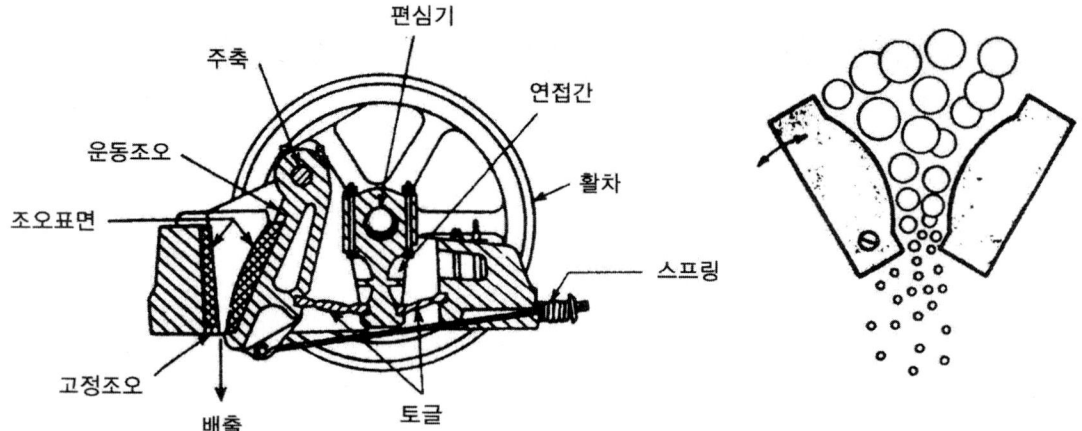

그림 2-2 블레이크형 조오 크러셔

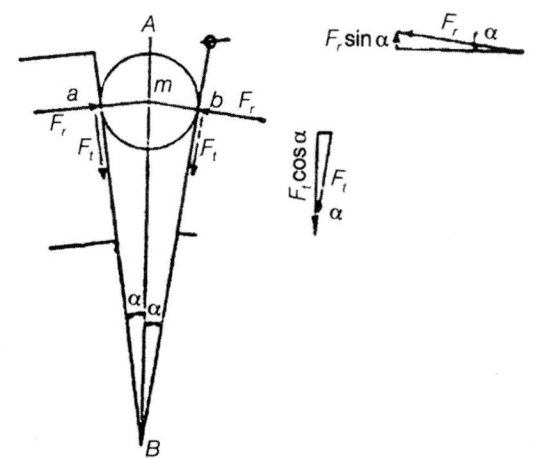

그림 2-3 블레이크형 조오 크러셔의 물림각

이다. 대개 물림각은 공업적으로 $20 \sim 30°$ 이다. 여기서 물림각을 계산할 때 안전도를 고려하여 중력
은 제외하고 고찰한 것이다.

또 조오의 표면에 작용하는 압축력은 그림 2-4 에서,

$$F = 2 F_1 \cos\beta \tag{2-18}$$

$$F_2 = F_1 \sin\beta = \frac{F\sin\beta}{2\cos\beta} = \frac{F\tan\beta}{2} \tag{2-19}$$

주축에서 x 만큼 떨어진 곳의 수평분력을 F_x 라고 하면, 능률의 원리에 의하면,

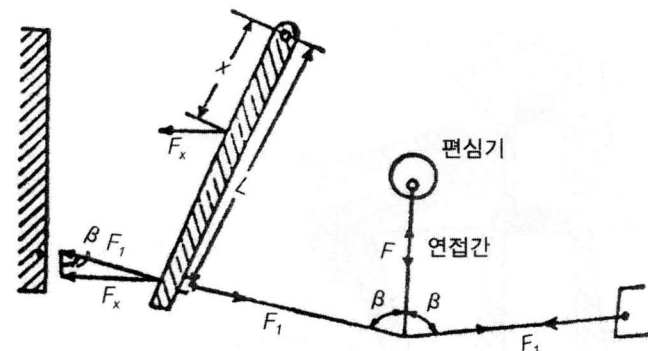

그림 2-4 블레이크형 조오 크러셔의 물림각

$$x\,F_x = L\,F_2 \tag{2-20}$$

따라서

$$F_x = \frac{L\,F_2}{x} = \frac{LF\tan\beta}{2x} \tag{2-21}$$

β는 $70°$에 가까우므로, $\tan\beta$는 큰 값이 된다. 또한 $F_x > F_2$이며, 조오의 입구에는 큰 힘이 작용하여 큰 입자가 쉽게 부서질 수 있다.

(나) 자이러토리 크러셔

그림 2-5와 같이 편심 회전운동을 하는 원형의 조오가 있는 크러셔로, 분쇄머리의 회전속도는 분당 $125 \sim 425$회, 최고 용량은 $3,500\text{ton/h}$ 정도이다. 조오 크러셔보다 분쇄되어 배출하는 속도가 균일하다. 분쇄능력은 압축강도와는 무관하다. 조오 크러셔보다 연속작업이 가능하므로 효율이 좋다. 대형, 대동력으로 설계된 것이 많다.

(다) 평활 롤 크러셔

두 개의 표면이 평활한 롤 사이에서 분쇄하는 것으로 그림 2-6과 같다. 원료는 같은 속도를 가지고 서로 반대방향으로 회전하는 두 롤 사이에서 분쇄된다. 롤표면은 좁고 반지름은 크므로 큰 덩어리가 물릴 수 있다. 전형적인 롤은 지름이 24in일 때 면의 폭은 12in이며, 지름이 78in일 때는 폭이 36in이다. 롤의 회전속도는 분당 $50 \sim 300$회이며 원료의 크기는 $1/2 \sim 3\text{in}$, 생성물의 크기는 $1/2\text{in} \sim 200$메시로 2차 분쇄기에 속한다. 분쇄비는 3 또는 $4:1$일 때 가장 효율적이다. 즉, 생성물의 최대 입자지름은 원료의 $1/3$ 또는 $1/4$이다. 롤에 의해 전달되는 힘은 커서, 롤의 폭당 $5,500 \sim 40,000\ \text{lbf/in}^2$이며, 분쇄되기 어려운 물질에 의해 롤면이 손상되는 것을 방지하기 위하여 적어도 한쪽 롤에는 스프링을 달아야 한다.

물림각은 분쇄될 입자가 롤 사이에 물려 들어갈 수 있는 롤면 사이의 각이다. 롤 크러셔에서의 물

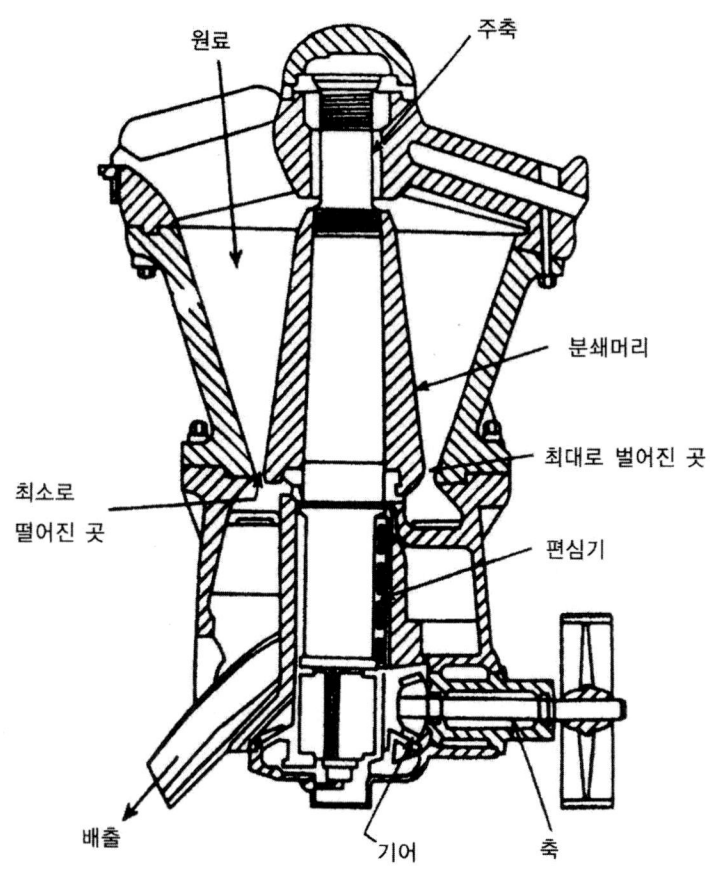

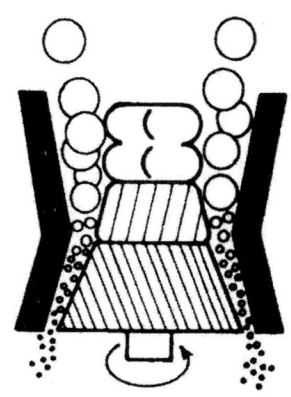

그림 2-5 자이러토리 크러셔

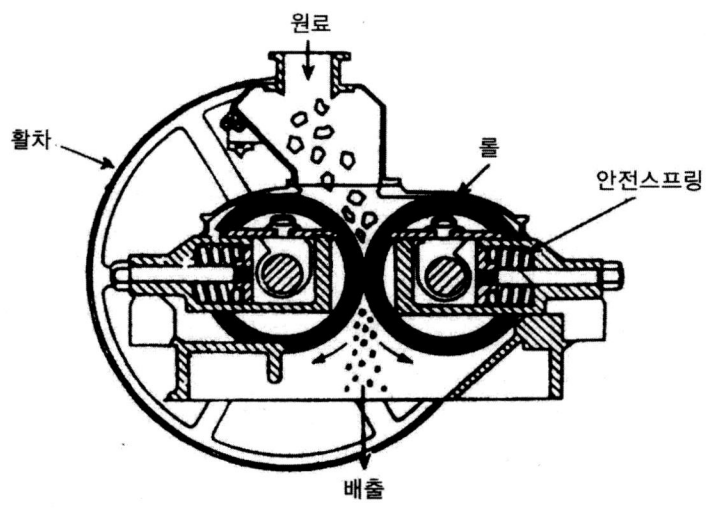

그림 2-6 평활 롤 크러셔

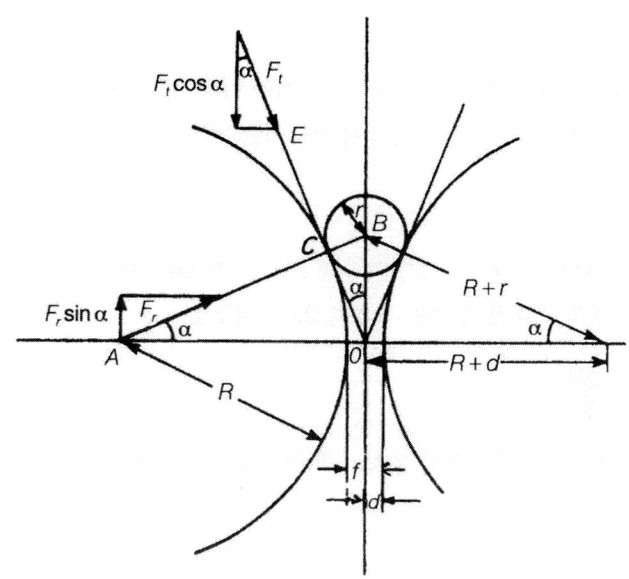

그림 2-7 롤 크러셔의 물림각

림각을 그림 2-7에서 계산해 보면, 입자 자체의 중력을 무시할 때, C점에는 두 가지의 힘이 작용한다. 즉, 입자의 중심으로 작용하는 F_r(수직분력은 $F_r \sin \alpha$)과 접선방향으로 작용하는 마찰력 F_t(수직분력은 $F_t \cos \alpha$)이다. 마찰계수를 μ'이라 하면, $F_t = \mu' F_r$의 관계에 있다.

$F_r \sin \alpha$는 롤로부터 입자를 밀어내려는 힘이며, $\mu' F_r \cos \alpha$는 롤 사이에 입자를 밀어 넣으려는 힘이다. 따라서 입자가 롤 사이에 물려서 분쇄될 수 있는 조건은,

$$F_r \mu' \cos \alpha \geq F_r \sin \alpha \qquad 또는 \qquad \mu' \geq \tan \alpha \tag{2-22}$$

여기서 $\mu' = \tan \alpha$일 때 α는 물림각의 반이다.

롤의 반지름 R, 입자의 반지름 r 및 롤 사이의 거리의 절반인 d와는 다음의 관계가 있다.

$$\cos \alpha = \frac{R+d}{R+r} \tag{2-23}$$

분쇄능력 q(ft³/h)는 다음과 같이 표시할 수 있다. 롤면의 폭을 b(ft), 롤의 회전속도를 n(rpm), 지름과 롤 사이의 거리의 반을 각각 D(ft) 및 d(ft)라 하면,

$$q = (60n)(\pi D)(2db) = 120 n \pi D d b \tag{2-24}$$

실제는 이론치의 1/3 ~ 1/10이 된다.

연습문제

등가지름이 1.5in(38mm)인 원료를 롤 크러셔에 넣어 등가지름 0.5in(12.7mm)로 분쇄한다. 마찰계수 0.29일 때, 롤의 지름은 얼마이어야 하는가?

풀이

$\mu' = \tan a = 0.29$ 이므로 $\alpha = 16.2°$, 따라서 $\cos\alpha = 0.960$ 이다.

식 (2-23)에 의해 분쇄된 입자는 지름이 $2d$가 되므로,

$$0.960 = \frac{R + 0.50/2}{R + 1.50/2}$$

$\therefore R = 12(\text{in})$, 따라서 롤의 지름은 24in, 즉 2ft(610mm)이다.

(라) 톱니형 롤 크러셔

평활한 롤면 대신에 톱니형으로 만들거나 요철을 만드는 경우로 그림 2-8과 같이 하나의 롤과 고정면 사이에서 분쇄된다. 이때는 압축, 충격, 찢음이 동시에 작용하며 물림각의 문제는 일어나지 않으나, 대체로 경도가 작은 것을 분쇄하는 데 쓰인다. 원료는 20in까지 사용하며, 최대 능력은 500ton/h 정도이다.

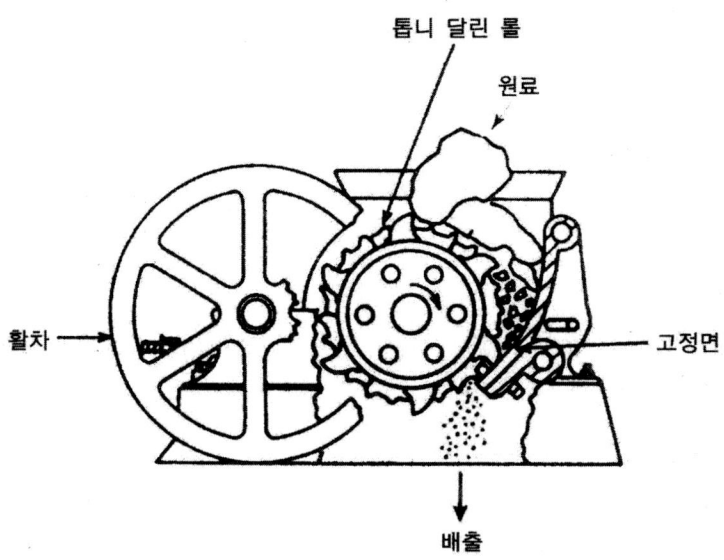

그림 2-8 톱니형 롤 크러셔

(2) 중간 분쇄기

그라인더는 크러셔(조분쇄기)에서 분쇄된 생성물을 미분쇄하는 데 사용된다. 주로 사용되는 그라인더에는 해머밀(hammer mill), 임팩터(impactor), 회전-압축밀(rolling-compression mill), 마찰밀(attrition mill) 및 회전밀(revolving mill)이 있다.

(가) 해머밀 및 임팩터

해머밀이나 임팩터는 원통형 틀 안에서 회전하는 고속 회전자를 가지고 있으며, 회전축은 대개 수평이다. 해머밀(그림 2-9)은 6~18in의 지름을 가진 회전원판에 3~8개의 해머가 달려 있다. 중간 분쇄기는 1in~20메시까지, 미분쇄용은 200메시 이하로 0.1~15ton/h의 속도로 분쇄한다. 해머밀의 분쇄능력과 동력은 원료에 따라 많은 차이가 있지만 대개 100~400lb를 분쇄하는 데 1hp가 소요된다.

임팩터(그림 2-10)는 해머밀과 같은 형태이나, 스크린이 없다. 해머밀은 하부에 스크린이 설치되어 있어 분쇄된 것만 빠져나간다. 임팩터에서 입자는 해머밀처럼 비벼서 분쇄되지 못하고 다만 충격에 의해 분쇄되는데, 분쇄능력은 600ton/h 정도이다. 이때 분쇄생성물의 모양은 조오 크러셔나 회전 크러셔처럼 슬랩(slap)상이 아니라, 등축을 이룬 육면체에 가깝다.

(나) 회전-압축밀

이 형태의 밀에서 입자는 고정틀과 롤러 사이에서 분쇄된다. 여기에는 회전-링분쇄기, 보울밀(bowl mill) 및 롤러밀(roller mill, 그림 2-11)이 속하며, 원리는 실험실에서 사용하는 몰탈과 같다. 분쇄하면서 동시에 공기는 불어넣어 분쇄된 미립자는 불려나가며, 이를 다시 사이클론이나 백필터(bag filter)에서 분리하게 되어 있다. 경도가 그다지 크지 않은 물질의 분쇄에 사용되며, 분쇄능력은 50ton/h, 분리장치가 있으면 90%의 -200메시 생성물을 얻는다.

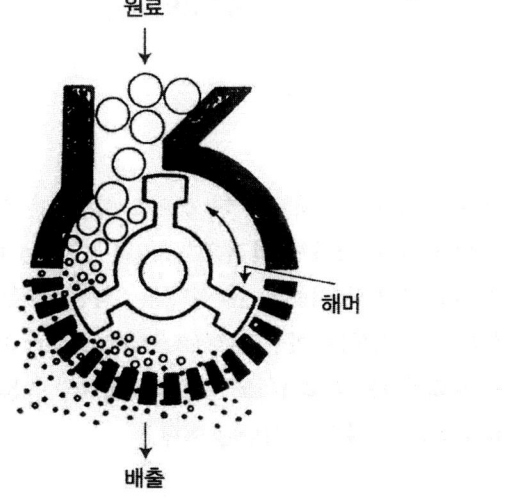

그림 2-9 해머밀

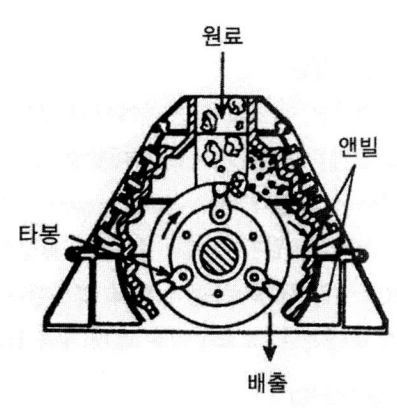

그림 2-10 임팩터

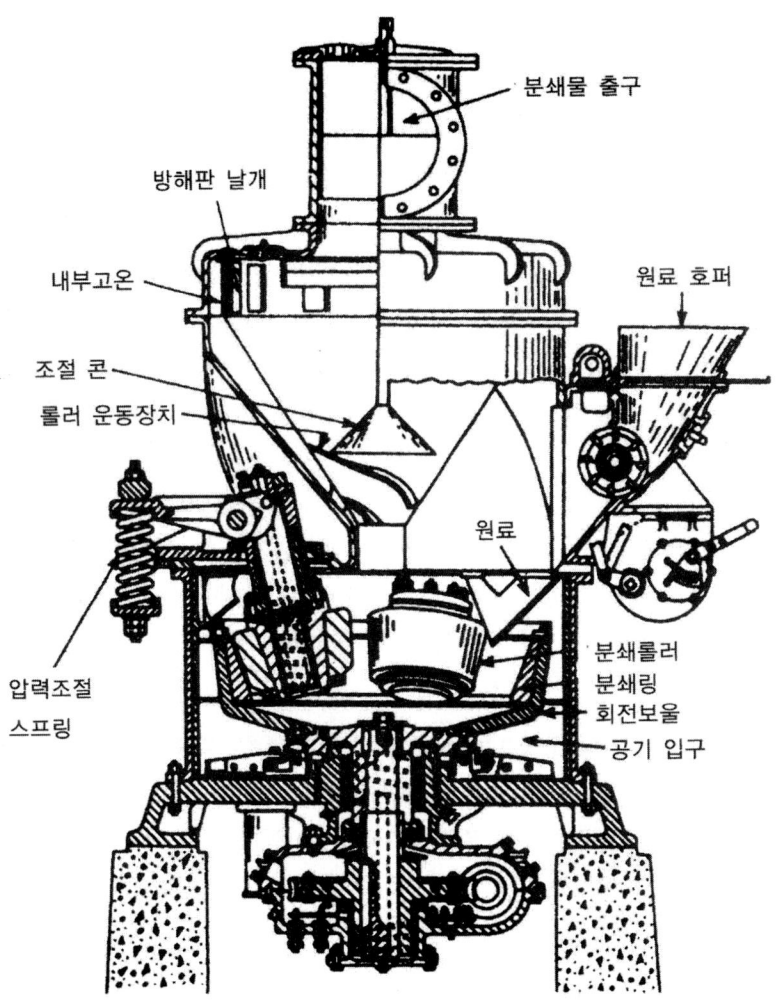

분쇄물 출구

방해판 날개

내부고온

조절 콘

롤러 운동장치

원료 호퍼

원료

압력조절
스프링

분쇄롤러
분쇄링
회전보울
공기 입구

그림 2-11　롤러밀

(다) 마찰밀

회전하는 원형의 원판 사이에서 부드러운 입자가 분쇄되도록 한 것으로 회전축은 수직 또는 수평
으로 2개의 원판이 서로 반대방향으로 회전하거나, 하나만 회전한다. 그림 2-12는 하나의 원판이
회전하는 단일러너(single-runner) 마찰밀로 원판의 지름은 10~54in, 회전속도는 분당 350~
700회이다. 원판 2개가 동시에 역방향으로 회전하는 이중러너(double-runner) 마찰밀은 분당
1,200~7,000회로 좀더 빨리 회전한다. 원료입자는 최고 1/2in이며, 8ton/h의 속도로 -200메시
까지 분쇄된다. 소요동력은 대개 제품 1ton당 1시간에 10~100hp이다.

(라) 회전밀

대표적인 회전밀의 예는 그림 2-13 및 2-14와 같으며 원통형 또는 쌍원뿔형의 통안에 분쇄매체

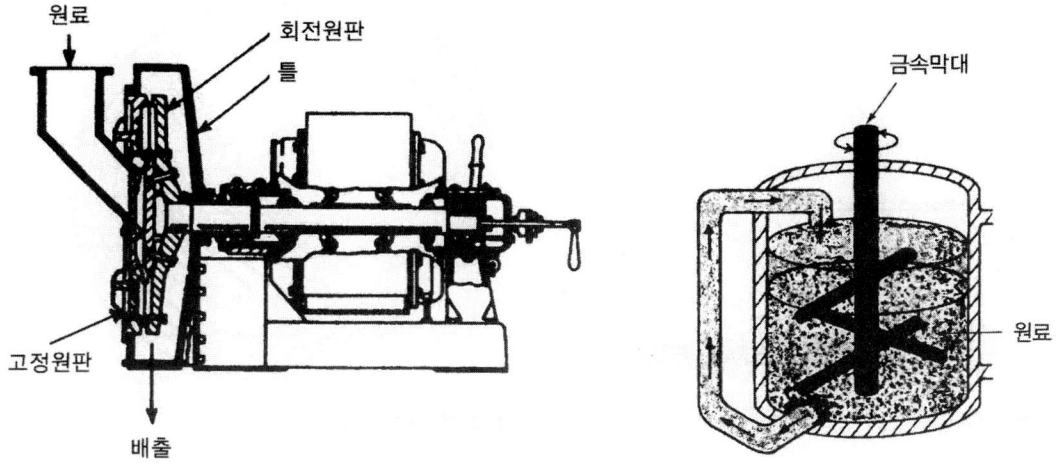

그림 2-12 마찰밀(단일러너)   **그림 2-13** 어트리션밀

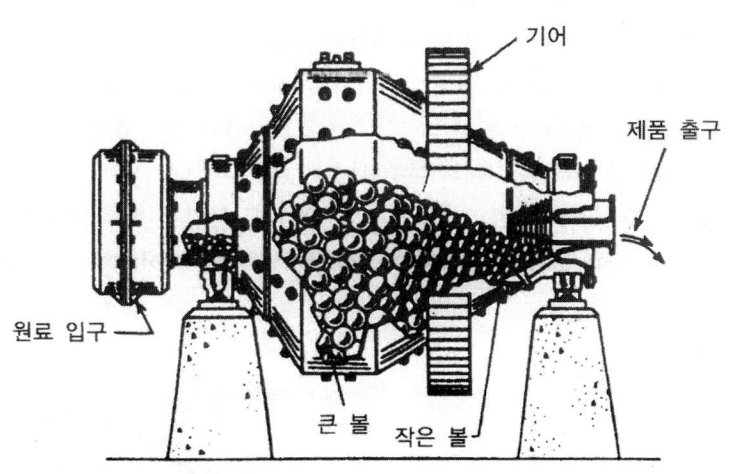

그림 2-14 코니컬 볼밀

가 들어 있다. 통은 보통 강철로 만들고, 고탄소강판, 자재, 실리카 광물이나 고무로 내장한다. 분쇄 매체로는 어트리션밀(attrition mill)에는 금속막대, 볼밀(ball mill)에는 금속, 실리카 광물, 고무 또는 나무로 만든 볼, 그리고 페블밀(peblle mill)에는 자갈이나 자재 및 지르콘질 볼이 쓰이며 주로 미분쇄에 사용한다.

회전밀에서 통이 회전하면 분쇄매체는 원심력에 의하여 벽을 따라 올라갔다가 떨어지면서 분쇄하므로 주로 충격에 의하여 분쇄된다. 분쇄로드의 크기는 1~5in, 볼의 크기는 1~5in, 페블의 크기는 2~7in의 것이 많이 사용된다. 튜브밀(tube mill)은 그림 2-15와 같이 연속조작이 가능하며 볼밀보다 2~5배를 분쇄할 수 있다. 또한 크기가 다른 볼을 적절히 배합하여 동력의 소모를 줄일 수 있

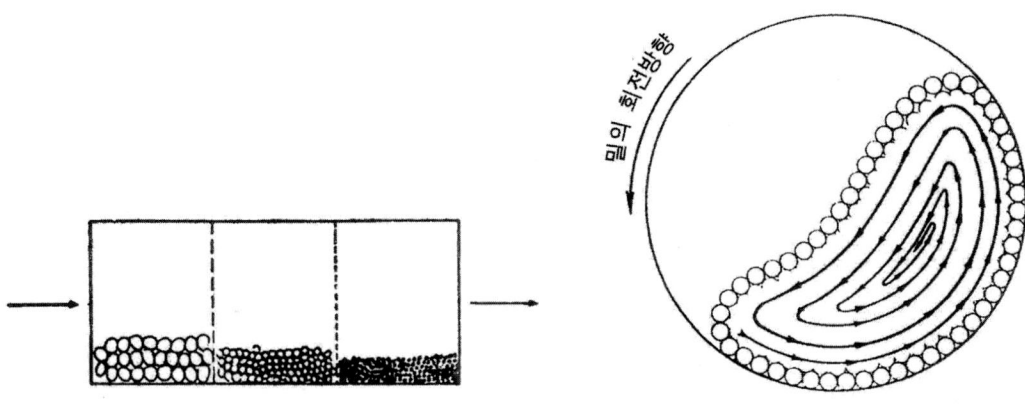

그림 2-15 튜브밀   그림 2-16 볼의 운동

는 콤파트먼트밀(compartment mill)이 있다. 통 안에서의 볼의 운동은 그림 2-16과 같으며, 통이 회전하면 분쇄원료나 볼이 다 같이 입자가 큰 것은 중앙으로, 작은 것은 양 옆으로 분리되어 균일하게 분쇄되도록 한다. 통의 회전속도가 너무 빠르면 볼은 통의 벽에서 떨어지지 않고 원심력에 의해 그대로 벽을 따라 회전하게 되므로 분쇄가 일어나지 않는다. 이러한 현상을 원심화라고 하며, 이와 같이 되는 최저속도를 임계속도라고 한다. 원심화 현상이 일어나면, 관성에 의하여 자동 회전하므로 동력이 거의 들지 않는다. 동력과 회전속도의 관계는 그림 2-17과 같다.

통의 벽으로부터 떨어지는 볼의 속도는 중력과 원심력 사이의 평형관계에서 구할 수 있다. 그림 2-18의 A점에 있는 볼을 생각해 보자. 통의 반지름을 R, 볼의 반지름을 r이라 하면 볼의 중심은 통

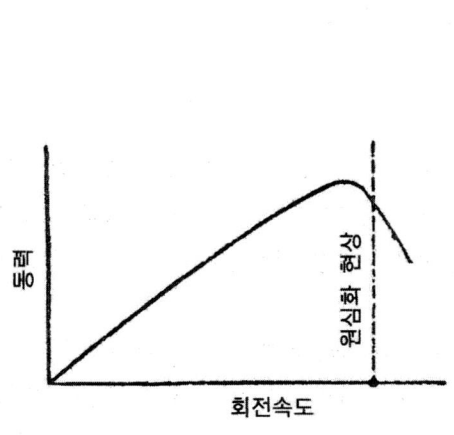

그림 2-17 볼밀의 회전속도와 동력

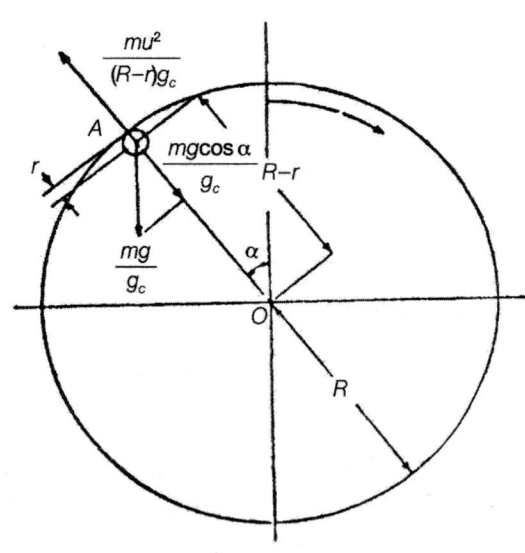

그림 2-18 볼의 운동원리

의 축으로부터 $R-r$의 거리에 있다. OA와 O에서의 수직선이 이루는 각을 α라 하면, 볼에는 두 힘이 작용한다. 즉, 질량 m인 볼에 작용한 중력(mg/g_c)과 원심력($mu^2/(R-r)g_c$)이다. 여기서 u는 볼의 원주속도이다. 중력의 구심력은 (mg/g_c)$\cos\alpha$이며, 이 힘은 원심력과 반대된다. 원심력이 구심력보다 크면 볼은 벽에서 떨어지지 않고 원심화 현상이 일어난다. 한편 α가 감소하면 구심력은 증가한다. 원심력과 구심력이 같으면,

$$m\left(\frac{g}{g_c}\right)\cos\alpha = \frac{m\,u^2}{(R-r)\,g_c} \tag{2-25}$$

$$\cos\alpha = \frac{u^2}{(R-r)g} \tag{2-26}$$

한편 $u = 2\pi n(R-r)$이므로,

$$\cos\alpha = \frac{4\,\pi^2\,n^2\,(R-r)}{g} \tag{2-27}$$

임계속도에서는 $\alpha = 0$, $\cos\alpha = 1$, 또한 n은 점차 임계속도(n_c)에 도달되므로

$$n_c = \frac{1}{2\pi}\sqrt{\frac{g}{R-r}} \tag{2-28}$$

n_c를 rpm, R과 r의 단위를 ft로 하면, $g = 32.174\,\text{ft/sec}^2$이므로,

$$n_c = \frac{54.2}{\sqrt{R-r}} \tag{2-29}$$

가 된다.

회전속도 n은 임계속도 n_c의 65~80%를 취하는 것이 보통이다. 볼의 반지름 r은 통의 반지름 R에 비해 무시할 정도로 작으므로 $R-r \fallingdotseq R$이라 할 수 있다. n_c를 1분간의 회전수(rpm), R을 m으로 하면,

$$n_c = \frac{42.3}{\sqrt{2R}} = \frac{42.3}{\sqrt{D}} \tag{2-30}$$

여기서 D는 통의 지름(m)이다. 실제로 점성이 있는 원료의 습식 미분쇄에는 n_c의 60~70%, 점성이 낮은 원료의 습식 미분쇄나 10mm 정도의 건식분쇄에는 70~75%가 좋다고 하지만 일반적으로 다음 식으로 최적회전수가 주어진다.

$$n = 32/\sqrt{D} \tag{2-31}$$

볼의 장입량은 대개 겉보기 부피로 밀의 부피의 20~50% 범위이다.

> **연습문제**
>
> 안지름 1.83m의 볼밀로 10mm 정도의 입자를 분쇄하는 데 회전수를 어떻게 하면 좋은가? 회전수는 임계회전수의 77%로 한다.
>
> **풀이**
>
> $n = 0.77\ n_c$, $n_c = 42.3/\sqrt{1.83}$
>
> $\therefore\ n = 0.77 \times 42.3/\sqrt{1.83} \fallingdotseq 24\,(\text{rpm})$

볼 분쇄에서는 회전시 굴러 떨어지는 분쇄매체들 사이에서 충격이 발생하며, 이 분쇄매체들과 용기바닥 부근의 회전하는 다른 분쇄매체들 사이에서 또한 마모가 일어난다. 떨어지기 전의 분쇄매체 높이는 분쇄매체의 적하량, 고체 장입량, 각속도 및 습식분쇄에서 현탁액 점도 등에 따라 변한다.

점성 슬러리에 의해 발생되는 부착현상은 원심작용을 일으키는 임계 각진동수를 효과적으로 감소시킨다. 분쇄매체의 미끄러짐을 최소화하기 위하여 방해봉(baffle bar)을 지닌 라이닝을 사용하기도 한다. 대표적으로, 분쇄매체 적하량은 분쇄기 부피의 약 50% 정도이며, 분말이나 슬러리는 분쇄매체 안의 빈 공간을 약간 초과하게 장입한다. 이 조합은 분쇄효율 및 분쇄매체와 라이닝의 마모속도 등에 영향을 미친다. 분쇄물이 분쇄매체 사이의 틈새를 채우지 못할 때 마모가 빠르게 증가한다. 또한 분쇄매체와 라이닝의 마모저항이 유사하여야 한다.

응집체의 분산과 혼합을 위해서는 작은 분쇄매체의 적하량을 늘리거나 분쇄물의 장입량을 늘리는 방안도 사용된다. 인성 재료를 분쇄할 경우에는 마모입자들에 의한 오염을 최소화하기 위해서 보다 큰 내마모성 분쇄매체를 사용된다.

분쇄매체는 직경 8cm 이상의 것이 유효하게 사용되며, 미분쇄시에는 0.6cm인 분쇄매체도 널리 사용된다. 여러 가지 크기의 분쇄매체들을 혼합해서 사용하게 되면 특히 강한 재료를 분쇄할 경우 그 마모량이 증가한다. 일반적으로, 분쇄매체 크기/공급재료 크기의 비는 25/1 이상이어야 한다.

현탁액의 점도가 높을 때, 더 밀하고 또는 더 큰 분쇄매체가 사용된다. 습식분쇄에서, 해교된 슬러리의 점도는 분쇄온도에서 500∼2000mPa·s 범위이다. 입자들을 충격영역에 유지시키고, 분쇄매체의 마모를 보호하도록 분쇄매체에 슬러리 막을 형성하도록 하며, 분쇄매체와 분쇄기 벽 사이의 미끄럼을 최소화하도록 점도가 충분해야 한다. 마이크론 크기까지 분쇄할 경우는 화학적 해교가 더욱 중요하며, 부분적 응교에 의해서 점도가 증가되어서는 안 된다. 해교 슬러리를 분쇄할 경우, 콜로이드가 생성되거나 혹은 충전효율이 증가하므로 그 점도는 분쇄시간에 따라서 감소된다.

(3) 미분쇄기

1∼20μm 크기의 제품을 얻기 위하여 사용되는 기계로 입자 상호간의 충돌에 의하여 분쇄하는 기

구의 것이 많으며 대표적인 것은 제트밀(jet mill)과 콜로이드밀(colloid mill)이다.

(가) 내부 분급식 해머밀

마이크로 어토마이저(micro-atomizer)가 이 형식에 속한다(그림 2-19). 2개의 회전하는 해머가 2개의 회전원판에 달려 있으며 공기를 불어넣어 미분쇄된 것을 분리한다. 대개 1~2ton/h의 속도로 1~20μm의 제품을 얻을 수 있으며, 이때 50hph/ton의 동력이 필요하다.

(나) 제트밀

유동에너지 밀(fluid-energy mill)이라고도 부르며 전술한 분쇄기와는 전혀 다른 기구이다. 이것은 수 기압의 압축공기 또는 가열수증기를 지름 수 mm의 노즐에서 분출시켜서 얻어지는 제트기류로 입자를 가속하여 입자끼리 또는 벽과의 충돌에 의하여 분쇄하는 것으로 수 μm 이하의 초미분쇄에 적합하다. 그림 2-20은 대표적인 유동에너지 밀의 모양이다. 여기에는 운동부분이 없으며 입자가 유체에 날려 벽에 부딪혀서 분쇄된다. 유체는 100lbf/in^{2}의 압축공기나 가열수증기를 노즐을 통하여 분무시킨다. 유동입자의 통로는 직경 1~8in, 높이 4~8ft이며, 대개 100메시 정도의 원료를 사용하여 1ton/h의 속도로 0.5~10μm까지 분쇄한다. 제품 lb당 수증기는 1~4lb, 공기는 6~9lb가 필요하다.

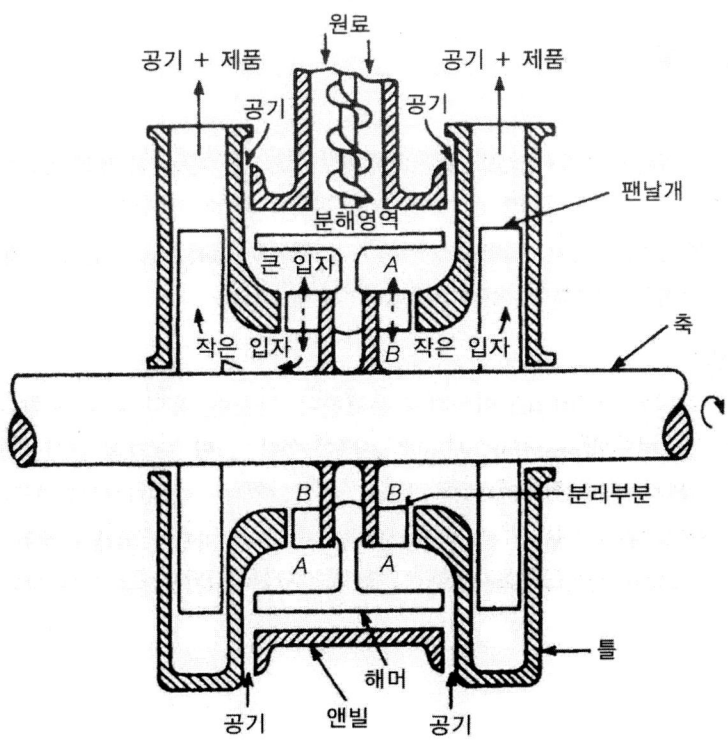

그림 2-19 마이크로 어토마이저

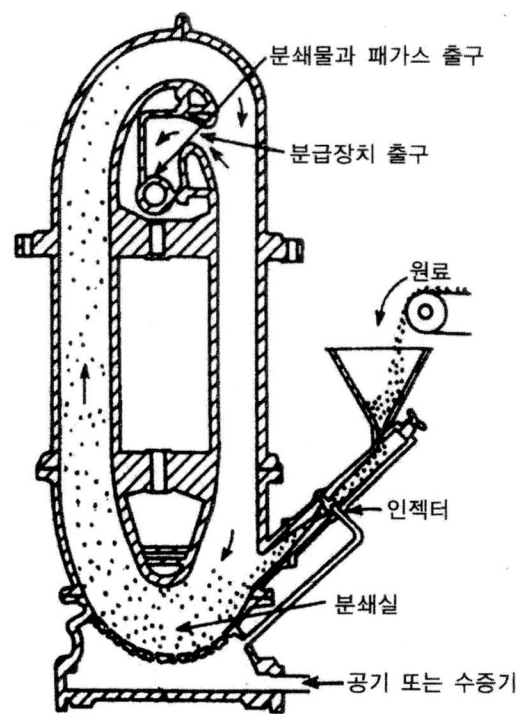

분쇄물과 패가스 출구

분급장치 출구

원료

인젝터

분쇄실

공기 또는 수증기

그림 2-20 유동에너지 밀

공급된 원료는 인젝터에서 가속되고, 그 앞쪽에 비스듬히 설치된 여러 개의 제트에 의해 분쇄된다. 타원형의 분쇄실 내를 고속의 기류를 타고 상승한 입자는 상부의 곡률반지름이 작은 부분에서 강한 원심력의 작용을 받아 거친 입자는 벽을 따라 다시 분쇄실로 내려오고 미립자는 배출유체에 동반되어 분급된다. 배출유체에 동반된 미립자는 백필터에서 포집된다.

(다) 콜로이드밀

대부분 습식으로 되어 있으며 μm 이하까지 분쇄된다. 카올린, 흑연 등의 분쇄에 쓰여진다. 이 형식에는 프레미어 콜로이드밀(premier colloid mill)이 있다. 그림 2-21과 같이 매끈한 원뿔면을 지닌 로터 A가 통 안에서 매우 적은 틈새를 가지고 고속 회전한다. 이때 로터의 간극은 마음대로 조절할 수 있으며 원액이 이곳을 지날 때 심한 전단작용을 받아 내부마찰에 의해 분쇄된다.

지금까지 소개한 분쇄기를 분쇄물과 분쇄생성물의 크기로 간략히 분류한 자료를 그림 2-22에 나타내었다.

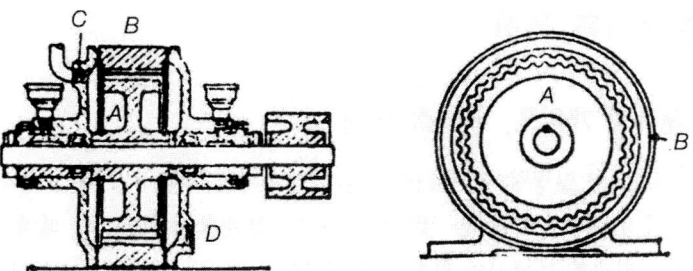

그림 2-21 프레미어 콜로이드밀

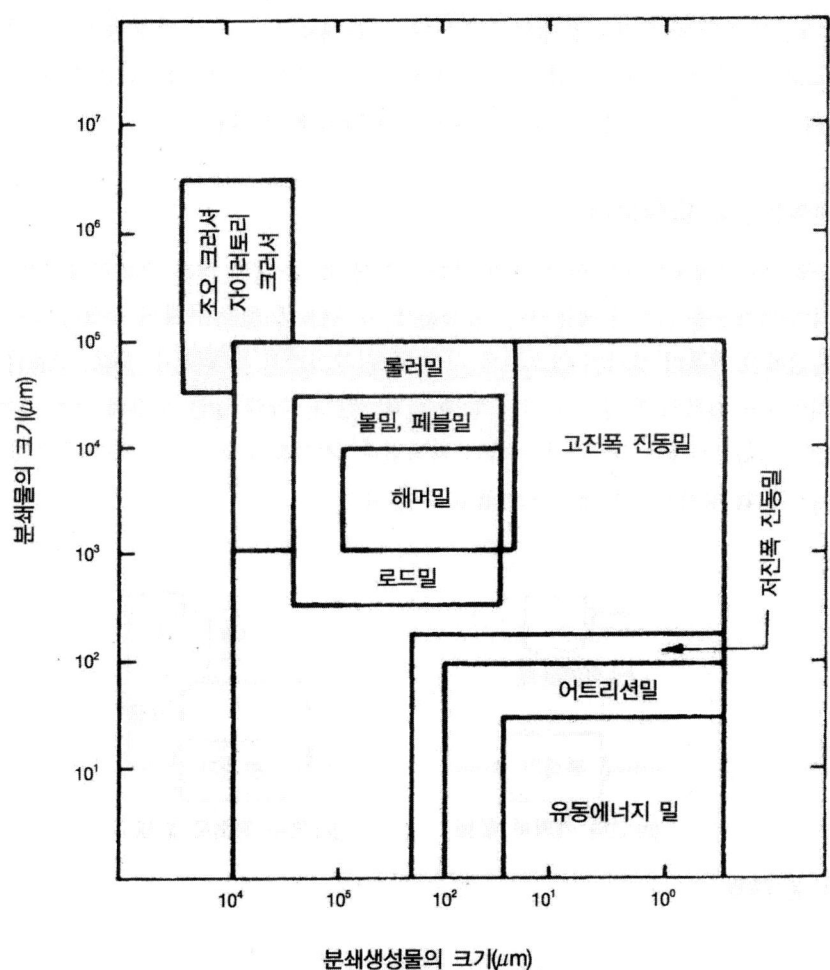

분쇄생성물의 크기(μm)

그림 2-22 분쇄물/분쇄생성물의 크기와 분쇄기의 연관성(J.S.Reed, "Pronciples of Ceramics Processing," John Wiley & Sons, 315, 1995.)

2.2.2 분쇄기의 운전

(1) 회분분쇄와 개회로, 폐회로 분쇄

회분(batch)분쇄는 일정량의 원료를 분쇄기 속에 넣고 배출구를 닫은 채로 원료 전체가 바라는 입도가 될 때까지 분쇄를 계속하는 방법이며 극미 분쇄를 필요로 할 때에 사용된다. 개회로(open circuit) 분쇄는 원료를 분쇄기의 한쪽에서 공급해서 분쇄된 것 중 큰 입자는 처음 위치에 되돌려 보내지 않고 전부를 다른 쪽에서 유출시키는 연속적 분쇄방법으로 조분쇄에 많이 사용된다. 이와는 달리 연속공급식 분쇄기에 의한 생성물을 분급하여 일정한 입경보다 큰 입자는 다시 원료에 섞어서 분쇄하는 방식을 폐회로(closed circuit) 분쇄라 하며, 개회로의 경우에 비하여 ① 원료의 평균 입경감소, ② 밀 내의 통과시간 단축, ③ 생성물의 비표면적 증가, ④ 과분쇄에 의한 완충작용의 감소 등의 특징이 있고, 이로 인해 개회로 분쇄의 경우보다 ① 분쇄능력은 $45 \sim 95\%$ 증가, ② 생성물 단위중량에 대한 소요동력은 $37 \sim 70\%$ 감소, ③ 밀 내장의 마모손실량은 약 50% 감소 등 직접생산비의 절감에 관련되는 효과가 크다. 그림 2-23은 분쇄방식을 나타낸 것이다.

(2) 건식분쇄와 습식분쇄

건식분쇄에서 분쇄생성물을 어떤 크기 이하로 작게 할 수 없는 것은 분쇄기의 벽이나 볼에 미립자가 부착되어 피복층을 만들기 때문이다. 습식분쇄, 즉 원료에 물을 가하여 슬립상으로 분쇄할 때에는 입자가 분산하여 피복이 생기지 않으므로 더욱 고운 크기까지 분쇄할 수 있다. 그러나 $10\mu m$ 이하가 되면 습식이라도 입자의 응집으로 인한 방해가 일어난다. 이와 같은 응집에 따른 한계 크기는 규산염, 인산염 등의 분산제를 1% 이하 가하면 저하된다. 건식분쇄의 경우 분쇄조제를 첨가함으로써 벽이나 볼의 피복을 방지하고 분쇄효과를 높일 수 있다.

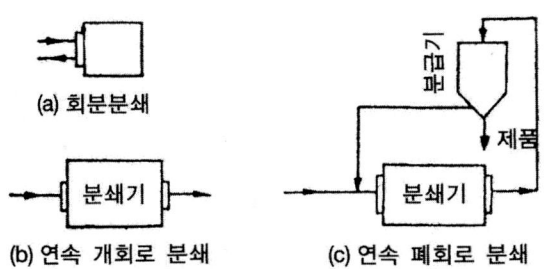

그림 2-23 분쇄방법

표 2-5 건식과 습식 분쇄의 비교

	건 식 분 쇄	습 식 분 쇄
허용수분 또는 슬립농도	허용수분 　연질 원료 0.5% 이하 　경질 원료 1~0.5% 이하 전동밀, 분급기를 붙였을 때 　상온의 공기 3~6% 이하 　해머밀 60% 이하	슬립농도 　로드밀 80% 　볼　밀 70% 미분쇄용 　볼　밀 80%
부속설비	집진기	레이크 분급기
동력비	1.33	1.0
마모손실	0.1~0.25	1.0
분쇄능력	미분쇄에 의한 완충작용 때문에 일어나는 능률저하	미분쇄물은 유출되므로 능률증대
기타	손실이 많고 위생상 나쁘다.	가용성 물질에 부적당, 탈수작업을 필요로 한다.

2.2.3　분쇄성능

분쇄기의 선택은 자본, 용량, 분쇄 순환기간, 입자 크기 분포 및 재료인자들에 의해 의존하지만, 선택한 분쇄기는 마모와 유지비를 고려하여 효과적으로 사용하여야 한다. 즉, 식 (2-32)를 탐색함으로써 분쇄성능에 영향을 미치는 인자들을 파악할 수 있다.

$$\frac{분쇄입자}{시간} = \frac{분쇄매체충돌}{시간} \frac{입자충격}{충돌} \frac{입자}{충격} \tag{2-32}$$

(1) 분쇄매체 충돌빈도

충돌빈도가 높을수록 파괴확률은 통계적으로 더 높다(그림 2-24). 분쇄기의 단위부피당 충돌빈도는 분쇄매체의 크기가 감소함에 따라서, 그리고 분쇄매체 속도의 증가에 따라서 빠르게 증가하는데, 이 현상은 마모분쇄기와 진동분쇄기에서 더 높다. 볼 분쇄기 안에서, 충격빈도는 굴러 떨어지는 속도와 충격의 일차원적 성질에 의해 제한되는데, 이는 분쇄기가 부분적으로 채워지기 때문이다. 볼 분쇄 중에, 분쇄를 일으키는 충돌은 주로 중심 부근의 굴러 떨어지는 부분에서 일어난다. 진동분쇄기나 마모분쇄기의 경우에서의 충돌은 비교적 큰 분율의 분쇄매체들 사이에서 순간적으로 일어난다.

(2) 입자 충격빈도

충돌하는 동안 입자를 때리는 확률은 원통형 분쇄매체의 경우가 크며, 이는 미세한 틈새로 보다 밀

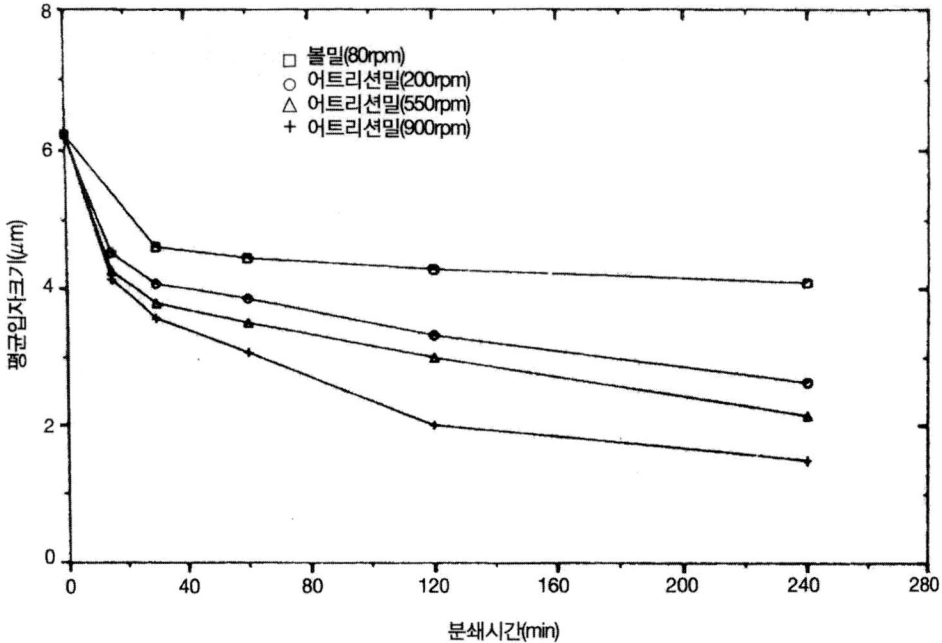

그림 **2-24** 분쇄시간에 따른 입자의 평균 크기(J.S.Reed, "Pronciples of Ceramics Processing," John Wiley & Sons, 324, 1995.)

하게 충전되기 때문이다. 그림 2-25에서 볼 수 있듯이, 진동분쇄시 면과 선 모든 영역에서 충격이 발생하며, 분쇄매체 표면에 입자의 농도가 증가한다. 입자 크기가 감소함에 따라 입자들은 더 많아지지만, 응집은 충격빈도를 감소시킨다. 습식분쇄시에는 입자의 이동도를 감소시키고, 분쇄매체의 표면에 균일하게, 즉 충격영역에 입자들이 남아 있도록 슬러리의 점도를 적절히 조절하여야만 한다.

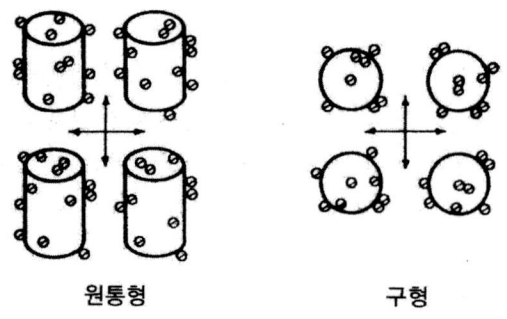

원통형   구형

그림 **2-25** 선과 면 충격영역(구형보다 원통형이 보다 효율적)

(3) 입자 파괴

입자들의 강도가 낮고 분쇄응력이 클 때, 파괴확률은 높아지며, 응집체들은 충격시 분산될 수 있으나 파괴나 혹은 마모에 소요되는 에너지를 흡수한다. 또한 분쇄의 전단속도에서 슬러리의 점도가 너무 높으면 충돌력이 분산된다. 파괴되는 동안에 균열의 분지는 보다 미세한 분쇄생성물을 만든다. 이러한 현상은 대칭성이 낮은 결정에서, 홈이 있는 입자들 안에서, 그리고 파괴속도가 빠를 때 향상된다. 일반적으로 입자 크기가 작아짐에 따라서 상대적인 감소비율은 감소한다.

식 (2-32)의 인자들은 분쇄생성물이 미세화됨에 따라서, 그리고 응집체의 형성을 방지하는 해교제가 없는 경우, 분쇄생성물의 크기감소 속도가 감소된다는 것을 나타낸다. 슬러리를 효과적으로 분쇄하기 위해서는 적당한 해교에 의해 응집체를 잘 분산시켜야 하며, 입자들이 분쇄영역으로부터 이탈되지 않도록 분쇄매체 위에 적당한 점도의 피복이 형성되도록 고체 함량을 조절하여야 한다. 분쇄할 입자가 크고 강할수록 더 큰 분쇄매체를 사용한다. 직경이 약 1mm까지의 작은 분쇄매체는 마이크론 크기의 입자들을 분쇄하거나 혹은 응집체를 분산시키는 데 사용되는데, 이는 미분쇄 속도가 충돌빈도에 크게 의존하기 때문이다. 충돌빈도와 에너지 모두를 증가시키는 분쇄작용은 분쇄속도를 증가시킨다.

2.2.4 분쇄실제

(1) 입도분포의 변화

분쇄는 입자의 크기가 변화하는 과정이기보다는 입도분포의 변화과정이라 할 수 있다. 또, 입도분포는 실측하여, 즉 통계학적으로 말하는 분급을 행하여 히스토그램으로 나타내는 성질의 양이다. 그러나 분포의 전체를 파악하기는 어려워서 각종 분포함수가 제안되고 있다.

세라믹스에서 종종 사용되는 입도분포식의 한 가지로 Gaudin-Shumann 식이 있다. 여러 가지 식 중에서 한 가지를 소개하면,

$$R(x) = 80(x/d_{80})^a \ (\%) \tag{2-33}$$

과 같다. 여기서 $R(x)$는 입경 x의 구멍 크기로 분급한 경우의 통과분, 즉 통과율이며, d_{80}은 앞서 본의 법칙에서 설명한 바와 같이 80% 통과 입경이며, a는 실험상수로 일반적으로 0.5 정도의 값으로 보고되고 있지만, 분쇄시간에 따라 다소 변한다. 그림 2-26에 분쇄에 따른 입도분포의 일례를 나타내었다.

(2) Rehbinder 효과와 분쇄조제

분쇄는 표면에너지와 표면소성일 등과 관계 있는데, 세라믹스에서는 표면에너지가 표면소성일보다 크기 때문에 표면에너지의 대소가 분쇄에 영향을 미치게 된다.

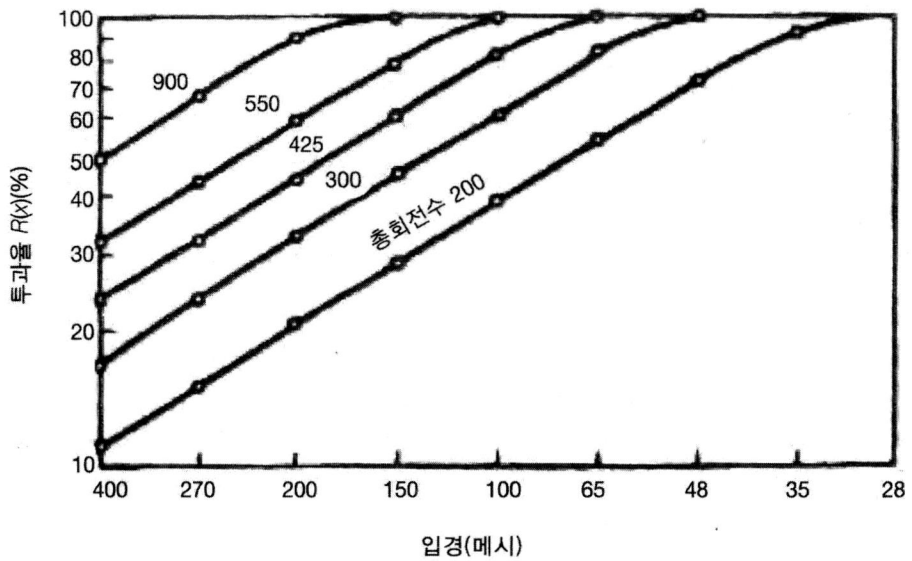

그림 2-26 볼밀 분쇄에 의한 입도분포의 변화(Clyde Orr Jr., "Particulate Technology," McMillan (1966).)

Rehbinder는 금속재료가 극성물질 용액 중에서 기계적 강도가 저하하는 현상을 발견하고 그 원인으로는 미세한 균열표면에 극성분자가 흡착해서 표면에너지를 저하시키기 때문이라고 설명하였다. 이것을 Rehbinder 효과라 하며, 이 효과를 적극적으로 이용한 것이 분쇄조제이다. 표 2-6에 그 일례를 나타내었으며, 첨가제에 의한 분쇄촉진 효과를 확인할 수 있다. 또한 표면에너지는 온도에 의해서도 변화하며, 특히 취성재료에서는 분쇄촉진 효과를 기대할 수도 있다. 그러나 온도상승에 의해 가소성도 증가하기 때문에 이 경우는 오히려 분쇄에 역효과를 줄 수도 있다.

표 2-6 분쇄촉진 효과(합성 아파타이트의 예)

분위기 또는 침적액체	분쇄 후의 비표면적(m²/g)	
	10분간 분쇄	2시간 분쇄
물	6.77	36.96
에틸알코올	3.83	14.94
에틸에테르	3.54	–
에틸렌글리콜	–	14.39
옥틸알코올	–	8.28
벤젠	–	6.08
공기 중	5.45	2.38

(Kubo et al., "Kouka," 71, 1301, 1968.)

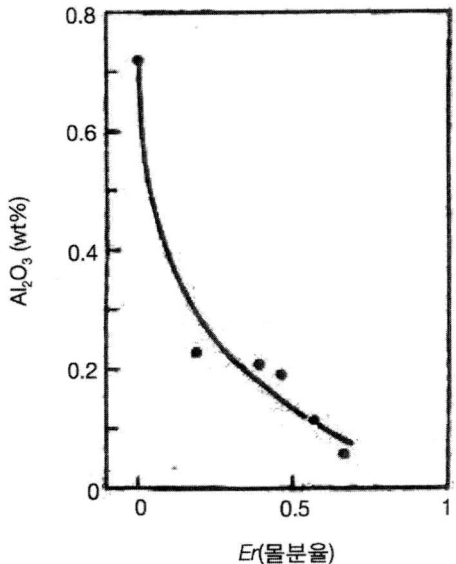

그림 2-27 Er_2O_3-ZrO_2 소결체 분쇄시의 알루미나 혼입량(Matsumoto et al., "New Ceramics and its Applications", Nikkankougyoshibunsya, 1977.)

(3) 분쇄에 의한 불순물 혼입

일반적으로 하소물은 볼밀 등을 사용해서 1μm 정도의 크기로 분쇄한다. 이 경우 분쇄는 미분화 작용만이 아니고 조성을 균일화하고 분말의 성질을 평균화한다. 그러나 한편으로는 불순물 혼입의 큰 원인이 되기도 한다. 예를 들어, 그림 2-27에 Er_2O_3-ZrO_2 고용체의 소결체를 알루미나 볼로 30시간 건식분쇄한 경우 알루미나의 혼입량을 나타내었다. ZrO_2에 Er_2O_3가 고용되면 경도가 저하되어 알루미나의 혼입량이 감소하는 것을 볼 수 있다. 따라서, 앞서 설명하였지만, 분쇄매체의 선택 및 분쇄조건을 적절하게 설정함으로써 분쇄에 의한 오염을 최소화할 수 있다.

제 **3** 장

원료처리 및 고상합성

3.1 정제

세라믹에서 이용하는 원료는 주로 천연의 광물자원이다. 원광은 생성원인 및 산지에 따라 괴상, 입상, 토상 등 각각 특유의 형상을 나타낸다. 이 중 이용가치가 있는 원료자원의 조건으로는, ① 함유광량이 풍부하며, 채굴, 운반이 편리할 것, ② 품질의 변동이 없이 원광의 품위가 갖추어져 있을 것, ③ 이용하려는 성분이 경제적, 기술적으로 가능한 한도 이상 함유되어 있을 것 등이다. 괴상의 원광을 예를 들면, 그림 3-1의 (a)와 같이 단일 광물로 구성된 고품위 광은 그 양이 비교적 적고, 보통은 (b)~(d)와 같이 주요 광물에 미변질 광물, 공생광물, 2차 변질작용에 의해 생성한 광물 등이 혼재하고 있다. 그 혼재되어 있는 불순물의 상태는 (b)와 같은 집합상태, (c)의 분산된 상태, (d)의 피복한 상태로 존재하고 있다. 이러한 상태는 구성광물의 미소한 입도 범위에서도 관찰되고 있기 때문에, 입상 및 토상의 원광 중의 불순물도 유사한 형태로 존재하고 있다고 판단해도 큰 무리는 없을 것이다.

따라서 천연의 광물자원을 고품위의 세라믹 원료로 사용하기 위해서는, 원광 중의 필요없는 부분을 제거하거나, 필요한 부분만을 응집하기 위한 원료의 선광 및 정제공정이 필요하다. 한편 먼저 이용도가 높은 광물부분이 채굴되면 이용도가 낮은 광물부분만이 남게 되므로 이에 대한 이용 또한 주요 과제로 부각되고 있다.

일반적인 원광처리 공정을 그림 3-2에 나타내었다.

3.1.1 물리적 정제

원광의 구성광물을 입자형태로 분리하는 물리적 정제법에는,

① 입도차이에 의한 분리법: 수세, 수비, 풍비 등

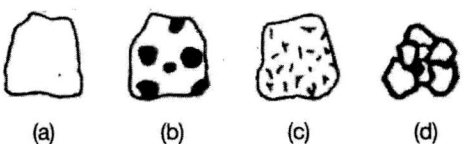

(a)   (b)   (c)   (d)

그림 3-1 원광 중 불순물의 존재형태

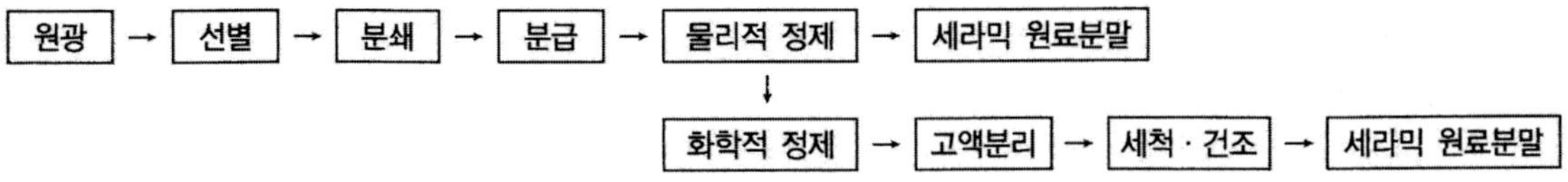

원광 → 선별 → 분쇄 → 분급 → 물리적 정제 → 세라믹 원료분말
↓
화학적 정제 → 고액분리 → 세척·건조 → 세라믹 원료분말

그림 3-2 원광의 정제공정

② 비중차이에 의한 분리법: 풍비, 수비, 테이블 선광, 중액 선광 등

③ 전기적, 자기적 성질의 차이를 이용한 분리법: 자력선광, 정전선광 등

④ 표면화학적 성질의 차이를 이용한 분리법: 부유선광, 전기영동 등

의 방법이 있다.

(1) 수세

괴상의 원광표면에 붙어 있는 흙을 물로 씻어내는 작업이다. 연속적으로 조작할 경우에는 물통 내에서 회전체를 이용한다. 예를 들어, 도자기용 도석의 표면에 수산화철이 침적 또는 침투되어 있을 때는 표면층을 벗겨내든지 솔로 씻어낸다.

(2) 수비

고체 입자가 물 속에서 침강할 때 입경의 크기 및 비중에 따라 침강속도의 차이가 생긴다. 이 원리를 응용하여 물 속에 원료입자를 현탁시키고, 물을 일정한 유속으로 흐르게 하여 거친 입자와 무거운 입자를 침강시킨다. 현탁액 중의 미세한 입자와 가벼운 입자를 흘려서 입자의 크기와 비중의 차이로 분리하는 방법을 수비라 하며 비교적 경제적인 방법이다.

일반적으로 200메시 이하의 점토를 분리 정제하는 데 쓰여진다. 도자기용, 내화물용 등 각종 점토의 정제에는 보통 수비법이 채용되고 있다.

공업적으로는 먼저 건조된 원료를 조쇄하여 교반날개가 달린 교반조에 물과 같이 주입한다. 슬립상으로 된 원료는 교반조 출구에서 6각형의 회전체로 옮겨 모래, 석탄조각 등을 제거시킨다. 체를 통과한 규사를 함유하고 있는 슬립은 모래제거 탱크에서 규사 등 거친 입자의 대부분이 침강된다. 이 침강물을 3mm 정도의 구멍이 많이 뚫려 있는 버킷 엘리베이터로 반복 수세하면서 위로 퍼 올려 밖으로 내보낸다. 더욱이 점토를 함유하고 있는 슬립은 10~100m 정도의 수비장에 넣는다. 수비장 유로의 단면적을 점차 작게 하여 유속을 빠르게 함으로써 필요 이상의 침강을 방지하면서 흐르게 한다. 이때 분산제를 첨가하기도 한다. 유로를 통과하는 동안에 고운 모래, 운모입자, 자철광입자, 황철광입자 등이 침강 분리된다. 최후로 슬립은 침강조에 들어가고 침강제를 첨가하여 침강 농축한 후 페로여과기(ferro filter: 습식 자력 선광기의 일종)에서 자성물질을 제거하고 더욱 침강 농축하고 탈수 여과하여 정제점토를 얻는다. 여과에는 보통 압축여과기(filter press)가 채택되고 있다. 분산제로는 가성소다, 규산소다, 피로인산소다, 암모니아 등이, 침강제로는 염화마그네슘, 염화칼슘, 초산 등이 쓰인다.

특히 필요로 하는 입도만을 경제적으로 분별하는 수단으로서도 수비는 적당한 방법이다.

(3) 기계적 습식 분급

원료정제의 단계에서 원료입자를 대략적으로 분별하기 위해, 즉 비교적 거친 입자와 고운 입자로 나누는 정도의 목적에는 나사선형 분급기(spiral classifier), 레이크 분급기(rake classifier), 보울 분급기(bowl classifier), 드랙 분급기(drag classifier) 등이 이용된다(그림 3-3).

기계적 습식분급은 매체인 물의 밀도가 커서 동력소비가 크다. 또한 점성저항도 크며, 일반적으로 처리량을 많이 하기 위해 고농도를 조작하는 것이 보통이다. 분급효율은 건식분급보다 나쁘다.

(4) 액체 사이클론

습식분급기의 일종으로 비교적 새롭게 실용화되었으며 원료정제에 이용된다. 액체 중에 현탁되어 있는 입자를 슬립상 그대로 그림 3-4의 사이클론 내에 주입하고 원심작용에 의해 외벽에 침강시킨 후, 언더플로우(under flow)에 의해 밑으로 배출시킨다. 고운 입자는 액체와 함께 중앙부에서 소용돌이쳐 올라가 오버플로우(over flow)된다.

사이클론은 ① 구조가 간단하며 가동부분이 없어 취급이 용이하고, ② 처리량에 비해 소형이기 때문에 경제적이며, ③ 간단한 조절로 소요의 분급 농축이 가능하다. 그 반면에 ① 압력손실이 커 운전 동력이 크고, ② 입자에 의한 내부마찰이 심하다. 내부면이 마모되면 국부적인 마찰손실 때문에 원심

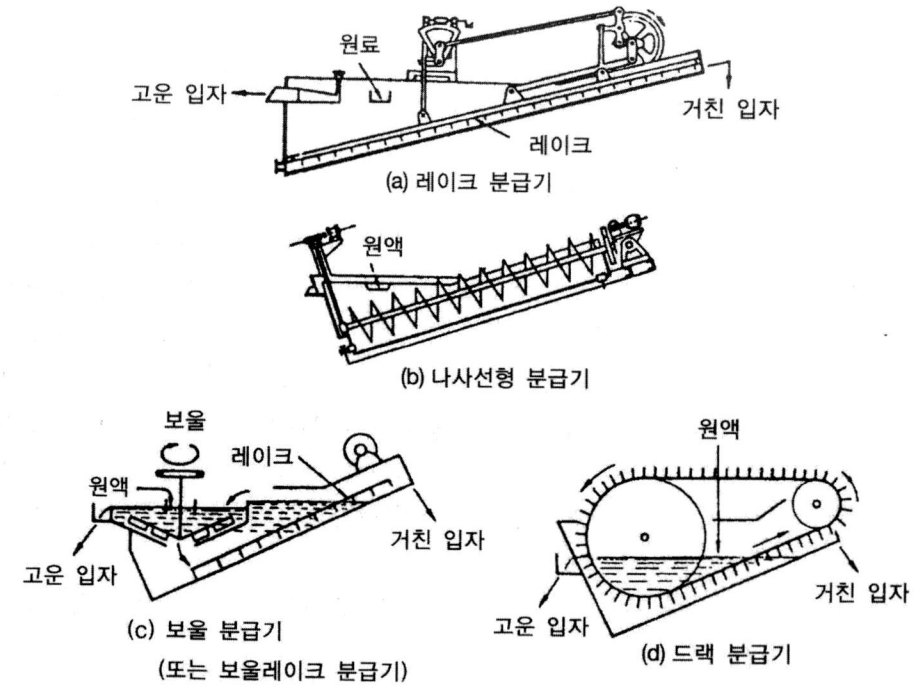

(a) 레이크 분급기

(b) 나사선형 분급기

(c) 보울 분급기
(또는 보울레이크 분급기)

(d) 드랙 분급기

그림 3-3 각종 기계적 분급기

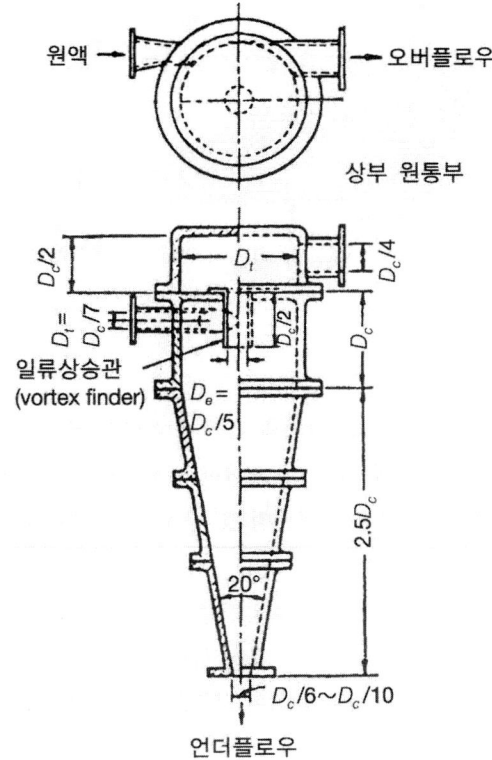

그림 3-4 액체 사이클론

분리 효과가 감소되어 분급성능이 떨어진다.

(5) 테이블 선광기

습식분급 처리장치의 일종이며 널리 사용되는 것은 윌플리(Wilfley) 테이블이다(그림 3-5). 수평과 2~5°경사진 테이블 위에 폭 6~12mm, 높이 2~5mm의 홈을 그림과 같이 평행으로 설치하여 테이블을 홈과 평행방향으로 왕복운동시켜 공급된 원료가 홈을 따라 오른쪽으로 이동하도록 조절한다. 물이 홈을 넘어서 흐르기 때문에 가벼운 입자는 물과 함께 앞쪽 끝의 통에 모여서 흘러나가며 무거운 입자는 홈을 넘지 못하기 때문에 오른쪽 앞 끝에 모여 나가게 된다.

6~200메시 정도의 입자를 선별하기 위해 사용된다. 동력의 소비는 적으나 분급효율은 충분하지 않다.

(6) 자력선광

자력선광은 자장 내에서 광물입자가 자화하는 정도의 차이를 이용하여 그들을 분리하는 방법으로

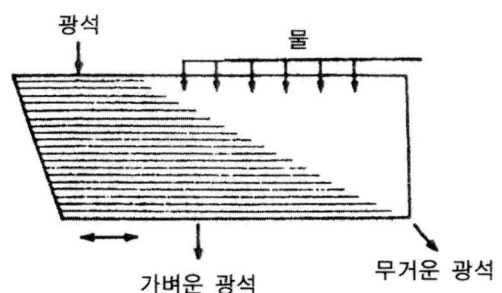

그림 3-5 월풀리 테이블 선광기

실제로는 광물입자의 비중, 형상, 순도, 장치의 특성에 의하여 영향을 받는다.

자력선광기의 형식은 장입원료의 입도, 습·건식 여부, 투자율의 대소에 따라 여러 종류가 있다. 자장의 강도에 따라 강, 중, 약의 3종이 있으며 또 장치의 구조에 따라 회전반식, 롤(roll)식 등이 있다(그림 3-6).

슬립 중의 자성물질을 제거하기 위하여 페로여과기(ferro filter)가 자주 쓰인다. 이것은 여러 개의 격자모양의 날개를 자화시킨 것으로 좁은 틈에 강력한 자장을 만들어 자성물을 제거한다. 표 3-1에 각종 광물의 철을 기준으로 한 상대적 자성의 크기를 나타내었다.

(7) 부유선광

부유선광은 비교적 고운 입자로 된 광물을 특수약품과 기포에 의하여 부유시켜 포집하는 방법이다. 광물분말이 물 속에 현탁된 광액에 공기에 공기를 불어넣으면, 광물-물-공기의 3상 사이에 작용

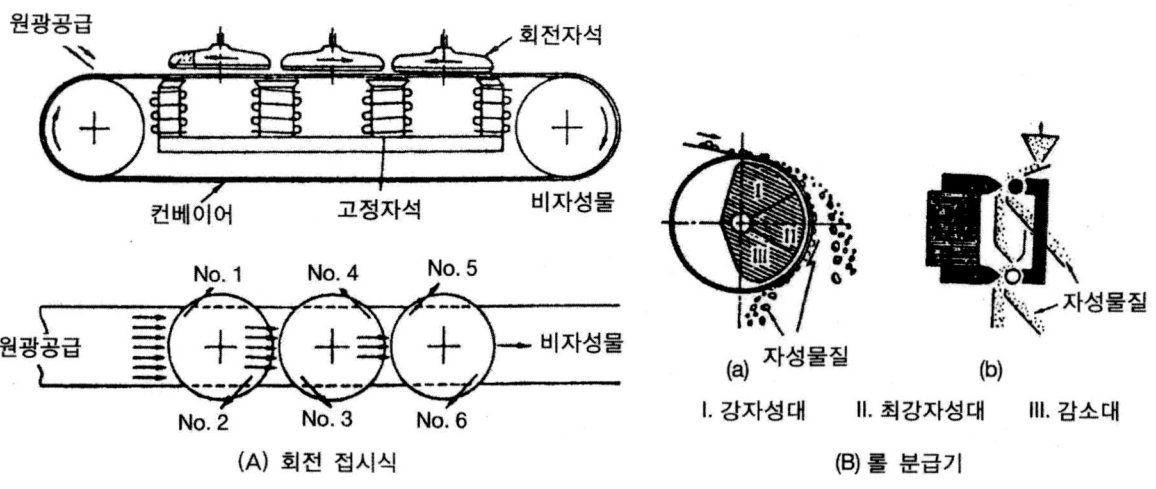

그림 3-6 자력선광기

표 3-1 철을 기준으로 한 광물의 상대적 자성

광 물	화학식	상대적 자성
철	Fe	100
자철광	Fe_3O_4	40.18
티탄철광	$FeTiO_3$	24.70
능철광	$FeCO_3$	1.82
적철광	Fe_2O_3	1.32
금홍석	TiO_2	0.37
황철광	FeS_2	0.23

하는 표면장력의 관계로 물에 젖기 어려운 입자는 기포에 부착하여 표면에 떠오른다. 이와는 반대로 물에 젖기 쉬운 광물은 물 속에 가라앉아 양자를 분리하게 된다.

부유제의 종류에 따라 기름법과 비누법으로 나누어진다. 예전에는 금속광석 중의 황화철과 맥석을 분리하기 위해 기름법이 사용되었으나, 최근에는 친수성이 강한 비누법이 비금속광물의 분리에도 응용되게 되었다. 또 적당한 시약과 조건에 따라 임의의 광물을 일시 침강시켜 다른 광물을 부유시킨 후, 다시 조건을 변화시켜 일시 침강시켰던 광물을 부유시키는 방법을 우선법이라 한다.

부유선광에는 조건에 맞는 상태를 유지하기 위해 다음과 같은 첨가제를 사용한다.

(가) 발포제: 탱크표면에서 걷어낼 때, 적당히 안정한 물방울을 발생시키기 위하여 광액의 표면장력을 감소시키는 작용을 한다. (예) 아밀알코올, 파인유, 크레졸

(나) 포집제: 포집되는 입자의 표면에 흡착하여 소수성의 피막을 만들어 기포의 부착성을 좋게 한다. (예) 아미노화합물, 석유술폰산염, 페놀, 크산토겐산염(xanthogenate)

(다) 억제제: 선택적인 부유선광을 목적으로 특정성분의 부착을 방지한다. (예) 석회, 소다회

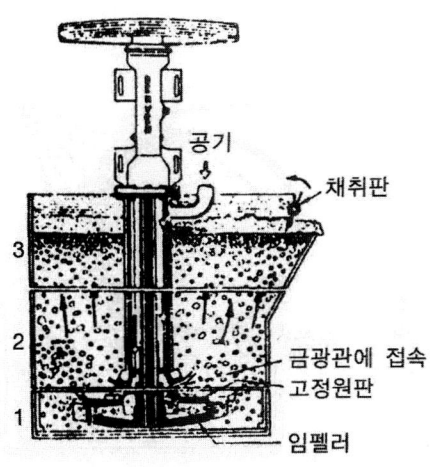

그림 3-7 부유선광기(파렌발트형)

(라) 활성제: 부유도가 미약한 광석, 부유를 억제하고 있는 광석을 부유시킨다. (예) 황산, 황산동

이밖에 pH 조정제, 황화제 등이 첨가되는 경우도 있다.

부유선광기에는 여러 종류가 있으나 크게 다음과 같이 ① 교반기로 수면에서 공기를 불어넣어 기포를 발생시키는 형식, ② 압축공기를 주입하여 발포시키는 공기교반형, ③ 감압에 의해 용액에서 기포가 발생하는 가스석출형 등으로 나눌 수 있다. 이 중에서 자주 사용되고 있는 것은 방사상 임펠러에 의해 교반시키는 파렌발트형이다. 그림 3-7과 같이 광액이 회전 임펠러 위에 공급되면 사방으로 튀어 나가게 되기 때문에 감압이 일어나고 이로 인해 공기파이프로부터 공기를 빨아들여 기포에 의한 혼화가 일어난다. 밑에서 섞이면서 위로 올라간 광물입자가 기포에 부착하고 좀더 올라가면 표면의 포말층에 달한다. 이 포말을 긁어내는 판에 의해 걷어내어 분별한다.

납석 및 도석 중의 황화철의 분리, 규사 중의 장석, 운모 및 철물의 분리, 크로마이트, 마그네사이트, 돌로마이트 등으로부터 규산염광물의 제거에 응용되고 있다.

(8) 정전선광

종류가 다른 광물의 대전력 차이를 이용하여 분리 선별하는 방법으로, 광물 이외의 고체원료에 대한 분리에도 응용된다. 직류 고압전극(10,000 ~ 30,000V의 전압)과 저속 회전하는 접지(로터) 사이에 만들어지는 정전장에 건조상태의 광물입자를 보내면 이들 각 입자의 표면에 전기를 띠는 성질이 강약으로 나타나 양도체의 광물입자는 전자를 잃고 반발하여 롤러에서 멀리 떨어진다. 한편 불량도체의 광물입자는 롤러 표면에 부착된 채로 밑으로 운반되었다가 솔로 걸려 떨어진다. 이때 수집상자의 위치를 적당히 늘어놓으면 분리가 가능하다(그림 3-8). 또 로터에 방전을 일으킴으로써 강력한 하전을 만들어 분리효과를 높이는 방식도 사용된다.

이와 같은 현상을 이용하여 중력선광, 자력선광 및 부유선광으로는 분리가 어려운 원료를 선광할 수 있다. (예) 지르콘 중의 금홍석 제거

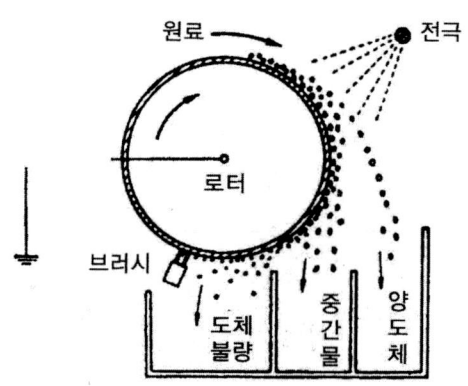

그림 3-8 정전선광

3.1.2 화학적 정제

입자형태로 분리하기가 곤란한 미세 불순물을 승화 또는 용해처리에 의해 제거하는 조작을 화학적 정제라고 하며, 특히 황화철, 수산화철 등의 미세 철화합물을 제거하는 처리를 탈철처리라고 한다.

승화법은 주로 원료 중의 산화철 화합물을 염소가스 또는 염소/일산화탄소의 혼합가스와 가열반응 시켜 염화철의 형태로 제거하는 방법인데, 사용하는 가스가 유독하기 때문에 문제가 따른다. 따라서, 일반적으로 화학적 정제법이란 용해처리를 말하며, ① 산, ② 알칼리, ③ 산화제, ④ 환원제, ⑤ 착화 제 등을 단독 또는 조합해서 사용하고 있다.

(1) 산처리

산처리는 도석 중의 탄산철, Saba(화강암이 풍화작용에 의해 잘게 부서진 상태로 60% 이상의 장석을 내포) 중의 산화철 화합물의 제거에 사용된다. 산은 다음과 같이 반응한다.

$$FeCO_3 + 2H^+ \rightarrow Fe^{2+} + H_2O + CO_2 \tag{3-1}$$
$$FeOOH + 3H^+ \rightarrow Fe^{3+} + 4H_2O \tag{3-2}$$

산처리는 규사나 규석의 입자표면 또는 균열 내부를 오염하고 있는 산화철 화합물의 제거에도 유효하며, 또한 점토 중의 철녹석의 분해에도 이용되고 있다. 주로 황산 또는 염산이 사용되며, 필요에 따라 가열시켜 용출속도를 높이기도 한다.

(2) 알칼리처리

알칼리처리는 식 (3-3), (3-4)에 나타낸 바와 같이, 가성소다 또는 탄산소다를 이용해서 원료 중의 실리카 · 알루미나겔 물질이나 명반석을 용해하는 데 유효하다.

$$lAl_2O_3 \cdot mSiO_2 \cdot nH_2O + (2l+4m)OH^- \rightarrow 2lAlO_2^- + mSiO_4^- + (l+2m+n)H_2O \tag{3-3}$$
$$2KAl_3(SO_4)_2(OH)_6 + 12OH^- \rightarrow 2K^+ + 4SiO_4^- + 6AlO_2^- + 12H_2O \tag{3-4}$$

이 방법은 주로 실험실적인 처리법으로 이용되며, 점토원료에서는 반응조건에 따라 제오라이트가 생성되는 경우도 있다.

(3) 산화처리

산화처리는 주로 황산철의 분해에 이용되며, 일반적으로 조립을 부유선광으로 제거한 후의 공정으로 병용된다. 반응은 식 (3-5)와 같이 나타낼 수 있으며, 철이온은 Fe^{2+}로부터 Fe^{3+}로 급속히 산화되어 용해도가 저하한다. 따라서 통상 pH 2~3의 산성에서 처리된다.

$$FeS_2 + 8NaOCl \rightarrow Fe^{2+} + 8Na^+ + 2SO_4^{2-} + 8Cl^- \tag{3-5}$$

산화제로는 아염소산소다, 염소가스, 과산화수소, 오존 등이 사용되며, 오존은 원료 중의 유기물질을 분해시키는 기능도 우수하다.

(4) 환원처리

환원처리는 주로 카올린 원료에 내재하는 산화철 화합물, 특히 산처리로는 충분히 용해되지 않고 입자표면에 강력하게 흡착한 산화철 화합물의 제거에 유효하다. 또 산화처리 후 점토표면에 흡착한 수산화철이나, 수세단계에서 pH의 상승과 함께 재침전하는 수산화철의 제거에 사용되고 있다.

환원제로는 아황산가스, 아황산수, 아2티온산나트륨(hydrosulfite), 아2티탄산소다 등이 이용되며, 대량으로 처리하는 경우를 제외하고 일반적으로 취급하기 용이하며 환원작용이 강한 아2티온산나트륨이 사용되고 있다. 식 (3-6)에 반응식을 나타내었다.

$$Fe_2S_2O_4 + 6FeOOH + 10H^+ \rightarrow 6Fe^{2+} + 2Na^+ + 2SO_4^{2-} + 8H_2O \tag{3-6}$$

(5) 착화처리

착화처리는 용해 후의 철이온이 수산화철 상태로 원료광물에 재침전하는 것을 방지하기 위해, 주로 환원처리와 병용되고 있다. 구연산소다와 같은 착화제를 사용하면 아2티온산나트륨이 보다 안정한 중성영역에서 반응온도를 높여서 환원처리할 수 있다. 또 구연산소다는 점토의 분산을 저해시키는 유리 알미늄 이온의 용출에도 뛰어난 효과가 있다.

3.2 고체로부터 세라믹 분말 합성

세라믹에서 필요한 원료는 주로 천연의 광물자원을 그대로 또는 정제하여 사용하지만, 고순도의 미분말, 다성분 화합물 및 인조 화합물의 경우는 고체, 액체 및 기체를 이용하여 분말을 합성해서 사용하고 있다. 미분체의 제조방법에는 다음의 두 가지로 대별할 수 있다.

① 큰 덩어리를 미세하게 분할하는 방법으로 size reduction process 또는 break down process라 한다.
② 작은 입자를 크게 하는 방법으로 particle growth process 또는 build up process라 한다.

①은 액체 또는 고체를 가능한 미세하게 분해시키는 방법으로, 액체의 경우에는 예를 들어 금속의 용탕을 분무, 충격 또는 입상화(교반하면서 고화시켜 표면이 산화물 피막으로 피복된 분말의 제조) 등의 수단으로 분말을 제조한다. 고체로부터 분말을 제조하는 경우에는 앞장에서 설명한 바와 같은 기계적인 분쇄, 기체를 도입해서 분쇄하는 방법 등이 있다. 어느 경우에도 $1\,\mu m$ 이하의 입자를 제조하기에는 일반적으로 곤란하며, 앞서의 분쇄는 파쇄나 입도분포의 조절이 주목적인 경우가 많다. 또한 분

쇄는 분말의 표면에너지를 증가시키지만 입도가 어느 정도 작아지면 분쇄에너지는 미세화시키는 데
가 아니고 분체의 성질을 변화시키는 데 쓰여진다.

반면에 ②의 방법은 이온 또는 원자로부터 시작하여 이러한 것들을 크게 하는 방법으로 여러 가지
유효한 방법이 개발되어 실제적인 공업규모로도 사용되는 방법도 있다. 최초로 핵이 되는 이온이나
원자가 기상, 액상 또는 고상인가에 의해 몇 가지 방법으로 분류된다. 기상으로부터의 분말제조법에
는 일시적으로 액상을 경유하는 방법과 직접 분말화하는 방법이 있다. 전자빔으로 증발시킨 후 응축
시키는 방법(증발응축법)은 전자에 속한다. 기상에서 화학반응을 일으켜서 목적하는 조성의 분말을
얻는 것은 후자에 속하며, 기상분해, 기상산화, 또는 비산화물 세라믹스 원료분말의 합성 등 그 응용
의 폭이 상당히 넓다.

액상으로 출발하는 분말제조법은 가장 폭넓게 이용되고 있다. 여기에는 용액으로부터 금속염 종류
의 분말을 얻는 방법과 침전제를 작용시켜 적당한 물질, 예를 들어 수산화물 침전을 얻는 방법이 있
다. 전자는 용액 중의 용매(일반적으로 물)를 제거하여 금속염을 석출시키는 방법으로, 용매제거 방법
으로는 가열증발(evaporation, spray drying, hot kerosene drying 등), 동결건조(freeze drying) 및
탈수건조(liquid drying) 등이 있다. 후자로는 각종의 침전제를 이용하는 일반적인 침전 외에도 가수
분해를 이용한 졸겔(sol-gel)법, 알콕사이드(alkoxide)법이 있다. 이러한 방법에서 제조한 분말은
고결이 발생하기 쉽기 때문에 건조과정에서 세심한 주의를 필요로 한다. 자세한 내용은 6장의 건조
부분에서 설명하기로 한다.

마지막으로 고상으로부터의 세라믹분말 제조에는 주로 고체 열분해법 및 고상반응법이 사용되고
있다. 전자는 액상으로부터 얻은 침전물을 고온에서 열분해시켜 산화물을 얻는 방법이며, 후자는 두
종류 이상의 산화물 분말을 혼합해서 고온에서 고체간 반응에 의해 목적하는 조성의 산화물 분말을
얻는 방법이다. 그밖에, 금속분말의 산화, 질화, 탄화에 의해 화합물을 제조하거나 역으로 산화물의
환원에 의해 금속분말을 제조하는 산화·환원법이 응용되고 있다. 이 장에서는 고체의 열분해법 및
고상반응의 이용에 대해 설명하고자 한다.

3.2.1　고체의 열분해

(1) 고체 열분해의 특징

고체의 열분해는 $A(s) \rightarrow B(s) + C(g)$와 같은 화학반응에 의해 일어난다. 예를 들면, $MgCO_3 \rightarrow$
$MgO + CO_2$와 같다. $MgCO_3$의 열분해기구를 논하기 전에 $MgCO_3$와 MgO의 결정구조를 살펴보
자. O^{2-}와 Mg^{2+}의 이온반경은 각각 약 1.4 Å, 0.7 Å이다. 따라서 $MgCO_3$나 MgO의 체적의 대부분
은 산소원자가 차지하고 있다고 보아도 무리는 없다. 열분해로 $MgCO_3$ 중의 산소원자의 2/3가 기체
(CO_2)로 방출되기 때문에 열분해시의 변화는 매우 격렬하다. 다른 고체의 열분해에서도 거의 같은
현상이 일어난다고 말할 수 있다.

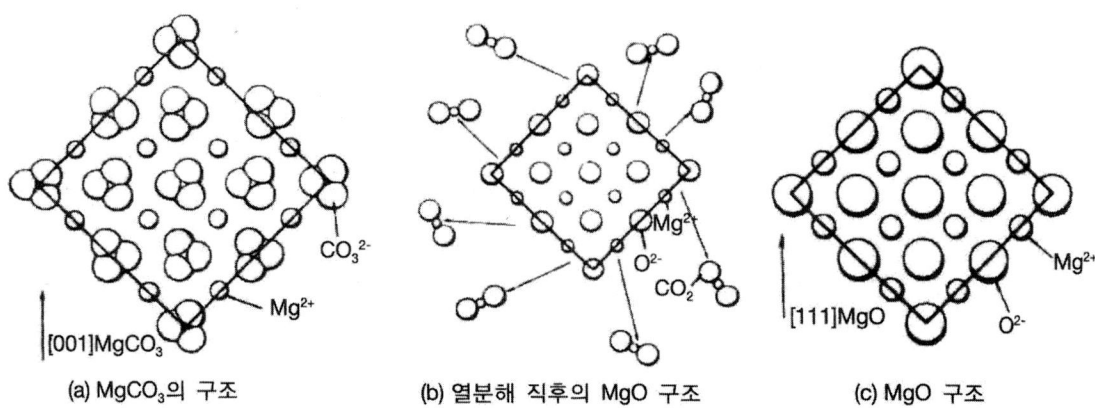

(a) MgCO₃의 구조   (b) 열분해 직후의 MgO 구조   (c) MgO 구조

그림 3-9 MgCO₃의 구조모델과 열분해(Mg 간의 거리는 (a) → (b) → (c) 순서로 감소)(Y.Sawada et al., "Ceramic Processing," 2nd ed., Ceram.Soc.Jpn., 49, 1986.)

그림 3-9(a)에 칼사이트 구조를 갖는 $MgCO_3$를 모식적으로 나타내었다. Mg^{2+}와 CO_3^{2-}기가 NaCl 구조로 충진되어 있다. 그림에서는 이온 간에 틈새가 보이지만 실제로는 산소원자가 최밀충전에 근접하고 있고 그 틈새에 산소보다도 매우 작은 Mg^{2+}가 존재한다. 각 Mg^{2+}는 6개의 산소원자로 배위하고 있다. (b)는 열분해시 CO_2의 방출을 나타낸 것이고, (c)는 분해생성물인 MgO를 나타낸 것이다. MgO는 거의 최밀충진을 하고 있는 O^{2-}의 틈새에 Mg^{2+}(6배위)가 들어간 NaCl형 구조이다.

열분해에 의한 변화가 격렬하기 때문에 (b)의 MgO에서는 원자의 배열이 불완전해서 원자간 거리가 길고 각종 결함을 다수 내포하고 있다(이는 X선 회절 등으로 확인할 수 있음). 이 상태는 불안정하기 때문에 재가열에 의해 (c)에 나타낸 안정한 MgO로 변화된다.

열분해의 격렬함을 완화시키기 위해서 $MgCO_3$의 [001]축과 MgO의 [111]축이 동일 방향으로 나타나는 경우가 있다. 이와 같이 모염과 생성물이 3차원적으로 특정한 결정화학적 연관성을 갖는 현상을 토포탁시(topotaxy)라고 하며, $Mg(OH)_2$→MgO, $Co(OH)_2$→CoO 등 많은 계에서 나타나고 있다. 단, 이러한 토포탁시 현상은 모염과 생성물 간에 결정구조적 유사성이 있고, 비교적 서서히 가열한 경우에 한해서 나타난다.

모염 전체에서 균일하게 기체가 방출되는 경우는 흔하지 않으며, 단결정인 모염을 관찰해 보면 표면의 특이한 곳에서 분해가 시작되고 그 분해핵이 성장하는 경우를 볼 수 있다. 이와 같이 일반적인 고체 열분해에는 국소적인 특성이 있다. 따라서 모염이 단결정이라 하여도 분해생성물은 미립자나 그 응집체인 다결정으로 생성되는 것이 보편적이다.

분해에 의해 분말이 미세화되는 기구를 그림 3-10에 모식적으로 나타내었다. 분해시의 체적변화로 인해 모염과 생성물의 계면 근처에 왜곡이 발생하고, 생성물에 인장응력이 가해진다. 따라서 생성물이 어느 정도 크기가 되면 계면 근처에 균열이 발생하여 응력이 완화된다. 이러한 기구에 의해 분해생성물이 미세하며 균일한 입경을 갖게 된다. 열분해 생성물은 결함 또는 왜곡이 많고 미세하여 비

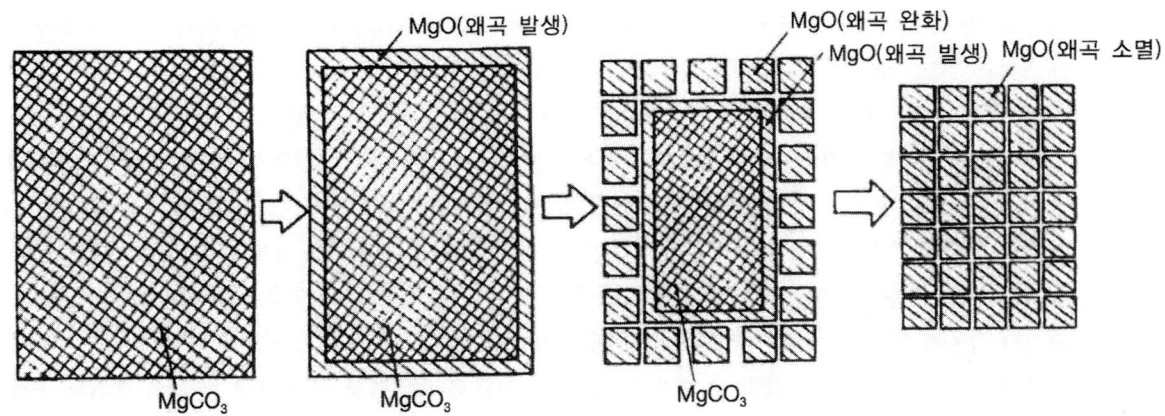

그림 3-10 열분해에 의한 미세화 기구

표면적이 크기 때문에 과잉의 물리적 에너지를 갖고 있다. 따라서 분해생성물을 계속 가열하면 생성물 입자끼리 약한 결합을 하며 2차 입자를 형성하게 된다.

이와 같은 열분해 방식에 관한 반응속도식이 다수 보고되고 있다. 일정한 온도에서의 분해율 α와 시간 t의 관계를 대별하면 그림 3-11과 같다. 대부분의 열분해 반응은 감속형 또는 S자형이다. S자형은 반응초기는 가속형이다가 후기에는 감속형으로 변화한다. 가속요인으로는 핵형성에 의한 유도

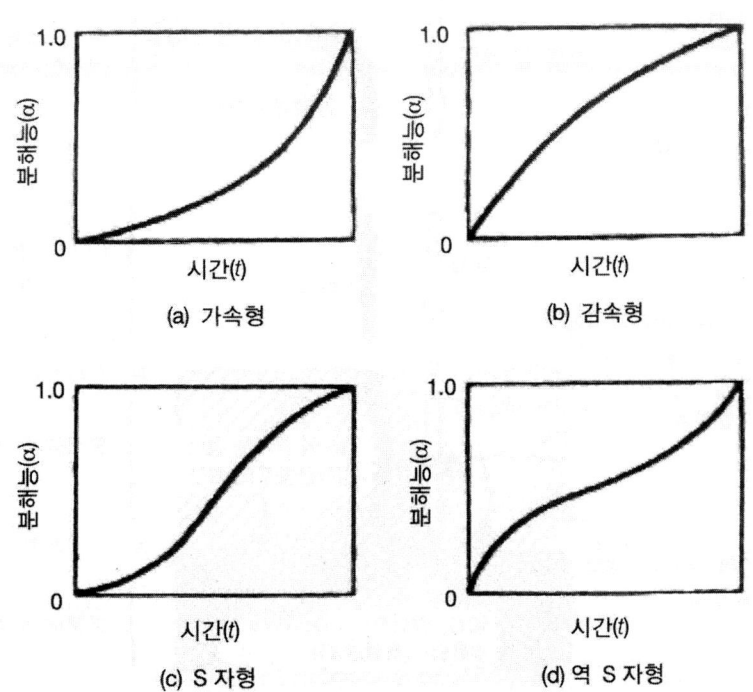

그림 3-11 대표적인 열분해 곡선

기간의 완료, 반응점의 증가, 예를 들면 분지반응(branching reaction)이나 자발촉매반응(autocatalytic reaction)의 시작 등을 들 수 있으며, 감속요인으로는 미분해염의 소실, 반응계면의 감소, 확산거리의 증대, 열분해의 흡열반응에 의한 냉각 등을 생각할 수 있다.

실제로 모염분말은 용기 등에 충진되는 경우가 많다. 이 경우 분해방식을 $MgCO_3$의 예를 들어 그림 3-12에 나타내었다. 발열체로부터 공급된 열은 MgO 층을 통해 $MgCO_3$에 공급되며, 적당한 장소에서 분해가 발생하여 CO_2를 방출한다. CO_2는 입자 간이나 균열 등을 통해 확산되어 기상으로 방출된다. 시료표면은 분해생성 기체의 얇은 층으로 피복되며, 그보다 더 외측은 외기층으로 강제적인 환기가 가능한 영역을 형성하고 있다. 이와 같은 열분해에서의 율속과정으로는 계면반응속도, 열 및 분해생성 기체의 이동을 생각할 수 있으며, 모염 및 시료용기의 형상, 충진상태 등 여러 조건에 의해 영향받는다.

열분해 반응의 구동력은 반응 전후의 자유에너지의 차 ΔG이다. $\Delta G = 0$, 즉 열분해 반응의 평형은 온도와 분위기 중의 분해생성 기체의 분압에 의해 결정된다. 예를 들어, Mg와 Ca의 수산화물과 탄산염에 있어서 평형관계를 그림 3-13에 나타내었다. 그 중 $CaCO_3$의 열분해를 열역학적으로 생각해 보기로 한다.

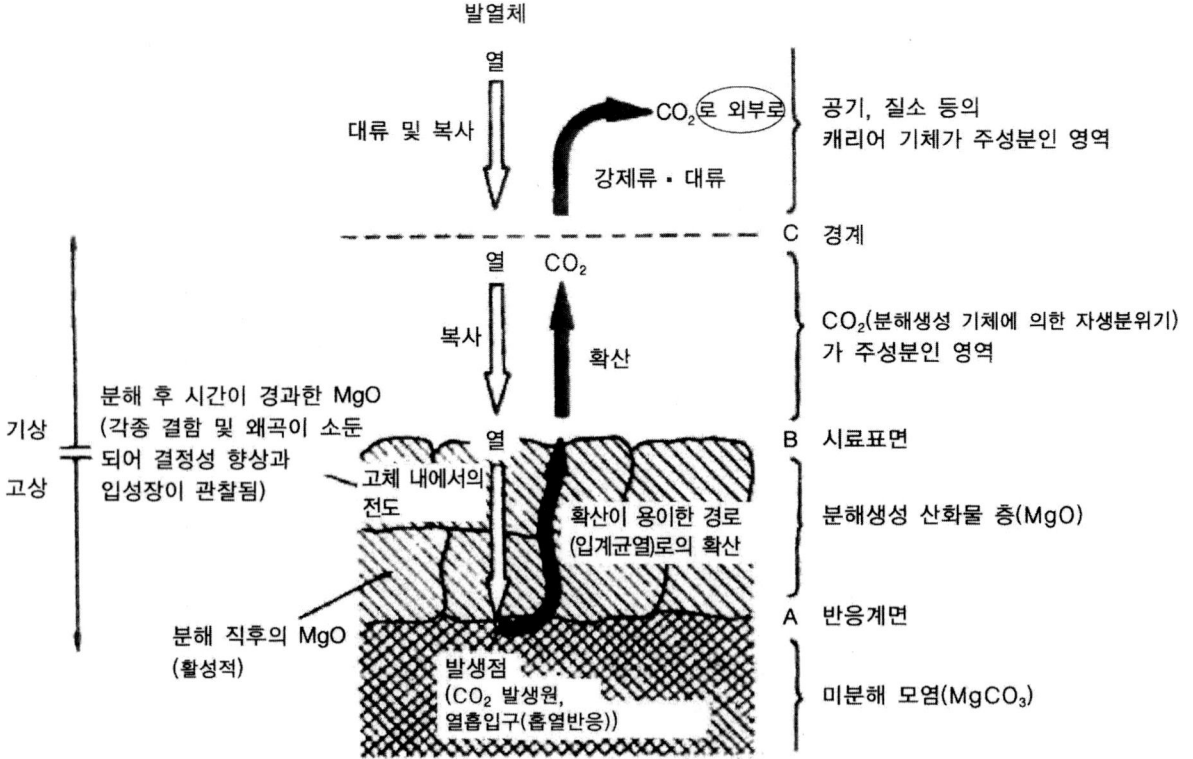

그림 3-12 열분해 반응의 율속과정(Y.Sawada et al., "Ceramic Processing", 2nd ed., Ceram.Soc.Jpn., 50, 1986.)

$$CaCO_3(s) \rightarrow CaO(s) + CO_2(g) \quad (\Delta H^0 = 44.3 \, kcal/mol) \tag{3-7}$$

이 반응은 강한 흡열반응으로 반응이 일어나기 위해서는 열공급이 필수적이다. 자유에너지 변화는,

$$\Delta G = \Delta G^0 + R_g T \, lnK \tag{3-8}$$

로 나타낼 수 있으며, 여기서 R_g는 기체상수이며, K는

$$K = f_{CO_2} \, a_{CaO} / a_{CaCO_3} \cong P_{CO_2} / P_{tot} \tag{3-9}$$

이다. 여기서 f_{CO_2}는 CO_2의 도산능(fugacity), a는 CaO와 $CaCO_3$의 활동도(activity)이다. 고체의 활동도는 1.0이므로 간단히 식 (3-9)로 나타낼 수 있다. 그림 3-13에서 점선은 여러 가지 P_{CO_2} 값을

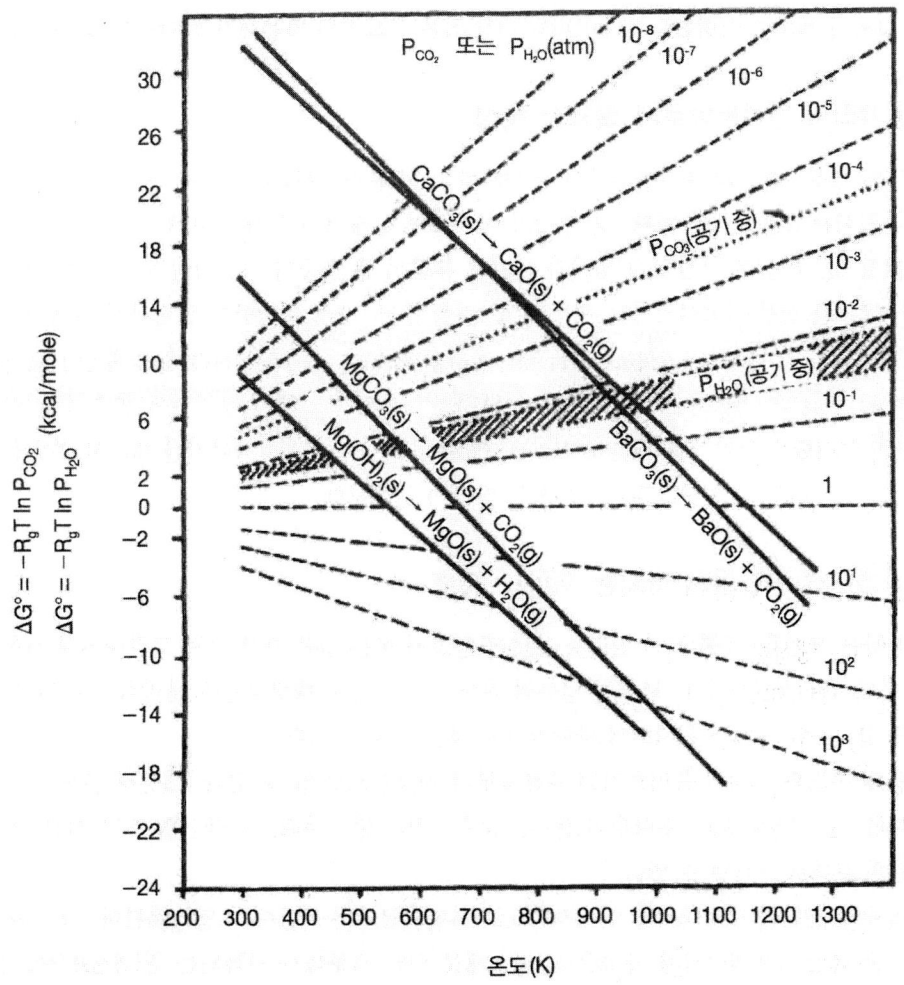

그림 3-13 반응 자유에너지의 온도의존성(실선은 평형 가스압력)(Kingery et al., "Introduction to Ceramics", 2nd ed. Wiley, New York, 1970.)

나타낸 것이다. 자유에너지 변화가 양이면 비자발적 반응이고, 음이면 자발적인 반응이 된다. 영이 되면 평형상태로

$$\Delta G^0 = -R_g T \ ln K_e \tag{3-10}$$

이 된다. 평형상수의 온도의존성은 Clausius-Claperon 식에 의해

$$d \ ln K_e \ / \ dT = \Delta H \ / \ R_g T^2 \tag{3-11}$$

이 된다. $\Delta G^0 = 0$이 되면 CO_2의 평형분압 P_{CO_2}는 1atm이 되며, 이때의 온도는 1156K이다. $MgCO_3$에서는 672K이고, $Mg(OH)_2$에서 P_{H_2O}가 1atm이 되는 온도는 550K이다. 여기서 주의할 사항은 앞서 설명한 바와 같이 열분해는 반응속도가 느리다는 것이다. 일반적으로 기술적인 열분해 온도라 함은 실제 장치에서 분해가 검출되는 온도를 말하기 때문에 저온일수록 평형조건으로부터의 차가 크다. 실제로는 평형온도보다 100℃ 이상 높은 온도에서 열분해가 일어나는 것이 일반적이다.

(2) 세라믹 원료분말로서 필요한 특성

열분해 생성물을 세라믹 원료분말로 이용하기 위해서는 다음의 특성이 요구된다. ① 미분해염이 없고 목적하는 조성이어야 한다. ② 입자가 미세하여 괴잉의 물리적 에너지가 클 것. ③ 조성과 입경이 균일할 것. ④ 크고 강한 2차 입자가 아니고 분말의 충진 등의 작업성이 우수하여야 한다. 그러나 이러한 요구를 전부 만족시키기는 쉽지 않다. 예를 들어, ①을 완벽하게 달성하기 위해서는 열분해를 고온에서 장시간 처리하면 되지만, 이 경우 분해생성물을 구성하는 원자의 재배열이 충분히 일어나서 결함이나 왜곡이 감소하고 소결 또는 입성장을 일으켜 응집체가 형성되어 ②와 ④를 만족시킬 수가 없다. 이러한 부분이 열분해법에서의 난점이다. 과잉의 물리적 에너지를 내포한 분말을 제조하기 위해서는 열분해 후의 상변화를 저지시키는 방법이 필요하다.

(3) 열분해 생성물에 미치는 모염의 영향

목적하는 생성물, 예를 들어 산화물 분말을 얻고자 하는 경우 가장 먼저 고려해야할 사항은 어떠한 염을 분해시킬 것인가이다. 모염의 열분해 온도가 낮으면 분해생성물은 물리적 에너지가 커서 불안정하고 활성적인 상태가 유지되어 바람직한 특성을 얻을 수 있다.

열분해 온도의 고저는 음이온기의 종류로부터 개략적으로 알 수 있다. 열분해 온도가 낮은 순서로 열거하면, ① 결정수 또는 수화수의 탈수, ② 수산기의 탈수분해, ③ 탄산염 또는 질산염의 분해, ④ 황산염의 분해로 나타낼 수 있다.

화학종이 동일한 모염에서는 에너지적으로 불안정할수록 저온에서 열분해한다. 그 이유는 분해반응의 구동력인 자유에너지의 차 ΔG가 크기 때문이며, 열분해가 시작되는 점(결정표면에 존재하는 전위, 적층결함, 입계 등)의 밀도가 높아서 열분해 반응을 율속하는 장벽이 낮기 때문이다. 비정질이나 매우 미세한 모염, 예를 들어 졸겔법이나 메카노케미컬(mechanochemical)한 처리로 제조한 분말

에서는 이와 같은 효과가 기대된다.

참고로, 앞서 설명한 평형상태에서 반응의 엔트로피변화 ΔS는 주로 기체의 병진운동항에 기인하고, 그 영향이 화학종 만큼은 크지 않기 때문에, 열분해의 평형온도는 반응의 엔탈피변화 ΔH에 비례한다.

한편 침전 등으로 제조한 모염은 여러 가지 외형을 갖지만, 일반적으로 충전 또는 소결체의 밀도 및 균일성을 향상시키기 위해서는 입경이 작은 구형인 것이 바람직하다. 그러나 자기테이프용의 침상 산화철이나 기계적 강도의 향상을 위해서 사용되는 이방성 형상입자에서는 모염의 형상을 적극적으로 이용하는 경우도 있다. 열분해는 표면에서부터 진행하기 때문에 비표면적 관점에서만 생각하면 침상 및 판상의 모염이 열분해하기 쉽지만 다른 요인의 기여도 크다.

지금까지 설명한 요인을 종합하여 표 3-2에 나타내었다. 출발염에 따라 특성이 변화하는 것은 극히 일반적이지만, 표 3-2에 나타낸 순서가 항상 일치하는 것은 아니기 때문에 열분해에 의한 분말제조가 어려운 것이다.

(4) 열분해 제어

열분해 반응은 흡열반응이며 기체발생을 수반하기 때문에, 반응을 신속하게 진행시키기 위해서는 열공급과 발생기체의 제거를 원활하게 하면 된다. 물론 실제로는 장치상의 제약으로 인해 쉽지만은 않다.

이상적인 열공급은 미분해 부분에 선택적으로 에너지를 공급하는 방법이지만 이는 거의 불가능하다. 열의 이동은 온도차에 의해 발생하므로 다량의 열량을 공급하는 방법으로 우선 온도구배를 크게 하는 것을 생각할 수 있다. 그러나 필요로 하는 것은 온도가 아니고 열량이기 때문에 가능한 모염분말을 분산시켜 열원과의 접촉성을 높여야 한다. 예를 들어, 시멘트제조에서는 서스펜션 프리히터 (suspension preheater) 방식이 이용되고 있다. 이는 석회석 분말을 부유시켜 로터리킬른의 폐열에 의해 예열 및 분해시켜 에너지를 절약하는 방식으로, 분해에는 다량의 열량이 필요하지만 그 후 로터리킬른 내에서의 소성온도 정도의 고온은 필요하지 않다. 열의 전달 또는 온도를 균일하게 유지하기

표 3-2 모염의 화학종과 산화물의 소결성의 연관성

	산화물	Al_2O_3	MgO	Y_2O_3
모염	양호 ↑ 산화물의 소결성 ↓ 불량	암모늄 탄산염 황산염 암모늄 황산염 산화물 수산화물 질산염	염기성 탄산염 아세트산염 oxalic산염 수산화물 염화물 질산염 황산염	수산화물 탄산염 oxalic산염 암모늄 황산염 황산염 질산염

위해서는 로터리킬른 또는 컨베어식이 바람직하다. 대량의 염을 큰 용기에 넣는 뱃지식으로 열분해시키는 것은 피하여야 한다.

급속하게 가열하면 분해생성물은 미세한 분말로 되지만 형골입자(skeleton particle)가 생성되기는 어렵다. 형골입자를 만들기 위해서는 사전에 열분해가 일어나지 않는 조건에서 예비가열한 다음 서서히 온도를 높여 열분해를 유도하면 된다. 이와 같이 생성분말의 사용목적에 따라 가열방법을 변화시킬 필요가 있다.

또, 급속가열의 경우는 시료 내부에 현저한 온도분포가 발생한다. 적외선이나 레이저에 의한 가열의 경우 주기적 또는 펄스상으로 조사하면 열이 분산되어 과열을 방지할 수 있다. 일반적인 전기로를 이용한 가열에서도 수십분의 주기로 가열과 냉각사이클을 반복하면 양호한 분말을 얻을 수 있다는 보고도 있다. 분무열분해(spray pyrolysis)에서는 물 등의 용매의 증발에 의한 냉각과 알코올과 같은 용매의 연소에 의한 가열이 열분해와 동시에 일어나기 때문에 주의가 필요하다.

분해생성 기체를 제거하면 열분해가 빨라지며 저온에서 열분해가 가능하게 된다. 물질 중의 원자가 기체로 되면 체적이 약 2000배 증가하기 때문에 분해생성 기체는 그림 3-12에 나타낸 생성물층의 틈새나 용기에 충진되어 자생(self-generated)분위기가 형성된다. 즉, 열분해를 급격하게 진행시키면 용기의 뚜껑이 날라 가거나 모염이 용해하는 경우에는 발포되어 용기로부터 넘쳐 나오기도 한다.

이와 같은 생성기체의 제거는 분압차에 의한 확산에 의해 일어난다. 따라서 자생분위기가 형성되면 반응을 지연시키게 된다. 분압이 대기압보다 크면 발생기체는 확산저항이 없다면 외부로 밀려 나가기 때문에 반응은 연속적으로 진행된다. 불활성 캐리어 가스를 흘려주면 분압이 저하되지만, 그림 3-12와 같은 경우에는 반응물층까지 캐리어 가스가 침입할 수 없기 때문에 그다지 큰 효과를 기대하기 어렵다. 그보다는 감압을 하든지 입자를 분산시킨 후 캐리어 가스를 도입하는 방안이 필요하다. 또한 열적으로 불균일하지 않도록 주의하며 용기에 분말을 얇게 충진시키고 교반하며 열분해시키는 방법, 열분해 도중 용기를 꺼내어 교반시킨 후 재열분해시키는 방법 등이 있다.

열분해 생성물은 화학적으로 활성이기 때문에 실온에서 보관할 때도 주의하지 않으면 대기 중의 수증기나 이산화탄소와 반응해서 표면에 수산화물이나 탄산염을 생성하는 경우가 많다. 또 알루미나 등의 다공질 분말에서는 물의 흡착 또는 모세관 응축이 발생하기 쉽다.

3.2.2 고상반응

(1) 고상반응의 특징

여러 가지 조성으로부터 세라믹 분말을 제조하는 경우 일반적으로는 각 구성원소를 함유하는 산화물이나 탄산염 등의 분말을 배합해서 고온에서 반응시키는 방법이 이용되고 있다. 예를 들어, 몇 가지 반응을 열거하면 다음과 같다.

$$BaCO_3(s) + TiO_2(s) \rightarrow BaTiO_3(s) + CO_2(g) \tag{3-12}$$

$$(1-x)\mathrm{NiO(s)} + x\mathrm{ZnO(s)} + \mathrm{Fe_2O_3(s)} \rightarrow \mathrm{Ni_{1-x}Zn_xFe_2O_4(s)} \tag{3-13}$$

$$\mathrm{SiO_2(s)} + 3\mathrm{C(s)} \rightarrow \mathrm{SiC(s)} + 2\mathrm{CO(g)} \tag{3-14}$$

$$3\mathrm{SiO_2(s)} + 6\mathrm{C(s)} + 4\mathrm{N_2(g)} \rightarrow 2\mathrm{Si_3N_4(s)} + 6\mathrm{CO(g)} \tag{3-15}$$

반응식 (3-12)는 전형적인 티탄산바륨 합성법으로 900~1300℃에서 반응시킨다. 반응식 (3-13)은 페라이트 합성법으로 산소분압을 주의하여야만 한다. 반응식 (3-14)와 (3-15)는 대표적인 세라믹 고온구조재료의 일종인 탄화규소와 질화규소 합성법이다. 특히 반응식 (3-14)는 1891년 미국의 E.G.Acheson이 다이아몬드 합성시험을 할 때에 우연히 발견한 방법으로 Acheson법이라고 부른다. Acheson법은 전력은 많이 소비하지만 공업적으로 대량생산할 수 있고 품질도 안정된 우수한 방법이다. 그러나 고순도의 미세한 분말이 요구되는 엔지니어링 세라믹스 소결용 원료로서 반드시 적당하지는 않다는 점에서 실리카의 환원탄화법(β-SiC 합성) 등 여러 가지 탄화규소 분말의 제조방법이 연구되어 왔다. 반응식 (3-15)는 원료로서 실리카와 탄소의 혼합분말 및 질소가스를 사용하여 실리카를 탄소로서 환원하고 질소가스의 기류 중에서 질화하여 질화규소 분말을 얻는 실리카의 환원질화법이다. 이 방법은 고순도이고 미세한 실리카와 탄소분말을 싼값으로 얻기 쉽고, 흡열반응이기 때문에 온도제어가 용이하여 공업적으로 유리한 방법이다. 단, 반응이 밀폐계에서는 진행하기 어렵기 때문에 질소가스의 기류 중에서 행한다.

실제 고상반응을 이용하여 세라믹 분말을 제조할 때에는 먼저 원료분말들을 각각 평량해서 볼밀 등을 이용하여 혼합한 후, 하소한다. 하소공정에서는 원료염의 열분해 또는 원료 간의 고상반응 등의 화학적 변화가 발생하며, 화학적으로 균일한 화합물이나 고용체 등의 생성물이 얻어진다. 그러나 동시에 입자의 형태변화나 입자 간 결합이 발생하여 원료는 정도의 차이는 있지만 약간 소결이 진행된 상태가 된다. 따라서 분쇄공정을 거친 후 다시 성형, 소결공정을 통해 최종 제품화가 된다.

고상반응에 의한 분말제조에서는 하소공정에 의해 분체의 거의 모든 성질이 결정되기 때문에 소결의 용이성이나 최종제품의 품질에 미치는 영향이 매우 크다. 그러나 하소공정에서는 입자에 있어서 화학적·물리학적으로 많은 변화가 발생되고, 또한 거기에 영향을 미치는 인자도 많기 때문에 기술적이나 과학적으로도 대단히 복잡하다. 일반적으로 화소공정에는 최적조건이 존재하며, 물질의 종류에 의해 변화하는 것은 물론 원료상태, 가열로의 종류, 가열조건, 분위기, 그밖에 여러 가지 조건에 의해 민감하게 영향받는다.

하소 중에 발생하는 변화 중에 가장 중요한 것은 화학변화와 분체의 미세구조의 변화라 말할 수 있다. 그림 3-14에 나타낸 AO-$\mathrm{B_2O_3}$계 모델을 통해 소성조건에 의한 변화 및 생성분체에 미치는 영향에 대해 살펴보기로 한다. 고상반응은 AO 입자와 $\mathrm{B_2O_3}$ 입자의 접촉점을 중심으로 일어나며, 입자표면에 생성물층이 형성되고, 그 두께는 반응시간과 함께 증가한다. 그러는 동안 원료입자 및 생성입자 간에 소결이 진행되어 입자의 결합이 발생된다. 생성물층의 두께와 입자소결은 시간과 함께 증가하며 어느 한쪽만을 선택적으로 일어나게 하는 것은 곤란하다. 그림 3-14(b)는 저온에서 단시간 하소시킨 후의 입자상태를 나타낸 것이다. 입자 간의 결합은 약하고 분쇄에 의해 쉽게 개개의 입자로 되

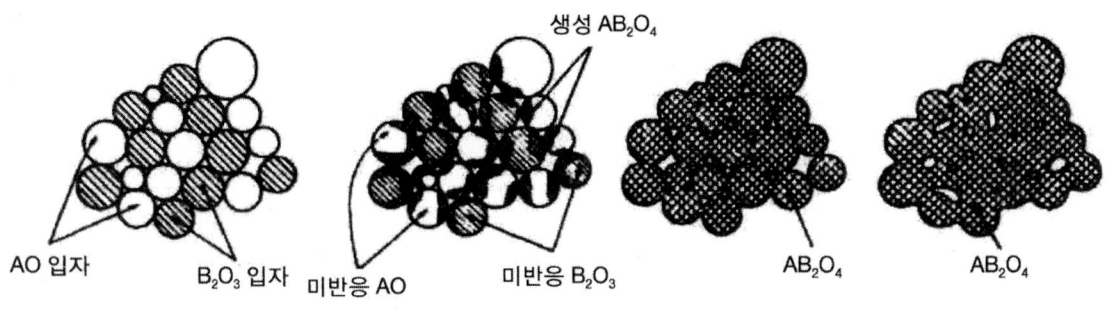

그림 3-14 고상반응의 진행 모식도

지만, 반응은 완결되지 않고 중심부에는 미반응 물질이 남아 있다. 반면에 (d)는 고온에서 장시간 하소한 결과이다. 반응은 완결되었지만 입자들 간에 소결이 진행되었고, 입성장 및 입자형태의 변화가 일어났다. 생성물은 분쇄하더라도 소결성이 그다지 좋지 못한 분체로 된다. (c)가 가장 적절한 하소공정의 결과라 할 수 있다. 따라서 하소공정에서는 고상반응과 소결의 균형이 매우 중요하다는 것을 알 수 있다. 이 현상은 앞서의 고상 열분해에 의한 분말합성에서도 마찬가지이다. 이러한 고상반응은 고체-고체, 고체-액체, 고체-기체 간의 반응으로 대별할 수 있는데, 여기서는 고체 간 반응에 대해 설명하고자 한다.

고상반응은 불균일 반응으로 기상이나 액상반응과 같은 균일 반응에서는 볼 수 없는 특징을 지니고 있다. 즉, ① 반응이 한정된 곳(입자 간 접촉점)에서 발생한다. ② 미반응 원료 자체는 반응 중에도 출발상태의 순수물질이다. ③ 반응의 진행은 반응물이 생성물층을 통해 이동하여야만 한다. 고상 내에서의 물질이동은 일반적으로 곤란하기 때문에 반응은 물질이동속도에 의해 율속된다.

고상반응의 간단한 예(AO-B_2O_3계)를 그림 3-15에 나타내었다. 확산종의 형태로는 양이온(A,B), 음이온(산소) 및 전자 등을 생각할 수 있으며, 고상반응은 AO/AB_2O_4 또는 B_2O_3/AB_2O_4 계면에서 각 확산종의 확산속도에 의존하여 일어난다. 즉, 그림 3-15(a)와 같이 B_2O_3/AB_2O_4 계면에서는 A^{2+} + $2e^-$ + $1/2O_2$ = AB_2O_4, (b)와 같이 AO/AB_2O_4 계면에서는 AO + $2B^{3+}$ + $6e^-$ + $3/2O_2$ = AB_2O_4, 산소와 양이온은 (c)와 같이 3가지 경로로 이동한다. (c)의 ①은 2가지 양이온이 AO/AB_2O_4 계면에서는 $2B^{3+}$ + 4AO = AB_2O_4 + $3A^{2+}$, B_2O_3/AB_2O_4 계면에서는 $3A^{2+}$ + $4B_2O_3$ = $3AB_2O_4$ + $2B^{3+}$로 이동한다. ②에서는 B_2O_3/AB_2O_4 계면에서 A^{2+} + O^{2-} + B_2O_3 = AB_2O_4와 같이 A^{2+} 이온과 O^{2-} 이온이 확산하며, ③에서는 AO/AB_2O_4 계면에서 AO + $2B^{3+}$ + $3O^{2-}$ = AB_2O_4와 같이 B^{3+} 이온과 O^{2-} 이온이 확산한다. 확산이 반응속도보다 느리면 생성물층의 두께는 $NiAl_2O_4$(그림 3-16)에서 볼 수 있듯이 포물성장법칙(parabolic growth law)에 따라 성장한다.

확산종 i의 유속 J_i는 전기화학적 퍼텐셜 구배($d\eta_i/dx$)에 의해

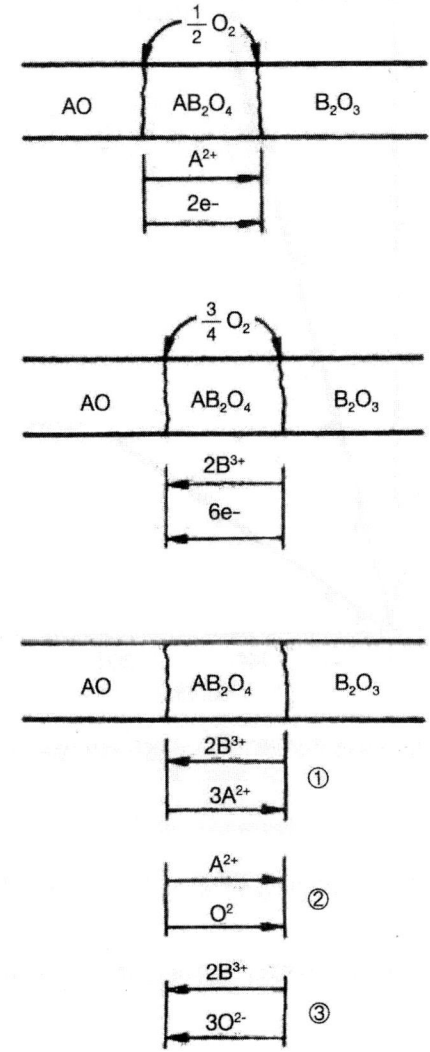

그림 3-15 AB_2O_4 생성의 대표적 기구(H.Schmalzried, "Solid State Reactions", Academic Press, New York, 1974.)

$$J_i = C_iB_i(d\eta_i/dx) \tag{3-16}$$

으로 나타낼 수 있다. 여기서 C_i는 확산종 i의 농도, B_i는 이온이동도이다.

$$B_i = D_i/k_BT \tag{3-17}$$

$$\eta_i = \mu_i + Z_iF\Phi \tag{3-18}$$

원자가 Z_i인 확산종 i의 화학퍼텐셜 μ_i는

$$d\mu_i = k_BTdC_i/C_i \tag{3-19}$$

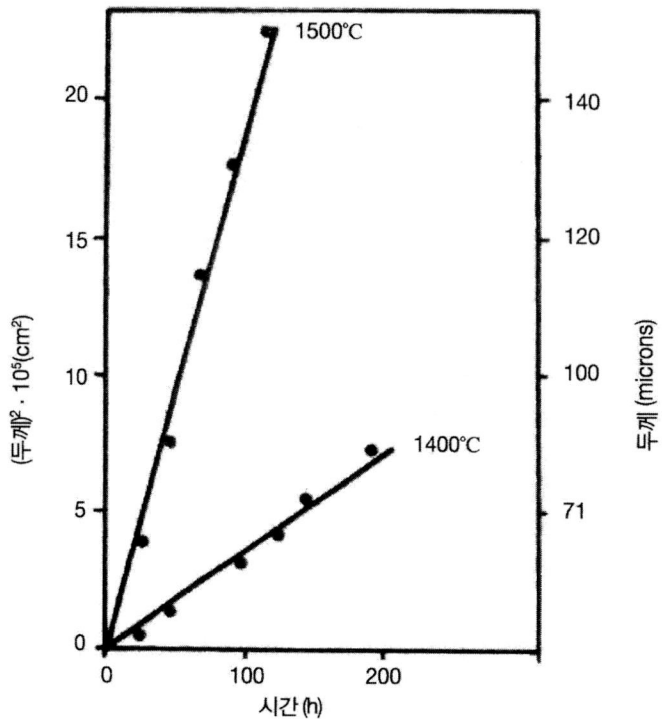

그림 3-16 NiO-Al₂O₃계에서 시간 및 온도에 따른 NiO-Al₂O₃ 생성두께(Ar 분위기). (F.S.Pettit et al., J.Am.Ceram.Soc., 49, 199, 1966.)

로 나타낼 수 있다. 여기서 F는 Faraday 상수, k_B는 Boltzmann 상수, T는 절대온도, φ는 전기퍼텐셜이다.

그림 3-17에 나타낸 바와 같은 금속산화의 경우에서 총유속, 즉 산화율 J_{ox}는

$$J_{ox} = |J_O| + |J_{Me}| \tag{3-20}$$

로 나타낼 수 있으며, 일반적으로

$$\begin{aligned} J_{ox} &= (\sigma t_e / |Z_{Me}| F^2)(t_O + t_{Me}) |d\mu_{Me}/dx| \\ &= (\sigma t_e / |Z_{Me}| F^2)(t_O + t_{Me}) |d\mu_O/dx| \end{aligned} \tag{3-21}$$

로 표현할 수 있으며, 여기서, σ는 산화물의 도전율, t_i는 수율(transference number), 즉 확산종 i에 의한 총 도전율의 분율(σ_i/σ)을 나타낸다.

t_i와 σ가 생성물층에서의 평균값이고, 조성에 따라 변화하지 않는다고 가정하면,

$$dx/dt = K/x \tag{3-22}$$

가 되며, 여기서 $K = (\sigma t_e / |Z_{Me}| F^2)(t_O + t_{Me}) |\Delta\mu_{Me}|$ 이다. 따라서,

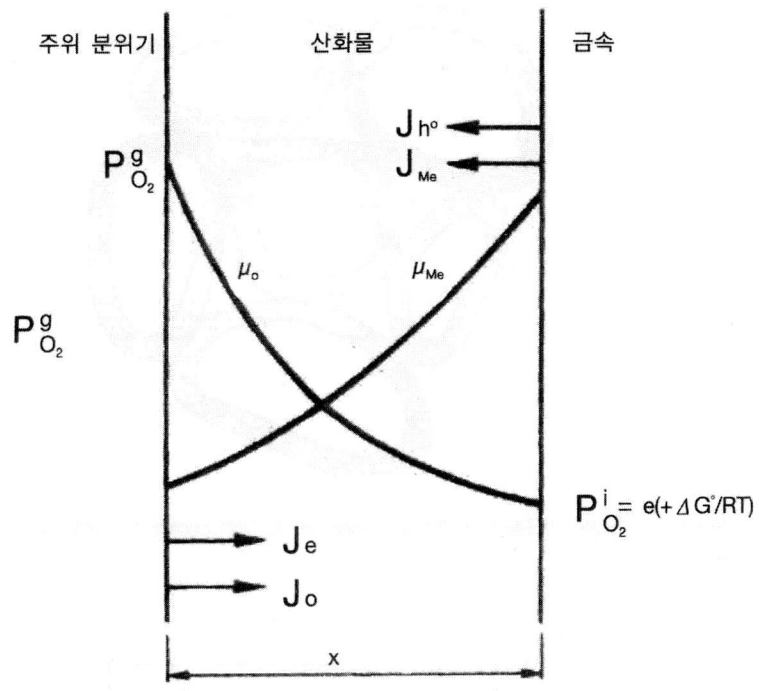

그림 3-17 금속에 형성된 산화물층에서의 화학퍼텐셜 구배(Kingery et al., "Introduction to Ceramics", 2nd ed. Wiley, New York, 1970.)

$$t_i\sigma = (C_i Z_i^2 e^2 F^2/k_B T)\ D_i \tag{3-23}$$

이 되며, 산화율이 고체 AB_2O_4의 도전율과 마찬가지로 원자확산에 의해 지배된다는 것을 알 수 있다. K값은 각 이온종의 확산계수, 생성물층에 있어서 위치에 따른 각 이온종의 화학퍼텐셜로부터 구할 수 있다. 계면에 가장 빨리 도달하는 이온(또는 전자 포함)에 의해 반응률이 제어된다.

포물확산에 의해 반응하는 구형입자로 가정할 때(그림 3-18), 시간 t에서 미반응 재료의 부피는

$$V = (4/3)\pi(R-y)^3 \tag{3-24}$$
$$V = (4/3)\pi R^3(1-X_B) \tag{3-25}$$

로 나타낼 수 있다. 여기서 X_B는 전환율, 즉 반응분율을 나타낸다. 두 식으로부터 생성물층의 두께 y는

$$y = R[1-(1-X_B)^{\frac{1}{3}}] \tag{3-26}$$

으로 구할 수 있다. 식 (3-22)로부터

$$dy^2/dt = 2K \tag{3-27}$$

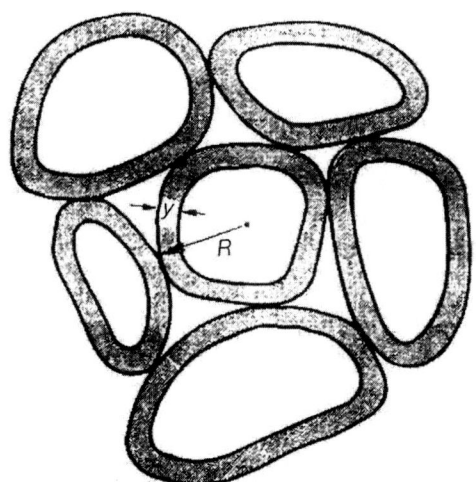

그림 3-18 분체표면에 생성된 반응물층의 모식도(Kingery et al., "Introduction to Ceramics", 2nd ed. Wiley, New York, 1970.)

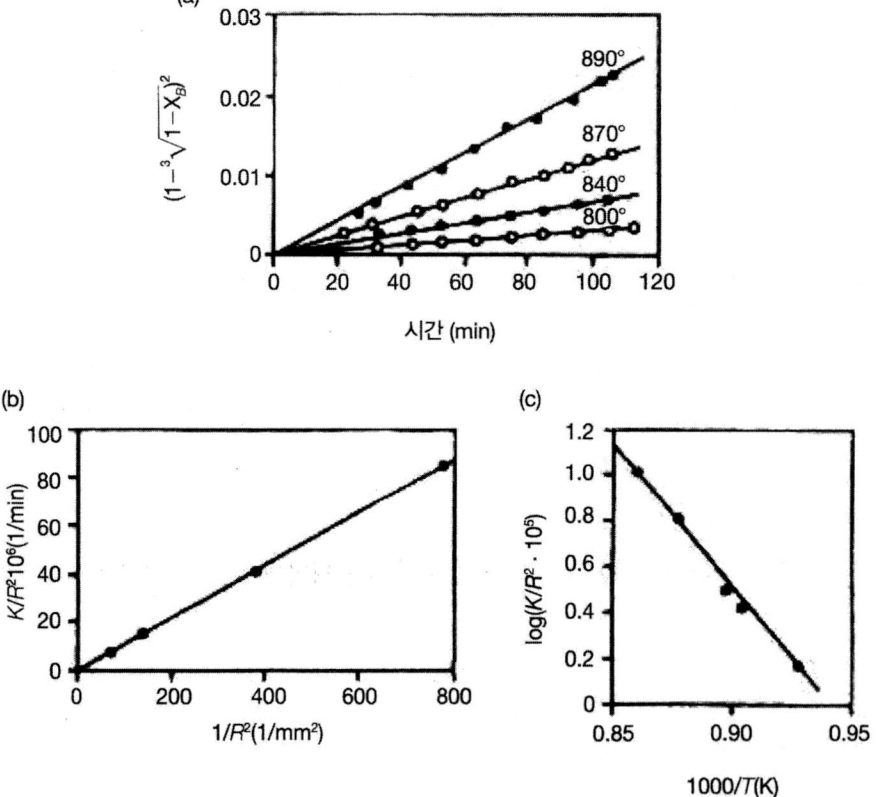

그림 3-19 실리카와 BaCO$_3$ 간의 고상반응: (a) 시간, (b) 입경, (c) 온도의존성. (W.Jander, Z.Anorg.Allg.Chem., 163, 1, 1927.)

이 되고, 적분하면

$$[1-(1-X_B)^{\frac{1}{3}}]^2 = (2K/R^2)t \tag{3-28}$$

이 되며, 여기서 $2K/R^2$은 반응속도상수가 된다. 이 관계는 많은 고상반응에서 확인되고 있으며, 그 예로 $SiO_2(s) + BaCO_3(s) \rightarrow BaSiO_3 + CO_2(g)$의 고상반응을 그림 3-19에 나타내었다. 그림 3-19(a)에서 기울기는 $2K/R^2$이며, 이것을 R^{-2}과의 관계로 나타낸 것이 (b)이다. (c)는 Arrhenius 플롯으로,

$$K = K^0 \exp(-Q/R_g T) \tag{3-29}$$

이며, K의 고상확산계수 의존성을 예측할 수 있다. 단, 식 (3-28)은 반응물의 두께가 작을 때에만 유효하고, 반응물과 생성물의 질량체적이 동일하다는 가정하에 유도된 것이다.

따라서 Carter는 다음과 같은 수정식을 보고하였다.

$$[1+(Z-1)X_B]^{\frac{2}{3}} + (Z-1)(1-X_B)^{\frac{2}{3}} = Z+(1-Z)(2K/R^2)t \tag{3-30}$$

여기서 Z는 생성물과 반응물의 등가체적비를 나타낸다. 그림 3-20에 $ZnO(s) + Al_2O_3(s) \rightarrow ZnAl_2O_4$ 고상반응의 예를 나타내었는데 식 (3-30)이 잘 일치하는 것을 볼 수 있다. 식 (3-30)은 금속분말의 산화현상에도 유효하다.

(2) 분체성질에 미치는 고상반응 인자

앞서 설명한 바와 같이 고상 간 반응에 있어서 하소공정의 적절·부적절이 생성한 소결용 분말의 성질을 좌우한다고 말해도 과언이 아니다. 따라서 원료분말과 하소방법의 두 가지 면에서 생각해 보고자 한다.

(가) 원료입경

입경이 고상반응의 완결에 미치는 영향을 그림 3-21에 나타내었다. AO와 B_2O_3의 입경이 (b)는 (a)의 1/2 정도이며 물질의 전체 체적은 동일하다. 고상반응에 의한 생성물층의 두께는 반응시간의 1/2승이 비례하므로 미세한 입경인 (b)에서는 반응이 완결되더라도 (a)의 경우는 불완전하다. (a)를 (b)와 같이 완결시키려면 (b)의 약 4배의 시간이 필요하게 된다. 따라서 원료분말의 입경을 작게 함으로써 반응시간을 현저히 단축시킬 수 있다.

또 한 가지 중요한 것은 그림 3-21에서는 AO와 B_2O_3의 입경이 동일하지만, 앞서 설명한 바와 같이 고체 내 확산이 보다 작은 이온을 함유한 원료분말의 크기가 반응완결에 필요한 시간을 결정하게 되므로, 확산이 느린 쪽의 입경을 작게 해주어야 효율적인 고상반응이 일어난다. 예를 들어, 반응식 (3-12)에서 Ba^{2+}와 Ti^{4+} 이온의 확산에 대해 살펴보면, 거의 Ba^{2+} 이온의 TiO_2로의 일방적인 확산에 의해 고상반응이 진행되는 것으로 보고되고 있고, 따라서 TiO_2 분말의 크기가 반응완결 시간을 율속하게 되므로 $BaTiO_3$의 고상합성에서는 TiO_2의 입도에 대해 세심한 주의가 요구된다.

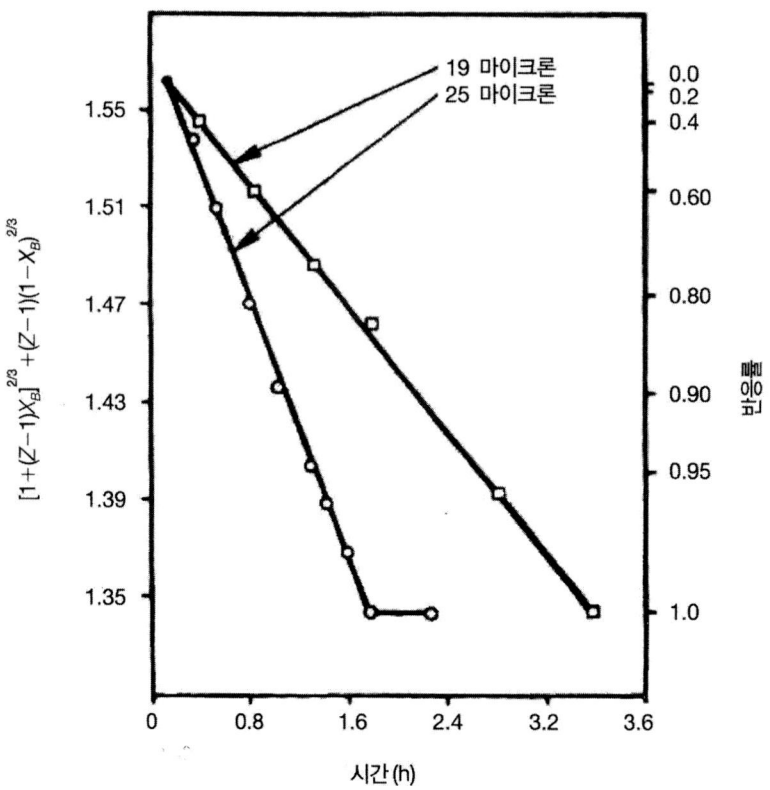

그림 3-20 공기 중 1400℃에서 ZnO와 Al$_2$O$_3$의 구형입자로부터 ZnAl$_2$O$_4$ 생성반응(H.Schmalzried, "Solid State Reactions", Academic Press, New York, 102, 1974.)

(나) 입도분포

분체는 일반적으로 여러 가지 크기의 입자로 구성된다. 따라서 평균보다 큰 입자가 필히 존재한다. 입도분포가 넓은 분체에서는 크기가 평균치보다 벗어난 입자가 다수 존재한다. 그림 3-22에 큰 입자가 혼재되어 있는 경우의 반응상태의 모식도를 나타내었다. 큰 입자는 반응완결에 장시간이 필요하기 때문에 미반응물로 잔존하고 만다. 이러한 미반응물은 분말 X선 분석으로 검출되지 않을 정도로 미량이라 할지라도 소결에 영향을 미치게 된다. 또한 반응을 완결시키려고 장시간 가열하게 되면 소결 또는 입성장이 일어나게 된다.

(다) 충전상태

기상이 관여하지 않는 고상반응에서는 반응 시작점이 입자의 접촉점이므로, 다발적으로 반응을 진행시키기 위해서는 입자의 접촉점을 증가시켜야만 한다. 따라서 충전이 불충분하면 반응이 일어나기 어렵고, 반응완결까지 장시간이 소요된다. 분체를 대형 도가니에 장입하는 경우, 압력에 의해 하부는 밀하게, 상부는 비교적 느슨하게 되어 충전상태가 장소에 따라 다르게 되므로 결과적으로 하소 정도가 다르게 된다.

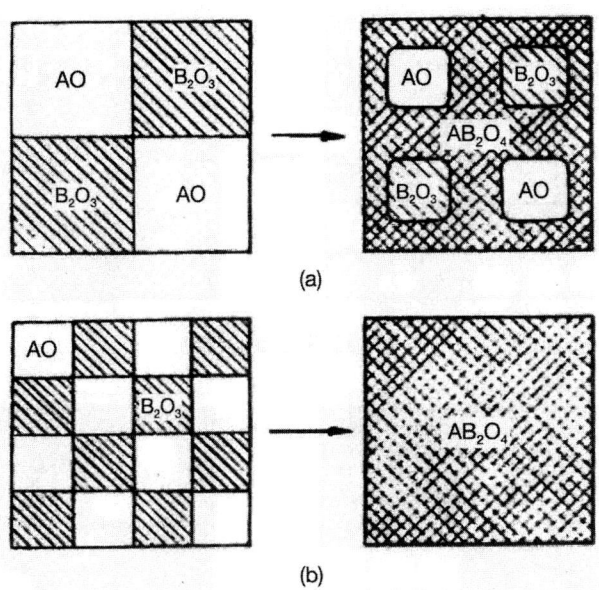

(a)

(b)

그림 3-21 고상반응에 미치는 입자 크기의 영향

(라) 혼합상태

그림 3-21과 3-22에서는 한 종류의 입자 옆에 다른 종류의 입자가 존재하는 것으로 나타내었지만, 실제로는 입자가 이렇게 배열하는 것은 불가능에 가깝다. 5장의 혼합 부문에서 설명하고 있지만 장시간 혼합한다고 그림 3-21과 같은 배열은 이루어지지 않는다. 그림 3-23(a)는 동일 몰의 AO 입자와 B_2O_3 입자를 장시간 혼합한 경우로 혼합평형상태에 있더라도 AO 입자와 B_2O_3 입자가 각각 통계적으로 뭉쳐있는 것을 볼 수 있다. 뭉쳐있는 부분은 반응에 장시간이 소요된다. 혼합이 불충분하면 각각의 입자는 서로 부착된 그대로 존재하게 되며(그림 3-23(b)), 그런 상태에서는 반응이 일어나기 어렵다는 것을 알 수 있다.

(마) 온도

고상반응은 고상 내에서 이온의 확산에 의해 율속되며, 식 (3-29)에서 알 수 있듯이 이온의 확산

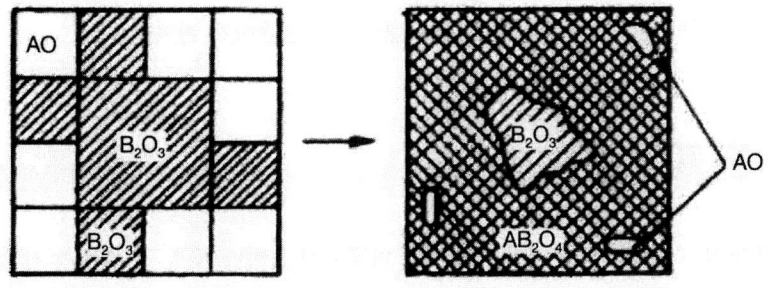

그림 3-22 큰 입자가 존재할 경우의 반응상태

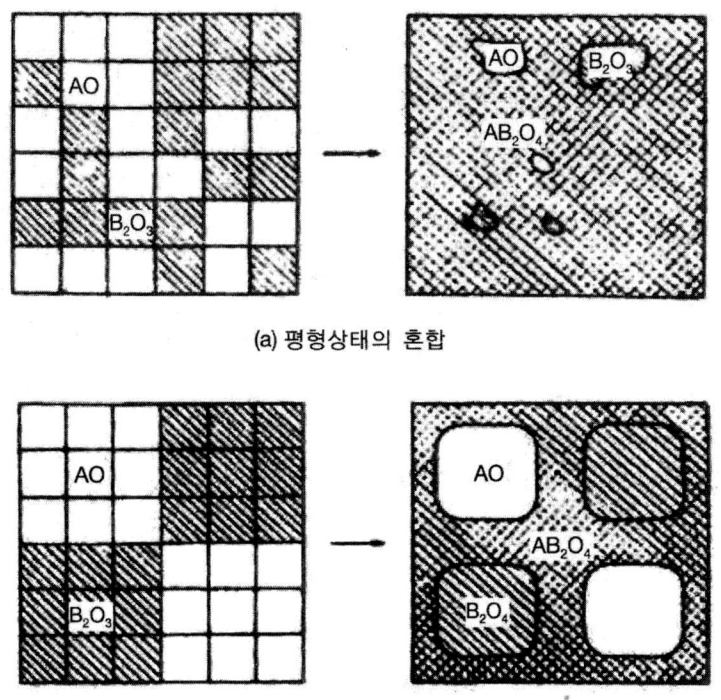

(a) 평형상태의 혼합

(b) 불완전한 혼합

그림 3-23 혼합상태에 의한 영향

은 온도에 크게 영향받는다. 반응의 활성화 에너지는 일반적으로 수십 kcal/mol 정도이므로 그 반응이 비교적 빠르게 진행하는 온도영역에서는 온도를 100℃ 높이면 반응속도가 10배 정도 빠르게 된다. 온도를 높이는 것은 반응시간을 단축시키는 데 매우 유효하지만, 소결이나 입성장과 같은 물리적 변화도 거의 이온확산에 의해 율속되고 같은 정도의 온도의존성을 나타내기 때문에, 온도를 변화시켜 화학반응의 속도만을 빠르게 한다는 것은 곤란하다.

실제로는 가열할 때의 온도 프로파일도 중요하다. 대형 도가니나 열전도성이 좋지 않은 도가니를 사용하는 경우 도가니가 균일 온도에 도달하기 위해서는 장시간이 소요된다. 이러한 상황을 무시하고 승온하면 안쪽에 존재하는 원료분말은 미반응물로 잔존하게 된다.

3.3 분리

고체, 액체 및 기체의 여러 가지 조합으로 이루어진 혼합물에서 각 성분을 기계적인 수단으로, 즉 상변화나 두 상 간의 물질이동이 없는 물리적인 방법에 의하여 분리하는 것을 기계적 분리라고 한다.

세라믹 제조에서는 분쇄과정을 건식분쇄와 습식분쇄로 나누는데, 건식분쇄에서는 연속적인 분쇄를 효율 좋게 하기 위하여 가끔 생성물을 크기에 따라 가르고 큰 것은 다시 분쇄기에 되돌리는 조작을 하게 되며, 습식분쇄에 있어서는 물에 현탁된 미분쇄물을 분리하게 된다. 이때 같은 밀도의 것을 크기의 차이로 나누는 것을 분립, 같은 크기의 것을 밀도의 차로 나누는 것을 선별이라 부르고 이 두 가지를 합쳐서 분급(classification)이라 한다.

3.3.1   체가름

여러 가지 크기의 분체 혼합물을 체를 이용하여 2종 또는 그 이상으로 나누는 조작을 체가름(screening)이라고 말하는데, 간단하며 효율적인 방법이다. 이때 체를 통과한 것을 통과물(undersize, fines), 체에 걸리는 것을 잔류물(oversize, tails)이라고 부른다. 체가름 방법에는 습식방법과 건식방법이 있으나 건식법이 많이 쓰인다.

공업용 체는 금속막대기, 구멍 뚫은 금속판, 금속실의 직물, 명주나 합성섬유 등으로 만들어진다. 사용되는 금속으로는 강철, 스테인레스 강, 청동, 구리, 니켈 등이 사용된다. 짜서 만든 체는 4메시에서 400메시까지 만들 수 있으나 공업적으로는 100∼150메시 이하의 체는 거의 사용되지 않으며 이 경우에는 다른 방법을 이용한다.

(1) 체의 형태

고체입자는 자체의 중력에 의하여 체의 구멍을 빠져나간다. 입자가 굵을 때는 고정체의 구멍도 쉽게 빠져나가지만, 입자가 작을 때는 흔들어 주어야 한다. 원통형의 체를 만들어 이를 회전시키는 것이 보통이나, 평평한 체일 때는 기계적, 전기적 방법으로 요동시키거나 진동시키고, 또는 선동시켜 입자가 체로부터 잘 분리되도록 한다 (그림 3-24).

(가) 고정체와 그리즐리

고정체(stationary)는 그리즐리(grizzly)라고도 하며, 여러 개의 금속이나 나무막대로 만든 격자를 비스듬히 세워 놓은 형태가 주로 사용된다. 분체를 위에서 떨어뜨려 자연히 흘러내리게 함으로써 작은 입자와 큰 입자를 분리한다. 막대 사이의 간격은 경사의 위쪽이 아래쪽보다 넓으며 2∼8in이다. 금속실로 짠 1/2∼4in의 체를 고정시켜서 사용하기도 하나 거칠고 부착성이 없는 고체만이 취급된다.

(나) 선동체

그림 3-25와 같이 16∼30° 기울어진 체판을 거친 체를 위로 하여 여러 층 쌓아놓고 수평면에서 선동시키면서 분리한다. 체판의 크기는 1.5 × 4ft∼5 × 14ft이며, 선동속도는 600∼1,800rpm, 동력은 1∼3hp이다. 급한 경사각은 체가름 효과를 높일 수 있다. 그러나 대개 이상적인 분리효과는 수직으로부터 20° 이상 기울어져서는 안 된다.

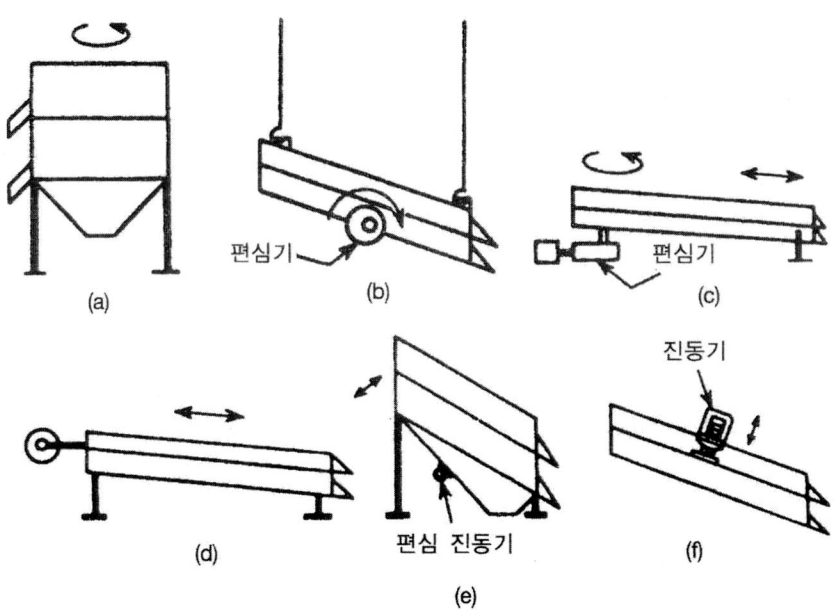

그림 3-24 체의 운동: (a) 수평면에서의 운동, (b) 수직면에서의 운동, (c) 한쪽은 선동, 다른쪽은 요동, (d) 요동, (e) 기계적 선동, (f) 전기적 선동.

그림 3-25(b)는 수평면 선동체(gyratory screen)로 원료가 들어오는 곳에서 선동함으로써 고운 입자는 밑에, 거친 입자는 위에 층을 이루고 그 사이에 볼이 들어 있어서 진동효과를 동시에 얻고 있다. 이렇게 하면 체의 구멍이 막히는 일이 드물다. 건조되고, 경도가 있는 구상 또는 입상 입자에 적절하며, 길거나 끈적하고 날리는 부드러운 입자에는 적당하지 않다.

(다) 진동체

진동체(vidrating screen)는 앞의 선동체보다 잘 막히지 않는다. 진동은 기계적 또는 전기적 방법으로 일으키며, 체판을 3개 이상 사용하지 않는다. 기계적 진동은 고속의 편심력을 체틀을 통해 기울어진 체판에 전달하며, 전기적 진동은 솔레노이드로부터 직접 체판에 전달한다. 1분에 800~3,600회 진동시키며, 체판이 2 × 4ft일 때 1/3hp, 4 × 10ft일 때 4hp의 동력이 소모된다.

(2) 체 효율(Screen Efficiency)

이상적인 체는 체의 눈금보다 작은 입자는 전부 체를 통과하여 통과된 입자 중 가장 큰 것일지라도 체 위에 남아 있는 가장 작은 입자보다 작다. 그러나 실제 체에서는 체눈금보다 큰 것이 통과하기도 하고 작은 것이 잔류하기도 한다. 가름에 쓰이는 체의 눈금의 크기를 D_{PC}라 하면 이것을 체가름 지름이라고 한다.

그림 3-26에서 곡선상의 C점은 가름점이며 A부분은 D_{PC}보다 큰 입자, B부분은 D_{PC}보다 적은 입자로 A와 B는 각각 잔류물과 통과물을 나타낸다. 그림에서 (a)는 원료의 입도분포, (b)는 이상적

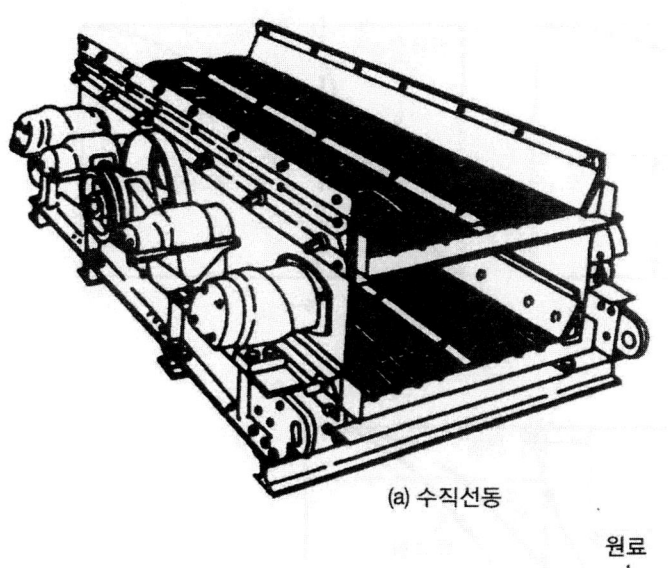

(a) 수직선동

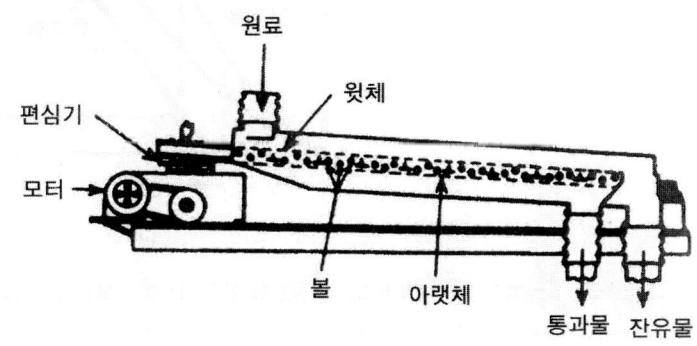

(b) 수평선동

그림 3-25 선동체

인 체인 경우의 분리물의 입도분포, (c)는 실제의 체가름 때의 분리물의 입도분포이다.

그림 3-26(c)에서 보는 바와 같이, 실제 체가름에서 입도분포는 상당히 겹치는 부분이 생기게 된다. 체가름의 물질수지를 취하기 위해

 F : 원료의 질량속도
 D : 잔류물의 질량속도
 B : 통과물의 질량속도
 X_F : 원료 중 D_{PC} 보다 큰 입자의 질량분율
 X_D : 잔류물 중 D_{PC} 보다 큰 입자의 질량분율
 X_B : 통과물 중 D_{PC} 보다 큰 입자의 질량분율

이라 하면, 원료 잔류물 및 통과물 중 D_{PC} 보다 작은 입자의 질량분율은 각각 $1 - X_F$, $1 - X_D$ 및 $1 - X_B$ 이다.

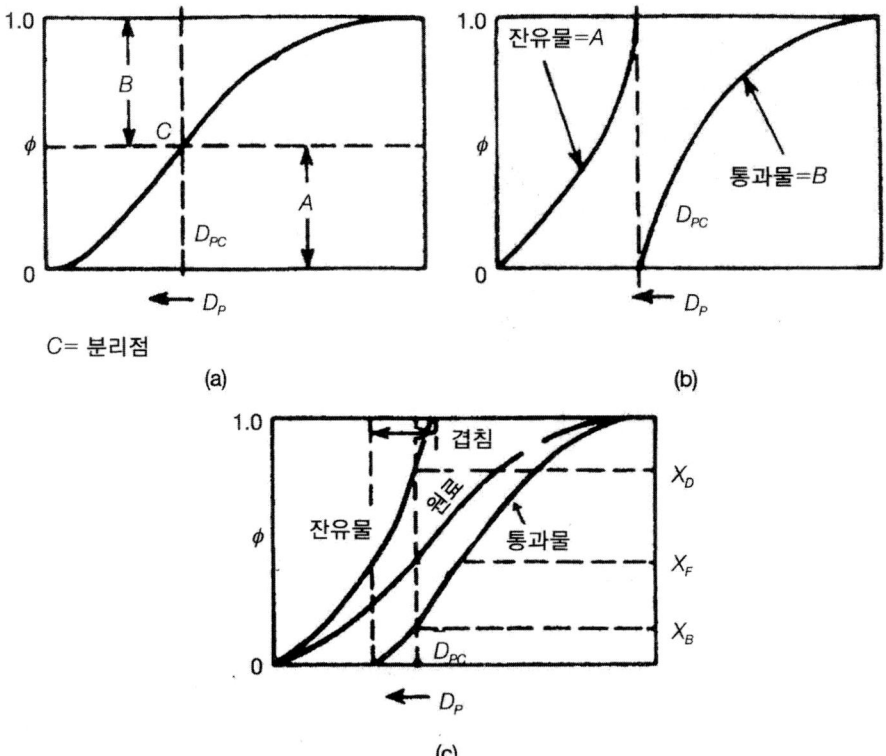

$C =$ 분리점

(a)   (b)

(c)

그림 3-26 이상체와 실제체의 비교: (a) 원료의 입도, (b) 이상체의 분리결과, (c) 실제체의 분리결과.

총괄수지: $F = D + B$ (3-31)

D_{PC}보다 큰 입자의 수지: $FX_F = DX_D + X_B$ (3-32)

두 식으로부터 B를 소거하면,

$$\frac{D}{F} = \frac{X_F - X_B}{X_D - X_B}$$ (3-33)

D를 소거하면

$$\frac{B}{F} = \frac{X_D - X_F}{X_D - X_B} = 1 - \frac{D}{F}$$ (3-34)

체 효율은 두 가지 방법으로 표시된다. 즉, 잔류물에 기준한 효율 E_A는,

$$E_A = \frac{DX_D}{FX_F}$$ (3-35)

통과물에 기준한 효율 E_B는,

$$E_B = \frac{B(1 - X_B)}{F(1 - X_F)}$$ (3-36)

또한 총괄 체 효율은 $E_A \cdot E_B$로 나타낸다.

$$E = E_A \cdot E_B = \frac{D\,X_D}{F\,X_F} \cdot \frac{B(1-X_B)}{F(1-X_F)} \tag{3-37}$$

식 (3-37)에 식 (3-33), (3-34)를 각각 대입하면,

$$E = \frac{(X_F - X_B)(X_D - X_F)(1-X_B)X_D}{(X_D - X_B)^2(1-X_F)X_F} \tag{3-38}$$

이 된다.

연습문제

표 1-3 및 1-4와 같이 체가름한 석영 혼합물을 0.04in의 철사로 만든 10메시의 공업용 체로 체가름한 결과 표 3-3과 같다. 원료에 대한 잔류물, 통과물의 비 및 총괄 체 효율을 구하라.

풀이

표 3-3으로부터 통과율 입도분포를 그리면 그림 3-27과 같이 된다. 사용한 체의 눈금을 구하면 1in 중 10개의 눈금이 있고 각 눈금마다 0.04in의 철사가 있으므로,

(0.1 - 0.04)(25.4) = 1.52mm

이 눈금은 체가름 지름 D_{PC}이다. 그림 3-27에서 $D_{PC}=1.52$mm일 때 $X_F = 0.540$, $X_D = 0.895$, $X_B = 0.275$이므로, 식 (3-33)에서 원료에 대한 잔류물의 비는,

$$\frac{D}{F} = \frac{X_F - X_B}{X_D - X_B} = \frac{0.540 - 0.275}{0.895 - 0.275} = 0.427$$

표 3-3 연습문제의 자료

메시	D_{PC}(mm)	원료 ϕ (표 1-4)	분리물 잔류물	분리물 통과물
4	4.699	0	0	
6	3.327	0.0251	0.071	
8	2.362	0.1501	0.43	0
10	1.651	0.4708	0.83	0.195
14	1.168	0.7278	0.97	0.58
20	0.833	0.8868	0.99	0.83
28	0.589	0.9406	1.00	0.91
35	0.417	0.9616		0.94
65	0.208	0.9795		0.96
pan		1.0000		1.00

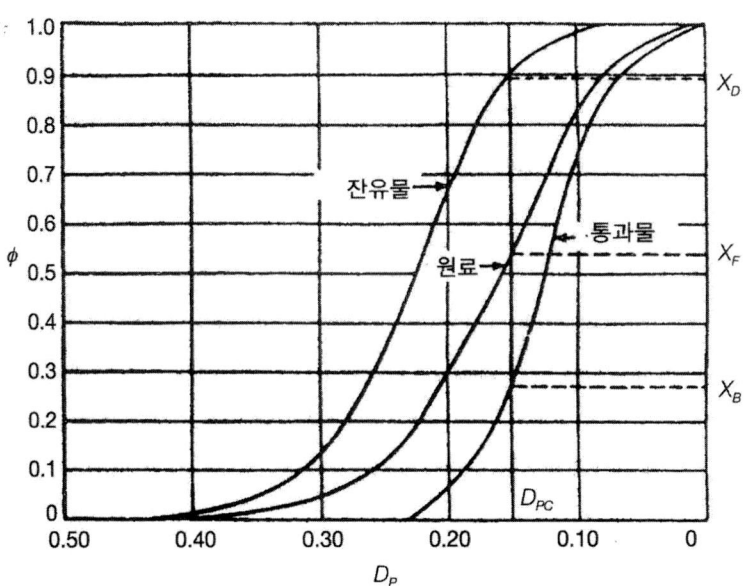

그림 3-27 연습문제의 자료

원료에 대한 통과물의 비는,

$$\frac{B}{F} = 1 - \frac{D}{F} = 1 - 0.427 = 0.573$$

총괄 체 효율은,

$$E = (0.427)(0.573)\frac{(0.895)(1 - 0.275)}{(0.540)(1 - 0.540)} = 0.64$$

(3) 체가름 능력

체의 체가름 능력은 체판 단위면적당 단위시간에 분리할 수 있는 물질의 양으로 나타낸다. 능력과 효율은 서로 반대되는 인자이다. 즉, 능력을 크게 하면 효율이 저하된다. 체의 체가름 능력은 원료의 도입속도에 따라서 조절된다. 효율은 일정능력에서 체의 운전조건에 따라서 달라진다. 체가름 지름보다 작은 물질이 체를 통과할 수 있는 기회는 이 입자가 체면에 부딪히는 횟수와 1회 충돌에서 통과할 수 있는 확률에 의하여 결정된다. 원료의 도입이 많으면, 체에 대한 충돌횟수와 통과확률이 줄어들며 효율이 저하된다.

입자가 체를 통과하는 확률은 체의 눈이 차지하는 면적의 비율, 입자와 눈의 크기 등에 따라서 다르다. 체를 통과하는 입자 1개의 질량은 D_{PC}^3에 비례하며, 체의 단위면적당 눈의 수는 반비례할 것이므로, 단위시간당의 질량으로 나타낸 체의 능력은 $D_{PC}^3/D_{PC}^2 = D_{PC}$, 즉 체가름 지름에 비례하게 된다. 실제의 체에서는 입자 상호간의 작용, 작은 입자보다 큰 입자가 밑으로 내려가려는 경향, 체눈의 막힘 등으로 효율이 상당히 적어지며, 체의 눈이 작을수록 효율의 감소효과는 크다.

3.3.2 여 과

여과(filtration)는 다공질 재료를 매체로 액체와 고체 입자와의 혼합물을 액체는 통과시키고 고체는 걸리게 하여 양자를 분리하는 조작이다. 즉, 이것은 고액분리법 중의 하나이다.

(1) 고·액계 여과장치

고·액계 여과기는 응용방법에 따라, 거름여과기(strainer), 청징여과기(clarifier), 케이크 여과기(cake filter) 및 여과농축기(filter thickener)로 나눈다.

거름여과기는 유로에 설치한 금속 스크린이며, 여기에 고체나 불순물이 걸러서 여과된다. 청징여과기는 적은 양의 고체를 걸러내는 장치로서 여과매체로 여포나 여과지를 사용한다. 케이크 여과기는 여과매체에 걸린 고체가 케이크를 형성하도록 한 것이며, 여과농축기는 고·액의 분리보다는 농축하는 데 그치는 장치이다.

여과할 때 유체는 매체 전후의 압력차에 의하여 흐른다. 따라서 이 압력차를 유지하기 위하여 매체의 상류에 가압할 때, 대기압에서 중력에 의하여 흐르게 할 때, 하류에 감압시킬 때 등이 있다. 이들을 각각 가압여과(pressure filter), 상압여과(atmospheric filter), 감압여과(vacuum filter)라고 부른다. 상압일 경우는 유체가 자체의 중력에 의하여 흐르며, 가압일 때는 펌프나 원심력에 의한다. 공업적 여과로는 가압 및 감압 여과가 많이 이용되며, 여과조작이 계속되느냐 끊어지느냐에 따라 연속식과 회분식이 있다.

(가) 회분식 가압 여과기

가압 여과기는 대개 회분식이며, 여과매체 전후에 상당한 압력차가 생기게 하여 점성액체나 순수한 고체의 여과속도를 경제적으로 유지한다. 가압 여과기에는 가압 여과기(filter press), 투엽상 여과기(shell-and-leaf filter) 및 카트리지 여과기(cartridge filter)가 있다.

① 가압 여과기: 가압 여과기 중에서 가장 많이 사용되는 것으로 고체를 수집하기 위해 판과 틀을 교대로 겹쳐 격실을 만든 것이다. 판의 양면에는 여포를 씌운다. 그림 3-28은 판틀형(plate and frame) 가압 여과기로 판과 틀의 크기는 6~56in이며, 두께는 판이 1/4~2in, 틀이 1/2~8in이다. 판과 틀의 사이는 새지 않도록 완전히 조립한다. 판과 틀의 한 꼭지에는 다같이 구멍이 있어서 물질이 흐를 수 있도록 되어 있다. 틀의 공간에 슬러리가 들어가면 여포에 고체가 침적하고 여액은 여포를 통과하여 판의 홈을 따라 흘러 내려서 배출된다.

슬러리는 대개 3~10atm의 압력으로 도입되며, 여액이 더 이상 흐르지 않고 압력이 갑자기

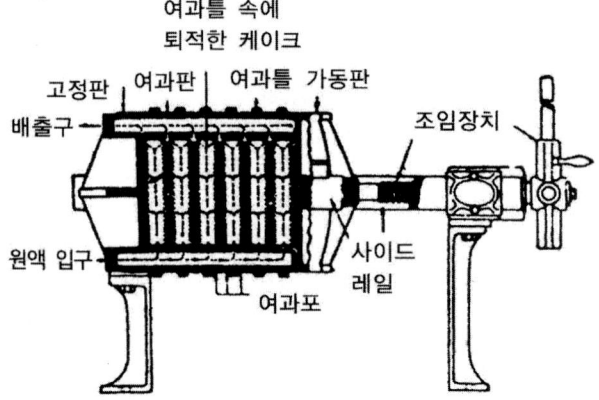

그림 3-28 판틀형 가압여과기

증가할 때까지 계속한다. 이때 틀 안에는 케이크가 꽉 차게 된다. 여과가 끝나면 세척수를 통하여 케이크에 묻어 있는 여액을 씻어내고 조립상태를 풀어 판과 틀을 떼고 케이크를 분리한다. 이러한 과정을 자동으로 하기도 한다. 일반적으로 세척수는 케이크 중에서 흐르기 쉬운 곳으로만 흘러나가게 되므로 완전세척은 어렵다.

② 투·엽상 여과기: 이 장치는 단순히 엽상 여과기(leaf filter)라고도 하며 판·틀형을 다소 개량한 것이다. 그림 3-29와 같이 수평의 원통 안에 여러 개의 엽을 수직으로 조립하여 사용한다. 슬러리를 가압하여 탱크에 보내면 엽의 표면에 케이크가 만들어지고 여액은 여포를 통과하여 여액출구로 배출된다. 세척률이 좋고 가압 여과기의 최대결점인 케이크 제거에 소요되는 많은 시간과 노력을 여포의 바깥쪽에 여과 케이크를 생성시킴으로써 다소 줄일 수 있다.

③ 카트리지 여과기: 소량의 고체를 거르는 데 사용되며 그림 3-30과 같다. 지름 3~10in의 얇

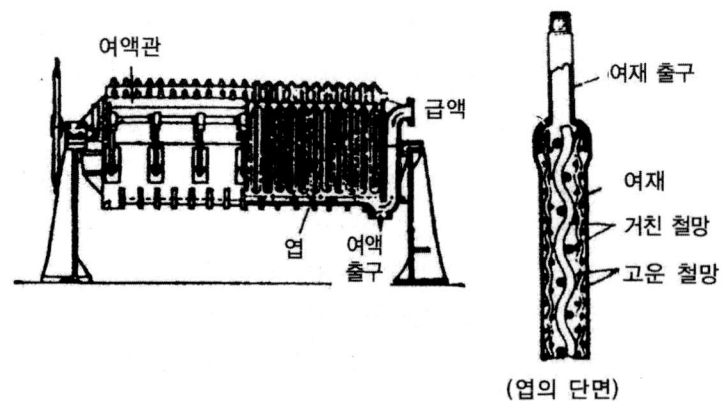

그림 3-29 엽상 여과기

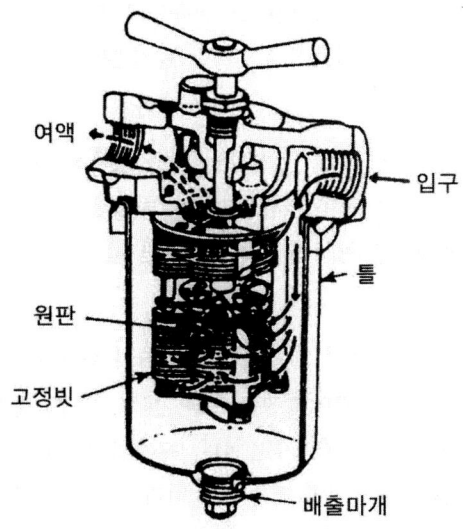

그림 3-30 카트리지 여과기

은 원판을 수직축에 좁은 간격으로 부착한 것을 수직 원통 내부에 넣은 모양이다. 슬러리를 도입하면 원판 사이에 고체가 끼어서 걸리고 액체만이 흘러나가게 된다. 걸린 고체는 원판을 돌면서 고정되어 있는 빗 모양의 원판에 의해서 떨어져 제거된다.

(나) 연속식 가압 여과기

이 형태의 여과기로 사용되는 것에는 여과형 농축기(filter thickener)가 있다. 그림 3-31과 같이 가압 여과기와 같은 형태이나 틀이 없고 원형의 홈이 파인 판으로 되어 있다. 슬러리를 도입하면 액

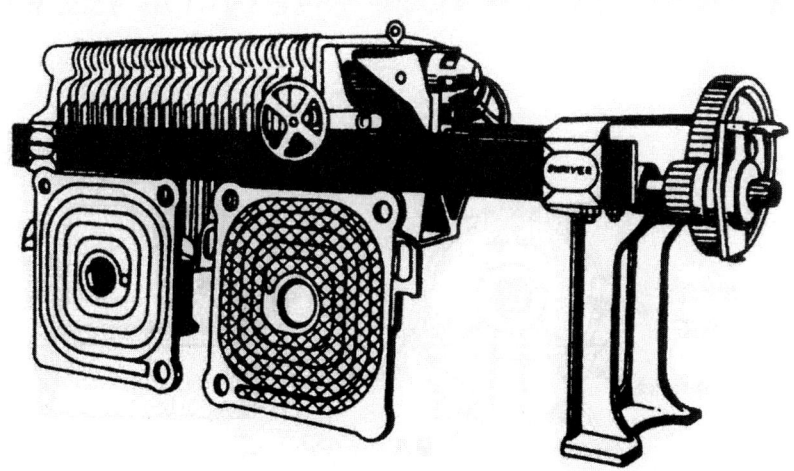

그림 3-31 여과형 농축기

체의 일부는 여포를 통하여 제거되면서 슬러리는 농축되고 계속해서 다음 판으로 흘러서 배출된다. 이때 케이크가 만들어지면 안되므로, 압력은 5기압을 넘지 말아야 한다.

(다) 회분식 감압 여과기

가압 여과기가 회분식인데 비하여 감압 여과기는 거의 연속식이다. 회분식 감압 여과기에는 뷔크너(Buchner) 깔때기와 같은 모양의 진공 너츄(nutsch, 직경 3∼10ft, 두께 4∼12in)가 유용된다. 부식성 물질의 여과에 주로 사용하지만 케이크를 퍼내야 하므로 노동력이 많이 든다.

(라) 연속식 감압 여과기

움직이는 여과매체를 통하여 슬러리를 흡인하면 케이크가 여포에 형성되므로 이를 계속하여 반복함으로써 연속식 조업이 가능하다. 여과매체에는 여과, 세척, 탈수, 제거부분이 있어야 한다. 매체 전후의 압력차는 크지 않으며 대개 10∼20in Hg이다. 고체입자가 미세하거나, 액체의 증기압이 크거나 또는 점성이 크면 사용할 수 없다. 이때 여포가 막히거나 액체가 증발하기 때문이다. 대표적인 것으로는 회전드럼 여과기(rotary-drum filter)가 있으며, 그림 3-32와 같다. 여포를 붙인 수평 드럼이 0.1∼2rpm으로 회전하면서 일부가 슬러리 탱크에 잠기게 된다. 드럼의 홈 패인 면 아래에는 고체벽으로 된 조금 작은 드럼이 있다. 즉, 옆에서 보면 2중 원통형으로 이 사이에는 길이방향으로 몇개의 칸막이가 있으며, 이 각각의 칸마다 파이프가 뻗어 나와 회전 밸브장치에 연결된다. 드럼이 회전하면 슬러리 탱크에 잠긴 부분의 파이프는 흡인하며, 드럼표면에 케이크가 만들어지고 여액은 흡인 파이프를 통해 흡인된다. 케이크가 만들어진 부분은 위로 돌아 올라오면서 흡인된 상태에서 케이크에 세척수가 뿜어지고, 흡인 밸브가 바뀌어 세척액과 여액을 분리한다. 세척된 케이크는 계속 흡인되어 탈수된다. 탈수가 끝나면 다시 밸브가 바뀌어 압축공기를 들어오게 함으로써 케이크가 여포에서 떨어지게 하고, 블레이드로 긁어낸다. 케이크가 제거된 뒤 드럼은 다시 슬러리 속에 잠기게 되며 전술한 과정이 연속적으로 되풀이되면서 여과가 계속 진행된다.

드럼이 슬러리에 잠기는 면적은 30% 정도이며, 케이크는 1/8∼1.5in 정도로 생성된다. 드럼의 크

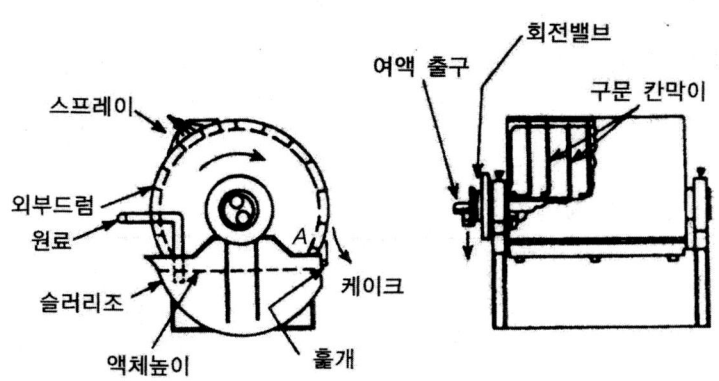

그림 3-32 연속식 회전드럼 여과기

기는 대체로 지름 1~10ft, 길이 1~14ft이다.

(2) 여과매체(Filter Medium)

여포로 사용될 수 있으려면 다음과 같은 요구사항을 만족해야 한다. ① 고체를 걸러내는 맑은 여액이 배출될 수 있어야 하며, ② 막히지 말아야 하고, ③ 내화학성이며 물리적으로 강해야 하며, ④ 케이크가 깨끗하고 완전히 제거될 수 있어야 하고, ⑤ 값이 비싸지 않아야 한다.

공업적으로는 삼, 섬유 또는 무명으로 짠 캔버스 천이나 능직물 등이 많이 이용된다. 부식성 슬러리의 경우는 모직물, 모넬이나 스테인레스 강으로 된 금속망, 유리 천, 종이 등이 사용되며, 내화학성인 광물성 섬유도 이용된다.

여과 초기에는 여액에 슬러리가 약간씩 섞여 나오는데 조금 지나면 여액이 맑아진다. 이때 실제로 여과의 매체가 되는 것은 여포라기보다는 여포와 초기에 여포의 구멍에 끼거나 침착되어 형성된 초기 케이크 층이다.

(3) 여과조제(Filter Aid)

슬러리의 입자가 가늘거나 또는 압축성이어서, 여포가 잘 막히거나 또는 여과속도가 느릴 때에는 여과조제를 사용한다. 조제로는 규조토, 석면, 정제한 목재, 펄프, 기타 다공성 고체가 이용된다. 여과조제를 사용하는 방법은 두 가지이다. 하나는 조제를 슬러리에 섞어서 여과하는 방법이며, 이때 케이크에는 슬러리의 고체와 조제가 섞이게 되므로, 여액의 통로가 막히지 않는다. 이 방법을 프리믹스(premix) 여과라고 한다. 다른 방법은 회전드럼 여과기나 엽상 여과기에서 사용할 수 있는 것으로 여과조제를 미리 여포의 표면에 입히는 방법이다. 이는 여과조제를 여과함으로써 입힐 수 있으며 이 층 위에서 케이크가 형성되게 한다. 이 방법을 프리코트(precoat) 여과라고 한다.

(4) 원심여과(Centrifugal Filtration)

다공성 케이크를 형성하는 슬러리 중의 고체는 원심력을 이용하여 여과한다. 여과 종료 후에도 회전을 계속시키면 케이크 중의 여액이 빠져나가 가압 여과기나 진공여과보다 건조효과를 높일 수 있다. 공업적으로 주로 사용되는 원심여과기는 그림 3-33과 같은 회분식 바스켓형 원심여과기를 들 수 있다. 지름 30~48in, 높이 18~30in의 다공질 벽으로 된 바스켓의 내벽에 여과매체가 부착되어 있으며 600~1,800rpm 정도로 회전한다. 대개 2~6in의 케이크가 생성되면 원료투입을 중지하고 세척한 후 탈수시킨다. 30~50rpm 정도로 서서히 회전시키면서 칼로 케이크를 긁어낸다.

많은 양을 처리할 때에는 그림 3-34의 회분식 자동 원심여과기를 사용한다. 이때는 자동밸브에 의하여 예정된 시간대로 원료를 도입하고, 세척, 탈수, 케이크의 제거와 배출이 이루어진다. 바스켓의 직경은 20~42in이며, 슬러리 고체가 -150메시일 때는 사용할 수 없다.

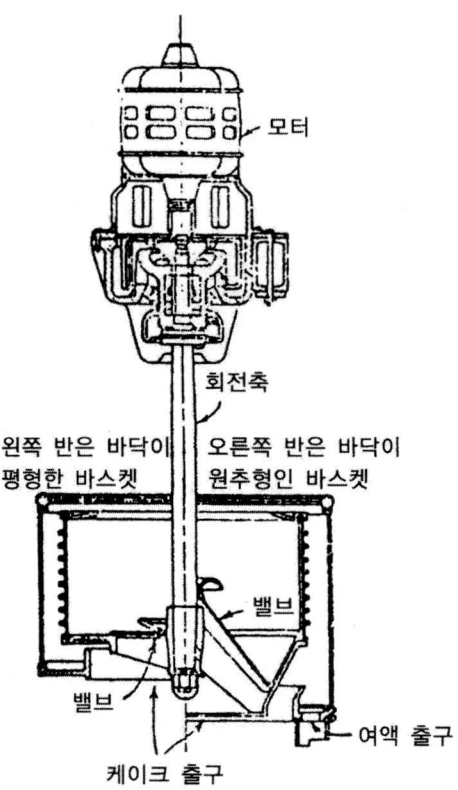

그림 3-33 바스켓형 원심여과기

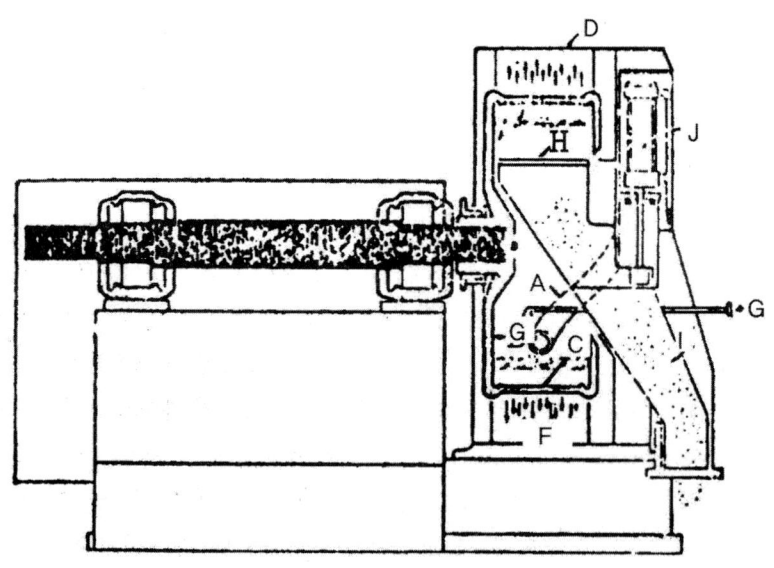

그림 3-34 회분식 자동 원심여과기; A: 원료도입부, B: 여과 바스켓, C: 여과매체, D: 틀, E: 케이크, F: 여액,
G: 세척수관, H: 칼, I: 케이크 배출구, J: 수력 실린더.

3.3.3 침강분리

대부분의 기계적 분리방법은 고체입자나 액체반응이 유체 중에서 움직이는 거동을 이용하고 있다. 이때 유체는 기체 또는 액체이며 정지상태이거나 유동상태인 경우 다같이 이용된다. 따라서 침강분리란 유체 중에 분산 부유하고 있는 고체입자 또는 액체입자를 중력장이나 원심력장에서의 침강현상을 이용하여 분리하는 조작을 말한다.

(1) 중력침강

(가) 기체로부터 고체의 분리

200메시 이상의 거친 입자는 중력침강실을 이용하여 기체로부터 분리할 수 있다. 이것은 커다란 상자로 한쪽에서 입자가 포함된 공기가 도입되고 다른쪽으로 깨끗한 공기가 나간다. 도입 순간 유속이 저하되어 입자는 자신의 중력에 의해 종말속도와 같은 속도로 상자 바닥에 떨어진다. 공기가 상자 안에 충분히 체류하면 입자는 완전히 분리된다. 기체의 속도가 대략 10ft/sec보다 빠르면 침강된 공기는 오히려 부유하게 된다.

(나) 액체로부터 고체의 분리

액체 중에 현탁되어 있는 거친 입자를 분리할 때는 중력침강조나 기계적 분급기를 사용한다. 그러나 고체입자의 크기가 작으면 중력에 의한 자유 또는 간섭 침강으로서는 분리나 분급이 어렵다. 따라서 미립자를 응집 또는 응결시켜서 큰 입자로 만들어야 한다. 전해질을 첨가함으로써 전하를 띠고 있는 입자를 응결시킬 수 있다. 또한 계면활성제를 첨가하거나, 아교, 규산소다, 알루미나, 석회 등을 가하여 응집시키기도 한다. 응집입자는 단일 입자에 비하여 그 직경을 정의하기가 곤란하며, 어떤 때는 내부에 액체를 포함한다. 또 특이한 침강과정을 나타낸다. 일반적으로 슬러리를 어떤 원통에 넣고 변화를 보면 그림 3-35와 같다. 처음 (a)와 같이 균일한 농도이던 슬러리는 시간이 경과하면 (b)와 같이 청증액층(A), 원래농도와 같은 층(B), 입자와 농도가 변화하는 층(C), 응집된 큰 입자층(D)으로 분리된다. 시간이 계속 경과하면, 그림 (c), (d), (e)와 같은 과정을 거쳐서 침강된다. 이와 같은 원리를 이용한 장치를 침강농축기(sedimentator, thickner)라고 한다. 그림 3-36은 회분식 침강농축기로 단순히 침강조라고도 한다. 현탁액을 일정시간 방치한 후 청증액을 사이폰에 의해 배출시킨다. 농축된 고체는 밑으로 배출된다. 처리능력이 작고 특수한 경우에만 사용된다. 그림 3-37은 연속식 침강농축기로 고체 농도가 적은 현탁액을 대량 연속적으로 처리하는 목적에 적합하다. 그 주요부를 보면 밑이 원뿔형으로 된 얇은 원통형 침강조이며 탱크 중앙으로부터 슬러리를 공급하면 액은 주변을 향하여 흘러나가는 동안에 고체입자를 침강분리하고 청증액은 탱크쪽의 벽을 넘어서 일류(overflow) 뚝에 들어가 분리된다. 탱크 밑바닥에 침적한 농축물은 중앙의 회전축에 장치된 긁기 날개에 의해 모아져 배출된다.

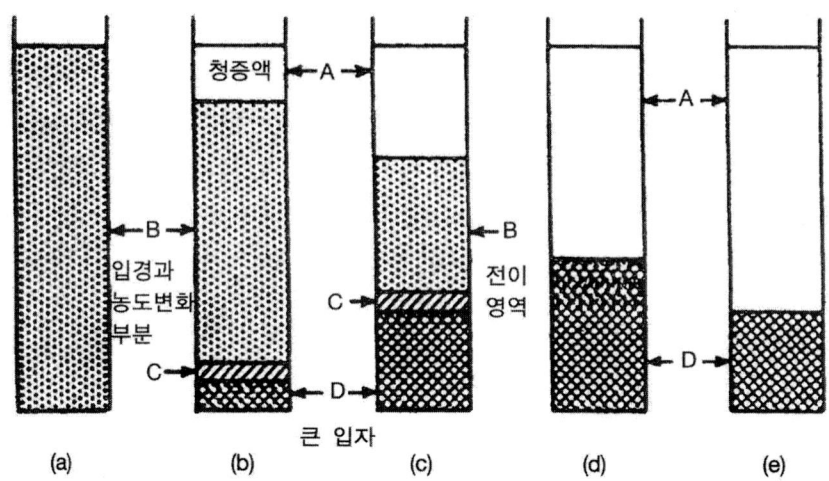

그림 3-35 회분식 침강농축 과정

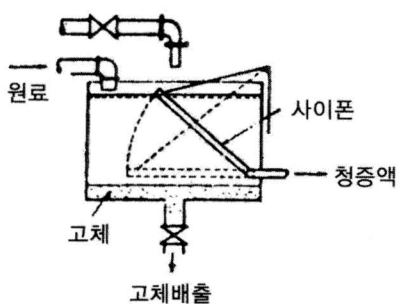

그림 3-36 회분식 농축기

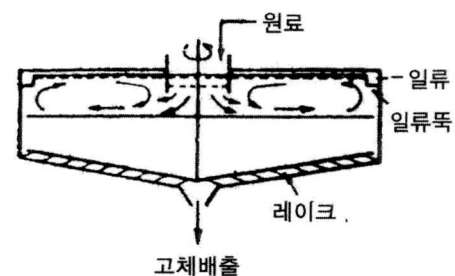

그림 3-37 연속식 농축기

(2) 원심침강

입자의 중력 대신 외부에서 원심력을 가해 주면 침강속도가 커져서 분리능력을 높일 뿐 아니라 장치의 규모도 중력침강에 비하여 상당히 적어진다. 여기에는 액체 사이클론(cyclone, 습식 사이클론이라고도 함)과 원심침강기가 있다.

액체 사이클론은 그림 3-38과 같이 원통부와 원뿔부로 되어 있는 용기에 원액을 공급하여 소용돌이를 일으키게 한다. 거친 입자는 이 소용돌이 속에서 원심력의 작용을 받아 사이클론 벽에 충돌하고 수집되어 아래쪽 출구에서 진한 슬러리로 되어서 배출된다. 분리되지 않은 미립은 중앙 부근의 소용돌이를 타고 올라가 일류 상승관을 거쳐 출구로 나온다. 분리는 소용돌이에서 밑으로 떨어짐으로써 일어나므로 그 유속분포는 직접 사이클론의 성능을 지배한다.

액체 사이클론의 장점은, ① 가동부분이 없고 구조가 간단하여 취급이 용이하고, ② 점유 바닥면적

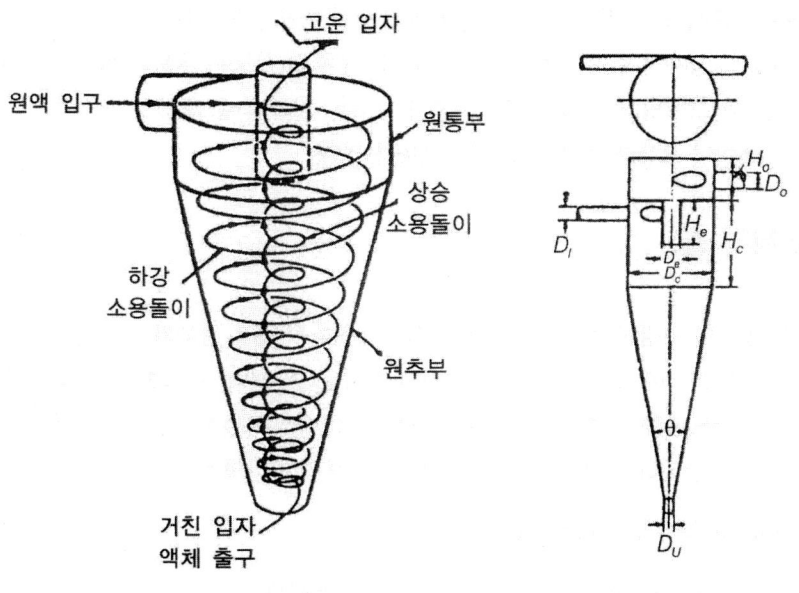

고운 입자

원액 입구

원통부

상승
소용돌이

하강
소용돌이

원추부

거친 입자
액체 출구

(a) 액체 사이클론 내의 흐름

(b) 액체 사이클론의 치수

그림 3-38 액체 사이클론

이 작고 처리능력이 크며, ③ 응용 범위가 넓고 설비가 싸다. 반면에 단점은, ① 압력손실이 커서 펌프의 소비동력이 크고, ② 입자에 의한 마모가 크다. 벽이 마모하면 부분적으로 흐름이 흩어져, 마찰손실로 인한 원심분리 효과가 줄어들어 분리성능이 떨어진다. 이 때문에 정확히 금형 성형된 내마모성 고무라이닝을 사용하는 경우가 있다. 그림 3-38(b)에서 실용치수는 다음과 같다.

$$D_i = 1/8 \sim 1/4 \ D_c, \ D_e = 1/6 \sim 1/3 \ D_c, \ D_u = 1/10 \sim 1/6 \ D_c, \ \theta = 9 \sim 30°$$

3.4 분체의 저장

분체가 건조상태이고 서로 달라붙지 않을 경우에는 비뉴튼의 유체의 특성을 가진다. 분체가 용기에 담겨져 있을 때 벽과 바닥에 압력을 가하게 되지만 액체나 기체처럼 적용된 압력이 어느 곳에서나 일정하게 되도록 작용하지 않는다. 분체는 서로 달라붙는 성질에 따라서, 부착성 분체와 비부착성 분체로 나눈다.

분체는 일반적으로 다음과 같은 특성을 가지고 있다.

① 압력은 모든 방향에서 동일하지 않다. 일반적으로 한 방향에 작용한 압력은 다른 방향에도 작용되지만 처음 작용된 압력보다는 작다.

② 분체표면에 전단응력이 작용되면, 분체가 파괴될 때까지는 전달된다.

③ 분체의 밀도는 입자의 충전도에 따라 변화한다. 유체의 밀도는 온도와 압력의 일정한 함수이며 이것은 개개의 고체입자에 대해서도 마찬가지이다. 분체의 충전도가 적으면 전체 밀도는 최소가 되며 진동이나 요동에 의해 충전되면 최대가 된다.

3.4.1 분체압력

분체를 어떤 용기에 저장하면 압력을 나타낸다. 그러나 유체의 경우와는 상당히 다르다는 사실은 이미 언급하였다. 지금 어떤 면에 작용하는 분체의 압력을 P_V, 이와 수직한 방향의 압력을 P_L이라 하고 이들과 임의의 각도 θ를 이루며 압력 P가 그림 3-39처럼 작용하고 있다. 그림에서 (a)의 압력관계를 힘으로 나타내면 (b)와 같이 된다. 두께가 b일 때 경사면의 면적, bdL에 작용하는 힘은,

$$pbdL = p_L bdL \sin^2\theta + p_V \cdot bdL \cos^2\theta \tag{3-39}$$

두 변을 bdL로 나누고, $\sin^2\theta = 1 - \cos^2\theta$의 관계를 적용하면,

$$p = (p_V - p_L)\cos^2\theta + p_L \tag{3-40}$$

마찬가지로, 다음 관계식을 얻을 수 있다.

$$\tau bdL = P_V bdL \cos\theta \sin\theta - P_L bdL \cos\theta \sin\theta \tag{3-41}$$

$$\tau = (P_V - P_L)\cos\theta \sin\theta \tag{3-42}$$

$\theta = 0°$이면 $P = P_V$가 되고 $\theta = 90°$이면 $P = P_L$이 되며 따라서 $\tau = 0$이 된다. θ는 $0°$에서 $90°$ 사이의 값을 취하면 P에 대하여 수직방향으로 전단응력이 발생한다. 이때 P와 τ의 값을 모든 θ의 값에 대해서 나타내면 $P = (P_V + P_L)/2$의 점을 중심으로 하고 $(P_V - P_L)/2$를 반지름으로 하는 원이 된다. 이것을 그림 3-39의 (c)에 나타내었는데 이 원을 모어 응력원(Mohr stress circle)이라고 한다.

임의의 θ값에 대해서 P에 대한 τ의 비는 P축과 원점 및 (P, τ)점을 통과하는 직선 OX로서 이루어지는 각 α의 탄젠트값($\tan\alpha$)이 된다. θ가 $0°$에서 $90°$까지 증가함에 따라 P에 대한 τ의 비는 최대값이 되었다가 다시 감소하게 된다. 그림 3-39(c)에서 직선 OA와 같이 원점을 통과하는 직선 OX가 응력원에 대해서 접선이 될 때 이 비의 값이 최대가 된다. 이때 α는 최대값 α_m이 된다. 그림 3-39(c)로부터 다음 식으로 나타낼 수 있다.

$$\sin\alpha_m = \frac{(P_V - P_L)/2}{(P_V + P_L)/2} = \frac{P_V - P_L}{P_V + P_L} \tag{3-43}$$

물질이 비부착성(noncohesive)이면 직선 OA와 OB는 임의의 P_V에 대한 모든 응력원에 대하여 접선이 된다. 이 두 접선은 모어 파괴덮개(Mohr rupture envelope)를 형성한다. 부착성 고체물질에 대해서는 이 덮개를 형성하는 접선들은 원점을 통과하지 않고 원점의 아래나 위의 어느 절편을 통

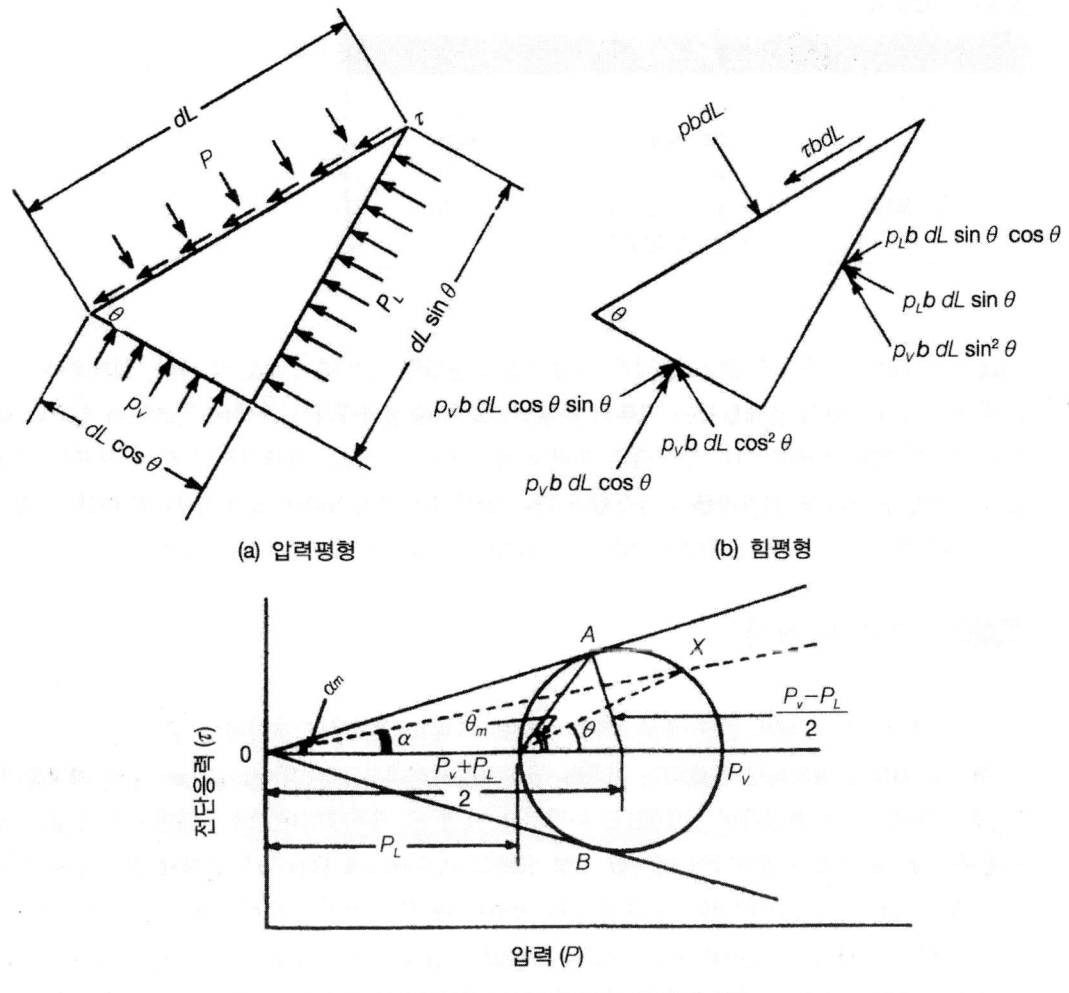

(a) 압력평형   (b) 힘평형

(c) 비부착성 분체에 대한 모어 응력도

그림 3-39 분체의 압력과 힘

과하게 된다.

작용압력 P_V에 대한 수직압력 P_L의 비(P_L/P_V)를 K'이라고 두면 다음의 관계식이 성립한다.

$$\sin \alpha_m = \frac{1 - K'}{1 + K'} \tag{3-44}$$

$$K' = \frac{1 - \sin \alpha_m}{1 + \sin \alpha_m} \tag{3-45}$$

이 각 α_m은 물질의 내부마찰각(angle of internal friction)이다.

입자상의 분체를 쌓았을 때 생기는 피라미드형의 빗면과 밑면이 이루고 있는 각 α_r을 안식각

표 3-4 모래의 안식각

	mesh	안식각(도)
모 래	12 ~ 30	32.5
	30 ~ 45	32.5
	45 ~ 85	35.0
젖은 모래	30 ~ 45 (수분 1%)	37.5
	30 ~ 45 (수분 2%)	41.0

(angle of repose)이라고 한다. 분체가 이상적으로 균일한 경우에 $\alpha_r = \alpha_m$이 된다. 실제로는 $\alpha_r < \alpha_m$ 인데 이는 노출표면의 분체입자는 내부의 분체입자보다 충전상태가 느슨하며 건조되어 있거나 달라 붙는 성질이 덜하기 때문이다. 안식각은 분체가 입자상으로 둥글고 매끄러우면 작다. 분체의 함유수 분이 증가함에 따라 또 입자지름이 감소함에 따라 안식각은 증가한다(표 3-4 참조). 부착성 고체의 경 우 K'는 0에 가까워진다. 입자상인 경우 K'는 0.35 ~ 0.6의 범위, α_m은 15 ~ 30°이다.

3.4.2 분체의 저장

일반적으로 석탄 모래와 같은 분쇄고체는 야외에 그대로 방치하여 저장하는 일이 많다. 그러나 값 이 비싸고 야외에 방치하면 용해되는 고체는 빈(bin), 사일로(silo), 호퍼(hopper) 등에 저장하며 이 를 제조 프로세스와 연결하여 사용한다. 사일로는 좁고 긴 원통형이며, 빈은 일반적으로 넓고 짧은 원통형이다. 또 호퍼는 밑바닥이 경사진 소형 빈으로 프로세스에 원료가 투입되기 전에 임시로 저장 하기 위해 사용된다. 분체를 빈이나 호퍼 등에 저장할 때 분체 상호간의 마찰과 분체와 벽 사이의 마 찰로 인하여 벽에 미치는 분체압력은 예상되는 값보다 상당히 적은 값을 나타낸다. 그림 3-40과 같 은 원통형 빈에 저장된 분체의 압력을 생각해 보자. 지금 빈의 반지름을 r, 분체의 전체높이를 Z_t라 하고, 분체표면으로부터의 임의의 거리 Z인 곳에서 빈의 밑바닥 방향으로 두께 dZ인 수평층이 피스 톤과 같이 작용할 때 Z인 곳에서의 힘을 F_V라 하면 수직압 P_V는 다음과 같이 나타낼 수 있다.

$$P_V = \frac{F_V}{\pi r^2} \tag{3-46}$$

따라서,

$$dF_V = dF_g - dF_f \tag{3-47}$$

그런데, 미소두께 dZ가 밑으로 작용한 힘의 전체 증가분은 중력 dF_g에서 마찰력 dF_f를 뺀 값이다.

$$dF_V = dF_g - dF_f \tag{3-48}$$

이 중에서의 중력은 $\pi r^2 \rho_b (g/g_c) dZ$이며, 이때 ρ_b는 그 물질의 부피밀도이다. 마찰력은 빈의 벽에서의

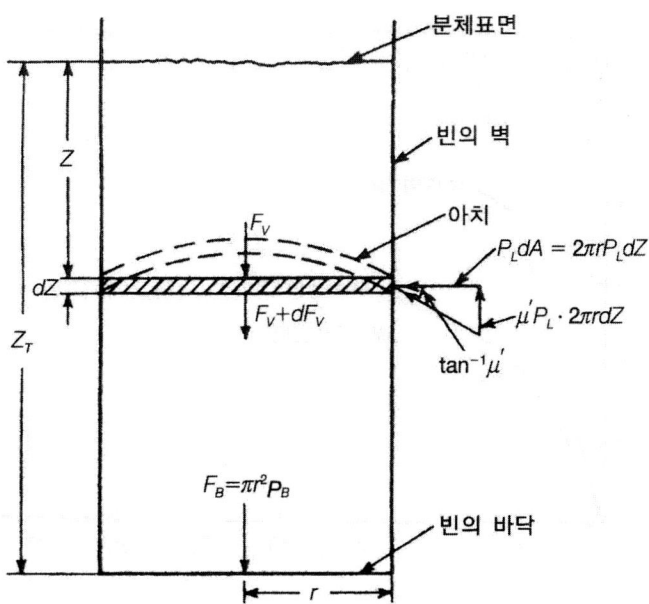

그림 3-40 원통형 빈의 벽에 미치는 분체의 압력

마찰계수 μ'와 수평방향의 F_L과의 곱이 된다. 다시 말해 수평방향의 힘은 수평방향 압력 P_L과 그 압력이 작용하는 면적 $2\pi r dZ$의 곱이 된다. 따라서

$$dF_V = \pi \gamma^2 dP_V = \pi \gamma^2 \rho_b \frac{g}{g_c} dZ - \mu'(2\pi\gamma P_L dZ) \tag{3-49}$$

양변을 πr로 나누고, $P_L/P_V = K'$임을 알면

$$rdP_V = (r\rho_b \frac{g}{g_c} - 2\mu' \frac{P_L}{P_V} P_V)dZ = (r\rho_b \frac{g}{g_c} - 2\mu' K' P_V)dZ \tag{3-50}$$

P_B를 빈 바닥에 작용하는 수직압력이라 하고, 식 (3-50)을 분체표면부터 밑바닥까지 적분하면,

$$\int_0^{Z_T} dZ = \int_0^{P_B} \frac{rdP_V}{r\rho_b(g/g_c) - 2\mu' K' P_V} \tag{3-51}$$

$$Z_T = -\frac{r}{2\mu' K'}\left[\ln\left(r\rho_b \frac{g}{g_c} - 2\mu' K' P_V \right) \right]_0^{P_B} \tag{3-52}$$

다시 쓰면,

$$P_B = -\frac{r\rho_b(g/g_c)}{2\mu' K'}(1 - e^{-2\mu' K' Z_T/r}) \tag{3-53}$$

　식 (3-53)을 잔센(Janssen) 식이라고 한다. P_B와 Z와의 관계에 대한 한 예를 표시하면 그림 3-41과 같다. 대개 분체의 높이가 빈 지름의 3배가 될 때까지는 밑면에 미치는 압력은 높이에 비례하

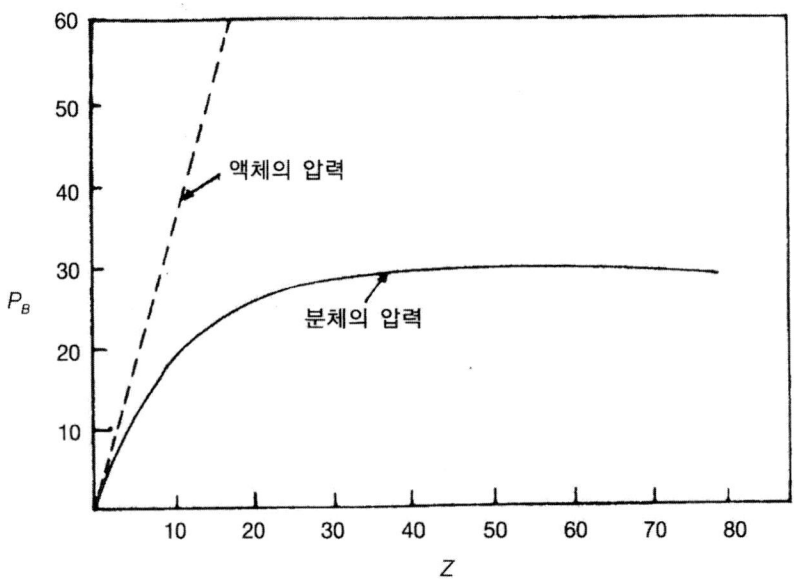

그림 3-41 빈에서 분체의 높이와 압력과의 관계

여 증가하지만 그 이상 분체를 쌓아도 빈의 바닥에 미치는 압력에는 영향이 없다. 이 까닭은 그림 3-40에 나타낸 바와 같이 분체 상호간의 마찰에 의하여 아치를 형성하며 밑변까지 압력이 전달되지 않기 때문이다.

이러한 결과 빈의 밑에서 분체를 흐르게 할 경우, 분체는 어느 정도 흘러내리다가 그치고 만다. 분체의 마찰계수 μ'는 대개 $0.35 \sim 0.55$의 값을 가진다.

연습문제

지름이 6ft(1.82m)이고 높이가 50ft(15.24m)의 흡수탑에 분쇄된 코우크스를 담고자 한다. 코우크스가 밑면에 작용하는 수직압력과 측부의 압력을 계산하라. 또, 코우크스와 동일한 밀도를 가진 유체를 담으면 작용하는 압력은 어떻게 되겠는가? 코우크스의 부피밀도는 $\rho_b = 30\text{lb/ft}^3(481\text{kg/m}^3)$이며, 안식각은 $\alpha_r = 28°$이다.

풀이

α_m(대략)$= 32°$, $\sin \alpha_m = 0.5299$

이때 α_m을 가능하면 크게 잡는 것이 유용한 K'과 P_B를 계산하는 데 좋다.

K'[식 (3-45)]$= \dfrac{1-0.5299}{1+0.5299} = 0.307$

r = 3ft, Z_r = 50ft, μ'(대략) = 0.5이므로

밑면에 작용하는 수직압력은,

$$P_B = \frac{3\times30(g/g_c)}{2\times0.5\times0.307}(1 - e^{-(2\times0.5\times0.307\times50)/3}) = 291 \ \text{lbf/ft}^2 = 2.02 \ \text{lbf/in}^2 \ (13,930 \ \text{N/m}^2)$$

수평압력은

$$P_L = K' P_B = 0.307 \times 2.02 = 0.62 \ \text{lbf/in}^2 \ (4,275 \ \text{N/m}^2)$$

코우크스와 동일한 밀도를 가진 유체의 경우,

$$P = P_B = P_L = \rho_b Z_r(g/g_c) = 30 \times 50 = 1500 \ \text{lbf/ft}^2 = 10.4 \ \text{lbf/in}^2 \ (71,700 \ \text{N/m}^2)$$

여기서 알 수 있는 바와 같이, 분체를 저장하는 장치는 이론적으로 같은 밀도의 액체를 저장하는 장치보다 상당히 약하게 만들어도 좋다.

3.4.3　분체의 수송

고체분말들은 연속적인 벨트, 통, 체인 및 스크루 등을 사용하여 운반된다. 슬러리는 일반적으로 교반되는 탱크 안에 저장되며, 유동을 일으키기 위하여 정변위 또는 원심펌프를 사용하여 파이프를 통해 펌핑된다. 점성이 매우 큰 슬러리나 반죽물은 왕복하며 전진하는 공동(cavity) 펌프를 사용하여 수송한다.

질량유동(mass flow)이라고 하는, 즉 먼저 들어온 것이 먼저 나가는 유동을 만드는 저장통과 호퍼는 재료의 편리를 최소화하고, 벌크밀도와 유동속도 면에서 보다 균일한 재료를 공급한다(그림 3-42). 호퍼의 기울기가 감소하거나 호퍼의 벽마찰 또는 재료의 내부마찰이 증가하면 깔때기 유동(funnel flow)이라고 하는, 즉 먼저 들어온 것이 나중에 나가는 유동에 대한 경향이 증대된다(그림 3-43). 따라서 깔때기 유동은 일반적으로 편리가 일어나지 않는 비교적 굵은 재료에 대해서만 허용된다. 내부에 방해장치나 삽입장치를 설치함으로써 중앙부분의 유동속도와 깔때기 유동에 대한 경향을 감소시킬 수 있다.

앞서 설명한 바와 같이, 저장통과 사일로에 저장된 분말과 과립상의 재료들은 위에 놓인 재료로부터 압축하중을 받는다. 이와 관련된 유동특성이 동적 휴식각(dynamic angle of repose)인데, 이는 재료가 부어지고 수평면 위에서 자유롭게 유동할 때 형성되는 원추기울기이다. 표 3-4에 나타내었듯이, 유동은 재료의 압축성과 응집성에도 의존한다. 응집성 재료들은 압축될 때 강도를 얻는다. 흡착된 수분은 보통 재료 내에 덩어리를 형성해서 응집을 증가시키는 경향이 있으며, 따라서 유동성은 수분함량의 증가에 따라 감소한다. 주기적인 동결과 해동에 의해서 유동을 방해하는 응집체나 덩어

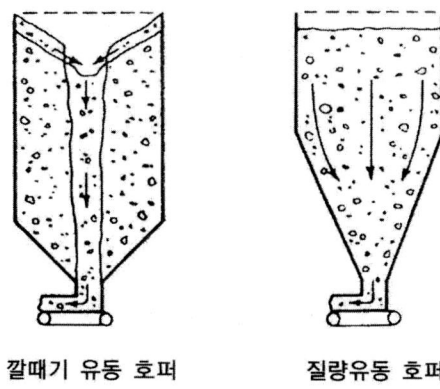

깔때기 유동 호퍼   질량유동 호퍼

그림 3-42 질량유동과 깔때기 유동

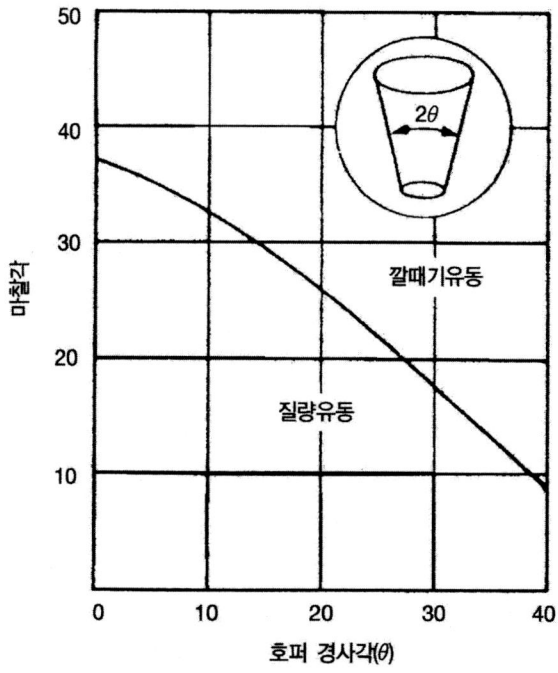

그림 3-43 경사각과 마찰각(J.S.Reed, "Principles of Ceramics Processing", John Wiley & Sons, 340, 1995.)

리가 형성되기도 한다.

　유동단위의 크기가 배출구멍의 약 0.15배보다 더 크면 아칭(arching) 현상에 의해 배출구멍을 통한 분말유동이 크게 감소한다. 약 44 μm보다 미세한 입자들과 응집체들은 부착으로 인해 유동이 방해된다. 흡착 첨가제를 함유한 세라믹 입자들은 가열될 때, 특히 용융점에 근접되거나 또는 표면막의

표 3-4 분말유동에 미치는 압축력의 영향

압축률(%)	상 태	유동성	안식각
5-18	유동이 자유로운 과립	매우 우수	25-35
18-22	과립	우수	35-45
22-28	유동성 분말	보통	33-40
>28	응집 분말	거의 없음	>60

유리천이온도를 초과할 때 유동성이 저하된다.

또한, 파이프를 통해 세라믹 슬러리를 수송할 때는 마멸이 문제가 된다. 밸브들은 열렸을 때 유동을 방해해선 안되며, 파이프 시스템 내의 구부러진 부분은 곡률반경을 크게 해서 마모와 오염을 최소화하여야 한다.

제 **4** 장

첨가제

목적하는 형태의 세라믹스를 제조하기 위해서는 원활한 성형, 즉 적절한 입자분산 및 유동거동을 위하여 다음의 여러 가지 첨가제들을 사용한다. ① 적심제, ② 해교제, ③ 응고제, ④ 응교제, ⑤ 결합제, ⑥ 가소제, ⑦ 기포제, ⑧ 제포제, ⑨ 윤활제, ⑩ 보존제.

이 중에서 적심제를 제외하고는 소량 첨가되며, 대부분의 첨가제는 하소 및 소성공정에서 제거되어, 최종 제품에는 나타나지 않는다(단, 이 책의 후반부에서 다루는 소결첨가제는 제외). 그러나 이 첨가제들은 원료분말의 표면처리 및 성형공정에 있어서 필수적인 재료이며, 첨가제의 종류 및 양을 적절하게 선택하여야만 대량 생산이 가능하고 또한 양품률을 증진시킬 수 있어, 세라믹 제조공정의 노하우가 되기도 한다. 따라서 이 장에서는 첨가제들의 종류, 특성 및 부여 기능에 대해 설명하고자 한다.

4.1 적심제

적심제는 원료분말의 분산상태와 기계적 연도(consistency)를 변화시킨다. 일례로 계면활성제는 **액체의 표면장력 감소 또는 입자표면과 액체 사이의 계면장력을 감소시켜, 젖음 및 분산을 증진시키기 위해서 사용된다. 적심제로는 물과 각종 유기액체가 이용되고 있다.**

물

세라믹 제조에 사용되는 액체 중에서 주가 되는 것은 물이다. 순수한 물은 유극성 H_2O 분자와 H_3O^+ 및 OH^- 이온으로 구성되며, 20℃에서 pH는 7, 비전도도는 $0.055(\mu mho/cm)$를 나타낸다. 공기 중에 노출된 물은 CO_2와 결합하여 약한 산을 형성하며,

$$CO_2 + H_2O \rightleftharpoons H_2CO_3 \tag{4-1}$$
$$H_2CO_3 + H_2O \rightleftharpoons H_3O^+ + HCO_3^- \tag{4-2}$$

의 반응에 의해 생성하는 H_3O^+는 pH를 감소시키고, 이온농도가 증가함에 따라 물의 비전도도는 증가한다.

표 4-1에서 볼 수 있듯이, 우물물과 수돗물에는 유기 및 무기 현탁물과 광물염의 용해물이 내포되어 있다. 일반적으로 물의 경도는 칼슘, 마그네슘 및 철 염의 용해물에 영향받는다. 탄산칼슘은 비교적 불용성이나, 제2탄산칼슘($Ca(HCO_3)_2$)은 매우 잘 용해된다. 가열하면,

$$Ca^{2+} + 2HCO_3^- \rightarrow CaCO_3 + H_2O + CO_2 \tag{4-3}$$

의 반응에 의해서 경도가 감소된다. 그러나 황화물과 염화물의 용해물인 경우에는 가열하여도 경도가 감소되지 않는다.

총 용해물(TDS, total dissolved solids)의 양은 비전도도(C)를 측정함으로써

표 4-1 물의 성분(ppm)

성 분	우물물	수돗물	정제처리 후
Ca	300	78	미량
Mg	172	42	미량
Na	8	360	미량
중탄산염	350	350	0
탄산염	0	0	0
황산염	100	125	미량
염화물	30	5	미량
질산염	0	0	0
pH	7.8	7.9	4.5~5.5
비전도도(μmho/cm)	670	650	10~40
TDS(ppm)	268	260	4~16

(R.Thomas, "Processing Consequences of Raw Material Variable", Alfred Univ. Press, NY, 53, 1985.)

$$TDS\,(ppm) = \frac{C(\mu\,mho/cm) - 0.055}{2.5} \tag{4-4}$$

의 식으로부터 계산된다. 여기서 2.5는 물 안의 공통이온화된 고체의 평균 비전도도이다.

공장에서 사용하는 수돗물 또는 우물물은 일반적인 여과-탈이온화 처리에 의해 염용해물의 농도를 작게 할 수 있다(표 4-1). 염소와 현탁물은 카본필터로 제거할 수 있다. 양이온과 음이온 불순물들은 재충전식 교환수지로 제거할 수 있다.

시약급 물은 비전도도가 5.0(μmho/cm) 이하가 되어야 하며, 여과와 이온교환 처리에 의해 제조된다. 비전도도가 약 1(μmho/cm) 정도의 고급의 시약급 물은 증류와 탈이온화 처리에 의해 제조된다.

표 4-2에서 볼 수 있듯이, 물은 유극성 액체이며 다른 액체에 비하여 높은 유전상수와 표면장력을 갖고 있다. 물은 유극성 및 이온 화합물에 대해 좋은 용매이다. 물은 -OH와 -COOH기를 가진 물질과 수소결합하며, 분자량이 그다지 크지 않은 중합 알코올과 탄수화물 등은 물에 용해된다. 또한 물은 가열에 의해 점도가 현저히 감소한다(표 4-3).

4.1.2 유기액체

삼염화비닐, 알코올, 케톤 및 정제석유 또는 액체왁스와 같은 비수성 액체는 물과 반응하는 재료의 현탁액에서 액체 및 용매매체로 이용되거나, 전자기판 주입성형시나 세라믹 성형체 표면에 저항성 혹은 전도성 필름을 인쇄하는 경우에서 분산 혹은 건조가 특별히 문제가 될 때 이용된다. 그러나 대부분의 유기액체는 가연성이고 독성을 지니기 때문에, 사용시 뿐만 아니라 폐기할 때도 많은 주의가 요구된다.

표 4-2 액체의 대표적 물성(20℃)

액 체	조 성	유전상수	표면장력 (mN/m)	점도 (mPa·s)	비등점 (℃)	인화점 (℃)
물	H_2O	80	73	1.0	100	–
메틸알코올	CH_3OH	33	23	0.6	65	18
에틸알코올	C_2H_5OH	24	23	1.2	79	8
n-프로필알코올	$CH_3(CH_2)_2OH$	20	24	2.3		
이소프로필알코올	$(CH_3)_2CHOH$	18	22	2.4	49	21
n-부틸알코올	$CH_3(CH_2)_3OH$	18	25	2.9	100	38
n-옥틸알코올	$CH_3(CH_2)_7OH$	10	28	10.6	171	
에틸렌글리콜	$C_2H_6O_2$	37	48	20	>197	>116
글리세린	$C_3H_5(OH)_3$	43	48	20	290	

("Handbook of Chemistry and Physics", CRC Press, FL, 1958.)

표 4-3 물과 알코올의 온도에 따른 점도(mPa·s) 변화

액 체	온 도				
	0	20	30	50	70
물	1.8	1.0	0.8	0.55	0.4
메틸알코올	0.8	0.6	0.5	0.4	
에틸알코올	1.8	1.2	1.0	0.7	0.5
n-프로필알코올	3.9	2.3	1.7	1.1	0.8
이소프로필알코올	5.2	3.0	2.3	1.4	0.9

(J.S.Reed, "Principles of Ceramics Processing", John Wiley & Sons, 139, 1995.)

비극성 분자들은 비극성 용매에 용해된다. 액체의 용해력은 첨가제를 용해시키기 충분하여야 하며, 이 경우 첨가제가 입자표면에 흡착하는 것을 방해해서는 안 된다. 표 4-2에서 볼 수 있듯이, 세라믹 제조에 사용되는 유기액체는 물보다 더 낮은 표면장력과 유전상수를 갖는다. 만약 표면장력 γ_{SV}가 그다지 높지 않다면, 표면장력 γ_{LV}가 낮을수록 고체의 적심현상이 향상된다. 용매들의 용액은 종종 분산, 첨가제의 용해, 또 취급 및 건조를 용이하게 하기 위한 적절한 점도, 비등점 및 인화점을 조절하기 위한 최적의 낮은 유전상수와 표면장력을 갖게 한다. 일례로 주입성형용 슬러리 제조시에는 에틸 알코올, 삼염화비닐 또는 메틸에틸케톤 등의 비수성 용액이 사용된다. 이 용액들은 비등점이 낮으며, 고체를 수화시키는 불순물들을 용해시킨다.

이상적인 용매용액의 점도 η_s는

$$\ln \eta_s = \sum f_i{}^w \ln \eta_i \tag{4-5}$$

로부터 계산된다. 여기서 $f_i{}^w$는 중량비이며, η_i는 각 액체성분의 점도이다. 탄화수소 용매에 알코올과

같이 상호작용하는 용매가 첨가된 용액의 용액점도는 식 (4-5)의 계산값보다 더 낮으며, 부성분의 유효점도를 사용하여야 한다.

극성액체는 분산된 산화물 입자의 표면에 물리적 및 화학적으로 흡착될 수 있다. 물 속에 있는 SiO_2, Al_2O_3 및 TiO_2와 같은 산화물에 있어서 화학적 표면수화 거동이 관찰되고 있다. 반응의 형태로는

물리적 흡착 $MO_{(표면)} + H_2O \rightarrow MO\text{-}H_2O_{(표면)}$ (4-6)

화학적 흡착 $MO_{(표면)} + H_2O \rightarrow 2MOH_{(표면)}$ (4-7)

등이 제안되고 있다. 극성 수산기(-OH)는 표면이 극성 물분자의 단층에서부터 여러 부가적인 층들을 당기고 물리적으로 흡착하게 한다. 이렇게 물리적으로 결합된 물은 움직이기 어려우며 벌크상태의 물과는 다른 구조를 하고 있다. 카르복실기(-COOH)를 지닌 알코올과 액체들도 산화물 표면에 화학흡착하며, 흡착거동은 표면의 열적이력과 수화에 크게 의존한다.

4.1.3 계면활성제

메틸(-CH₃)과 에틸(-C₂H₅) 분자기들은 비극성이나. 그러나 수산기, 카르복실기, 술폰산염(-SO₃⁻), 황산염(-OSO₃⁻), 암모늄(-NH₄⁺), 아미노(-NH₂) 및 폴리옥시에틸렌(-CH₂CH₂O-)기들은 사실상 극성이다. 극성기는 극성 액체분자들을 끌어당기며 친액성(lyophilic)기라고 부른다. 탄화수소사슬 ($-C_xH_y$)과 같은 비극성기는 소액성(lyophobic)기이다. 또한 이 기들은 수용액에서는 각각 친수성 및 소수성 기라고 부른다.

계면활성제는 한쪽 끝이 극성을, 또 다른 끝이 비극성을 나타내는 특별한 형태의 분자들이다. 그림 4-1에 비이온성 및 음이온 계면활성제의 예를 나타내었다. 비이온성 계면활성제들은 액체 안에서 용해될 때 이온화되지 않는다. 반면에 음이온 계면활성제는 보통 긴사슬 탄화수소인 비교적 큰 소액성기와 분자의 표면활성 부분이 음으로 하전된 친액성기를 갖고 있으며, 공업적으로 널리 사용되고

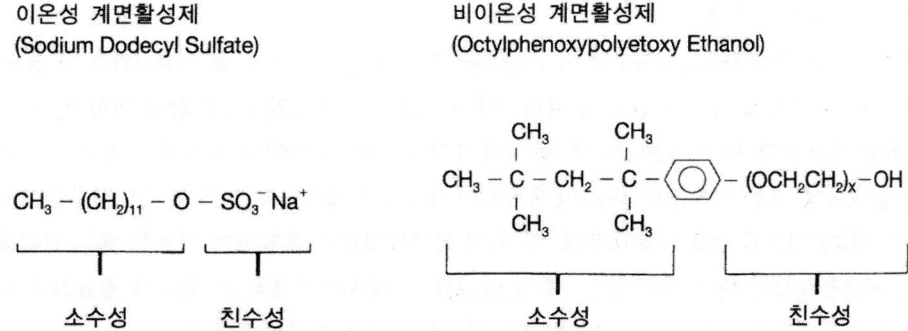

그림 4-1 비이온 계면활성제와 음이온 계면활성제의 분자구조

표 4-4 계면활성제의 예

형 태	속 명	조 성
비이온성	Ethoxylated nonylphenol	$C_9H_{19}(C_6H_4)O(CH_2CH_2O)_{10}H$
	Ethoxylated tridecyl alcohol	$C_{13}H_{27}O(CH_2CH_2O)_{12}H$
음이온	Sodium stearate	$C_{17}H_{35}COO^-Na^+$
	Sodium disopropylnaphtalene sulfonate	$(C_3H_7)_2C_{10}H_5SO_3^-Na^+$
양이온	Dodecyltrimethylammonium chloride	$[C_{12}H_{25}N(CH_3)_3]^+Cl^-$

있다. 알칼리 및 암모늄 음이온 계면활성제는 유기액체보다 물 안에서 더 잘 용해된다. 양이온 계면활성제는 양으로 하전된 친액성기를 가지며, 일반적으로 독성을 나타내기 때문에 세라믹 제조공정에 그다지 널리 사용되지는 않는다. 표 4-4에 이온성 및 비이온성 계면활성제의 예를 나타내었다.

계면활성제는 액체의 표면장력(γ_{LV})을 매우 크게 감소시키고, 현탁 고체의 적심을 크게 향상시킬 수 있어서 종종 적심제(wetting agents)라고도 부른다. 또한 계면활성제 분자들은 계면에 흡착하여 고체와 액체매체와의 적합성을 향상시키며, γ_{SL}을 감소시킨다. 계면활성제를 산화물 분말과 함께 비극성 액체에 첨가하면, 입자에는 친액성 끝이, 액체에는 소액성 끝이 흡착된다. 또한 물과 점토의 현탁액에 스테아린산($CH_3(CH_2)_{16}COOH$)을 첨가하는 경우와 같이 흡착선호가 강하지 않을 때는, 친액성 끝은 물쪽으로, 소액성 끝은 점토표면에 부착된다. 음이온 계면활성제는 중성 및 양으로 하전된 입자들에 흡착되고, 양이온 계면활성제는 광물의 음으로 하전된 표면에 강하게 흡착된다.

물과 기름은 계면장력이 매우 높아서 기계적으로 혼합하여도 자발적으로 분리되고 만다. 계면활성제를 첨가하면 표면장력이 낮아져서 액체 안에 다른 미세한 액체방울들이 안정하게 분산된다. 이러한 역할이 있어서, 계면활성제를 유화제(emulsifier)라고도 부른다. 교반 또는 혼합공정에서 유화제는 방울들이 합체하기 어렵게 물리적 장벽을 형성하여 공정의 안정성을 향상시킨다.

계면활성제의 친수성과 소수성의 상대적인 강도는 HLB(hydrophile-lipophile balance)로 평가되며, HLB는 0부터 20까지의 실험적 크기를 사용하며, 클수록 친수성의 역할이 크고 작을수록 소수성의 역할이 크다.

$$HLB = 20(1-S/A) \tag{4-8}$$

여기서 S는 감화가(saponification number; 유지 또는 지방산 1g을 감화시키는 데 필요한 KOH의 mg수), A는 산가(acid number)를 나타낸다. Griffin이 제창한 HLB 값에 의하면, 8~18의 계면활성제를 사용하면 물-오일형(o/w형, 물 내에 오일이 분산) 유탁액이 형성되기 쉽고, 3~6에서는 오일-물형(w/o형, 오일 내에 물이 분산)의 유탁액이 형성되기 쉽다. 표 4-5에 적용지침을, 표 4-6에 대표적인 재료의 HLB 값을 나타내었다. 두 가지 계면활성제를 혼합하여 사용할 때는 산술평균을 이용한다. 계면활성제는 매우 작은 농도, 즉 0.1mol/L 이하에서 유효하며, 흡착에 필요한 농도를 초과하면 배향된 계면활성제 분자들 간에 미소집합체(micelle)를 형성하게 된다.

표 4-5 HLB 적용지침

범 위	적 용
3–6	물-오일(w/o)형 유화제
7–9	적심제
8–18	오일-물(o/w)형 유화제
13–15	청정제
15–18	용해제

표 4-6 HLB 값의 예

일반 재료	HLB 값	유화제	HLB 값
Glyceryl trioleate	1.0	Propylene glycerol monostearate	3.4
Cottonseed oil	7.5	Glycerol monooleate	4.3
Paraffin wax	9	Diethylene glycol monooleate	4.7
Microcrystalline wax	9.5	Diethylene glycol monolaurate	6.1
Mineral oil	10	Tetraethylene glycol monooleate	7.7
Silicone oil	10.5	Polyoxyethylene monolaurate	12.8
Kerosene	12.5	Polyoxyethylene monostearate	17.9
Carnuba wax	14.5		
Dimethyl phthalate	15		
Stearic acid	17		

4.2 해교제·응고제

입자표면에 흡착하여 전기적 하전 또는 입체장해(steric hindrance)에 의해 입자 간의 반발력을 증가시켜 분산성을 향상시키는 첨가제를 해교제(deflocculants)라고 하며, 응고제(coagulants)는 입자반발력 혹은 입체장해를 감소시켜 입자응집을 촉진시키는 단순 전해질을 말한다. 또한 입자응집이 흡착된 중합체 분자들과 응고된 콜로이드 입자들과의 교량작용에 의하여 생성될 수도 있는데, 이런 형태의 응집은 응교(flocculation)라고 한다.

4.2.1 현탁액에서의 입자하전

세라믹 원료분말은 표면적이 크고, 용해도가 비교적 낮으며, 표면화학이 그들의 하전거동을 제어하는 경향이 있다. 입자의 표면은, ① 재료표면에서 이온들의 탈착, ② 표면의 조성을 변화시키는 표면과 액체매체 사이의 화학반응, ③ 입자에 인접한 화학적 용액으로부터 특정한 첨가제 또는 불순물이온들의 선택적인 흡착에 의하여 하전된다.

(1) 탈착과 용해

탈착에 의하여 하전되는 전형적인 예로 카올리나이트(kaolinite)와 같은 점토광물의 표면으로부터 알칼리의 유리를 들 수 있다. 카올리나이트 광물이 형성될 때,

$$Al^{3+}{}_{(격자)} + K^+{}_{(표면)} = Si^{4+}{}_{(격자)} \tag{4-9}$$

$$Mg^{2+}{}_{(격자)} + K^+{}_{(표면)} = Al^{3+}{}_{(격자)} \tag{4-10}$$

의 격자치환이 어느 정도 발생한다. 전기적 중성을 위해 표면에 알칼리 및 알칼리토류 이온들이 흡착하여 점토결정과 약한 결합을 형성한다. 따라서 점토광물은 이러한 약한 결합의 이온들을 교환시킬 수 있다. 양이온 교환능(CEC; cation exchange capacity)이란 점토재료 100g당 교환 가능한 양이온의 최대량을 말한다. 점토광물에서, 교환 가능한 양이온은 적층된 점토 응결체 내의 미소결정들 사이의 계면에 흡착된다. 물에 점토 응결체를 분산시키면 알칼리를 수성매체 안으로 유리시켜서 입자 표면은 음으로 하전된다(그림 4-2 참조).

(2) 수성매체와의 화학반응

표면이 수화된 산화물의 물 속에서의 표면화학은

$$MOH_2{}^+{}_{(표면)} \xrightarrow{K_1} MOH_{(표면)} + H^+{}_{(용액)} \tag{4-11}$$

$$MOH_{(표면)} \xrightarrow{K_2} MO^-{}_{(표면)} + H^+{}_{(용액)} \tag{4-12}$$

의 화학반응에 의해 지배된다. 여기서 M은 Ba^{2+}, Al^{3+}, Si^{4+}, Ti^{4+}, Zr^{4+} 등과 같은 표면의 금속이

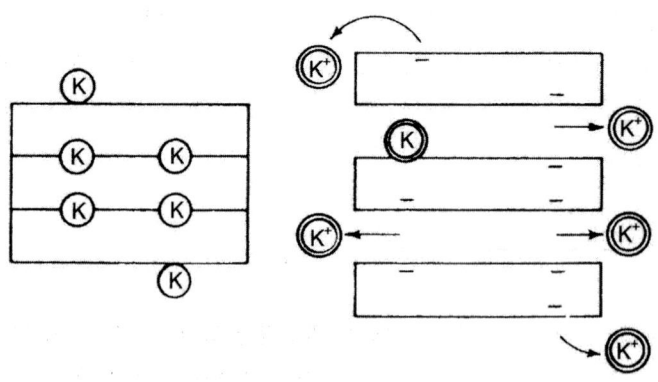

그림 4-2 점토입자의 수중분산

온을 나타낸다. 각 M은 결합요구를 만족시키기 위하여 내부의 산소이온과 결합되어 있다. 표면의 영전하점(PZC; point of zero charge)은 식 (4-11)과 (4-12)의 pK 항으로부터

$$PZC = \frac{pK_1 + pK_2}{2} \tag{4-13}$$

으로 정의되며, 이것은 표면의 평균 산-염기 특성을 나타낸다. 따라서 +4가 이온과 결합될 때, 표면의 수산기는 더욱 산성이 되며, PZC는 더 낮아진다.

그림 4-3에 알루미나의 수화표면과 산 및 염기와의 반응에 대해 나타내었다. 물에 분산된 순수 산화물 입자의 수화된 표면의 전하는 H_3O^+ 또는 OH^-와의 반응에 의해서 결정된다. H_3O^+ 이온의 첨가는 pH를 감소시키고, 비하전 표면을 양으로 하전시킨다. OH^- 이온의 첨가는 표면으로부터 수소를 제거하며, pH가 표면의 PZC보다 더 클 때 표면을 음으로 하전시킨다. 표면에서의 이온교환은 가역적이고 시간의존성을 나타내며, OH^- 또는 H_3O^+ 이온의 상대적 농도가 퍼텐셜을 결정한다. 일반적으로, 입자의 용해속도는 PZC에서 최소가 된다.

카올리나이트와 같은 층상광물에서의 이온교환 과정은 결정의 모서리에서 지배적으로 일어나며, 면에서의 교환은 제한된다. 산 또는 염기로 점토를 적정할 경우, pH의 변화가 거의 없는 이온교환은 입자 보서리의 PZC 부근에서 일어난다(그림 4-4 참조).

순수한 액체매체 성분 이외에 용액 내 존재하는 다른 이온들 또한 표면과 상호작용한다. 단순 이온들은 반대로 하전된 표면에 흡착한다. 단순 이온들 M^+ 또는 A^-의 완전한 흡착은

$$MO^-_{(표면)} + M^+_{(용액)} \rightarrow MOM_{(표면)} \tag{4-14}$$
$$MOH_2^+{}_{(표면)} + A^-_{(용액)} \rightarrow MOH_2A_{(표면)} \tag{4-15}$$

의 반응에 의해 표면전하를 중성화시킬 수 있다.

또한 피로인산소다와 같은 착이온들은 중성 또는 하전된 표면에 흡착(다원자가의 흡착)하여, 표면

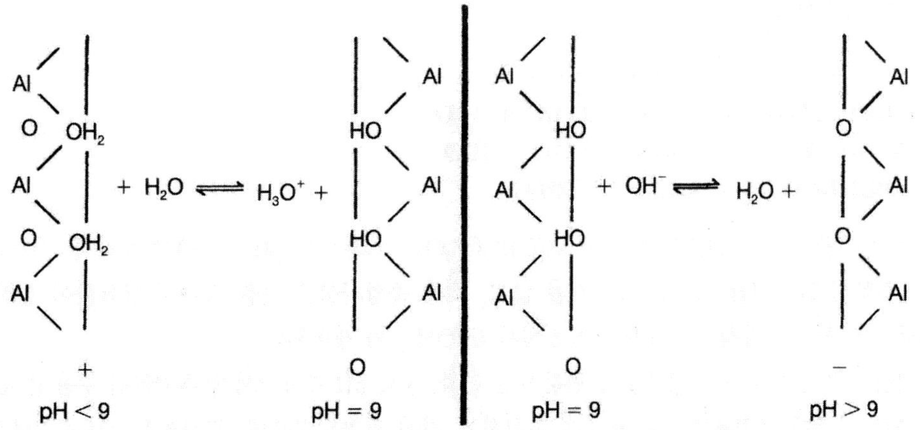

그림 4-3 알루미나의 수화표면과 산(좌측) 및 염기(우측)와의 반응

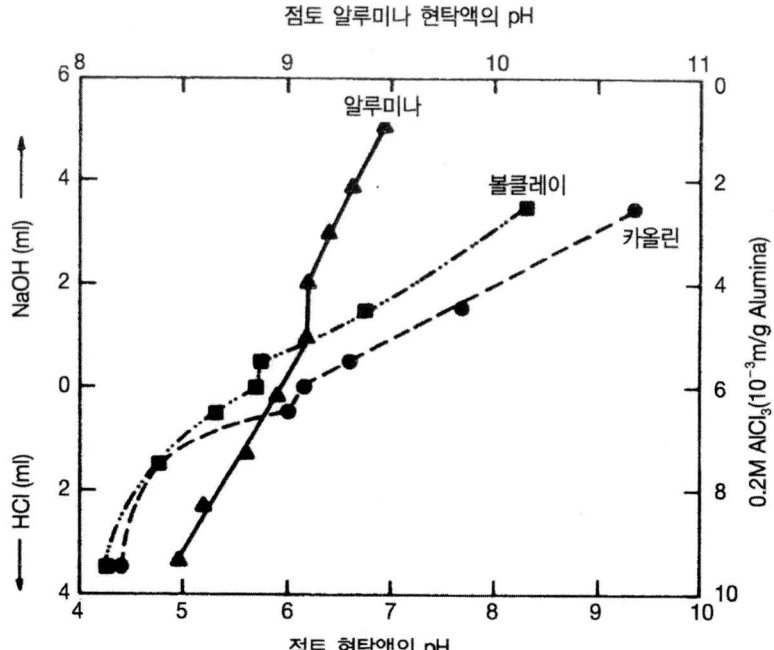

그림 4-4 알루미나, 카올린 및 볼클레이의 적정곡선(J.S.Reed, "Principles of Ceramics Processing", John Wiley & Sons, 154, 1995.)

전하를 반전시킬 수 있다.

$$MO^+_{(표면)} + M^{n+}_{(용액)} \rightarrow MOM^{(n-1)-}_{(표면)} \tag{4-16}$$

$$MOH_2^+_{(표면)} + A^{n-}_{(용액)} \rightarrow MOM_2A^{(n-1)-}_{(표면)} \tag{4-17}$$

Al^{3+}와 Fe^{3+}와 같은 이온들은 수용액 안에서 가수분해되며, 복잡한 흡착거동을 나타낸다. 알루미늄염의 가수분해는

$$Al(H_2O)_6^{3+} \rightleftharpoons Al(OH)(H_2O)_5^{2+} + H_3O^+ \tag{4-18}$$

$$Al(OH)(H_2O)_5^{2+} \rightleftharpoons Al(OH)_2(H_2O)_4^+ + H_3O^+ \tag{4-19}$$

$$Al(OH)_2(H_2O)_4^+ \rightleftharpoons Al(OH)_3(H_2O)_3 + H_3O^+ \tag{4-20}$$

$$Al(OH)_3(H_2O)_3 \rightleftharpoons Al(OH)_3 + 3H_2O^+ \tag{4-21}$$

으로 일어난다. $Al(OH)(H_2O)_5^{2+}$와 $Al(OH)_2(H_2O)_4^+$ 이온들은 pH < 7에서 생긴다. 가수분해 과정에서, 수화된 알루미늄 이온은 양성자를 잃고, 최종 중성착물은 물을 잃어 수산화물이 침전한다. 수산화물 $Al(OH)_3$은 양성이며, pH > 8.5에서 $Al(OH)_4^-$가 생성된다.

Horn 등이 Auger 분광계로 표면분석한 결과, 5 < pH < 9에서 알루미늄이 수용성 $AlCl_3$ 용액으로부터 실리카 유리표면으로 빠르게 흡착하는 것이 관찰되었으며, 입자들은 pH < 9에서는 양으로 하전되었고, pH > 9에서는 음으로 하전되는 것으로 나타났다. 이 결과는 다소 안정한 알루미늄 수

표 4-7 물에서 사용되는 일반적인 해교제

무기물	유기물
붕사 소다회 규산소다 피로인산소다	구연산2암모늄 폴리아크릴산 암모늄 구연산소다 폴리술폰산소다 호박산소다 타르타르산소다

산화물 피복층이 5 < pH < 9에서 형성되었다는 것을 나타낸다. 마찬가지로, 알루미나로의 흡착은 pH가 약 9인 점에서 일어난다(그림 4-4 참조). 또한 James 등은 수화 가능 이온들의 흡착은, ① 기판 표면의 PZC에서, ② 핵생성된 금속 수산화물의 pH에서, ③ 흡착된 금속 수산화물 피복층의 PZC에서 극성을 반전시킬 수 있다고 보고하였다.

표 4-7에 물에서 사용되는 일반적인 해교제를 나타내었다. 술폰산염($-SO_3-$)기를 갖는 고분자 전해질은 물에 대해 극도의 친화력을 가지며, 알칼리 폴리술폰산염은 강력한 세면활성제 및 해교제로 이용되고 있다. 묽은 규산소다 용액은 점토와 다른 광물들의 슬러리 해교제로 널리 사용되는 무기 고분자 전해질이다. 규산소다는 완충액으로 작용하여, 기름을 유화시키며, 용액으로부터 높게 하전된 양이온을 침전시킨다. 인산소다도 해교제로 사용되지만 환경오염이 문제가 되고 있다.

4.2.2 현탁액의 해교와 안정성

액체 내의 현탁 입자들은 상호 반발하는 하전된 이중층을 생성시키거나, 또는 흡착된 분자들의 입체장해에 의해 입자들의 접근이 물리적으로 방해되어 적절히 해교되며, 따라서 슬러리는 안정하게 된다.

동일한 하전이중층을 가진 두 입자간의 상호작용에 관해서는 Derjaguin, Landau, Verwey와 Overbeek에 의해 조사되었으며, 그들의 결합된 이론을 DLVO 이론이라고 한다. 응고를 일으키는 힘은 매체의 유전상수 및 입자의 질량과 간격의 함수로 항상 존재하는 Van der Waals 인력이다. 반발은 두 전기이중층의 상호작용에 의하여 일어나며, 반발의 형태는 입자 크기와 모양, 그들 표면 사이의 거리(h), 이중층 두께(χ^{-1}), 그리고 액체매체의 유전상수(ε_r)에 의존한다. 직경 a인 두 구형 입자에 있어서, $a/\chi^{-1} \ll 1$, 즉 비교적 큰 이중층을 가진 입자일 때, 반발 퍼텐셜에너지는

$$U_R = \frac{\varepsilon_r \, a^2 \, \phi_0{}^2}{4(h+a)} \exp-\left(\frac{h}{\chi^{-1}}\right) \tag{4-22}$$

과 같다. 표면 퍼텐셜과 이중층 두께가 크면 반발력은 증가된다. $a/\chi^{-1} \gg 1$인 경우에는,

$$U_R = \frac{\varepsilon_r \, a \, \psi_0^{\,2}}{4} \ln\left[1 + \exp - \left(\frac{h}{\chi^{-1}}\right)\right] \tag{4-23}$$

가 된다. 총 퍼텐셜에너지 U_T는 Van der Waals 퍼텐셜에너지 U_A와 반발 퍼텐셜에너지 U_R의 산술적 합이다.

구형 입자의 분리거리에 대한 U_A, U_R 및 U_T의 의존성을 그림 4-5에 나타내었다. 각 계에 대하여 반발 퍼텐셜에너지가 Van der Waals 퍼텐셜에너지를 초과하여 응교에 대한 에너지 장벽을 형성하는 임계 제타퍼텐셜과 이중층 두께의 범위가 존재한다. 총 퍼텐셜에너지 U_T에서 두 번째 최소는 분리거리가 입자 크기 정도일 때 크고 편평한 입자에서 일어나며, 첫 번째 최소는 분리거리가 분자 크기에 접근할 때 일어난다. DLVO 상호작용 도표는 현탁액의 거동을 이해하는 데 매우 유용하다.

브라운 운동으로 인한 콜로이드 입자들의 운동에너지는 $10k_BT$ 정도이며, 20℃에서 전기적 하전으로 응고를 최소화하기 위해서는 약 25mV 이상의 제타퍼텐셜에 상응하는 반발장벽이 필수적이다. 회합 물분자 또는 흡착 고분자 전해질 내에서 흡착 비이온성 계면활성제는 25mV 이하의 겉보기 제타퍼텐셜에서도 현탁액을 안정화시킬 수 있는데, 이는 흡착층이 입자의 근접부분에 입체장해를 제공하기 때문이다. 반발 퍼텐셜에너지가 U_{Re}, 입체적 안정성이 U_{Rs}라면,

$$U_T = U_A + (U_{Re} + U_{Rs}) \tag{4-24}$$

이 된다. 콜로이드 입자들에 있어서 U_A는 비교적 작으며, 흡착 고분자 전해질 내에서 수화표면에서부터 미끄럼면까지의 거리는 단순한 전해질을 사용해서 해교시킨 경우보다 더 크게 된다.

Gouy-Chapman 이론은 이중층의 두께가 액체의 유전상수 ε_r에 비례하며, 유전상수가 큰 극성액

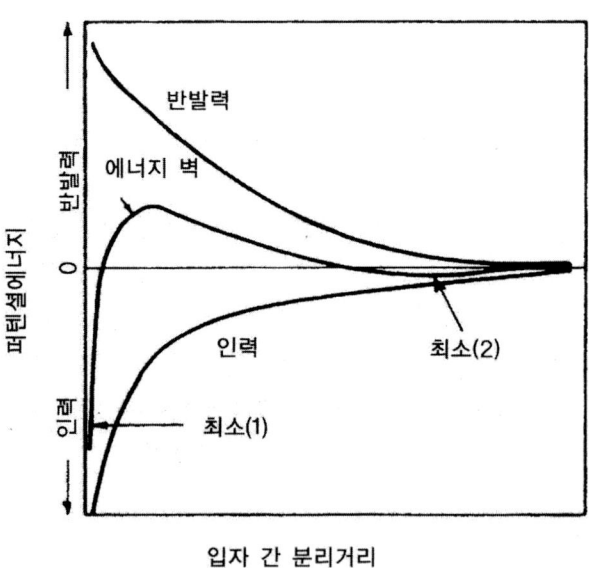

그림 4-5 전기이중층을 갖는 두 입자 간 상호작용의 퍼텐셜

체는 분산을 촉진시킨다는 것을 나타낸다. 이런 유전상수의 효과는 물이 제거된 알코올 안에서 MgO와 CaO의 현탁액을 제조할 때 관찰된다. 꼬인 분자에 의해 발생하는 입체장해는 미세한 입자들의 해교에 있어서 충분한 U_{Rs}를 제공한다. 일반적으로, 입체적 반발은 흡착층의 두께 및 흡착분자의 화학적 특성과 농도에 비례한다.

4.2.3 응고와 응교

현탁액은 그림 4-6에 나타낸 기구 중 한 가지 이상에 의하여 응고되며, 제타퍼텐셜이 25mV보다 작고 입체장해가 무시할 정도로 작을 때는 느리게 일어난다. 수성 현탁액 내에서 quartz 입자들은 pH가 등전점(IEP; isoelectric point, 제타퍼텐셜이 0인 점)보다 더 높을 때 음의 퍼텐셜을 갖는다. $2 < \mathrm{pH} < 3$에서는 U_{Rs}가 낮기 때문에 느린 응고가 일어난다. $3 < \mathrm{pH} < 12$에서는 제타퍼텐셜과 U_{Rs}가 높아서 비교적 안정한 현탁액이 형성된다. 그러나 극도의 pH에서는 이온농도가 높아서, 이중층이 압축되어 계가 응고될 수 있다.

전해질 응고는 반대이온의 농도가 이중층 두께를 감소시켜서 제타퍼텐셜과 U_{Rs}를 감소시키기 충분할 때 일어난다. Gouy-Chapman 이론에 의하면, 이중층 안의 원자가 Z의 반대이온 농도 N은 약 N^Z에 비례한다. 반대이온의 원가가가 클수록 응고발생에 강한 영향을 준다. 이 관찰은 Schulze-Hardy 규칙으로 알려져 있으며, 1가 양이온에 대한 응고력의 순서는 $\mathrm{Li^+} > \mathrm{Na^+} > \mathrm{K^+} > \mathrm{Rb^+} > \mathrm{NH_4^+}$이고, 2가 양이온에 대하여서는 $\mathrm{Mg^{2+}} > \mathrm{Ca^{+2}} > \mathrm{Sr^{2+}} > \mathrm{Ba^{2+}}$이다. 이 순서는 종종 Hofmeister 계열

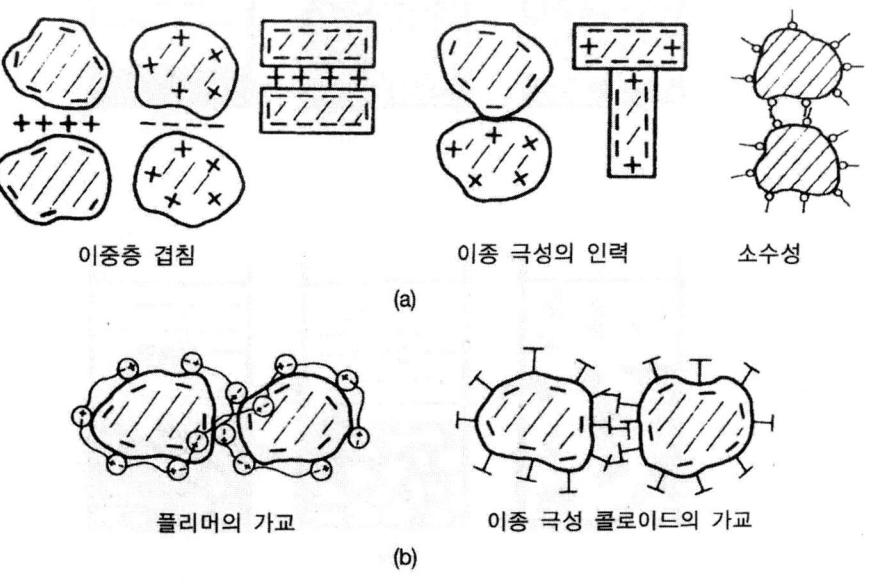

이중층 겹침   이종 극성의 인력   소수성

(a)

플리머의 가교   이종 극성 콜로이드의 가교

(b)

그림 4-6 두 입자 간의 상호작용 모델: (a) 흡착이온과 작은 분자에 의한 응고, (b) 결합제에 의한 응교.

표 4-8 수화 이온반경

이 온	반경(Å)	수화(mol H₂O)	수화반경(Å)
Li⁺	0.78	14	7.3
Na⁺	0.98	10	5.6
K⁺	1.33	6	3.8
Rb⁺	1.49	0.5	3.6
NH⁴⁺	1.43	3	–
Mg²⁺	0.78	22	10.8
Ca²⁺	1.06	20	9.6
Ba²⁺	1.43	19	8.8
Al³⁺	0.57	57	–

이라 하며, 표 4-8에 나타낸 바와 같이 반대이온의 전하/반경에 의해서 설명될 수 있다. 음의 반대이온에 대해 관찰된 응고값은 $SO_4^{2-} > Cl^- > NO_3^-$의 순서이다.

수성계에서 음의 산화물 입자들은 보통 $CaCl_2$, $CaCO_3$, $MgCl_2$ 또는 $MgSO_4$와 같은 첨가제를 사용해서 응고시킨다. 용해된 염으로부터 더 높게 하전된 양이온의 흡착은 제타퍼텐셜을 감소시킨다.

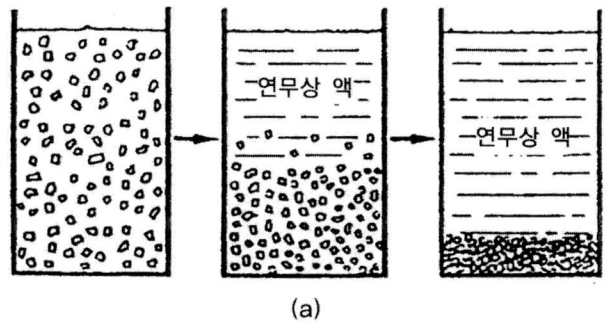

(a)

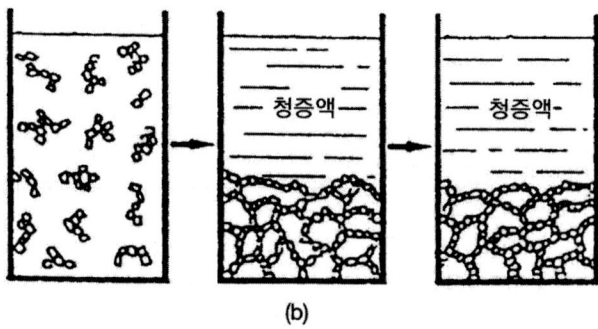

(b)

그림 4-7 해교 현탁액(a)과 응고 현탁액(b)에서의 침전거동

또한 몇 가지 응고제들은 계의 pH를 *IEP*의 방향으로 변화시킬 수 있다. $AlCl_3$는 pH를 4 이하까지 감소시키는 데 사용되는 강력한 응고제로 산성화제(acidifier)이다. 염을 이용하여 점토 슬러리를 응고시킬 때, 염의 농도가 어느 특정 농도를 초과하면 밀한 입자충전의 응집이 발생할 수 있다. 일반적으로 중간 정도의 강력 응고제가 사용되고 있으며, 미세 입자들의 용해도가 pH에 의존하므로 pH의 제어는 매우 중요하다.

현탁액 안의 입자들이 반대전하를 가지면 이종 극성 응고가 발생한다. 음의 면과 양의 모서리를 지닌 점토입자들의 현탁액은 그림 4-6과 같이 응고된다. 양 입자가 해교되어 있는 현탁액 내에서 음의 입자들이 해교된 현탁액을 첨가 혼합하면 응고계가 형성된다.

일반적으로, 묽게 응고된 현탁액 내의 입자들은 빠르게 침강하며, 상층액은 맑다. 침전물은 비교적 낮은 충전밀도를 가지며 쉽게 재분산된다. 잘 해교된 현탁액 내의 입자들은 비교적 느리게 침강하며, 침전물은 비교적 밀하고 쉽게 분산되지 않는다. 침전물의 높이는 응고의 정성적인 지수로 이용되고 있다(그림 4-7 참조).

4.3   응교제 · 결합제 · 접합제

세라믹 입자들에 흡착되어 입자 간에 가교를 형성하는 중합체 분자와 응고된 콜로이드 입자들은 입자 간 응교 및 결합을 일으킨다. 일반적으로 세라믹 공정에서는 한 가지 응교제를 사용하지만, 특별한 경우에는 여러 가지 다른 분자량 또는 형태의 첨가제들이 복합적으로 사용되기도 한다. 세라믹 공정에서 이러한 첨가제들은 응교제라고 하기보다 흔히 결합제(binders)라고 한다.

오래 전부터 유기물질, 천연고무 및 왁스 등을 함유하는 점토 결합제들이 결합제로서 사용되어 왔으며, 비닐, 셀룰로오스 및 고중합체 분자 결합제들 또한 널리 사용되고 있다. 다른 형태의 결합제로는 수지, 젤, 저온 반응성 접합제 및 수경성 시멘트를 들 수 있다. 젤로 중합되는 왁스, 수지 또는 첨가제에 의해 형성되는 막을 통해 입자들은 결합된다. 세라믹 입자들과 반응하여 중합되거나 결정화되는 첨가제들은 반응성 접합제로 분류된다. 수경성 시멘트는 물과 반응하여 매우 미세한 침상의 수화된 규산칼슘 또는 알루미늄산칼슘 광물을 형성하고, 그 수화물이 입자들을 피복해서 망목상태로 결합시키는 무기질 접합제이다. 표 4-9에 대표적인 분자형 결합제를 나타내었다.

4.3.1   결합제의 용도

결합제들은 세라믹 공정에서 여러 가지 기능을 부여하며, 그 기능에 따라 다음과 같이 특별한 명칭으로 불리고 있다.

① 농화제(thickener): 겉보기 점도를 증가시킨다.

표 4-9 대표적 결합제

유기물	예	무기물	예
천연고무류	아라비아고무	가용성 규산염류	규산나트륨
다당류	전분, 덱스트린	유기 규산염류	에틸실리케이트
셀룰로오스 에스테르류	MC(Methyl cellulose)	가용성 인산염류	인산알칼리
	HEC(hydroxyethyl cellulose)		
	CMC(sodium carboxymethyl cellulose)	가용성 알루민산염류	알루민산나트륨
알코올 중합체류	PVA(Polyvinyl alcohol)		
부티랄 중합체류	PVB(Polyvinyl butyral)		
아크릴 수지류	PMM(Polymethyl methacrylate)		
글리콜류	PEG(Polyethylene glycol)		
왁스류	파라핀, 왁스유제		

② 레올로지 조제: 결합제 형태와 농도를 조절하여 혼련물 및 슬러리의 유동특성을 제어한다.
③ 소지 가소제: 취성 분말의 성형공정시 가소성 거동을 제어한다.
④ 연도 조제: 특정 형태의 유동을 만들기 위해 필요한 액체량을 제어한다.
⑤ 결합제: 성형체의 강도를 향상시킨다.

4.3.2 점토 결합제

앞서 설명한 바와 같이 점토 콜로이드는 세라믹 분말에 흡착하여 효과적으로 응교시킨다. 양의 모서리와 음의 면을 가진 콜로이드 점토입자들의 모서리-면 응집은 입자 모서리의 PZC보다 작은 pH에서 일어나는 이종응고의 특수한 경우이다.

비등축성인 입자들로 구성된 점토, 알칼리 함량이 적은 미세한 점토 및 몬모릴로나이트를 많이 함유한 점토는 매우 강력한 응교제 및 결합제들이다. 몬모릴로나이트는 매우 높은 비표면적의 콜로이드 광물이며 양이온 포착제이다. 몬모릴로나이트를 지닌 점토는 자연적으로 응고되는 경향이 있다. 벤토나이트는 몬모릴로나이트의 함유량이 큰 점토계 광물로 비교적 강력한 응교제 및 결합제이다.

4.3.3 분자 결합제

분자 결합제는 입자표면에 흡착되어 입자들을 서로 가교시키거나 또는 입자들 사이에 중합체-중합체 결합망목을 형성하는 중합체 분자이다. 중합체 분자의 기능은 비이온성, 음이온성 및 양이온성으로 구분되는데, 세라믹 공정에서 사용되는 대부분의 중합체 결합제는 비이온성이거나 또는 약한 음이온성이다.

(1) 비닐계 결합제

그림 4-8에 폴리비닐알코올(PVA)의 분자구조를 나타내었다. 대괄호 안의 기본 반복단위를 머(mer)라고 하며, 아랫첨자 n은 중합도를 나타낸다. 중합체의 분자량은 중합도가 증가함에 따라서 증가된다. PVA의 구조에서, -C-C- 결합은 비닐 등뼈(backbone)라고 하며, -H와 -OH는 측면기(side groups)라고 한다. -C-C- 등뼈를 지닌 비닐계 결합제는 매우 유연하며, 극성의 -OH 측면기는 친수성이며, 이는 물과 같은 극성 액체 안에서 PVA의 초기 적심과 용해를 촉진시킨다. 즉, -OH 측면기는 입자표면과 수소결합을 형성하고, -OH 측면기의 쌍극자 인력은 분자간 결합을 형성한다. PVA는 물에 분산된 산화물 입자들과 강한 친화성을 가진 결합제이다.

PVA는 수용성 합성고분자라는 특이한 성질을 지닌 백색분말로 겉보기 비중은 0.3 ~ 0.7이다. 열안정성 및 열가소성은 100 ~ 140℃이며, 단시간의 가열로는 외관상 변화는 없지만, 150℃ 전후에서 구조적 변화가 발생하며, 그 이상의 온도에서는 서서히 착색되고, 300℃ 부근에서 완전히 분해된다. 온수(75℃)에는 가용성을 나타내지만 냉수에서는 팽윤현상만 일어나고 난용성인 것도 있다. 신과 알칼리에는 팽윤 또는 용해한다. 다른 합성수지보다 항장력, 신장도, 내마모성이 우수하다. 가스투과성, 특히 수증기는 매우 잘 투과하며 흡습성을 나타낸다. 따라서 기계적 성질, 전기적 성질 등 각종 물리화학적 성질은 외기의 습도에 의해 큰 폭으로 변화한다.

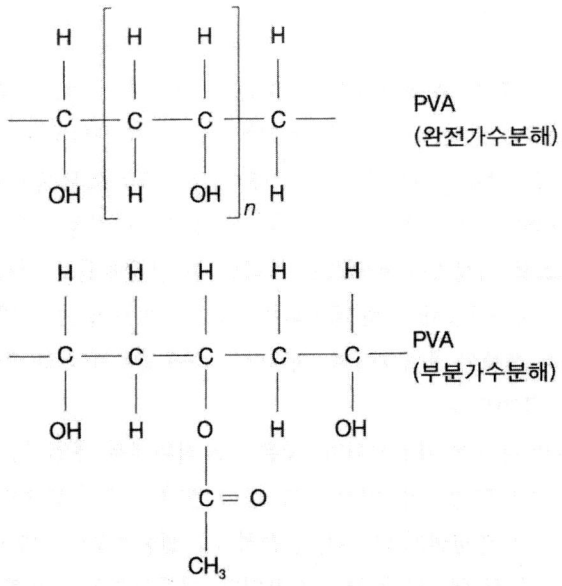

그림 4-8 PVA의 분자구조

표 4-10 비닐계 결합제의 측면기(-R)

가용성	종류	측면기	기능
극성 용매	PVA 폴리아크릴아민 콜리비닐피롤리딘 카르복실 고분자	$-OH$ $-CONH_2$ $-NC_2H_4C_2OH_2$ $-COOH$	비이온성 비이온성 비이온성 음이온성
비극성 용매	폴리메틸메타아크릴 PVB	$-CH_3$ $-COOCH_3$ $\begin{array}{ccc} & H & \\ \| & \| & \| \\ O & - C - & O \\ & \| & \\ & C_3H_7 & \end{array}$	비이온성 비이온성

PVA는 촉매를 이용한 폴리비닐아세테이트의 가수분해에 의하여 제조된다. 부분적으로 가수분해된 PVA는 20% 미만의 아세테이트기를 지니며 보통 분말로서 구매되며 냉수에 녹는다. 완전히 가수분해된 PVA는 2% 이하의 잔류 아세테이트를 지니며 온수에 녹는다. 여러 가지 비닐형태의 결합제들을 표 4-10에 나타내었다. 폴리비닐부티랄(PVB) 및 폴리메타크릴산염(PMM) 결합제들은 비수성 용매에 녹는다. PVB는 PVA로부터 유도되며, 약간의 −OH기가 남아 있다. PMM은 매우 순수한 결합제이다.

(2) 셀룰로오스계 결합제

셀룰로오스는 무수글루코오스의 반복구조인 천연 탄수화물로 섬유소라고도 한다. 셀룰로오스 등뼈는 비닐 등뼈보다는 훨씬 덜 유연하다. 셀룰로오스에테르는 셀룰로오스 수산기의 일부 또는 전부가 에테르화된 화합물로 일반적으로는 알칼리셀룰로오스와 해당되는 할로겐화물의 반응에 의해 생성된다. 메틸셀룰로오스(MC), 에틸셀룰로오스(EC), 카르복시메틸셀룰로오스(CMC) 등이 있으며, 각각의 치환도와 분자량에 따라 수용성의 것에서부터 유기용매 가용성의 것까지 여러 종류가 있다.

MC는 셀룰로오스를 가성소다 용액으로 처리한 후 염화메틸로 재처리하거나, 알칼리셀룰로오스와 할로겐화 메틸의 축합반응에 의해 제조되며, 알칼리 농도가 높고 반응시간이 길수록 에테르화도가 높게 된다. MC는 백색의 조립상이며, 냉수에는 가용성이지만 열수에는 불용이다. 무기염을 첨가하면 용액의 점도가 증가한다.

EC는 여러 종류의 용제에 가용성이며, 넓은 온도범위에서 유연성을 나타낸다. 비중은 1.14이며, 화학적으로 안정해서 난연성이며, 일사광 및 물의 영향을 받지 않는다. 열안정성도 높아서 연화점(152~162℃)까지 거의 영향받지 않으며, 일반적으로 셀룰로오스보다 뛰어난 가소성을 나타낸다.

CMC는 실제로는 CMC의 나트륨염을 지칭한다. 나트륨염은 수용성이기 때문에 pH에 의해 수용

표 4-11 셀룰로오스계 결합제의 치환기(-R)

가용성	종 류	측면기	기 능
물	HEC	—CH_2CH_2OH	비이온성
	MC	—CH_3	비이온성
	CMC	—CH_2OCH_2COONa	음이온성
	전분, 덱스트린	—CH_2OH	비이온성
비극성 용매	EC(Ethyl Cellulose)	—$CH_2OCH_2CH_3$	비이온성

액의 점도가 변한다. 따라서 CMC는 니장주입 및 유약용 슬러리 또는 전통 요업체의 점도를 증가시키고, 여과성질을 제어하는 데 사용된다.

표 4-11에 대표적인 셀룰로오스계 결합제를 나타내었다. 치환이 일어나는 방식은 치환도(DS; degree of substitution)와 몰치환(MS; molar substitution)의 두 매개변수로 설명된다. DS는 반응된 무수글루코오스 단위에 있어서 OH 위치의 평균 개수와 같다. DS의 범위는 0∼3이다. MC의 물 용해도는 1.6∼2.0 DS에서, 히드록시에틸셀룰로오스(HEC)의 최적 물 용해도는 약 1.0의 DS에서 나타난다. 셀룰로오스계 결합제는 세라믹스의 가압, 압출 및 주입성형시 가소제로 이용되고 있다.

전분은 냉수에 불용성인 천연 결합제로, 비교적 활성적이며 가열하면서 혼합할 때 붕괴된다. 일반적으로 다당류라 불리는, 정제된 전분은 더 쉽게 용해되며, 분무건조된 점토소지용 결합제로 사용된다.

(3) 폴리에틸렌글리콜계 결합제

폴리에틸렌글리콜(PEG)은 HO-[CH_2-CH_2-O]$_n$-H와 같이 중합된 에틸렌 산화물로, 알칼리 촉매의 존재하에서 에틸렌글리콜에 가압, 가온상태에서 산화에틸렌을 불어넣어 중합시킨다. OH 중의 -H는 다른 기와 치환될 수 있으며, 일반식은 RO-[CH_2-CH_2-O]$_n$-H이며, 여기서 R은 —CH_3와 같은 기일 수 있다. 상업적인 PEG의 분자량 범위는 약 200∼8000g/mol로, 중합도 200∼600에서는 액체, 1000 이상이 되면 고체가 된다. 분자량이 커짐에 따라 수용성, 증기압, 흡습성, 유기용매에 대한 용해성이 낮아지며, 역으로 빙점, 용융범위, 비중, 인화점은 상승한다. 참고로 20,000 이상일 경우는 폴리에틸렌산화물(PEO)이라고 한다.

PEG는 자극성이 없고, 물에 녹으며, 윤활성을 지녀서 도자기의 압출 및 가압성형시의 윤활제, 분말조립시의 첨가제로 사용된다. 또한 —OH기와 지방산과의 반응에 의한 에스테르화는 유화제, 분산제, 세정제, 가소제 등 비이온형 계면활성제로도 이용되고 있다.

4.3.4 막형성 결합제(왁스)

막 형태의 결합제로서 사용되는 일반적인 왁스로는 석유로부터 추출한 파라핀 왁스, 식물로부터 추출한 candelella와 carnuba 왁스, 곤충으로부터의 밀랍 등이 있다.

파라핀 왁스(융점 45~65℃)는 윤활유의 프레스 탈왁스법 또는 용제 탈왁스법으로 제조되며, 상온에서 결정성 고체인 탄화수소 혼합물로 고체 파라핀이라고도 한다. 참고로 유동 파라핀은 고순도의 액상 포화탄화수소의 혼합물로, 주성분이 파라핀 탄화수소가 아니고 알킬나프텐 탄화수소의 혼합물이다. 유동 파라핀은 합성수지의 가소제, 압출조제, 내부 윤활제 등으로 사용된다.

식물성 왁스(융점 85~90℃)는 곧은 사슬 탄수화물, 에스테르, 산, 알코올 등의 복잡한 혼합물이며, 밀랍(융점 60~80℃)은 에스테르, 포화 및 불포화 탄화수소의 복잡한 혼합물이다.

이러한 왁스의 기계적 성질은 분자들 사이의 2차적 결합에 직접적으로 연관되며, 분자간 결합은 곧은 탄화수소보다 가지친 탄화수소 사이에서 더 약해서 가소성이 향상된다. 왁스는 경화점보다 매우 낮은 온도에서는 취성을 나타내지만, 가열에 의해 결합이 파괴되며 고온에서는 비교적 낮은 응력 하에서 소성유동이 일어난다. 일반적으로 왁스는 배합물에 첨가되기 전에 먼저 비극성 용매로 용해하거나 또는 가열된 분말에 용융상태로 첨가 혼합되며, 현탁제, 해교제, 성형용 윤활제 등으로 사용된다.

4.3.5 결합제의 일반적 효과

(1) 응교

현탁액에 비이온성 중합체를 첨가할 때, 흡착형태는 농도에 따라서 변한다. 저농도의 중합체는 각 입자에 흡착되며 현탁액을 안정화시키는 경향을 나타내지만, 중합체의 농도를 증가시키면 흡착량이 증가하여 가교 응교가 발생한다. 그러나 중합체를 혼합하며 첨가하면 가교 응교가 감소하며 분산을 안정시킨다.

이온성 결합제는 특별한 조건하에서 현탁액 내의 입자들을 응교시킬 수 있다. 예를 들면, pH > 4 일 때, 수성 현탁액 내의 quartz 입자(음전하)는 여러 종류의 높은 분자량의 양이온 결합제에 의하여 응교된다. 흡착된 결합제의 농도가 증가함에 따라서, 응집체의 제타퍼텐셜은 양이 되고, 결합제는 보호 콜로이드로 작용한다. 또한 Ca²⁺와 같이 제타퍼텐셜을 감소시키는 양이온을 활성화시키면 음이온 아크릴아미드 중합체에 의해서 응교된다. 현탁액 안에서 Ca^{2+} 이온의 농도가 높을수록, 응교는 낮은 pH에서 일어난다. Ca^{2+} 이온의 농도가 일정한 경우는 중합체의 음이온 성격이 강할수록 낮은 pH에서 응교가 시작된다. 높게 하전된 양이온은 많은 음이온 고분자 전해질을 응고시키며, 음으로 하전된 입자와 음의 중합체 사슬 사이의 반발력을 외관상으로 감소시킨다.

대부분 산화물 입자들은 비이온성 중합체의 수소결합 또는 수화된 표면과 중합체 사슬상의 극성기들 사이의 인력에 의해 응교된다. 그러나 결합제가 표면보다 용매에 대해서 훨씬 높은 친화성을 가지면 결합제의 흡착이 일어나지 않을 수 있다. 예를 들어, PVA는 수성 현탁액 내의 대부분의 산화물에 흡착되며, MC와 PEG는 물 속의 알루미나 입자에는 흡착되지 않지만, 고령토와 활석 입자에는 흡착된다.

(2) 농화, 현탁 및 레올로지 조절

단순한 액체보다 점성의 결합제 용액을 첨가하면 평균점도를 증가시키고 효과적으로 계를 농화시킬 수 있다. 짙게 농축된 현탁액에서의 응교는 현탁액을 반죽물 정도의 연도를 갖게 한다. 매우 높은 점도의 액체 내에서의 침강속도는 감소되며, 점도 또는 항복점이 충분히 높을 때 영으로 될 수 있다. 입자들 사이에 결합제 용액 또는 젤의 존재는 계의 유동특성을 크게 변화시킨다.

(3) 결합제의 흡착거동 및 이동

입자 간에 콜로이드상 또는 분자상의 가교에 의해 발생하는 입체장해는 입자의 충전밀도를 감소시키며 소지를 포화시키는 데 필요한 액체를 증가시킨다. 일반적으로 중합체 분자들의 입체장해는 분자량 증가에 따라 증가한다. 비이온성 결합제는 트레인, 루프 및 테일로 입자에 흡착한다(그림 4-9 참조). 하전 중합체들은 표면에 가능한 편평하게 흡착하려는 경향이 있다. 용매에 대해 강한 친화성을 가진 흡착 결합제는 보다 긴 루프와 테일을 갖는 경향이 있다.

입자 간의 중합체 분자 또는 콜로이드 입자들의 기지는 액체의 이동속도를 크게 감소시킨다. 모세관 현상 또는 외부압력에 의한 결합제의 이동은 결합제의 분자량이 클수록 작으며, 결합제가 젤화되면 그 이동은 더욱 작아진다(그림 4-10 참조).

(4) 윤활성

결합제의 흡착은 겉보기 표면장력, 표면 거칠기 및 마찰계수를 감소시킬 수 있다. 물에서 표면의 윤활성은 막의 친수성, 흡착된 층의 변위, 표면장력 및 분자배향에 영향받는다.

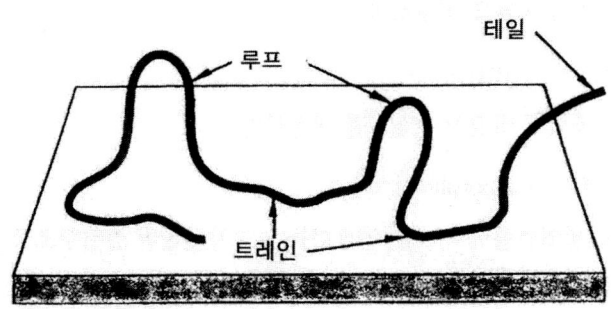

그림 4-9 입자표면에서의 결합제 분자의 흡착

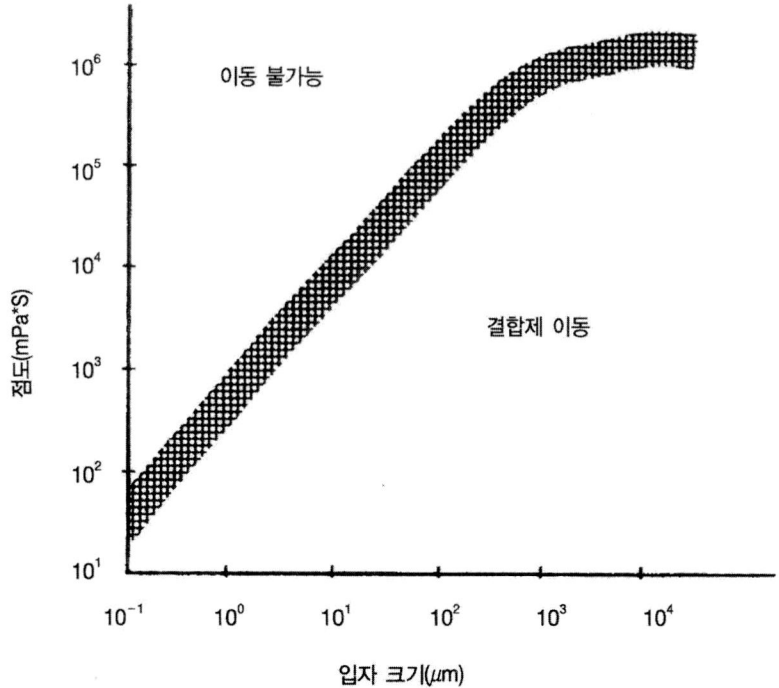

그림 4-10 충전입자 간의 기공을 통한 비흡착 결합제의 이동(단, 기공 크기는 입자 크기의 1/2). (J.S.Reed, "Principles of Ceramics Processing", John Wiley & Sons, 189, 1995.)

4.3.6　반응 접합제

내화물 및 건축관련용 접합제는 오소인산(H_3PO_4) 또는 인산1-알루미늄($Al(H_2PO_4)_3$)이나 인산1-마그네슘($Mg(H_2PO_4)_2$)의 산 수용액과 알루미나와의 반응에 의하여 형성된다. 오소인산은 알루미나와 반응해서 인산1-알루미늄을 형성하며,

$$Al_2O_3 \ + \ 6H_3PO_4 \ \rightarrow \ 2Al(H_2PO_4)_3 \ + \ 3H_2O \tag{4-25}$$

수화 알루미나와 반응해서 비정질 접합제를 형성한다.

$$Al(OH)_3 \ + \ H_3PO_4 \ \rightarrow \ amorphous \ bond \tag{4-26}$$

이러한 반응은 모두 발열반응이며, 인산알루미늄은 교차결합된 중합구조로 형성된다.

인산1-마그네슘 접합제에서는

$$Mg(H_2PO_4)_2 \ \rightleftharpoons \ MgHPO_4 \ + \ H_3PO_4 \tag{4-27}$$
$$3MgHPO_4 \ \rightleftharpoons \ Mg_3(PO_4)_2 \ + \ H_3PO_4 \tag{4-28}$$

으로 반응하며, 이 또한 중합구조의 석출물을 형성한다.

인산 접합제들은 젤화 및 반응접합의 양상을 나타내며, 가열에 의해 인산 또는 인산알루미늄 용액의 점도는 감소되지만, 건조시 입자표면에서의 접합제의 이동은 젤화로 인해 거의 일어나지 않는다. 반응접합은 250~300℃ 정도의 낮은 온도에서 형성될 수 있으나, 완전 탈수 및 인산알루미늄의 안정화를 위해서는 500℃ 이상으로 가열하여야 한다.

대표적인 건축자재인 수경성 시멘트의 접합제는 산화칼슘, 실리카, 알루미나, 산화철 등을 반응시켜 만든 화합물이다. 물과 혼합하면 화합물은 공기나 혹은 수중에서, 비교적 부피변화가 거의 없이 강한 재료로 경화된다. 참고로 화산재 혹은 혈암과 같이 자연적으로 수화되는 재료를 함유한 시멘트는 포졸란 시멘트라고 한다.

포틀란드 시멘트는 다상계이며, 그 경화반응은 매우 복잡하다. 칼슘이 많은 규산염 및 알루미늄염들은 매우 빨리 용해되어 반응하는 경향이 있다. $C_3A(3CaO \cdot Al_2O_3)$는 수산화칼슘의 유무와 관계없이 물 속에서 빠르게 반응하여, 빠른 경화를 일으킨다.

$$3CaO \cdot Al_2O_3 + 6H_2O \rightarrow 3CaO \cdot Al_2O_3 \cdot 6H_2O \tag{4-29}$$
$$3CaO \cdot Al_2O_3 + Ca(OH)_2 + 12H_2O \rightarrow 4CaO \cdot Al_2O_3 \cdot 13H_2O \tag{4-30}$$

무수석고를 첨가하면 미세한 침상의 결정성 수화 방해막이 형성되어 수화반응 속도가 감소한다.

$$3CaO \cdot Al_2O_3 + 3(CaSO_4 \cdot 2H_2O) + 26H_2O \rightarrow 3CaO \cdot Al_2O_3 \cdot 3CaSO_4 \cdot 32H_2O \tag{4-31}$$

$C_3S(3CaO \cdot SiO_2)$와 $C_2S(2CaO \cdot SiO_2)$의 수화는 경화를 일으킨다. 예를 들면,

$$3CaO \cdot SiO_2 + xH_2O \rightarrow 2CaO \cdot SiO_2 \cdot xH_2O + Ca(OH)_2 \tag{4-32}$$
$$2CaO \cdot SiO_2 + xH_2O \rightarrow 2CaO \cdot SiO_2 \cdot xH_2O \tag{4-33}$$

C_3S의 수화는 30일 이상 계속되며, C_2S의 수화시간은 1년이 넘는다. 경화시간은 시멘트를 더욱 미세하게 분쇄하거나 수온을 올림으로써 감소시킬 수 있다. 시멘트 분말 내의 유리된 산화칼슘과 산화마그네슘은 수화시 큰 부피팽창이 수반되기 때문에 최소화되어야 한다.

알루미늄산 칼슘시멘트는 캐스타블 내화제품에 사용된다. 이것은 포틀란드 시멘트보다 더 빨리 경화되며 24시간 내에 사용할 수 있다. 역시 수화반응은 발열반응이며 수화온도에 민감하다.

$$CaO \cdot Al_2O_3 + 10H_2O \rightarrow CaO \cdot Al_2O_3 \cdot 10H_2O \ (22℃ \ 이하) \tag{4-34}$$
$$2(CaO \cdot Al_2O_3) + 11H_2O \rightarrow 2CaO \cdot Al_2O_3 \cdot 8H_2O + Al_2O_3 \cdot 3H_2O \ (22\sim35℃) \tag{4-35}$$
$$3(CaO \cdot Al_2O_3) + 12H_2O \rightarrow 3CaO \cdot Al_2O_3 \cdot 6H_2O + 2(Al_2O_3 \cdot 3H_2O) \ (35℃ \ 이상) \tag{4-36}$$

알루미늄산 칼슘시멘트는 가열하면 탈수되며, 약 800℃ 정도에서 강도를 상실한다.

4.4 기타 첨가제

적절한 공정제어를 위해서는 앞서 설명한 첨가제 이외에도 각 공정에 필요한 다른 형태의 첨가제

를 사용하여야만 한다. 가소제(plasticizer)는 입자에 응축한 결합제 막의 점탄성적 성질을 변화시키는 데 사용되며, 슬러리 안에 존재하는 기포를 감소시키기 위해서는 제포제(antifoaming agent)를 사용하며, 반면에 기포제(foaming agent)는 기체거품의 안정성을 증가시킨다. 윤활제(lubricant)는 성형공정에서 세라믹 입자와 금속틀 간의 표면마찰계수를 감소시키는 데 유효한 계면활성제이다. 결합제의 효소적 열화를 방지하기 위해서는 보존제(preservative)가 사용된다.

4.4.1 가소제

결합제의 성형성은 온도에 크게 의존한다. 예를 들어, 20℃에서 PVA는 탄성적이고 취약하며, 가압시 두 분리막은 매우 약하게 결합한다. 즉, 분자의 이동이 매우 제한적이어서 취성 결합제는 유리상태라 볼 수 있다. 또한 약 90℃에서는 분자조각들이 압축에 의한 유동에 의해 재배열하며 막간의 결합이 일어난다. 이 상태를 고무상태라고 한다. 변형이 탄성적 거동(약 5% 이상의 변형률에서 파괴됨)으로부터 시간 의존적인 점탄성 변형(100% 이상의 변형률에서도 파괴되지 않음)으로 변화하는 온도를

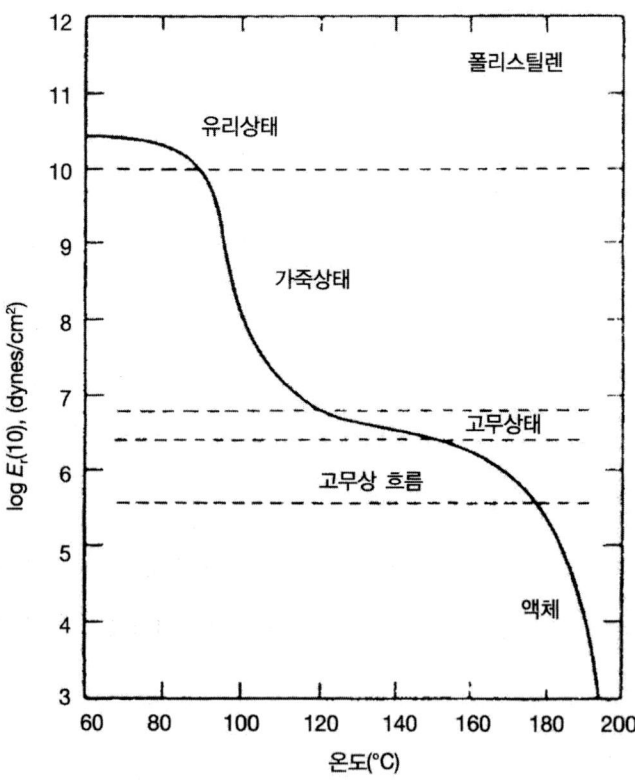

그림 4-11 폴리스틸렌의 탄성거동(H.W.Hayden et al., "The Structure and Properties of Materials", Vol. Ⅲ, Wiley-Interscience, NY, 1965.)

유리천이온도(T_g)라고 한다(그림 4-11 참조). 중합체 막들은 유리천이온도에서 기계적 변형에 대한 저항성, 열팽창 및 비열 등이 변한다. 따라서 반대로 기계적 변형, 열팽창계 및 열량계 등을 이용해서 결합제의 T_g를 확인할 수 있다. 고무상태 이상의 온도로 가열하면 성형물은 점성유동을 나타낸다.

결합제를 첨가한 세라믹 계들은 일반적으로 결합제의 유리천이온도 이상에서 성형된다. 매우 큰 중합체 분자들 내에 존재하는 작은 분자들은 중합체들의 충전밀도를 저하시키고, 중합체 분자들을 서로 결합시키는 Van der Waals 힘을 감소시킨다. 즉, 작은 가소성 분자들은 결합제를 유연하게 하는 반면 강도를 감소시킨다. 가소제는 중합체의 유리천이온도를 효과적으로 감소시킨다.

흡착된 물은 가소제로서 작용한다. 예를 들어, 표 4-12에 나타낸 바와 같이 PVA는 상대습도가 높아짐에 따라 인장강도와 영률은 감소하고, 연신율은 증가한다. 상대습도 50%에서, 부분가수분해 PVA는 약 12% 아세테이트기를 가지며 충전밀도가 낮아서, 완전가수분해 PVA보다 인장강도와 영률이 작아지며, 유리천이온도도 3~10℃ 정도 낮아진다(표 4-13 참조). 유리천이온도는 결합제 사슬의 이동을 방해하는 완강한 측면기를 가진 결합제들은 높은 유리천이온도를 나타내며, 분자량의 결합제의 분자량이 클수록 또한 분자 간 교차결합이 증가할수록 유리천이온도는 높아진다.

일반적으로 가소제로는 성형온도에서 증기압이 낮은 액체를 사용하며, 물 또는 비수성 액체와 함께 사용한다. 또한 대부분의 가소제들은 결합제 계의 흡습성을 증가시키므로, 특정의 저장습도에서 수분의 흡착농도는 증가한다. 유기 가소제는 상대습도에 대한 가소작용의 민감도를 감소시킨다. 표 4-14에 결합제들을 가소시키는 데 사용되는 액체들을 나타내었다. 에틸렌글리콜은 유리천이온도를

표 4-12 PVA 결합제 필름*에 미치는 수분의 영향

특 성	40% RH	60% RH	60% RH
인장강도(MPa)	67	44	35
연신율(%)	7	195	240
영률(MPa)	435	175	88

*88% 가수분해, 중간점도급(du Pont사)

표 4-13 결합제 필름의 대표적 물성(50% RH, 25℃)

특 성	Polyvinyl Alcohol[1] (완전가수분해)	Polyvinyl Alcohol[2] (부분가수분해)	Methyl Cellulose[3]
밀도 (Mg/m³)	60-85	1.2-1.3	1.39
인장강도 (MPa)	150-190	50-60	60-80
연신율 (%)	31	140-190	10-15
유리천이온도 (℃)	430-500	23	
영률 (MPa)		270-370	
열팽창계수 (cm/cm/℃)		1×10^{-4}	

[1] Du Pont사, [2] Monsanto사, [3] Dow Chemical사

표 4-14 일반적 가소제

가소제	융점(°C)	비등점(°C)	분자량(g/mol)
물	0	100	18
에틸렌글리콜	-13	197	62
디에틸렌글리콜	-8	245	106
트리에틸렌글리콜	-7	288	150
테트라에틸렌글리콜	-5	327	194
PEG	-10	>330	300
글리세린	18	290	92
프탈산디부틸		340	278
프탈산디메틸	1	284	194

낮추는 데 매우 유효하며 가격도 비교적 싸다. 에틸렌글리콜의 분자량이 커짐에 따라 가소작용은 감소한다.

히드록시에틸셀룰로오스(HEC) 점탄성 막의 경우, 인장강도는 매우 낮지만, 수분의 증가에 따라 충격강도는 증대된다. 시간에 따른 결합제 막의 특성 안정성은 가소제의 유무에 크게 의존한다. 점탄성 결합제 막은 응력을 유발하는 변형이 제거될 때 탄성복귀를 나타내지만, 성형온도가 유리천이온도 이상으로 매우 높은 경우에는 탄성복귀가 없는 점성거동을 나타낸다.

폴리에틸렌과 폴리스틸렌과 같은 열가소성 중합체에 대한 가소제로는 성형온도에서 융해되는 기름이나 왁스 등이 있으며, 변형되는 동안에 압출에 저항한다. 스테아르산과 올레산과 같은 첨가제들은 왁스에 대한 가소제이다.

가소제의 많은 일반적 효과는 분자 결합제뿐만 아니라 콜로이드 입자 결합제에도 적용된다. 글리세린과 에틸렌글리콜은 점토소지를 가소시키며, 계의 물이 어는점 이하까지 가소성 거동을 할 수 있게 한다.

4.4.2 기포제와 제포제

기포란 공기나 다른 기체가 액체박막으로 둘러싸인 상태의 것을 말한다. 순수한 액체 안으로 도입된 기체는 거품을 발생하지 않는데, 이는 기포들이 접촉할 때 액체가 박판으로부터 배수되어 기포가 파괴되기 때문이다. 기포제는 거품용액의 표면장력을 감소시키고, 막의 탄성을 증가시키며, 또한 부분적으로 얇게 되는 것을 방지해야 한다. 수성 기포제는 입자들을 소수성으로 만들고 표면장력을 감소시키는 계면활성제와 안정화 성분 등을 함유하며, 대표적인 수성 기포제로는 탈유, 알킬황산나트륨, 폴리프로필렌글리콜에테르 등이 있다. 기포제는 경량 콘크리트 제조 및 광물의 부유선광에 사용된다.

반대로 제포제는 현탁액으로부터 기포를 제거할 때 사용되며, 낮은 표면장력의 계면활성제이다.

제포제는 어떠한 기포 안정제라도 제거할 수 있어야 하며, 액체 혹은 막에서의 퍼짐계수(spreading coefficient, S_{AL})가 양의 값을 가져야 한다.

$$S_{AL} = \gamma_L - (\gamma_A + \gamma_{AL})$$ (4-37)

여기서 γ_L, γ_A 및 γ_{AL}은 각각 액체, 제포제 및 제포제-액체계면의 표면장력이다.

상업용 수성 제포제로는 플루오르카본, 디메틸실리콘, 고분자량의 알코올과 글리콜, 칼슘 및 알루미늄스테아르산염 등이 있다. 표면점도를 감소시키는 트리부틸인산염도 제포의 역할을 한다. 많은 고분자 전해질 해교제들은 물의 표면에너지에 그다지 큰 영향을 주지 않지만, 몇몇 결합제와 윤활제들은 어느 정도 영향을 준다.

4.4.3 윤활제

윤활제는 미끄럼에 대한 저항을 감소시킨다. 유체 윤활(fluid lubrication)은 물 또는 기름과 같이 점도가 낮은 액체 후막에 의해 발생하며, 압축응력하에서 계면으로부터 빠르게 이동된다. 경계 윤활(boundary lubrication)은 표면의 매끄러움을 향상시키고 표면 사이의 부착을 최소화시키는 고윤활성의 흡착막에 의해 발생한다.

가소화된 결합제 막은 세라믹 입자 간의 경계 윤활제로 작용하며, 콜로이드 입자가 젤화한 결합제 용액 또는 현탁액은 유체 윤활제로 작용한다. 적절한 경계 윤활제는 부착강도가 크고 전단강도가 작다. 일반적인 경계 윤활제로는 Al, Li, Mg, Zn 등의 스테아르산염, 파라핀 왁스, 폴리글리콜, 활석, 흑연 및 질화붕소(h-BN) 등이 사용되고 있다. 스테아르산($CH_3(CH_2)_{16}COOH$) 또는 그의 염과 같은 계면활성제는 구조 중의 카르복실기가 산화물 표면에 매우 강하게 결합(흡착 1층)하고, 흡착 1층과 후속 흡착층 간의 전단저항이 낮기 때문에 윤활특성이 매우 우수하다. 분자 경계 윤활제들은 가소제들보다 분자량이 크며, 융점 이하에서 매우 효과적인 윤활특성을 나타낸다.

고체 윤활제들은 박판구조 및 매끄러운 표면을 가진 미세한 입자들로 구성되며, 거친 표면에서의 윤활효과가 크고, 특히 고압하에서 유효하다. 일반적으로 고체 윤활제는 고온에서 사용되는 분자 경계 윤활제들과 혼합하여 사용한다.

4.4.4 보존제

다당류로부터 유도되지 않은 결합제들은 생물학적으로 비활성적이다. 특히 천연 유기 결합제와 몇몇 셀룰로오스 유도체들은 주위에 존재하는 박테리아나 균류에 의해 만들어진 효소로 인하여 생물학적 열화가 발생하기 쉽다. 일반적으로 열화는 결합제 용액의 점도를 감소시킨다. 따라서 이러한 열화를 최소화하기 위해서는 ① 출발원료의 살균화, ② 환경제어(예; 밀폐계), ③ 화학적 보존제 첨가 등의 방법이 있다. 대부분의 보존제들은 독성을 띠기 때문에 사용 전후 및 폐기시에 많은 주의가 요구된다.

제 **5** 장

혼 합

고체의 성질은 결정구조 또는 격자의 불완전한 정도에 따라 예민하게 변화한다. 기계적 강도, 전기전자적 및 자기적 성질은 구조에 민감하며, 밀도, 비열 및 탄성적 성질은 구조에 둔감하다. 특히, 다결정체의 경우는 결정입자나 입계 등의 마이크로한 구조에 의해서도 그 특성이 크게 변한다. 이러한 구조에 민감한 제반 성질은 당연히 조성과도 밀접한 관계가 있다. 예를 들어, 전자세라믹스는 제품의 모든 부분의 조성이 균일하여야 하고, 재료의 상태와 성질도 동일하여야만 한다.

대부분의 세라믹스는 건조상태 또는 페이스트상의 분체 혼합물을 성형하고 소결해서 제조한다. 출발원료인 분체 혼합물의 모든 부분이 동일한 이상적인 혼합물을 규칙 혼합물이라고 한다. 이러한 규칙 혼합물을 얻기 위해서는, 배합해서 일단 용융한 후 분쇄하는 방법밖에 없다. 그러나 세라믹스에서는 원료나 제품 어느 것도 대부분 고융점 물질이므로 용융하여 분쇄하기에는 무리가 따르기 때문에, 일반적으로는 출발 고체원료들을 배합한 후 바로 혼합하게 된다. 따라서 농도 및 조성이 균일한 세라믹 규칙 혼합물을 얻기는 쉽지 않다. 이 장에서는 생산라인에서 사용되고 있는 혼합기를 중심으로 혼합공정에 대해 설명하고자 한다.

혼합공정은 교반, 혼련 및 고체혼합으로 대별되는데, 교반이란 액체와 액체 또는 액체와 극히 소량의 고체 미립자에 대한 혼합조작을 지칭하며, 혼련이란 점성이 대단히 큰 물질 또는 가소성 물질의 혼합조작을 말한다. 고체혼합이란 고체와 고체의 혼합을 말하는 것으로, 간단히 혼합이라고 할 경우도 있다. 이러한 혼합공정을 행하는 목적은 여러 가지가 있으나 그 중 가장 중요한 것은 ① 균질한 혼합물을 얻기 위해서, ② 균질한 유탁액 및 현탁액을 얻기 위해서, ③ 반응속도를 촉진시키기 위해서 행한다.

5.1 혼합기구

혼합은 그림 5-1에서와 같이 대류, 전단, 확산기구들에 의해 일어난다. 대류작용은 성분들을 한 영역으로부터 다른 영역으로 이동시키며, 전단작용은 그들의 형태를 변형시킴으로써 성분들 사이의 계면을 증가시킨다. 확산작용은 혼합물의 이웃한 영역들 사이의 분자들과 입자들을 무질서하게 교환시킨다.

각 혼합기구의 상대적 중요성은 혼합기의 설계, 재료의 연도와 레올로지, 그리고 혼합시 주어진 에너지에 의존한다. 공급장치와 교반 및 방해(baffling)에 의해 형성된 유동은 대류에 크게 기여한다. 만일 미끄럼이 발생하지 않는다면, 서로 다른 속도로 움직이는 혼합기 표면과 재료 간에는 전단응력구배가 형성될 것이다. 전단응력이 클수록 응집체들이 잘 분산되고, 점성의 재료들이 미소 크기로 효과적으로 혼합된다. 또한 난류와 초음파에 의해 만들어지는 공동(cavitation) 및 충격은 응집체를 보다 효과적으로 분산시켜 확산혼합을 가속시킨다.

혼합기구의 상대적 기여도는 혼합기의 설계와 재료유동 동안의 레이놀드수에 의존한다. 벌크 분말과 액체 그리고 낮은 점도의 현탁액은 대류, 전단 및 난류에 의해 혼합될 수 있다. 점성이 매우 높은

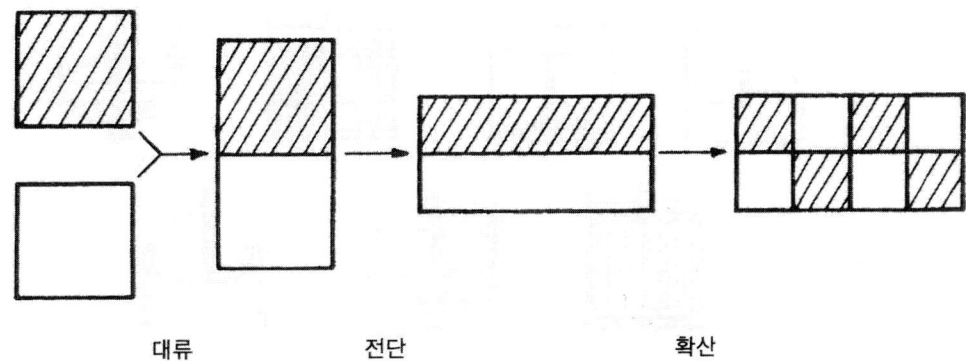

대류   전단   확산

그림 5-1 혼합기구

액체, 반죽물, 슬러리와 가소성 소지들을 혼합하는 경우에는 흔히 층류만 발생하며, 대류와 전단기구에 의해 혼합되어진다.

5.2 교 반

5.2.1 회전날개의 종류

회전날개에 의해서 형성되는 흐름은 두 가지 형태로 나뉜다. 하나는 흐름이 날개의 축과 평행인 축류(axial flow)인 경우이고, 또 하나는 흐름이 원둘레 방향인 방사류(radial flow)인 경우이다.

회전날개의 모양은 패들형, 터어빈형 및 프로펠러형 등이 주로 사용된다.

(1) 패들형

패들의 모양은 그림 5-2와 같다. 이것은 가장 간단한 형식으로 평판이 회전하며 보통 날개가 2~4의 것이 사용된다. 흐름은 주로 방사류가 생성된다. 공업적으로 패들의 회전속도는 20~50rpm, 패들의 길이는 교반조 직경의 50~80%, 날개폭은 5~10% 정도이다. 원둘레 방향의 흐름이 생길 때는 교반조 벽에 방해판을 설치하여 액이 혼합되지 않고 원주만을 따라 흐르는 일이 없도록 하여야 한다.

(2) 터빈형

터빈형 교반기 및 사용되는 터빈의 모양을 그림 5-3에 나타내었다. 터빈의 크기는 패들 때보다는 적어서 교반조 직경의 30~50%가 되는 크기를 사용한다. 여러 개의 날개를 회전시키므로 패들형보

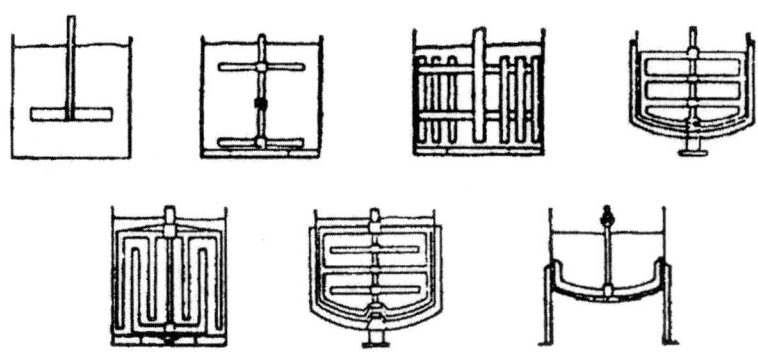

그림 5-2 교반 패들

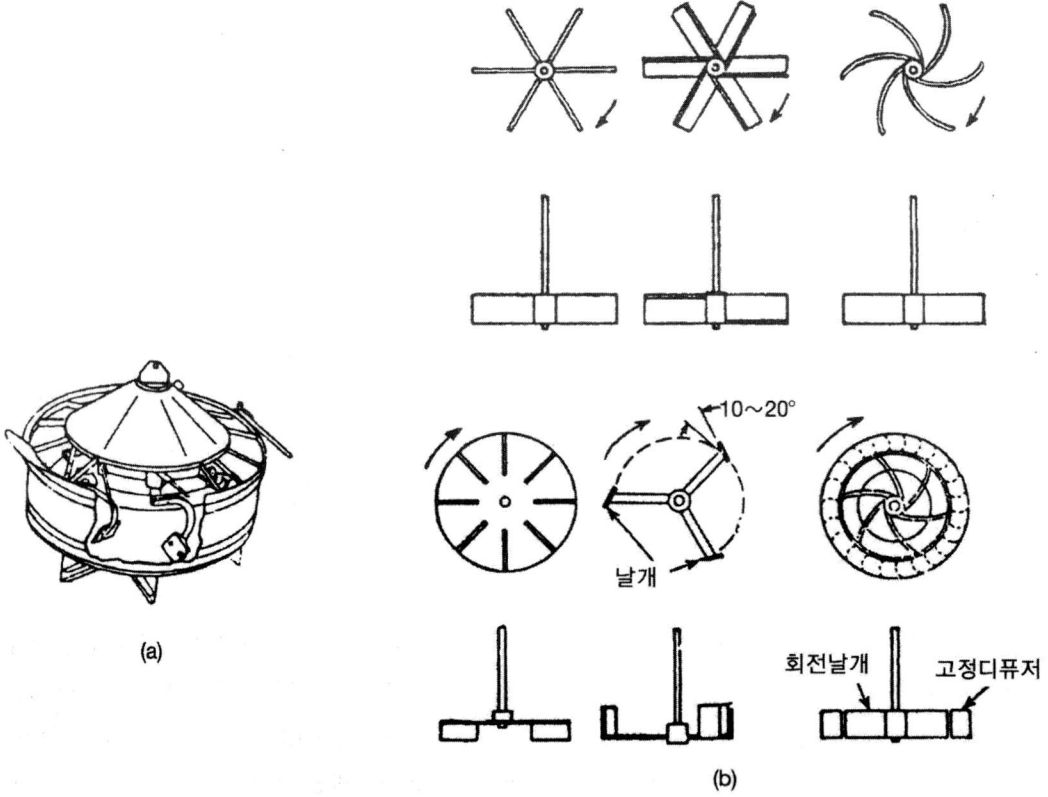

그림 5-3 터빈 교반기(a)와 교반 터빈의 모양(b)

다 능률이 좋고 날개의 지름도 패들형에 비해 반 정도이다. 흐름은 패들인 때와 비슷한 방사류이며 여러 점도의 물질에 다같이 사용될 수 있으나 특히 점성이 큰 물질의 교반에 적당하다. 날개 끝의 속도는 3 ~ 8m/sec 이다.

  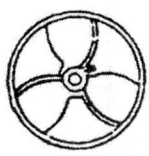 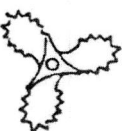

그림 5-4 교반 프로펠러의 모양

(3) 프로펠러형

회전판에 그림 5-4와 같이 경사를 갖게 한 것으로, 같은 교반효과를 올리는데 가장 소형으로 가능하고, 능률적인 날개의 지름은 패들형의 1/3 정도로 충분하다. 주로 축류가 생성되며 액체의 점도가 낮을 때 사용한다. 회전속도는 적을 때 150~175rpm, 클 때는 400~800rpm까지 낸다. 프로펠러의 크기는 18in 이하이며, 교반조가 깊을 때는 한 축에 2~3개를 동시에 설치하기도 한다.

5.2.2 방해판

교반조 안에서의 유체의 흐름은 회전날개의 형태와 크기, 유체의 물성, 교반조의 크기나 방해판(baffle)의 유무 등에 따라서 달라진다(그림 5-5 참조). 이 흐름의 모델은 그림 5-6에 나타낸 바와 같

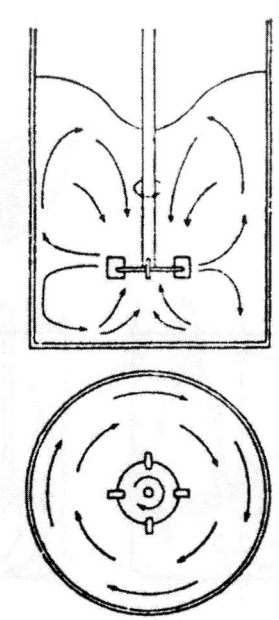

그림 5-5 교반조에서의 소용돌이 성질

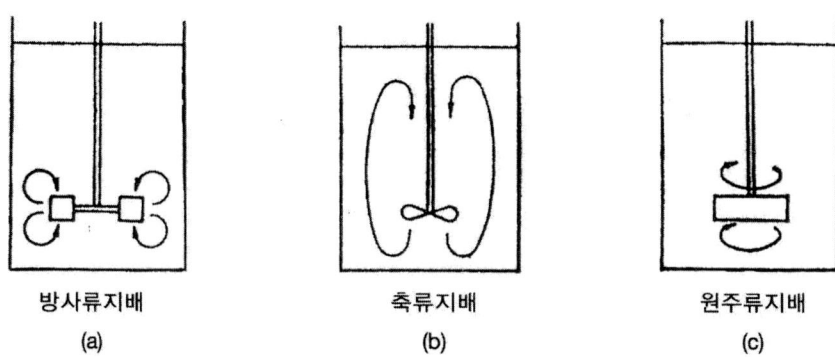

방사류지배　　　　　　축류지배　　　　　　원주류지배

(a)　　　　　　　　　(b)　　　　　　　　　(c)

그림 5-6 교반조 내에서 유체흐름의 예

이, 교반축에 직각인 흐름, 교반축과 나란한 흐름 및 교반축과 동심원을 그리는 흐름 등이 지배적이
다. 교반축이 수직인 경우 방사류와 원주류는 수평면상에서 생성되며, 축류는 수직으로 흐른다. 이
중에서 방사류와 축류만이 교반에 유용하며 원주류는 없는 편이 좋다. 이는 그림 5-6(c)와 같이 원심
력에 의한 소용돌이를 형성하면서 그냥 돌기만 한다. 이때 만약 고체입자가 있다면 원심력 때문에 교
반조 벽으로 밀려나가 부딪쳐 밑으로 내려와 바닥의 중앙부에 모이게 된다. 이것은 혼합의 반대인 농
축현상이다. 소용돌이가 일어나면 유체는 회전날개와 거의 같은 속도로 흐르게 된다. 따라서 혼합이
일어나려면 유체의 속도와 회전날개의 속도가 서로 달라야 한다.

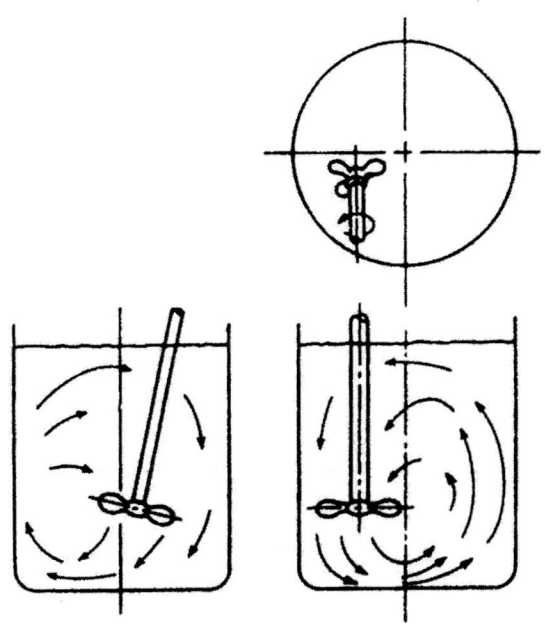

그림 5-7 임펠러의 위치

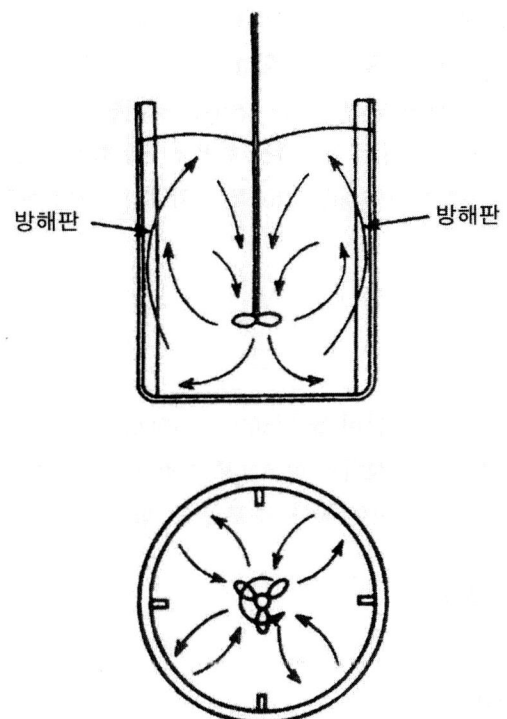

그림 5-8 방해판이 있는 교반조

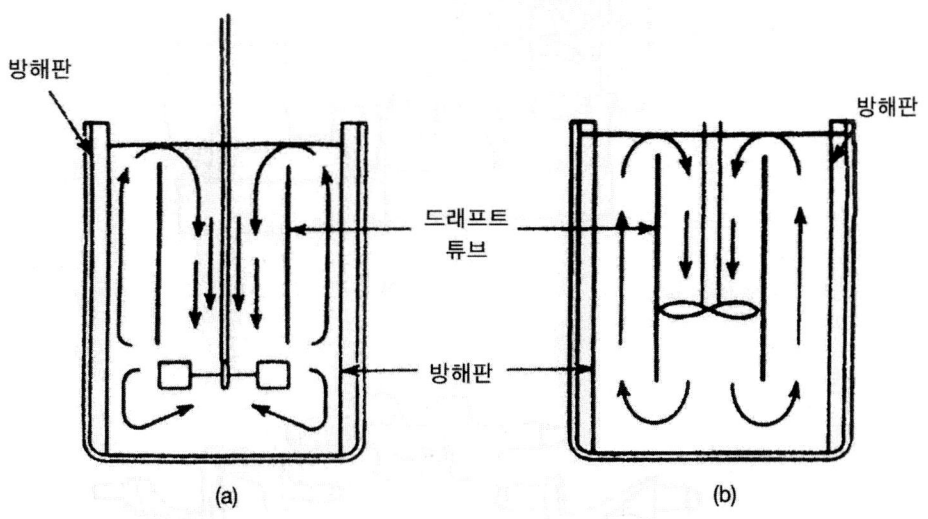

그림 5-9 드래프트 튜브가 있는 교반조

소용돌이를 방지하기 위해 그림 5-7과 같이 회전날개를 교반조의 중심이 아닌 부분에서 회전시키거나 교반조가 클 경우 측면에서 경사지게 회전날개를 설치하기도 한다. 또 다른 방법으로는 그림 5-8과 같이 탱크의 벽에 방해판을 설치하는 것이다. 방해판은 터빈의 경우 탱크직경의 1/12 미만, 프로펠러의 경우 1/8 미만이다. 어떤 경우에는 회전날개에 확산링(diffuser ring)을 설치하기도 하고 그림 5-9와 같이 드래프트튜브(draft tube)를 설치하여 소용돌이의 생성을 막기도 한다.

5.3 혼 련

혼련(kneading)이란 점성이 대단히 높은(200~수 1000poise) 물질의 혼합을 목적으로 하는 것으로, 회전날개에 의하여 흐름이 생성되지 않으므로 회전날개는 혼합원료의 모든 부분과 접촉되어야 한다. 장치는 강도가 크고 동력이 커야 된다. 주로 전단, 압연, 압축 등에 의하여 혼합한다.

5.3.1 혼련기의 종류

(1) 니이더(Kneader)

그림 5-10(a)와 같이 도형 또는 Σ형 또는 Z형의 회전날개 2개가 수평으로 서로 다른 속도를 가

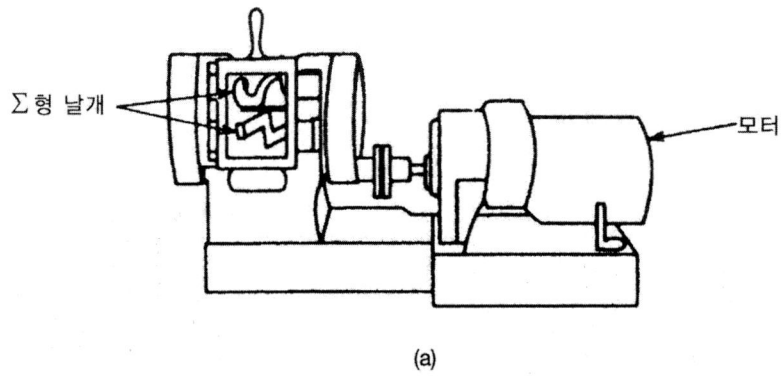

(a)

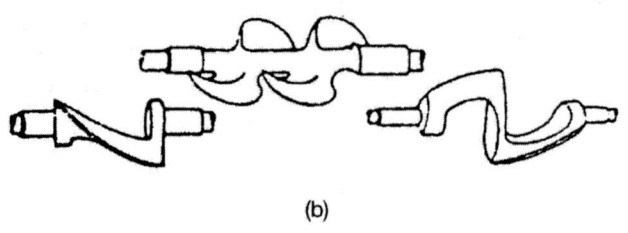

(b)

그림 **5-10** (a) 니이더, (b) 교반날개의 모양.

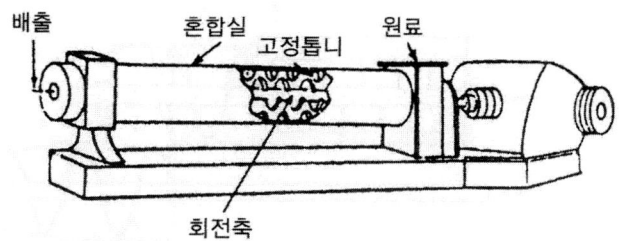

그림 5-11　코니이더 믹서

지고 반대방향으로 회전한다. 회전날개는 그림 5-10(b)와 같이 서로 접하는 원호를 그리면서 회전하는 것과 물려 들어가는 회전을 하는 것과의 2종이다. 어느 것의 경우에도 양 날개 사이의 틈, 날개와 벽면과의 틈이 약간 작고, 재료는 여기에서 강력한 전단, 압축작용을 받는다.

그림 5-11은 코니이더 믹서로 물체는 하나의 교반축과 벽 사이에서 혼합되면서, 교반날개의 나선운동에 의하여 연속적으로 배출된다. 이 장치의 배출구에 성형틀을 설치하여 혼합물을 압출시켜서 일정한 모양의 혼합물을 얻을 수 있다. 이러한 장치를 혼합 압출기(mixer extruder)라고 한다.

(2) 퍼그밀(Pug Mill)

그림 5-12와 같이 하나 또는 2개의 축으로 된 나선상의 여러 개의 날개 또는 파이프가 붙어 있는 것으로 재료는 한쪽으로 수송되어 나가면서 혼합되며, 여러번 반복해서 통과시키면 대단히 균일한 혼합물을 얻을 수 있다.

그림 5-12　퍼그밀

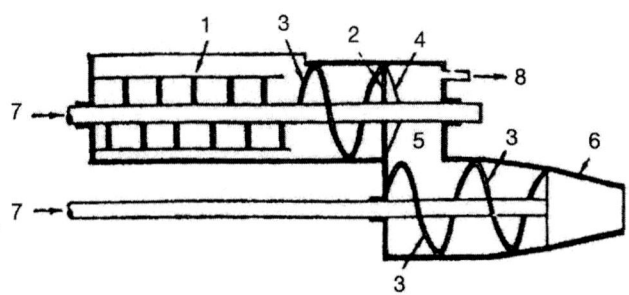

그림 5-13 진공 토련기

1. 배토 투입
2. 구멍 있는 판
3. 오우거(나선형의 날개)
4. 절단판
5. 진공실(진공도 640mmHg 이상)
6. 출구
7. 샤프트
8. 진공펌프

(3) 진공토련기(De-airing Pug Mill 또는 Vacuum Pug Mill)

그림 5-13과 같이 진공토련기는 배토 안에 들어 있는 기포를 없애고 수분을 균일하게 분산시켜 배토의 가소성을 증대시키는 것이다. 그 구조를 크게 나누어 보면 토련기, 진공실 및 압축실의 세 부분으로 이루어져 있다. 토련기의 부분에서는 혼련날개로 배토에 물이 충분히 분산되도록 하고, 혼련된 배토는 가는 구멍을 통하여 진공실에서 탈기된다. 탈기된 배토는 압축실에 보내어져 그것이 스크류로 압축되면서 배출된다.

(4) 뮬러 혼합기(Muller Mixer)

그림 5-14 및 5-15와 같이 롤이 회전하면서 수직축의 주위를 공전한다. 즉, 롤러와 원반(pan) 사이에 틈이 있어 괴상의 재료를 분쇄하면서 혼합하는 에지런너(edge runner)형이다. 용기가 회전하여 롤은 마찰에 의한 자전만을 하는 것도 있다. 압축, 전단 및 접어서 누르는 특이한 혼합을 한다. 퍼티(putty)상 및 분말상의 재료에 적합하며, 주로 내화물의 원료혼합에 사용된다.

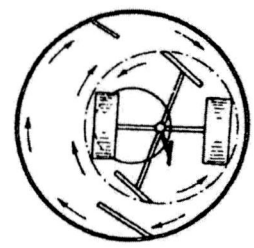

그림 5-14 회분식 뮬러 혼합기

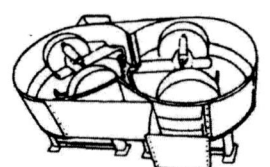

그림 5-15 연속식 뮬러 혼합기

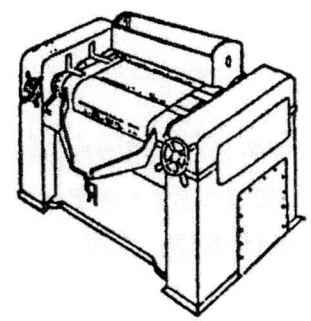

그림 5-16 롤밀

(마) 롤밀(Roll Mill)

점성이 큰 물질을 혼합하는 데 주로 쓰이며, 보통은 2개의 롤, 때로는 3개 또는 5개의 롤형도 쓰이며, 롤이 1개뿐인 것도 있다. 재료는 다른 속도로 회전하는 롤의 틈을 통과할 때 전단, 압축력을 받는다. 여러 번 반복하여 롤 사이를 통과시키면 균일한 혼합물을 얻을 수 있다(그림 5-16 참조).

5.3.2 혼합지수

혼합도는 혼합물의 여러 부분에서 임의로 시료를 취하여 분석한 결과를 통계적으로 처리한다. 분석하기 위하여 반죽물에 추적물(tracer)을 도입한 경우, 추적물의 총괄 질량분율을 μ, 각 분석시료에서의 분율을 X_i, 시료의 수를 N, 시료 중의 X_i의 평균치를 $\overline{X}$라고 하면, N이 아주 클 때, $\overline{X} \simeq \mu$가 된다. 또한 완전혼합이 된 경우는 $X_i = \overline{X} = \mu$가 될 것이다. 혼합이 완전하지 않으면, μ와 $\overline{X}$는 같지 않으며, 이의 표준편차로부터 혼합의 정도를 생각할 수 있다. 표준편차(SD)는 다음 식으로부터 구한다.

$$SD = \left(\frac{\sum\limits_{i=1}^{N} (X_i - \overline{X})^2}{N-1} \right)^{1/2} \tag{5-1}$$

한편 혼합이 시작되기 전의 상태에서는 처음 원료와 추적물이 두 층으로 나뉘어 있을 것이다. 즉, 원료 중의 $X_i = 0$, 추적물 층의 $X_i = 1$이 되는 상태이다. 이때의 표준편차를 σ_0라 하면,

$$\sigma_0 = [\mu(1-\mu)]^{1/2} \tag{5-2}$$

이 되며, 반죽물의 혼합지수(mixing index of paste)를 I_P라고 하면,

$$I_P = \frac{SD}{\sigma_0} = \left(\frac{\sum\limits_{i=1}^{N} (X_i - \overline{X})^2}{(N-1)(1-\mu)\mu} \right)^{1/2} \tag{5-3}$$

으로 정의된다.

연습문제

대형 뮬러 혼합기에서 14%의 수분을 가진 흙에 덱스트로즈와 피크린산을 추적물로 10% 첨가하여 혼합하였다. 3분간 혼합하여 12개소에서 시료를 취한 뒤, 비색법으로 분석하였다. 이때 추적물의 분석치는 10.24, 9.30, 7.94, 10.24, 11.08, 10.03, 11.91, 9.72, 9.20, 10.76, 10.97, 10.55였다. 혼합지수 I_P를 구하라.

풀이

$\mu = 0.1$, $N = 12$이며 $\sum (X_i - \overline{X})^2$의 계산결과는 표 5-1과 같다. 표에서 $\sum X_i = 1.2914$이므로,

$\overline{X} = \Sigma X_i / N = 1.1294/12 = 0.1016$

$\sum (X_i - \overline{X})^2 = 0.001189$ 이므로

$I_P = \sqrt{\dfrac{0.001189}{(12-1) \times 0.10(1-0.10)}} = 0.0347$

표 5-1 연습문제의 자료

No.	X_i	$X_i - \overline{X}$	$(X_i - \overline{X})^2 \times 10^2$
1	0.1024	+0.0008	0.64
2	0.0930	−0.0086	73.96
3	0.0794	−0.0222	492.84
4	0.0794	+0.0008	0.64
5	0.1108	+0.0092	84.64
6	0.1003	−0.0013	1.69
7	0.1191	+0.0175	306.35
8	0.0820	−0.0044	19.36
9	0.0920	−0.0096	92.16
10	0.1076	+0.0060	36.00
11	0.1097	+0.0081	65.61
12	0.1055	+0.0039	15.21
Σ	1.2194		1,189.10

회분식 혼합에 있어서 혼합 전의 I_P는 1이며, 혼합이 잘 될수록 값이 적어진다(그림 5-17). 이론적으로 I_P는 완전혼합이 되며 0이 되어야 하지만 실제로는 0.1~0.01 이하로 떨어지지 않는다. 혼합속도는 시간에 따른 I_P의 변화로서 나타낼 수 있다. 어느 시간 혼합하면 I_P는 일정한 값을 나타내게 된다.

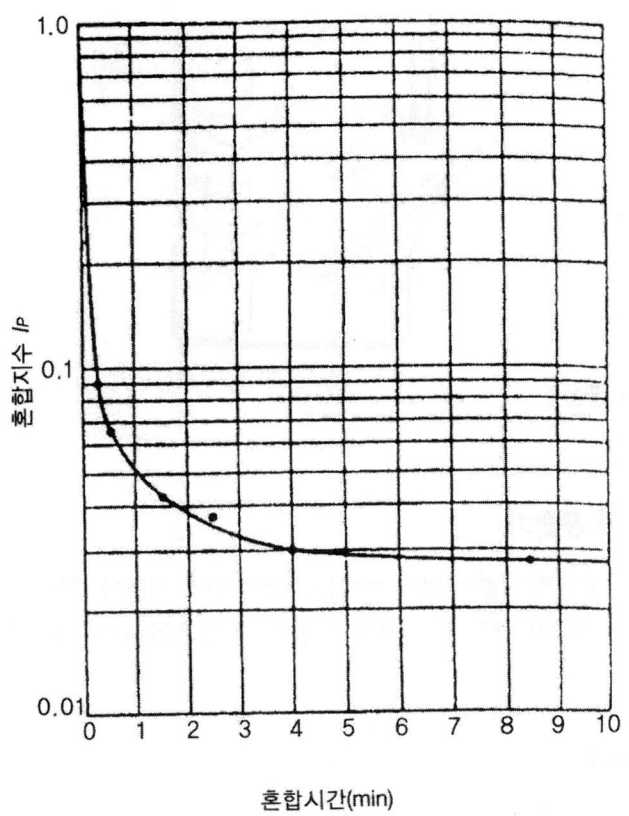

그림 5-17 혼합지수의 변화

5.4 마른 고체의 혼합

5.4.1 혼합기의 종류

혼합기는 혼합용기가 회전하는 회전용기형과, 혼합용기는 고정되어 있고 내부에 날개나 스크류 등을 넣어서 분체를 움직이는 고정용기형으로 구분된다. 전자는 소량의 건조분체 혼합에, 후자는 대량의 분체 혼합에 적합하다.

(1) 회전원통형 혼합기

원통형만으로는 축방향으로의 분체의 흐름이 적으므로, 방해판을 설치하든지 회전축에 대하여 기울기를 갖게 한 것으로 분체를 혼합시키는 경우가 많다(그림 5-18).

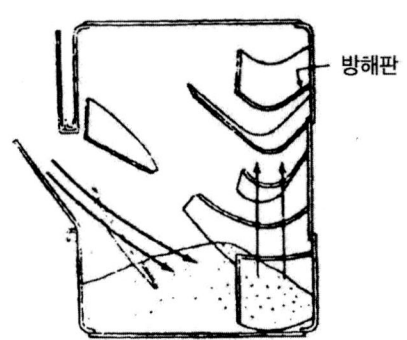

그림 5-18 회전원통형 혼합기

(2) 2중 원추형 혼합기

이 형식은 다음의 V형과 더불어 널리 쓰이는 혼합기이다. 내부에 방해판을 넣지 않아도 잘 혼합이 이루어지며, 공급 및 배출도 편리하다. 원추의 꼭지각은 단축인 60°와 장축인 90°의 2종이 쓰여진다 (그림 5-19).

(3) V형 혼합기

그림 5-20과 같이 2개의 원통을 V형으로 접합한 형태로 구조가 간단하다. 장입 용적이 상당히 큰 것도 가능하며, 혼합시간이 짧다. 통 간의 각도는 분체의 안식각에 의하여 결정한다. 건조한 분체로 밀도가 현저하게 다른 물질을 혼합하는 경우 V형 혼합기에서는 분리가 일어나 혼합이 되지 않는 경우가 많다.

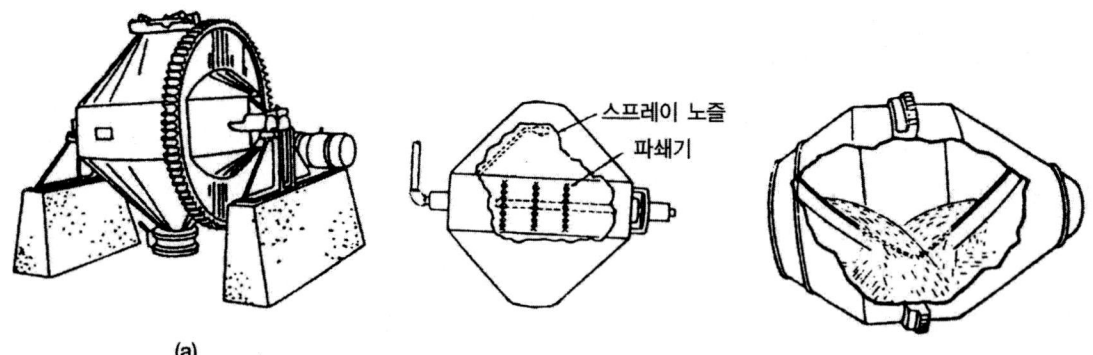

그림 5-19 2중 원추형 혼합기의 (a) 외관, (b) 단축형 내관 및 (c) 장축형 내관

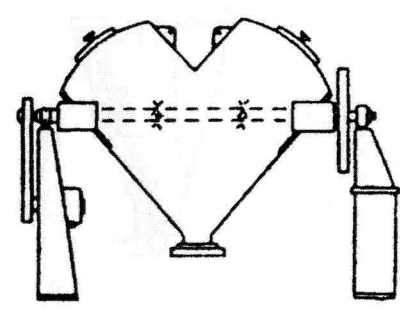

그림 5-20 V형 혼합기

(4) 리본 혼합기

리본 혼합기는 수평의 반원 통 안에 나선형의 교반날개가 달린 수평축이 있다. 그림 5-21과 같이 서로 반대작용을 하는 리본을 하나의 회전축에 달아서 고체가 서로 잘 섞이게 한다. 대개 부착성 분체의 혼합에 주로 사용된다. 회분식이나 연속식으로 조업한다.

(5) 스크루 혼합기

부착성이 없는 분체의 혼합에 사용되며, 수직형 탱크 안에 스크루 컨베이어를 장착하여 혼합한다 (그림 5-22).

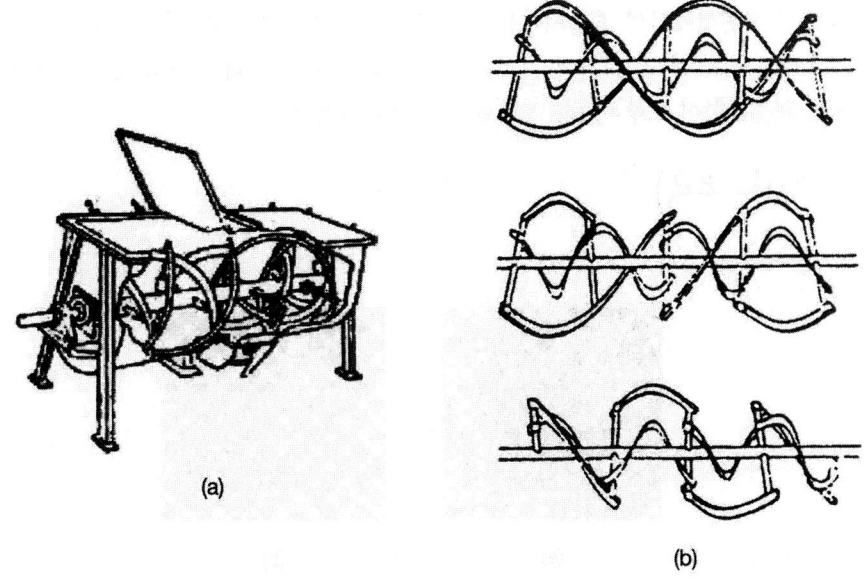

(a)

(b)

그림 5-21 리본 혼합기의 (a) 외관 및 (b) 교반날개

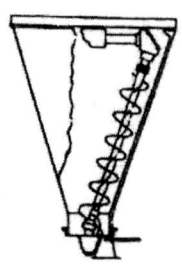

그림 5-22   스크루 혼합기

5.4.2   혼합지수

 원료배합물의 초기상태는 화학적 또는 물리적으로 편리되어 있다. 혼합물 내의 각 성분의 최대영역의 길이, 면적 또는 부피를 그 성분의 편리 크기라고 한다. 화학적 용액 안에서 편리의 최소크기는 최대분자의 크기에 의해 제한되지만, 입자계에서는 최대입자의 크기에 의해 제한된다. 앞서 설명하였지만, 조성이 위치에 따라 변하지 않을 때를 균일 혼합물 또는 규칙 혼합물이라고 한다. 불균일성의 크기는 위치에 따라 조성의 변화를 나타내는 최대시편의 크기라고 할 수 있다. 혼합 중에 응집체들과 점성 조제들이 잘 분산되어야만 편리 및 불균일성이 최소로 된다. 그림 5-23에서 볼 수 있듯이, 무질서하게 혼합되더라도 충분히 분산된 혼합물보다는 편리의 정도가 크다. 한 형태의 성분이 다른 형태의 성분과 서로 혼합되었을 때, 편리 정도는 화학적 또는 물리적 특성의 상대적 편차로 나타난다.

 일반적으로 분체혼합에서의 혼합지수는 다음의 방법으로 산출한다. 예를 들어, 소금과 모래의 혼합에서 각각 n개의 입자로 된 N개의 시료를 취하였다고 하자. 전체 혼합물 중의 모래의 개수분율을 μ_p라고 하면, 완전혼합이 이루어졌을 경우의 이론 표준편차 σ_e는

$$\sigma_e = \left(\frac{\mu_p(1-\mu_p)}{n} \right)^{1/2} \tag{5-4}$$

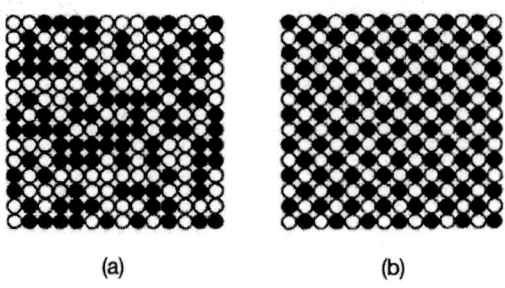

(a)   (b)

그림 5-23   혼합물의 상태: (a) 완전 무질서, (b) 완전 분산.

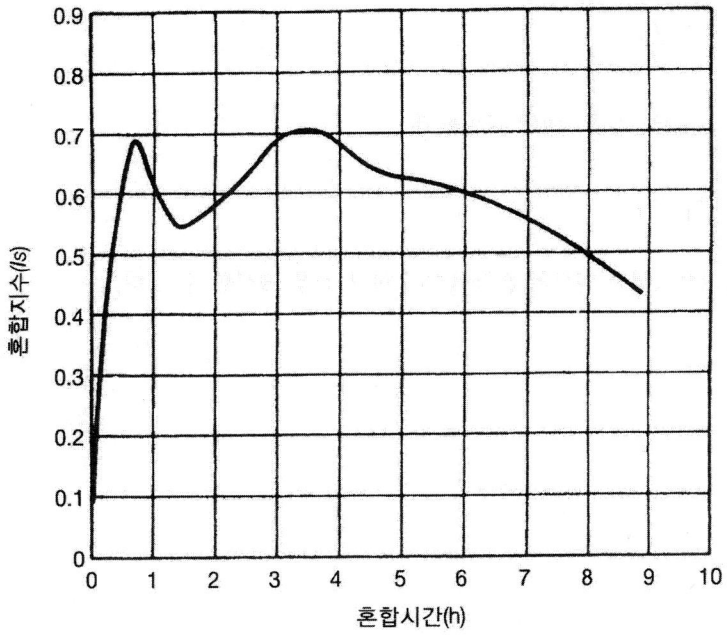

그림 5-24 고체혼합지수의 변화

이며, 고상분말의 혼합지수 I_S는 다음과 같이 정의한다.

$$I_S = \frac{\sigma_e}{SD} = \sqrt{\frac{\mu_p(1-\mu_p)(N-1)}{n\sum_{i=1}^{N}(X_i-\overline{X})^2}} \tag{5-5}$$

이 경우의 혼합지수는 시간에 따라서 증가한다. 초기에는 I_S의 변화율이 상당히 크며, 어느 정도 지나면 다소 동요하다가 그 이상 혼합하면 반대로 분리현상이 일어나서 I_S는 감소한다(그림 5-24). 일반적으로 I_S는 최고 0.55～0.7의 값을 가지게 된다.

시간 0일 때의 혼합지수 I_{so}는 다음과 같이 표시된다.

$$I_{so} = \frac{\sigma_e}{\sigma_o} = \frac{1}{\sqrt{n}} \tag{5-6}$$

한편 I_S는 시간에 따라서 $1-I_S$에 비례한다.

$$\frac{dI_s}{dt} = k(1-I_s) \tag{5-7}$$

여기서 k는 상수이다. 이 식을 변수 분리하여 적분하면,

$$\int_0^t dt = \frac{1}{k}\int_{I_{so}}^{I_s}\frac{dI_s}{1-I_s} \tag{5-8}$$

$$t = \frac{1}{k} \ln \frac{1 - I_{so}}{1 - I_s}$$

(5-9)

이 되고, 식 (5-6)을 식 (5-9)에 대입하면,

$$t = \frac{1}{k} \ln \frac{1 - 1/\sqrt{n}}{1 - I_s}$$

(5-10)

이 된다. 이 식으로부터 임의의 혼합에 필요한 시간을 계산할 수 있다.

제**6**장

액상합성 및 건조

세라믹 분말이 어느 정도의 조건을 만족시키고 있는가를 조사하기 위해서는 우선 제조공정의 각 단계에서 일어나고 있는 변화가 분말의 성질에 어느 정도 관련되고 있는지를 이해하여야만 한다. 제조공정 전체에 있어서 분말이 점하고 있는 역할을 종합함으로써 분말의 평가가 이루어지게 되는 것이다. 이 책에서 지금까지 서술한 제조공정을 한마디로 표현하면 세라믹 분말을 어떠한 방법으로 제조하는가에 관한 것으로 함축할 수 있다. 여기서 먼저 '세라믹 분말'과 '세라믹 원료분말'에 대한 정의가 필요하다고 생각된다.

특별한 예비처리 없이 그대로 성형하고 소성해서 제품화되는 분말을 '세라믹 분말'이라고 한다. 이 정의에 의하면 시판되고 있는 알루미나 분말은 만약 어떠한 처리도 하지 않고 성형 및 소결할 수 있다면 세라믹 분말이 되지만, 분쇄나 하소공정이 필요한 경우에는 세라믹 원료분말이라고 말하여야 한다. 이 책에서 서술한 공정을 예로 설명하면, 2장에서 다룬 분쇄는 주로 천연상태의 세라믹 원료분말을 제조하기 위한 방법이었고, 3장에서의 원료처리는 보다 고순도의 세라믹 원료분말을 제조하기 위한 처리공정이었다. 또한 3장에서의 고상합성은 고순도 또는 인공합성 세라믹 원료분말과 일부는 세라믹 분말까지 포함하는 합성공정이라 할 수 있으며, 5장에서의 혼합은 세라믹 원료분말을 세라믹 분말로서 사용하기 위한 사전 공정이라고 말할 수 있다.

이 장에서는 고순도의 세라믹 분말을 제조하는 방법에 대해 설명하고자 한다. 이 방법으로는 액체로부터 합성하는 방법과 기체를 이용해서 합성하는 방법으로 대별할 수 있는데, 여기서는 대량 생산의 개념으로 액상합성에 대해서만 기술하고자 한다. 또한 액상합성이나 5장에서의 습식혼합의 경우는 건조공정이 필수불가결하기 때문에 건조기구 및 장치에 대해서도 다루고자 한다.

6.1 액체로부터 분체의 생성

용액 중의 금속 양이온 형태로 존재하고 있는 금속원소를 수산화물, 탄산염, 황산염, 질산염 등으로 침전시키고, 그 침전물의 열분해에 의해 산화물 분말을 제조하는 방법은 고순도, 고활성의 미분말의 제조법으로 광범위하게 사용되고 있다.

용액으로부터의 침전생성에는 용액 중에 용해되어 있는 이온 또는 분자로부터의 핵생성이 중요한 역할을 한다. 왜냐하면 핵성성이 침전의 크기, 형태, 구조 등 침전으로부터 얻어지는 요업원료분말의 특성에 크게 영향을 주기 때문이다. 용액 중의 원자가 재구성되는 조건에 의해 각종 특성의 요업원료가 얻어진다. 침전은 용액으로부터 분리되고, 건조되어 요업원료로 공급되므로 용액과 침전의 분리조작이 필요하며, 이 분리조작은 입자 크기가 클수록 용이하다.

여기서는 침전생성 과정을 용해도곡선을 기초로 논하고, 생성한 침전입자의 응결을 입자의 대전상태로 설명하고자 한다.

6.1.1 침전의 생성

(1) 용해도곡선

용액으로부터 침전의 생성은 다음의 과정으로 발생한다.

과포화 용액의 생성 → 결정핵의 발생과 성장 → 침전의 생성

　따라서 침전을 생성시키기 위해서는 우선 과포화 용액을 제조하여야만 한다. 과포화 용액을 제작하는 방법으로는, ① 온도에 의한 용해도의 변화 이용, ② 용매의 증발 및 응축, ③ 다른 물질의 첨가에 의한 용질의 용해도 저하, ④ 화학평형이나 화학반응 등을 이용할 수 있다. 과포화 용액으로부터의 침전생성은 주로 용액의 과포화도와 용액의 조성에 영향받지만, 교반 혹은 혼합조작 등의 물리적 인자에 의한 영향도 크다. 과포화용액은 일반적으로 불안정하지만 과포화라고 필히 침전이 생성되는 것은 아니다(그림 6-1). 그림 6-1의 용해도곡선은 포화상태에 있는 용액 중의 용질농도를 나타낸 것으로 곡선의 윗부분에서는 용액이 과포화이며, 아랫부분은 불포화라고 볼 수 있다. 이 경우 물질의 용해도는 일반적으로는 정의 온도계수를 갖지만 부의 계수를 나타내는 경우도 있다. A점의 용질농도를 지닌 용액을 냉각 또는 응축시키면 용액은 B 또는 B'에 도달해 포화용액이 된다. BB'은 용해도곡선을 나타낸다.

　용액을 더욱 냉각 또는 응축시켜도 용액으로부터 즉시 침전이 발생되는 것이 아니고, 과포화도가

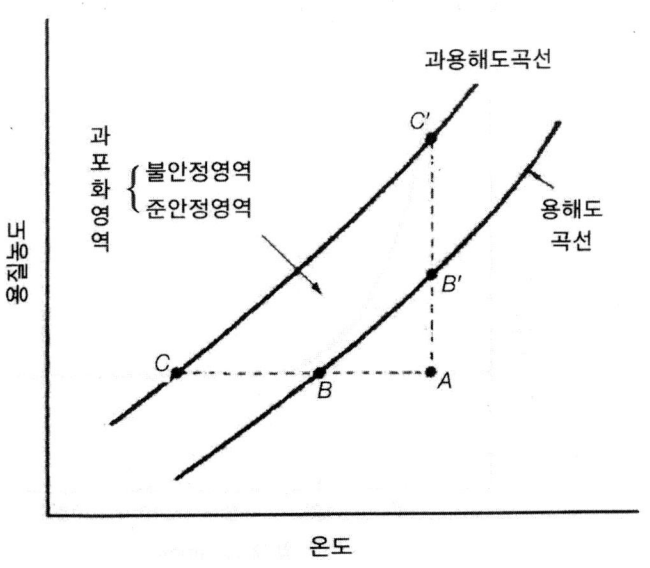

그림 6-1 용해도곡선

C 또는 C'에 도달하면 돌연 다수의 핵이 생성되면서 침전생성이 시작된다. 이와 같이 자발적으로 또 급격히 다수의 핵이 생성하는 농도를 과용해도곡선이라고 한다. 과용해도곡선 CC'과 용해도곡선 BB' 사이의 영역은 준안정영역으로 침전생성속도가 대단히 느리고 장시간 과포화용액으로 존재한다. 따라서 단결정과 같이 1개의 입자를 얻기에는 이 영역이 적절하다. 이 준안정영역의 크기 $B'C'$은 최대 과포화도라 부르며, 이 값은 과포화도 곡선이 외적인 자극, 냉각속도, 불순물의 종류 및 양에 의해 영향을 받기 때문에 일정하지 않다.

불포화영역 내의 A점으로부터 포화상태에 도달하는 두 가지 경로 중, $A \rightarrow C$는 일정 농도에서 온도를 내리는 냉각법으로 앞서 ①의 온도에 의한 용해도의 변화를 이용한 침전생성법이다. 이 방법은 용해도의 온도계수가 정이며 비교적 장시간이 요구된다. 또한 $A \rightarrow C'$은 일정 온도에서 농도를 변화시키는 정온증발법으로 앞서 ②의 용매의 증발응축에 의한 침전생성법에 해당한다.

③의 예로서는 염류 수용액에 알코올이나 산을 첨가해서 결정을 침전시키는 방법을 들 수 있는데, 이것은 용해도곡선을 아래로 이동시키는 것에 해당한다. ④의 예로는 어느 정도 가용성을 지닌 화합물 용액을 혼합함으로써 난용성 화합물을 침전시키는 방법, 즉 균일침전법 등을 들 수 있다.

(2) 과포화도와 핵생성

입자의 크기와 용해도의 관계는,

$$RT \ln (C_s/C_\infty) = (\gamma M/\rho) \cdot (2/r) \tag{6-1}$$

의 Thomson 식으로 나타낼 수 있다. 여기서 C_s는 입자의 용해도, C_∞는 평면의 용해도, γ는 입자의 표면에너지, M은 입자의 분자량, ρ는 밀도, r은 반경이다. 이 식으로부터 물질은 전체 표면적을 감소시키는 경향을 갖고 있기 때문에 작은 입자일수록 큰 용해도를 갖는다는 것을 알 수 있다(그림 6-2

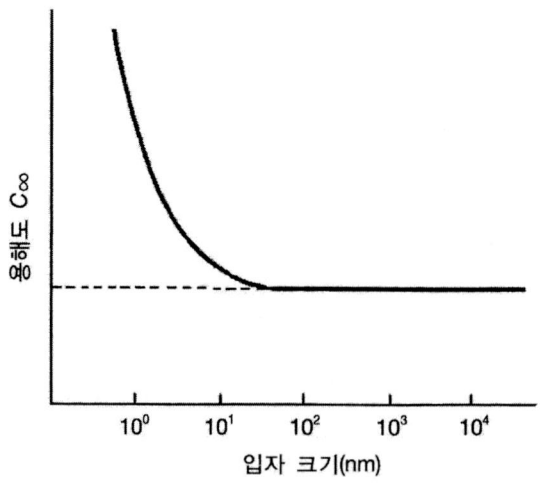

그림 6-2 입자 크기와 입자용해도의 관계

참조).

용액 중에서 용해도의 저하에 의한 침전의 생성은, 우선 용해하고 있는 이온이나 분자 몇 개가 소원자 집단을 형성하지만 그것은 불안정한 임계핵, 즉 그림 6-2에서 용해도가 급격히 증가하는 부근의 입자 크기에 도달하지 않으면 바로 용해되고 만다. 이 임계핵의 크기가 대단히 작기 때문에 정확히 측정하기는 곤란하며, 계산하는 경우는 이용되는 수치에 크게 의존하는데 보통 1nm 정도라고 보고되어 있다. 이것은 핵에 근접한 국소적인 부분의 용액상태하에서만 안정하다. 만약 주위에서 다른 결정성장의 발생과 같은 상태의 변화가 생기면 결정성장이 억제되거나 역으로 침전의 재용해가 발생된다. 즉, 식 (6-1)에 나타낸 바와 같이 C_∞를 기준으로 그것보다 작은 입자는 보다 큰 용해도를 가지며, 앞서 설명한 침전생성을 위해서는 과포화로 되어야 한다는 것을 생각하면, 핵과 같이 작은 입자가 형성되려면 C_∞보다 높은 농도가 필요하다는 것을 알 수 있다. 즉, 침전생성을 위한 과포화도(δ)를 식 (6-1)을 이용해서 다음과 같이 나타낼 수 있다.

$$\delta = \ln(C_s/C_\infty) = (\Upsilon M/RT\rho) \cdot (2/r) \tag{6-2}$$

그러면 과포화도와 핵생성과는 어떠한 관계가 있는지 살펴보기로 한다. 먼저 용액 중에 반경 r의 입자가 있고, 그 입자가 반경 $r+dr$로 되는 데 필요한 일에 대해 생각해 보자. 이 반경의 증가가 계와 평형인 반경 r_0의 입자와의 물질수수로 이루어지는 가상적인 사이클을 생각하면, 필요한 일은

$$dA = \Upsilon \cdot 8\pi r dr - \Upsilon(4\pi r^2/r_0)dr \tag{6-3}$$

이 된다. 여기서 제1항은 표면장력에 의한 일이고, 제2항은 체적증가에 의한 일이다. 이 식을 r까지 적분하면 용액으로부터 반경 r의 입자를 만드는 데 필요한 일 $A(r)$을 구할 수 있다.

$$A(r) = \Upsilon(4\pi r^2 - 4\pi r^3/3r_0) \tag{6-4}$$

식 (6-2)와 (6-4)로부터

$$A(r) = \Upsilon \cdot 4\pi r^2 - (2\pi r^3/3) \cdot (RT\rho\delta/M) \tag{6-5}$$

가 되며, 입자생성 에너지를 과포화도와 입자반경의 함수로 나타낼 수 있다. 그림 6-3에 여러 과포화도에서 $A(r)$과 r의 관계를 나타내었다. 각 곡선의 극대점은 $(dA(r)/dr) = 0$으로부터

$$r_c = 4Mr / RT\rho\delta \tag{6-6}$$

이 되며, 그때의 에너지는

$$A(r_c) = (16\pi M^2\Upsilon^3/3\rho^2R^2T) \cdot \delta \tag{6-7}$$

이 된다. 그림 6-3으로부터 핵생성에 필요한 에너지는 과포화도가 클수록 작아지고, 핵생성 및 침전생성이 쉬워진다. 따라서 과포화도가 클수록 극대 위치가 반경이 작아지는 방향으로 이동하게 되고, 과포화도가 큰 용액에서는 작은 침전이 다수 생성되기 쉽다는 것을 예상할 수 있다.

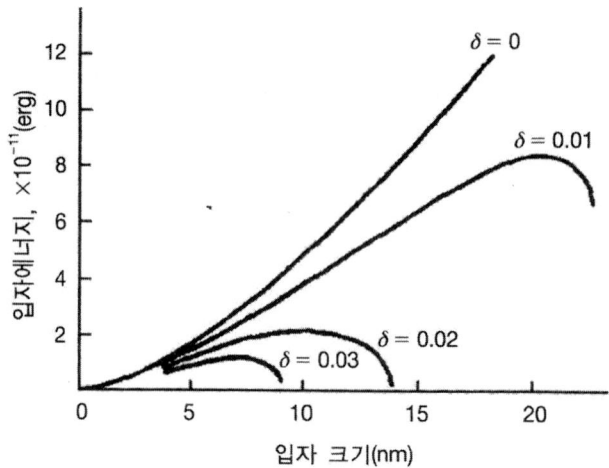

그림 6-3 각종 과포화도에서 입자 크기와 입자에너지의 관계

(3) 침전결정의 형태

앞서 구형의 결정핵을 가정한 모델에서는 용액으로부터 생성하는 각종 침전입자의 정벽(crystal habits)을 설명할 수 없다.

과포화도가 작은 용액으로부터 침전시킨 입자는 크고 다면체를 형성하고 있으며, 일반적으로 다면체의 면은 밀러지수가 크다지 높지 않고, 에너지적으로 낮은 면을 지니며 입자의 결정구조를 반영한 정벽을 갖고 있다. 한편 과포화도가 높은 용액으로부터의 침전입자는 작고 불완전한 미결정으로 형태도 불규칙적인 경우가 많다.

각각의 결정면은 서로 다른 표면에너지를 갖는다는 것으로 이러한 침전결정의 형태를 설명하려는 이론도 있다. 침전생성시 다량의 결정화열을 방출하는 계에서는 그 열을 내보내기 위해 수지상이나 침상과 같은 체적당 표면적이 큰 형태가 유리하다고 알려져 있지만 침전결정의 형태를 결정하는 인자에 대해서는 보고된 것이 거의 없다.

결정의 형태가 침전생성의 비교적 최초의 단계, 즉 결정핵 단계에서 결정되는 것이 거의 확실하지만 용액으로부터의 결정성장에 있어서는 결정의 형태를 포함해서 결정핵의 형성단계에서 불순물이나 용매에 의한 영향을 강하게 받기 때문에 이론적인 고찰이 매우 곤란한 것이 현실이다.

(4) 입자의 응결

용액 중에 존재하는 입자가 용해-석출과정에 의해 조대한 입자가 되는 것과 함께 용액 중의 입자수를 감소시켜, 계 전체의 표면에너지를 작게 하는 경향이 있다는 것을 앞서 설명하였다. 입자계에 있어서 계 전체의 표면에너지를 감소시키는 별도의 기구가 있다. 그것은 미소입자가 서로 합쳐져서 응집체를 형성하는 것이다. 응결정도에 의해 용액 중에 장기간 부유하는 경우도 있고, 즉시 침강해서 침전이 되는 경우도 있다. 이러한 응결은, ① 입자 간에 존재하는 보편적인 van der Waals 힘, ② 표면전하의 중화에 의해 발생한다. 여기서는 용액 중에 존재하는 입자의 대전상태에 기초를 둔 응결에 대해 설명하고자 한다.

(가) 용액 중에서 입자의 대전

용액 중의 입자는 일반적으로 전하를 지니고 있다. 이 전하는 각종 원인에 의해 생기지만, 세라믹에서 이용되는 입자-용액계에서는 다음의 두 가지가 중요하다.

첫 번째는 실리카나 알루미나와 같은 산화물 입자의 경우에 보여지는 표면의 수화에 기인하는 것이다. 즉, 수용액으로부터 침전한 실리카는 표면의 규소원자가 수산기를 강하게 흡착해서 수화되어, 표면에 $-Si-OH$ 결합을 갖는다. 이 수산기는 H^+ 또는 OH^-와 다음과 같이 반응해서 실리카입자를 + 또는 -로 대전시킨다.

$$-Si-OH + H^+ \quad \rightarrow \quad -Si-OH_2^+ \qquad (+로 대전)$$
$$-Si-OH + OH^- \quad \rightarrow \quad -Si-O^- + H_2O \qquad (-로 대전)$$

두 번째는 용매와 입자의 상호작용이 아니고 입자를 구성하는 이온과 같은 이온이 용액 중에 존재하면 그 이온을 흡착함으로써 대전하는 경우이다. 이것은 용액반응에 의해 생성하는 침전이 난용성 이온결정인 경우 자주 발견된다. 이러한 이온결정의 이온흡착은 Fajans-Paneth 규칙으로 알려져 있다. 즉, 어떤 이온은 결정표면에 노출되어 있는 반대부호의 이온과 난용성 또는 약전리성 화합물을 형성할 가능성이 있는 경우에 이온결정 표면에 강하게 흡착된다는 것이다. 예를 들어, 질산염과 요오드화 칼륨을 혼합하면 요오드화 은의 침전이 생성한다. 이 입자표면에는 Ag^+와 I^-가 흡착되어 요오드화은 입자는 Ag^+의 흡착에 의해 +로, I^-의 흡착에 의해 -로 대전한다(그림 6-4). Ag^+, I^-가 흡착되는 것은 두 이온 모두 요오드화 은 입자의 표면상에 난용성 물질을 형성하기 때문이며, K^+, NO_3^-가 흡착되지 않는 것은 두 이온의 흡착에 의해 생성하는 요오드화 칼륨, 질산은이 용해성, 완전 해리

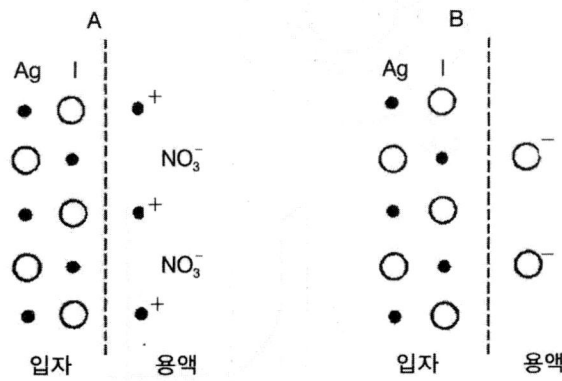

그림 6-4 AgI 입자표면에서 Ag^+ 및 I^-의 흡착
　　　A: Ag^+ 과잉의 경우 +로 대전
　　　B: I^- 과잉의 경우 -로 대전

성의 화합물이기 때문이다. 이러한 이온의 흡착은 침전의 조성을 변화시켜 원료의 화학양론성을 나쁘게 한다. 또 이온흡착에 의해 표면은 각종의 이온에 의해 선택적으로 피복되기 때문에 입자는 강하게 반발해서 응결하지 않게 된다.

(나) 전기이중층

용액 중에 대전한 입자의 표면에는 입자에 밀착한 고순도이며 안정한 액층 및 흡착이온으로부터 생성되는 밀착층(electrical double layer)과, 그 외측인 밀도가 그다지 높지 않고 약하게 결합한 확산이중층(diffuse double layer)이 있다(그림 6-5). 입자에 가까운 부분($r_1 - r$)에는 실제로 입자에 속한 전하가 존재하고 있고, 외측의 약한 결합부분에는 +와 - 이온이 존재하고 있다. 입자는 하전되어 있으므로 직류전장에서 각각 입자가 지닌 전하에 의해 양극 또는 음극으로 이동한다. 이와 같은 동전현상에서 밀착층은 입자와 함께 이동하지만 확산이중층은 그 자리에 남게 된다. 분산매와 밀착층 사이에 발생하는 전위를 제타퍼텐셜(ζ-potential)라고 부르며, 입자의 전기적인 안정성에 관여한다. 입자의 제타퍼텐셜은 분산매의 유전율과 점도를 알면 일정 전위구배에서 입자의 이동도를 측정함으로써 다음의 식으로부터 구할 수 있다.

$$u = (E/l)\zeta D / 6\pi\eta \tag{6-8}$$

여기서 u는 입자의 이동도, (E/l)는 전위구배, ζ는 제타퍼텐셜, D와 η는 각각 분산매의 유전율과 점도이다. 실험에 의해 구한 입자의 이동도와 제타퍼텐셜의 예를 표 6-1에 나타내었다.

또 제타퍼텐셜은 입자의 전하(e_p)와 연관되며 구상입자의 경우 다음 식이 성립된다.

$$\zeta = e_p(r_1 - r) / D_p r r_1 \tag{6-9}$$

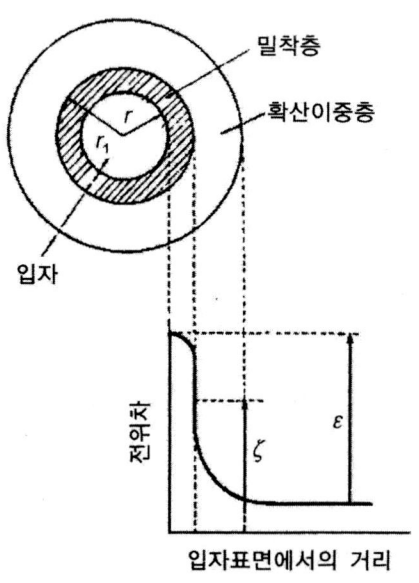

그림 6-5 입자와 전기이중층

표 6-1 입자의 이동도와 제타전위

입자	입자 크기(μm)	이동도($\mu m/s$)	제타전위(mV)
석영	~1	3.0	−44
점토	~1	1.99	−48.8
$Fe(OH)_3$	~0.1	3.0	−44

여기서 D_p는 입자의 유전율, r과 r_1은 그림 6-5에 대응한다. 이것으로부터 입자의 전하를 알면 밀착층의 두께를 계산할 수 있다. 지금까지의 보고에 의하면, 밀착층의 두께는 $0.2 \sim 0.3nm$의 단분자적인 것으로 고려되고 있다. 반면에 확산이중층의 두께는 수십 nm정도로 밀착층보다 매우 두꺼운 것으로 알려지고 있다.

(다) 응결에 미치는 전해질의 영향

용액 중에 존재하는 하전입자가 입자의 전하를 중화시키는 전해질의 첨가에 의해 현저히 영향받는다는 것은 쉽게 예상할 수 있다. 그 영향은 입자의 제타퍼텐셜과 전하량을 변화시킨다. 전해질 첨가에 의한 제타퍼텐셜의 변화에는 그림 6-6에 나타낸 것과 같이 세 가지 형태가 알려져 있다. 곡선 1은 전해질 첨가에 따라 제타퍼텐셜이 감소하여 결국은 0으로 되고, 첨가량을 더욱 증가시키면 입자의 전하부호가 반전되고, 제타퍼텐셜이 증대된다. 여기서 제타퍼텐셜이 0인 점을 등전점이라고 한다. 이러한 변화를 나타내는 하전입자는 등전점에서 응결하게 된다. 응결하지 않는 경우에도 매우 불안정하기 때문에 알코올 등의 용해도곡선을 아래로 이동시키는 용매의 첨가에 의해 쉽게 침전을 생성하게 된다.

곡선 2에서는 소량의 전해질을 첨가시키면 제타퍼텐셜이 증가해서 극대에 도달하고, 더욱 첨가하면 감소하게 된다. 이와 같은 입자는 전해질 첨가에 의해서 입자의 전하가 증대되어 입자 해교가 발생된다. 고전요업에서 중요한 점토입자는 이와 같은 성질을 지니고 있기 때문에 주입성형에서의 슬립제조와 연관하여 많은 연구가 진행되고 있다.

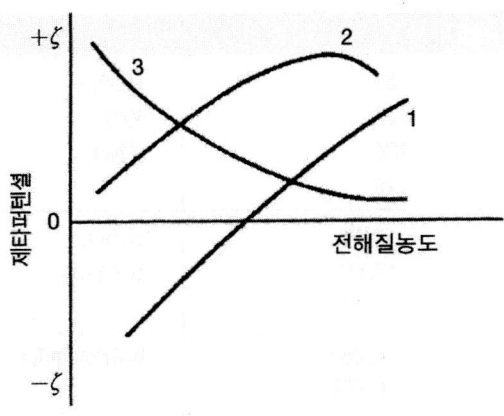

그림 6-6 전해질 첨가에 의한 제타퍼텐셜 변화

곡선 3은 전해질 첨가에 의해 제타퍼텐셜이 감소하며, 0이 되는 시점에서 입자의 응결이 발생하는 경우를 나타낸다.

하전입자를 응결시키는 최소 전해질농도를 응결가(flocculation value)라고 하며, 그 역수를 응결력(flocculation power)이라고 한다. 하전입자의 응결에 관해서는 앞서 4장(해교제와 응고제)에서도 언급한 바와 같이, 다음의 Schulze-Hardy의 법칙이 성립된다. ① 응결은 입자의 전하와 반대의 전하를 지닌 이온에 의해 발생된다. ② 2가 이온의 응결력은 1가 이온 응결력의 20~80배 크다. ③ 3가 이온의 응결력은 2가 이온 응결력의 약 10배 정도 크다.

Schulze-Hardy 법칙은 입자 간에 작용하는 보편적 힘인 van der Waals 인력과 하전입자 간에 작용하는 쿨롱 인력으로 설명되는데, 이 이론은 Derjaguin-Landau-Verwey-Overbeek (D.L.V.O) 이론이라 하며, 이론적 계산결과

$$C_f \propto 1/Z^6 \tag{6-10}$$

이 얻어진다. 여기서 C_f는 응결가, Z는 전해질 이온의 가수이다. Z를 1, 2, 3으로 한 경우의 응결가는 거의 100 : 1.6 : 0.14가 되는데, 이 값은 표 6-2에 나타낸 실험값과 일치하는 것을 볼 수 있다.

(라) 응결에 대한 입자형태의 영향

지금까지 입자의 전기적 성질은 전부 구형의 하전입자를 대상으로 설명하였지만, 실제로 침전입자의 형상은 봉상이기도 판상이기도 하다. 입자형상과 그 응결형태에 대한 실험은 많지 않지만, 봉상의 오산화바나듐 입자는 장축을 평행으로 다발형식으로 응결하고, 약간 편편한 원통형 입자의 수산화알루미늄이나 규산염에서는 장반경 방향의 끝부분끼리 합쳐져서 응결하여 긴 입자를 형성하는 것으로 보고되고 있다. 이러한 응결방법의 차이는 생성하는 침전의 성질에 영향을 주어, 장축을 평행으로 다발화로 응결한 경우는 고밀도의 침전을 생성하고, 봉의 끝부분이 집합한 경우는 겉보기밀도가 낮은 침전을 생성한다. 일반적으로 가능한 소량의 전해질로 완전한 침전을 생성시키는 것이 요구된다.

표 6-2 각종 전해질의 응결가

AgI 입자		Al_2O_3 입자	
$LiNO_3$	165	NaCl	43.5
$NaNO_3$	140	KCl	46
KNO_3	136	KNO_3	60
$RbNO_3$	126		
$Ca(NO_3)_2$	2.40	K_2SO_4	0.30
$Mg(NO_3)_2$	2.60	$K_2Cr_2O_7$	0.63
$Pb(NO_3)_2$	2.43		
$Al(NO_3)_3$	0.067	$K_3[Fe(CN)_6]$	0.08
$La(NO_3)_3$	0.069		
$Ce(NO_3)_3$	0.069		

(마) 침전의 숙성

숙성(ripening 또는 aging)이란 시간 경과에 따라 용액 중의 입자계에 발생하는 자발적인 변화를 의미한다. 가장 보편적인 변화는 입자 크기의 증대이다. 앞서 설명한 바와 같이 작은 입자의 큰 용해도는 숙성에 의한 입성장의 원인이 된다. 이 기구에 의한 입성장을 Ostwald ripening이라고 부른다.

입성장이 입자의 용해도에 의존하기 때문에 동일한 입도분포의 계라면 용액에 대해 큰 용해도를 지닌 물질계가 숙성에 의해 빨리 정상적인 입도분포에 도달한다. 예를 들어, 할로겐화 은의 입자에서는 물에 대한 용해성이 AgCl, AgBr, AgI의 순으로 감소하기 때문에 수용액 중에서의 숙성에 의한 미립자의 용해와 큰 입자의 성장은 이 순서로 늦어지게 된다. 숙성 중의 물질이동은 입자의 브라운 운동이기 때문에 온도의 상승과 함께 입성장의 진행이 빨라진다.

숙성에 의해 입경만이 아니고 입자의 형태도 변화한다. 대부분의 경우 입자의 성장은 어떤 하나의 특별한 방향으로 성장한다.

6.1.2　화학평형을 이용한 침전생성

용액 중에 용해되어 있는 용질농도를 용매에 대해 과포화로 만들기 위해서는 온도, 압력조건을 변화시키거나 용매를 제거하는 물리적인 방법의 이용 외에, 용액의 화학적 조건을 변화시키는 방법이 있다. 여기에는 화학반응이나 화학평형에 의해 용액 중에 화합물을 생성시켜, 그 화합물 농도를 용해도보다 높게 함으로써 과포화상태로 만들어 침전을 생성시키는 방법이 있다. 세라믹 분말의 합성에서는 용매로서 일반적으로 물이 사용되며, 전해질 수용액 중에 생성하는 이온의 교환반응 결과 얻어지는 난수용성 화합물의 침전이 이용된다.

어떤 물질이 용해하고 어떤 물질이 불용인가는 기본적으로 계의 자유에너지에 의해 결정된다. 계의 자유에너지가 최소인 경우가 가장 안정한 상태이며, 반응은 그러한 상태를 향해 진행한다. 온도와 압력이 일정할 때, 계의 안정성에 대한 척도는 깁스 자유에너지의 변화

$$\Delta G = \Delta H - T \cdot \Delta S \tag{6-11}$$

인, 엔탈피 변화량(ΔH)과 엔트로피 변화량(ΔS)에 의해 용액 중의 물질상태가 결정된다.

결정상태인 Na^+-Cl^- 결합의 에너지(격자엔탈피와 같음)는 180kcal/mol이고, Na^+와 Cl^-의 수화에너지(수화엔탈피와 같음)의 합은 179kcal/mol이기 때문에, 용해는 1kcal/mol의 흡열반응이 된다. 그러나 용해에 의한 무질서도의 증대에 기인하는 엔트로피의 변화가 크기 때문에 물과 NaCl 결정의 계에서는 NaCl이 용해된다.

한편 AgCl을 생각해 보면, Ag^+-Cl^-의 결합에너지는 212kcal/mol, Ag^+-Cl^-의 수화에너지 합은 196kcal/mol이기 때문에 용해에 의한 흡열이 16kcal/mol로 커서, 용해에 의한 엔트로피 증대로 보상할 수 없기 때문에 불용 또는 난용이 된다.

일반적으로 수화에너지가 격자에너지보다 작으면 용액 중에서 이온은 자유롭게 운동할 수 없어서 침

전이 생성되게 된다. 물질의 용해도는 불용부터 무한히 용해하는 것까지 대단히 넓은 범위에 있지만, 용해도가 그다지 크지 않은 전해질에 대해서는 화학평형 이론을 사용해서 침전생성을 논할 수 있다.

(1) 용해도 평형

용액 중에 고체인 AgCl과 이온인 Ag^+와 Cl^-가 평형상태에 있다고 가정하자.

$$AgCl(s) \rightleftharpoons Ag^+ + Cl^- \tag{6-12}$$

평형상태에서는 AgCl의 용해와 Ag^+와 Cl^-의 재침전속도가 같아서 동적평형이 된다. 따라서 식 (6-12)의 반응에 대한 평형상수를 K라 하면,

$$K = [Ag^+][Cl^-] \,/\, [AgCl] \tag{6-13}$$

으로 나타낼 수 있다. 여기서 $[Ag^+]$, $[Cl^-]$은 각각 Ag^+ 이온, Cl^- 이온의 농도이다. 그런데 용액이 포화용액이라면 $[Ag^+][Cl^-]$ 값은 용액 중의 고상의 양과 관계없이 일정하기 때문에

$$K_{sp} = [Ag^+][Cl^-] = K\,[AgCl] \tag{6-14}$$

로 정의할 수 있으며, 여기서 K_{sp}를 용해도적(solubility product constant)이라고 한다. 용해도적을 사용하면 가용성의 전해질이 물에 용해되어 이온이 된 용액으로부터 침전이 생성되는 데 필요한 조건 또는 침전현상이 종결되었을 때의 용액상태를 계산할 수 있다. 용해도적의 원리는 전해질 포화용액에만 적용시킬 수 있으며, 불포화용액에서는 침전이 생성되지 않고 용액 중에 존재하는 이온의 농도적도 K_{sp}보다 작게 된다.

일반적으로 난용성 화합물 A_nB_m에 대한 해리식은

$$A_nB_m \rightleftharpoons nA^{m+} + mB^{n-} \tag{6-15}$$

가 되고, 용해도적의 계산식은

$$K_{sp} = [A^{m+}]^n[B^{n-}]^m \tag{6-16}$$

이 된다.

(2) 침전생성반응에 용해도적의 이용 예

(가) $Mg(OH)_2$를 침전시키기 위한 방법

용해도적표로부터

$$[Mg^{2+}][OH^-] = 1.8 \times 10^{-11} \tag{6-17}$$

이다. 여러 가지 $[OH^-]$ 농도와 평형인 $[Mg^{2+}]$ 농도를 구해서, 어떤 $[OH^-]$ 농도일 때 용액 중의 Mg^{2+} 이온이 완전히 침전되는가를 계산해 보자. 여기에는 $\log[OH^-]$와 pH가

$$\log[OH^-] = -14 + pH \tag{6-18}$$

의 관계를 이용해서, pH와 Mg^{2+} 이온농도 사이를 연관짓는 것이 이해하기 쉽다.

식 (6-17)에 대수를 취하면

$$\log[Mg^{2+}] + 2\log[OH^-] = -10.7 \tag{6-19}$$

가 되며, 여기에 식 (6-18)을 대입하면,

$$\log[Mg^{2+}] = 17.3 - 2\,pH \tag{6-20}$$

을 얻을 수 있다. 이것을 도시하면 그림 6-7과 같이 나타낼 수 있다. 그림으로부터 $MgCl_2$와 같이 물에 가용되는 마그네슘염의 수용액을 강알칼리성으로 하면 용액 중의 Mg^{2+} 이온농도를 크게 저하시킬 수 있다는 것을 알 수 있다. 즉, $Mg(OH)_2$로 용액 중의 거의 모든 Mg^{2+} 이온을 침전시킬 수 있다.

실제로 실온에서 포화에 가까운 $MgCl_2 \cdot 6H_2O$ 수용액을 70℃에서 강하게 교반시키면서 과잉의 진한 암모니아수를 첨가하면,

$$MgCl_2 + 2NH_3 + 2H_2O \rightarrow Mg(OH)_2 + 2NH_4Cl \tag{6-21}$$

의 반응에 의해 미세하고 고순도인 $Mg(OH)_2$ 분말을 얻을 수 있다.

(나) $Mg(OH)_2$ 침전제조시 원료 중에 내포되어 있는 불순물이 침전에 미치는 영향

시약급 염화마그네슘은 일반적으로 순도가 98~99%이기 때문에 불순물로 미량의 알칼리금속, 알칼리토류 금속, 철, 망간 등의 염을 포함하고 있다. 이 불순물 중에 알칼리금속과 알칼리토류 금속은 수산화물이 물에 쉽게 용해하기 때문에 침전되지 않고 용액 중에 남게 된다. 그렇다면 철과 망간은 어떻게 될 것인가? 용해도적은

$$[Fe^{2+}][OH^-]^2 = 1.5\times10^{-16} \tag{6-22}$$
$$[Mn^{2+}][OH^-]^2 = 2.9\times10^{-13} \tag{6-23}$$

이 된다. Mg^{2+}의 경우와 마찬가지로 계산하면 그림 6-7의 Fe^{2+}, Mn^{2+}의 곡선이 된다. 이 그림을

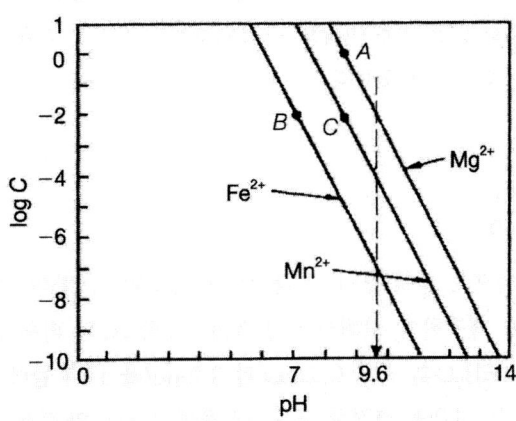

그림 6-7 용액 중 Mg^{2+}, Fe^{2+}, Mn^{2+} 농도와 pH의 관계

이용해서 $FeCl_2$와 $MnCl_2$를 불순물로 각각 1% 함유하는 98% $MgCl_2$ 시약 100g을 물 $1l$에 용해시킨 용액으로부터 $Mg(OH)_2$를 침전시키는 경우를 생각해 보자.

용액의 Mg^{2+} 이온농도는,

$$[Mg^{2+}] = (시약 \ 중의 \ MgCl_2의 \ 중량) \ / \ (MgCl_2의 \ 분자량) = 98/95.2 \simeq 1.03 mol/l$$

$$\therefore \ \log[Mg^{2+}] \simeq 0 \ (그림 \ 6\text{-}7의 \ A점)$$

같은 방법으로 Fe^{2+}, Mn^{2+}의 농도는,

$$\log[Fe^{2+}] \simeq -2.01 \ (그림 \ 6\text{-}7의 \ B점), \ \ \log[Mn^{2+}] \simeq -2.10 \ (그림 \ 6\text{-}7의 \ C점)이 \ 된다.$$

용액의 pH를 증가시켜서, B점의 pH가 되면 $Fe(OH)_2$가 침전되기 시작하며, C점의 pH가 되면 $Mg(OH)_2$와 $Mn(OH)_2$가 동시에 침전하기 시작한다. C점에서 용액 중의 Fe^{2+} 농도는 그림으로부터

$$\log[Fe^{2+}] \simeq -5 \qquad \therefore \ [Fe^{2+}] \simeq 10^{-5} \ mol/l$$

가 되어, 시약 중에 불순물로 함유되어 있는 철이온 대부분은 침전되어, 여과에 의해 분리할 수 있다. 한편, Mn^{2+} 이온은 $Mg(OH)_2$ 침전과 함께 침전되어 불순물로 남게 된다.

이와 같이 출발원료가 불순물을 함유하고 있어도 침전조건을 잘 설정함으로써 고순도의 세라믹 분말을 얻을 수 있다. 그러나 짙은 암모니아수를 적하하는 방법으로 용액의 pH를 조절하면, 용액과 짙은 암모니아수의 접촉점에서는 목표 pH보다 매우 높은 pH값이 되기 때문에, 실제로는 고 pH측의 이온이 저 pH값의 침전에 포획되거나 흡착되어 저 pH측의 침전과 함께 침전되는 경우가 많다. 예를 들면, $Fe(OH)_2$ 침전에 Mg^{2+}, Mn^{2+} 등이 포획되는 현상인 공침(coprecipitation)을 들 수 있다. Mn^{2+}의 공침은 침전의 순도를 높이는 작용을 하지만, Mg^{2+}의 공침은 침전의 수율을 나쁘게 한다. 공침현상을 방지하고 고순도의 침전을 생성시키기 위해서는 균일침전법이 이용된다.

(다) $Gd_2Al_5O_{12}$의 제조

Gd^{3+} 및 Al^{3+}는 각각의 염수용액을 암모니아로 중화시키면 $Gd(OH)_3$ 및 $Al(OH)_3$으로 침전한다고 보고되어 있다. 그러나 동일 pH로부터 침전하는 이온은 실제로는 존재하지 않기 때문에 복합산화물 또는 그것의 고용계와 같은 2종 이상의 금속원소를 주성분으로 하는 화합물의 원료제조에 침전법을 사용하는 경우에는 주의가 필요하다.

용해도적은

$$[Al^{3+}][OH^-]^3 = 1.1 \times 10^{-33}$$
$$[Gd^{3+}][OH^-]^3 = 1.1 \times 10^{-27}$$

(6-24)

이다. 앞에서와 같은 방법으로 용액 중의 각 금속이온 농도와 pH와의 관계를 구하면 그림 6-8과 같다. $Gd_2Al_5O_{12}$의 침전을 제조하기 위해서는 침전의 Gd와 Al의 비를 2 : 5로 하여야 한다. 따라서 $AlCl_3 \cdot 6H_2O$와 $GdCl_3 \cdot 6H_2O$를 각각 0.2mol과 0.5mol을 $1l$의 물에 녹인 용액으로부터 $Al(OH)_3$와 $Gd(OH)_3$를 침전시키는 경우를 생각해 보자. 이 용액의 Al^{3+}와 Gd^{3+} 이온의 농도는,

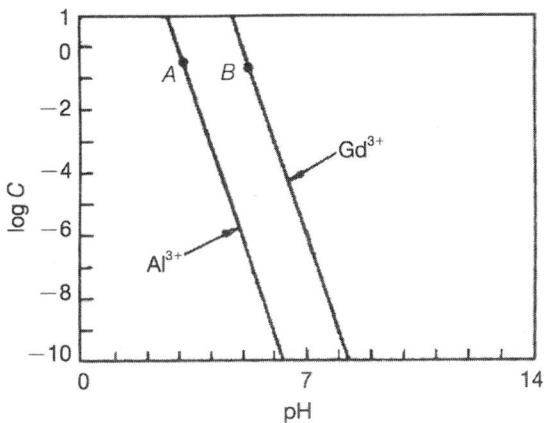

그림 6-8 용액 중의 Gd^{3+}, Al^{3+} 농도와 pH의 관계

$log[Al^{3+}] \simeq log\,0.3 = -0.52$ (그림 6-8의 A점)

$log[Gd^{3+}] \simeq log\,0.5 = -0.69$ (그림 6-8의 B점)이 된다.

용액에 짙은 암모니아수를 첨가해서, pH가 A점(pH $\simeq$ 3)을 넘으면 $Al(OH)_3$가 침전하기 시작하고 pH $=4$에서 Al^{3+} 농도는 그림 6-8에서 pH $=4$일 경우의 Al^{3+} 곡선의 값을 읽으면 $log[Al^{3+}] = -3$, 즉 $[Al^{3+}] = 10^{-3}mol/l$가 된다. 따라서 Al^{3+} 이온은 이 pH에서 거의 완전히 $Al(OH)_3$로 침전하게 된다. 그러나 이때 Gd^{3+}는 아직 용액 중에 이온으로 존재하게 된다. 따라서 암모니아수를 더 첨가하여 B점(pH $\simeq$ 5)에 도달해서야 $Gd(OH)_3$가 침전하기 시작하여 pH $=7$에서 99% 이상이 침전하게 된다. 즉, 이 시점에서 침전의 조성이 목적하는 화합물의 조성비가 된다.

$Al(OH)_3$와 $Gd(OH)_3$는 pH의 증가에 따라서 각각 시간적으로 다르게 침전되기 때문에, 암모니아수를 천천히 적하시키면 각각의 성분이온의 분리도 가능하게 된다. 따라서 성분의 분리를 피하고 Al 이온과 Gd 이온의 양호한 혼합을 위해서는 격렬한 교반이 필요하다. 그리고 완전히 동일한 pH에서 침전하는 이온이 거의 없기 때문에 침전은 본질적으로 분리되려는 경향을 갖고 있다. 따라서 격렬한 교반과 함께 침전 pH가 다른 이온을 외관상 동시에 침전시킬 수 있도록 용액의 pH를 급속히 조절하여야만 한다. 그래도 침전은 2종 화합물의 혼합물이기 때문에 하소공정을 통해서 요업분말로 되고 난 후에도 조성의 불균일을 나타내기 쉽다. 따라서 일반적으로 하소분말을 분쇄 혼합하고 다시 하소시켜서 조성의 균일화를 도모하는 시도가 행해지고 있다.

이와 같이 주성분 이온이 따로 따로 침전하는 경우에는 본질적으로 분말조성의 불균일을 피할 수 없기 때문에, 목적하는 화합물과 동일한 성분원소비를 갖는 화합물의 생성반응을 이용하는 화합물 침전법이나 용액에서 성분원소의 균일한 혼합상태를 급속냉동으로 고정화시키고 그 냉동액적에서 H_2O를 승화에 의해 제거함으로써 분말의 조성 균일성을 실현시키려는 동결건조법 등이 사용되고 있다.

(3) 균일침전법

일반적으로 가용성 염용액의 혼합에 의한 침전생성시, 혼합된 부분에서 바로 침전생성이 시작되고 혼합점에서 국부적인 고농도가 발생하기 때문에 침전의 순도가 저하되고 미세한 입자가 다수 발생하게 된다. 따라서 잘 성장하고 여과하기 쉽고 고밀도의 침전을 얻기가 곤란하다. 또 침전이 생성되는 pH는 양이온의 종류나 농도에 의해 다르기 때문에 다성분 양이온으로 구성되는 요업원료를 침전시키려는 경우에는 침전의 화학양론성이 대단히 분균일하다. 따라서 보다 나은 침전을 제조하기 위해서는 희박용액을 소량씩 혼합하는 방법을 사용하고 있다.

균일침전법이란 국부적인 침전을 피하기 위해서 적당한 화학반응에 의해 침전생성을 일으킬 수 있는 상태를 용액 내에 균일하게 생성시키는 방법이다. 균일침전법에는 표 6-3과 같은 여러 방법이 알려져 있는데, 그 중에서도 오래 전부터 연구되어 이용되고 있는 방법이 요소가수분해법이다. 요소는 물에 잘 용해되며 가열에 의해 다음과 같이 가수분해되어 용액의 pH를 변화시킨다.

$$(NH_2)_2CO\ +\ H_2O\ \rightarrow\ 2NH_3\ +\ CO_2 \tag{6-26}$$

가수분해는 70℃ 이상에서 확인될 정도이며, 90℃ 이상에서 매우 빠르게 진행된다. 가열에 의해 가수분해가 진행해서 pH가 상승하지만 용액을 실온으로 냉각시키면 pH 상승이 정지하기 때문에 임의의 pH에서 침전반응을 일으킬 수 있다. 요소법에 의해 침전을 얻을 수 있는 대표적인 금속이온을 표 6-4에 나타내었다.

균일침전법에 의한 침전은 입경이 크기 때문에, 침전물의 하소시에도 저온에서 분해반응이 진행되

표 6-3 균일침전법의 종류

양이온 방출법	산화환원법
	착체분해법
음이온 방출법	요소가수분해법
	아세트아미드가수분해법
	에스테르가수분해법
	산화환원법

표 6-4 균일침전법에 의한 금속이온

침전형태	반 응	금 속
수산염	에스테르의 가수분해	Ca, Mg, Ce, Th, Zn 등
황산염	에스테르의 가수분해	Ba, Ca, Pb, Sr, Ti, Ga, Sn, Al 등
수산화물	요소의 가수분해	Al, Cd, Zn, Cr, Sn, Co, Ni, Ce 등
의산염	에스테르의 가수분해	Al, Fe(Ⅲ), Th

며 고양질의 요업원료분말을 얻을 수 있다. 그림 6-9는 수산화알루미늄을 각종의 침전법에 의해 침전시켜 그 열중량 변화를 조사한 결과를 나타낸다. 보통의 침전법과 비교시 균일침전법에 의한 침전은 완전한 분해에 필요한 온도가 200～300℃ 정도 낮고, 침전의 결정화가 보다 완전히 일어나기 때문에 분해가 극히 좁은 온도폭에서 진행하는 것을 알 수 있다. 또 균일침전법에서는 공존하는 불순물원소의 공침을 억제시키면서 침전이 생성되기 때문에 고순도 원료의 제조법으로 우수한 방법이다.

(4) 침전의 화학양론성과 순도

Al_2O_3, MgO, ZrO_2 등과 같이 한 종류의 금속 양이온을 함유하는 요업원료에서는, 원료가 하소되고 소결되어 세라믹스가 되기까지 열역학적으로 안정한 단일상을 형성하는 것이 일반적이기 때문에 침전 자신의 화학양론성이 문제가 되는 경우는 거의 없다. 이와 같은 원료에서는 화학양론성보다는 순도가 문제가 된다.

침전의 순도를 향상시키기 위해서는 용액 중으로부터 목적하는 성분의 양이온만을 침전시킬 필요가 있으며, 이를 위해서는 용액 내에 균질한 침전의 생성조건을 실현시킬 수 있는 균일침전법의 이용이 바람직하다. 그러나 이 방법을 2종 이상의 금속 양이온을 주성분으로 하는 세라믹 분말 제조에 이용할 때는 충분한 주의가 필요하나. 앞에서 설명한 바와 같이, 용해도 평형에 기초를 둔 공침법에 의

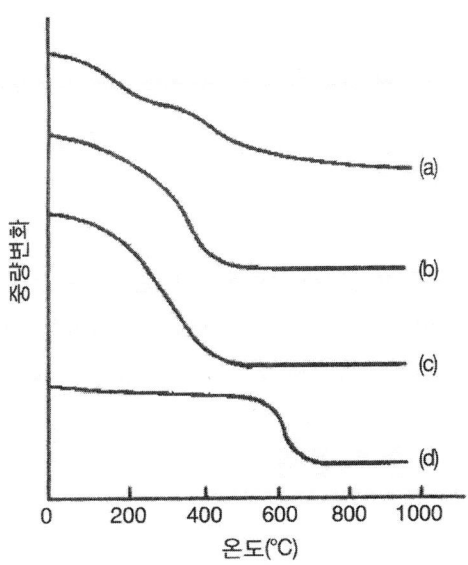

그림 6-9 각종 침전법에 의해 얻은 수산화알미늄의 열분해곡선:
질산알미늄용액을 사용해서
(a) 암모니아수에 의한 중화
(b) 암모니아가스에 의한 중화
(c) 요소 균일침전법
(d) 호박산-요소 균일침전법

한 침전생성에서는 원래 각 이온에 특유한 침전조건을 단시간 내에 압축함과 동시에 강제적인 혼합에 의해 침전생성의 균일성을 확보하는 방법이기 때문에 침전입자 하나 하나의 조성 균일성은 전혀 없다고 말할 수 있다.

입자레벨, 다시 말하면 원자스케일에서의 조성 균일성을 얻기 위해서는 침전 자체가 목적하는 세라믹스와 동일한 금속 양이온 조성비를 가져야만 한다. 이 경우에는 용액 중에 존재하는 양이온의 용해도 평형의 이용이 아니고, 양이온끼리의 결합을 수반하는 화합물 형성에 의한 침전생성, 즉 화합물 침전법이 필요하다.

이러한 반응에 의한 침전생성에는 수산염, 구연산염 등의 카르복실산의 염이 이용되고 있다. 이들 카르복실산은 많은 단일금속 양이온과 난용액의 염을 형성하는 것이 알려져 있는데, 두 종류의 금속 양이온을 함유하는 용액으로부터도 $BaTiO(C_2O4)_2 \cdot 4H_2O$, $SrTiO(C_2O_4)_2 \cdot 4H_2O$와 같이 $BaTiO_3$, $SrTiO_3$에 대응하는 복염의 화합물 침전을 생성한다.

침전이 단순한 혼합물이 아니기 때문에, 이들 염을 하소시켜 얻은 복산화물 분말의 조성 균일성은 공침법에 의한 분말과 비교시 대단히 우수하다. 그러나 이와 같은 일정 조성비를 갖는 화합물을 하소, 열분해에 의해 세라믹 분말을 제조하여도 원자레벨의 조성 균일성을 확보하기에는 결코 쉽지 않다.

침전물의 세라믹 분말로의 열분해는 어떤 한 가지의 열분해 반응, 즉 대단히 좁은 하소온도 범위에서 일어날 것인지, 또는 하소 중에 조성의 불균일성을 야기하는 원인이 되는 입자의 재결정이나 분리가 발생하는 일련의 중간 화합물을 경유해서 일어날 것인가는, 균일한 세라믹 원료를 제조하는 데 매우 중요하다.

예를 들어, 고활성, 고순도의 $BaTiO_3$ 원료인 $BaTiO(C_2O_4)_2 \cdot 4H_2O$의 열분해는 다음의 단계,

$$BaTiO(C_2O_4)_2 \cdot 4H_2O \rightarrow BaTiO(C_2O_4)_2 + 4H_2O \quad (25 \sim 225℃) \tag{6-27}$$

$$BaTiO(C_2O_4)_2 + \tfrac{1}{2}H_2O \rightarrow BaCO_3 + TiO_2 + CO + 2CO_2 \quad (225 \sim 465℃) \tag{6-28}$$

$$BaCO_3 + TiO_2 \rightarrow BaTiO_3 + CO_2 \quad (465 \sim 700℃) \tag{6-29}$$

로 진행되며, $BaTiO_3$ 생성 이전에 대단히 고반응성인 $BaCO_3$와 TiO_2가 먼저 생성된다. 따라서 목적하는 세라믹스와 동일한 성분비를 갖는 화합물 침전을 이용하여도, 그 침전이 세라믹 분말로 된 후에도 침전과 같이 원자스케일에서의 조성 균일성이 유지될 것이라고는 확신할 수 없다.

6.1.3 침전생성의 조건과 공침

(1) 분말제조와 분석화학

수용액으로부터 침전생성은 액상으로부터의 분말제조의 기본이 되며, 그 원리나 현상은 유기용매-물계, 비수용매계, 졸-겔계 등 광범위하게 이용할 수 있다. 수용액으로부터의 분말제조는 분석화학에서의 침전생성과 유사한 조작이지만, 양자에는 몇 가지 상이점이 있다. 분석화학에서의 침전생성은 목적으로 하는 이온 또는 원소를 정량적으로 침전시켜 정량분석이나 분리조작에 이용된다. 여기서

중요한 것은 정량적인 침전, 공침 등에 의한 불순물 혼입의 방지, 여과의 용이성 등으로 침전물의 형태나 입도분포 등은 특별히 고려하지 않는다.

반면에 세라믹 원료로서의 침전은 침전물이 각종의 열처리 등을 받아서 세라믹스가 되기 때문에 침전물의 형태나 입도, 더 나아가 후공정인 열처리 등의 영향이 침전생성시 충분히 고려되어야 한다. 따라서 분석화학에서는 우수한 침전법이라도 요업원료로서도 우수하다고는 말할 수 없다.

그러나 분석화학에서의 침전에 관한 연구가 대단히 많으며, 수용액 중의 이온반응, 침전생성 또는 물질의 용해, 조작법 등의 지식은 분말제조에도 많은 도움을 주고 있다.

(2) 침전생성에 미치는 화학적 인자

침전은 용해도적보다 높은 용질농도에서 생성하며, 그 용해도는 공통이온, pH, 착화합물의 생성이나 산화환원반응 등에 의해 영향 받는다. 여러 가지 침전생성 프로세스에서 이들 인자를 이용하고 있다.

(가) 공통이온효과

$$MX(s) \rightleftharpoons M^+ + X^- \tag{6-30}$$

의 반응에서 용해도적 $[M^+][X^-]$는 일정하기 때문에, 예를 들어 X^-의 농도를 증가시키면 M^+는 감소하여 MX의 침전을 생성시키게 된다. 공통이 아닌 이온을 다량 첨가하면 M^+나 X^-의 활동도 계수가 작게 되어, $[M^+]$나 $[X^-]$가 증가하여 용해가 진행된다. 반면에 공통이온이라도 다량 첨가하면 계에 따라서는 착화합물을 형성하고, 착이온으로 용해하기 때문에 역으로 MX의 용해도가 증가하는 경우가 있다. 이러한 세 가지 경우를 그림 6-10에 나타내었다.

난용성염을 생성하는 경우에서의 공통이온효과(common ion effect)는 첨가량이 당량점보다 약간 과잉 농도 영역까지 크게 작용하고, 그 이상 첨가량을 증가시켜도 효과는 그다지 크게 되지 않는다. 공통이온효과를 이용해서 침전을 완료시켜야만 하겠지만 과잉 첨가량은 침전생성에 있어서 그다지 좋지 못하다.

(나) pH와의 관계

pH는 침전생성과 깊은 관계가 있다. 여기서는 수산화물의 용해도와 pH의 관계에 대해 생각해 보기로 한다. 수산화물은 다음과 같이 해리한다.

$$M^+ + OH^- \rightleftharpoons MOH(s) \rightleftharpoons MO^- + H^+ \tag{6-31}$$

각각의 용해도적은

$$K_{S1} = [M^+][OH^-] \tag{6-32}$$
$$K_{S2} = [MO^-][H^+] \tag{6-33}$$
$$K_w = [H^+][OH^-] \tag{6-34}$$

가 되고, 수산화물의 용해도 S는

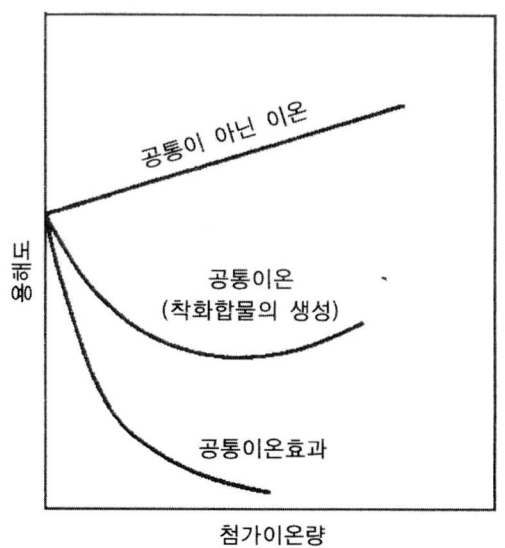

그림 6-10 이온첨가에 의한 용해도 변화

$$S = [M^+] + [OH^-] \tag{6-35}$$

여기서 식 (6-32), (6-33), (6-34)를 식 (6-35)에 대입하고 정리하면,

$$\begin{aligned}
S &= K_{s1}/[OH^-] + K_{s2}/[H^+] \\
&= (K_{s1}/K_w)[H^+] + K_{s2}/[H^+] \\
&= (K_{s1}/K_w)10^{-pH} + K_{s2}10^{pH}
\end{aligned} \tag{6-36}$$

산성 영역에서는

$$\log S = \log(K_{s1}/K_w) - pH \tag{6-37}$$

알칼리성 영역에서는

$$\log S = \log K_{s2} + pH \tag{6-38}$$

이 된다. 25℃의 수용액에서는 $K_w \approx 10^{-14}$이므로, 식 (6-37)이나 식 (6-38)에서 K_{s1}이나 K_{s2}를 알면 용해도 S와 pH의 관계를 도시할 수 있다. 그림 6-11은 Al(OH)$_3$에 관한 예이다. 그림 6-11(알칼리 영역에 선이 2개 있는 것은 측정치에 범위가 있다는 것이다)에서 곡선과 직선의 기울기는 식 (6-31)의 계수에 따라 다르며, 생성침전물의 원자가가 클수록 기울기는 급하게 된다. 또 곡선의 pH축상의 좌우이동은 식 (6-37)과 (6-38)로부터 각 소반응의 용해도적에 의한다. 침전생성 영역의 크기도 마찬가지이다.

　정량적으로 침전시키기 위해서는 S가 0.5mg/l 정도면 충분할 것으로 생각되며, 통상의 침전생성시 모액의 농도는 0.1～수mol/l이므로 S를 $1 \sim 10^{-4}$의 범위에서 구하면 편리하다. 표 6-5에 대표

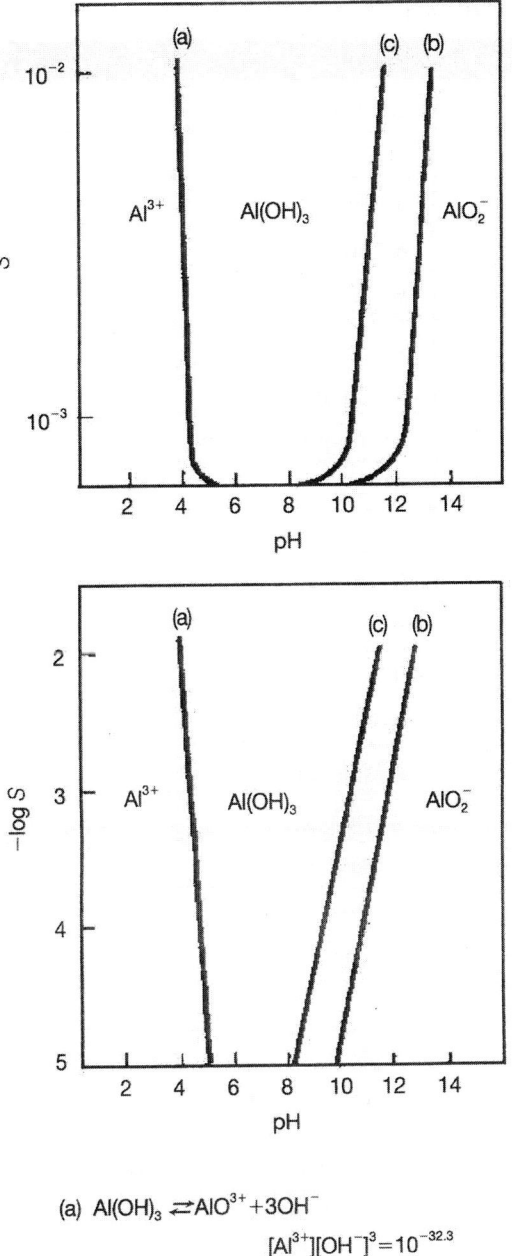

(a) Al(OH)$_3$ $\rightleftarrows$ AlO^{3+}+3OH$^-$

  [Al^{3+}][OH$^-$]^3=10$^{-32.3}$

(b), (c) Al(OH)$_3$ $\rightleftarrows$ H$_2$AlO$_3^-$ +H$^+$

  [AlO$_2^-$][H$^+$]=10$^{-11.2}$~10$^{-13.9}$

그림 6-11 수산화알미늄의 겉보기 용해도도(S)와 pH의 관계

표 6-5 금속수산화물이 생성하는 pH 영역

금속이온(가수)	pH
Ca, Sr, Ba(II)	$13 \sim 14 <$
Mg(II)	$11 \sim 12 <$
Al(III)	$4 \sim 5 < pH < 8 \sim 9$
Be(II)	$6 < pH < 10 \sim 11$
Fe(II)	$8 \sim 9 <$
Fe(III)	$2 \sim 3 <$
Cr(II)	$4 \sim 5 < pH < 14$
Cr(III)	$5 \sim 6 < pH < 11 \sim 12$
Sc(III)	$4 \sim 5 <$
Y, Ga, La, Yb(III)	$7 <$
Ce(III)	$7 \sim 8 <$
Ti(IV)	$2 <$
Zr(IV)	$3 \sim 4 <$
Th(IV)	$4 \sim 5 <$
Nb, Ta(V)	$0 < pH < 14$
Ga(III)	$2 < pH < 8$
In(III)	$4 < pH < 14$
Mn(II)	$9 \sim 10 <$
Ni(II)	$7 \sim 8 <$
Co(II)	$8 <$
Co(III)	$1 \sim 2 <$
Zn(II)	$7 < pH < 12 \sim 14$
Cd(II)	$9 <$
Cu(II)	$5 \sim 6 < pH < 14$
Pb(II)	$7 \sim 8 < pH < 11 \sim 13$
Sb(II)	$< 8 \sim 10$
Sn(II)	$2 < pH < 11 \sim 12$
Sn(IV)	$0 < pH < 6 \sim 12$
V(IV)	$3 < pH < 8 \sim 9$
Ag(I)	$9 \sim 10 <$

적인 금속수산화물의 생성 pH 영역을 나타내었다.

(다) 착화합물의 형성

공통이온효과 부분에서 약간 설명하였지만, 착화합물이 생성되면 침전의 용해가 발생하기 때문에 다량의 침전제가 필요하게 된다. 예를 들어, $AgCl$과 은의 아민착이온 $Ag(NH_3)_2^{2+}$와의 관계에 대해 생각해 보자. $Ag(NH_3)_2^{2+}$와 $AgCl$의 해리반응은

$$Ag(NH_3)_2^+ \rightleftarrows Ag^- + 2NH_3 \tag{6-39}$$
$$[Ag^+][NH_3]^2/[Ag(NH_3)_2^+] = K_c = 10^{-7} \tag{6-40}$$

으로, K_c는 착화합물의 해리정수이다. $AgCl$의 용해도적은

$$[Ag^+][Cl^-] = K_{sp} = 10^{-9.7} \tag{6-41}$$

이므로, $Ag(NH_3)_2^{2+}$의 농도가 $10^{-2}M$인 경우의 NH_3의 농도와 $AgCl$을 침전시키기 위해 필요한 Cl^- 농도를 그림 6-12에 나타내었다. 그림으로부터 NH_3의 농도가 증가하면 $AgCl$의 침전이 현저하게 방해되는 것을 알 수 있다.

(라) 산화환원반응

원소나 화합물의 산화환원반응은 금속부식에 관한 연구의 기본이 된다. 그러나 침전생성에서도 산화환원반응에 의한 것이 있다. 그 전형적인 예로 그림 6-13에 철의 산화환원전위(EH)와 pH의 관계를 나타내었다. 각 영역의 평형반응은 다음과 같다.

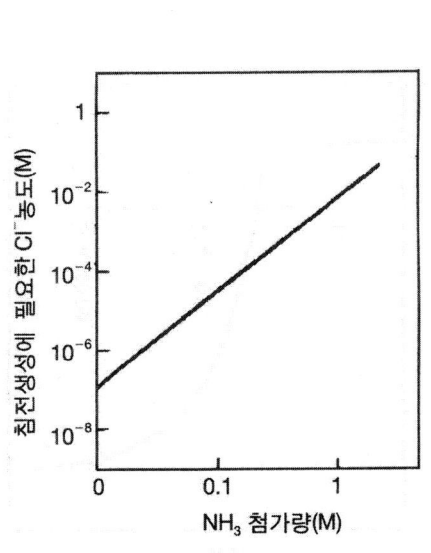

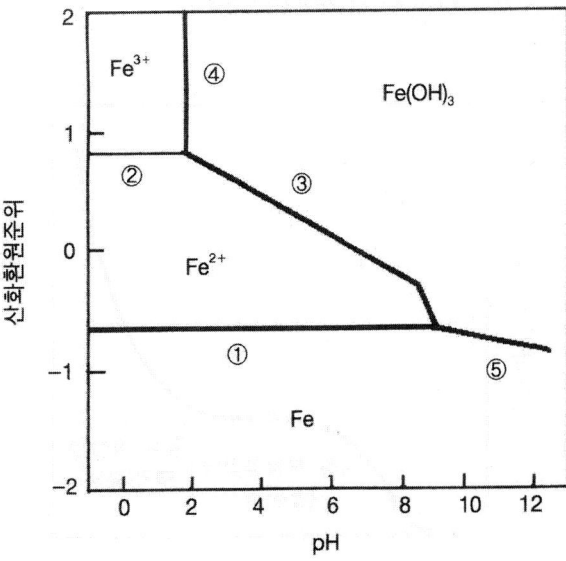

그림 6-12 $Ag(NH_3)_2^+(10^{-2}M)$ 수용액으로부터 $AgCl$을 침전 시킨 경우, 첨가 NH_3 농도와 필요한 Cl^- 농도

그림 6-13 철의 산화환원준위와 pH의 관계

① $Fe \rightleftarrows Fe^{2+} + 2e$

② $Fe^{2+} \rightleftarrows Fe^{3+} + e$

③ $Fe^{2+} + 3OH^- \rightleftarrows Fe(OH)_3 + e$

④ $Fe^{3+} + 3H_2O \rightleftarrows Fe(OH)_3 + 3H^+$

⑤ $Fe + 3H_2O \rightleftarrows Fe(OH)_3 + 3H^+ + 3e$

그림에서 영역 ④는 pH와 무관계이지만, ③이나 ⑤의 반응은 pH에 의존한다.

(3) 침전생성에 미치는 물리적인 인자

앞서 설명한 바와 같이 침전은 포화용액이 된 즉시 생성되지는 않는다. 따라서 과포화 농도와 생성하는 침전입자수의 관계를 그림 6-14에 나타내었다. 어떤 한계의 과포화 농도(C_{ss})를 넘으면 자연발생적으로 침전입자가 생성한다. 이 농도영역은 침전입자와 동종의 핵이 생성핵으로 되어 침전이 되는 동질 핵생성 범위로 생성하는 침전입자수는 농도에 비례한다. 한편, 포화농도(C_s)와 과포화농도(C_{ss}) 사이에서의 핵생성은 불순물 입자나 용기벽 등이 핵이 되어 생성하는 이질 핵생성의 영역이 된다. 따라서 생성입자수도 이질핵의 수나 용액이 위치하는 상태에 의해 변화하며 과포화농도에는 그다지 의존하지 않는다.

그렇다면 농도를 일정하게 하고 침전의 생성을 장시간 관찰한다면 어떠한 변화가 발생할 것인가? 그림 6-15에 난용성 침전을 생성하는 용액의 시간에 따른 농도변화를 나타내었다. 어느 정도 시간이 경과하면 침전이 생성되고 용액의 농도가 급격히 감소하고, 그 후 농도가 서서히 감소하는 것을 볼 수 있다. 그림 6-15의 $a-b$는 소위 유도기간(t)으로, 침전이 시작되기 직전의 농도(C_0)와는 다음의 von Weiman의 경험식이 있다.

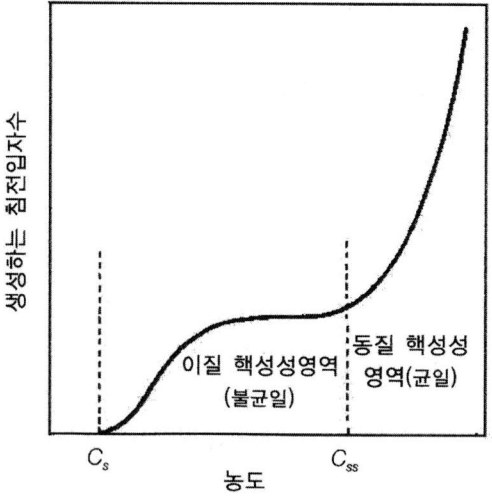
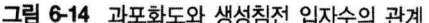

그림 6-14 과포화도와 생성침전 입자수의 관계

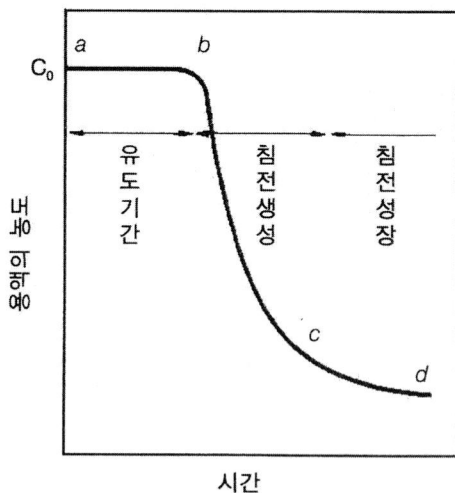

그림 6-15 용액농도의 시간변화

$$t \cdot C_0^n = k, \quad n>1 \tag{6-42}$$

유도기간에서는 과포화도의 영향이 크게 작용된다. 온도를 높이면 핵 간의 충돌횟수가 증가하여 t는 짧아진다. 또 일반적으로 용해도가 높은 침전일수록 핵의 충돌횟수가 증가한다.

실제로 이질 핵생성에 의해 침전생성이 시작되는 경우가 대부분이며, 예를 들어 침전제를 용해시 킨 용액을 그대로 사용하면 즉시 침전이 생성되지만, 한번 여과시킨 뒤에 사용하면 생성이 늦어지는 것은 핵생성의 상이함에 의한 것이다.

침전생성속도(V)에 관한 von Weiman의 경험식으로

$$V = K \, (C_0 - C_s)/C_s \tag{6-43}$$

이 있으며, 용해도(C_s)가 작을수록, 과포화도(C_0)가 클수록, 또 ($C_0 - C_s$)가 클수록 생성속도가 빠르 다. 이 경우에는 생성하는 침전입자는 작게 된다. 앞서 설명한 균일침전법은 ($C_0 - C_s$)를 가능한 작게 하며 핵을 생성시키는 방법이라고 말할 수 있다.

그림 6-15의 $c-d$ 영역은 입자가 성장하는 단계로 용액농도에 의한 변화는 없다. 입성장 기구는 복잡하지만 대략 입자가 작은 동안에는 물질의 확산이 용이하게 일어나기 때문에 표면반응이 율속이 되고, 입자가 커질수록 확산이 율속이 된다.

실제 침전에서는 보다 복잡한 요인이 관계하고 있지만, 정성적으로는 과포화도가 클수록(용액이나 침전제의 농도가 큼) 침전은 바로 생성되기 시작하며, 생성속도도 빠르고, 작은 입자로 된다. 반대의 경우에는 생성개시에 시간을 요하며, 불순물 입자나 용기벽 등의 영향을 받으며 서서히 생성된다. $BaSO_4$의 침전에서는, 전자의 조건으로는 입도분포가 좁은 작은 입자가 생성되지만, 후자의 경우는 입도분포가 넓고 평균입경이 큰 입자로 된다는 보고가 있다. 따라서 일반적으로 이질 핵생성을 재현 성있게 발생시키는 것은 매우 어렵다.

(4) 동시침전과 공침

침전생성에는 여러 가지 요인이 복잡하게 관계하지만, pH의 조절이 가장 큰 요인이 된다. 만일 두 종류의 금속이온으로 구성된 수용액에 침전제를 첨가시켜 pH가 양쪽의 수산화물이 침전하는 영역 이 되면, 두 종류의 수산화물이 동시에 침전한다. 이와 같은 동시침전은 용액의 성분과 침전조작을 알면 예상할 수 있다.

한편 용액의 농도가 용해도적에 도달하지 않은 성분도 함께 침전하는 현상을 공침이라고 하며 앞 에서 설명한 바 있다. 그 원인으로는 흡착, 고용체 생성 등을 생각할 수 있는데, 그 중 흡착이 일반적 이다. 어떠한 이온이 흡착되기 쉬운가에 대해서는 Paneth-Fijan-Haha 규칙이 있으며, 침전표면의 이온과 보다 난용성 화합물을 만드는 이온이 흡착이 잘 된다. 예를 들어, $BaSO_4$에서는 Mg^{2+}보다 Ca^{2+}가 많이 흡착된다. 또, 동일한 농도라면 이온가가 큰 쪽이, 동일한 이온가라면 농도가 큰 쪽이 우선적으로 흡착된다. 표면적이 큰 침전일수록 흡착량이 증가한다. Fe(III), Al(III) 및 Mn(III) 등의 수산화물은 거의 모든 금속이온을 흡착하는 것으로 알려져 있다. 이 현상을 이용해서 미량의 이온을

포집하는 방법을 공침분리법이라고 한다.

분석화학에서는 동시침전과 공침을 구별하고 있지만, 세라믹스 과학에서 공침이라면 주로 동시침전을 의미한다. 두 종류 이상의 금속이온을 동시에 침전시키는 방법의 이점으로는, ① 침전조성의 제어가 용이하며, ② 물리적, 기계적 혼합과 비교시 균일성이 큰 재료를 얻을 수 있다는 점이다.

이와 같이 공침은 미시적인 조성제어, 즉 성분원소의 균일한 혼합이 가능하며, 경우에 따라서는 단순한 혼합상태가 아니라 두 성분을 함유하는 화합물이나 고용체가 형성되는 경우도 있다. 역으로 공침조작이 불완전한 경우에는 침전물의 조성변동이 크게 된다.

일반적으로 공침은 같은 화학종(염), 예를 들어 수산화물이나 수산(oxalic acid)염의 형태로 침전시키는데, 경우에 따라서는 서로 다른 경우도 있다. 공침이 완전히 일어나기 위해서는 침전하는 pH 영역이 유사하여야 하며, 침전의 생성속도가 비슷해야 한다. 특히 침전생성이 시작되는 pH는 중요해서, 양자가 동시에 침전하는 pH 영역이 있을지라도 침전생성이 시작되는 pH에 큰 차이(pH로 2 이상)가 있으면 불완전하기 쉽다. 가능한 단시간 내에 용액 전체를 소정의 pH가 되도록 해서 침전생성의 유도기간을 없애고 생성속도를 빠르게 할 필요가 있다.

앞서 설명하였지만, 대부분 요업원료는 침전물을 하소시켜 산화물로 이용하고 있다. 산화물의 특성은 침전물의 성질, 예를 들어 입도, 형태, 순도 등의 영향을 받기 때문에, 침전생성 단계부터 조작을 잘 관리하여야만 한다. 기본적으로는 동시에 많은 핵을 발생시켜 이후의 입성장을 억제하는 것이다. 이온 간의 반응은 대단히 빠르지만, 용액 중 이온의 확산은 매우 느리기 때문에 결국은 용액의 혼합속도가 모두를 결정하는 것이 된다.

실제 침전조작은 공침에 국한되지 않고 침전에 의한 분말제조 전반에 공통적이며, 다음의 방법들이 사용되고 있다.

(가) 분무에 의한 방법

두 액 중의 한 가지 액을 액적으로 해서 다른 액에 분무하는 방법이다. 그림 6-16(a)는 한쪽 액을

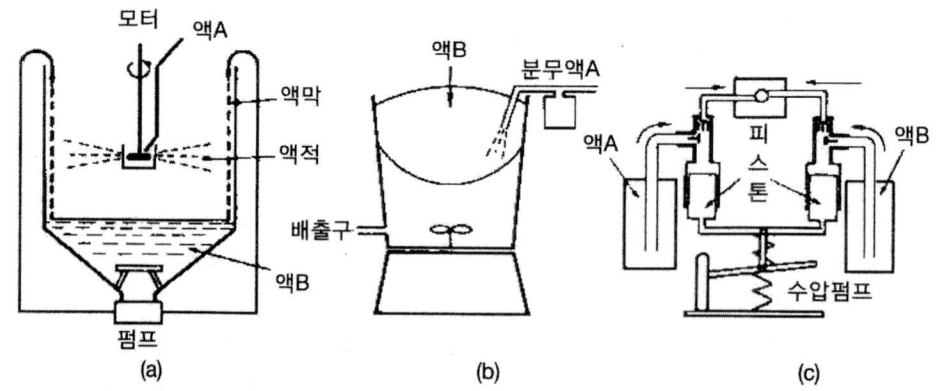

그림 6-16 급속침전장치(Ⅰ)

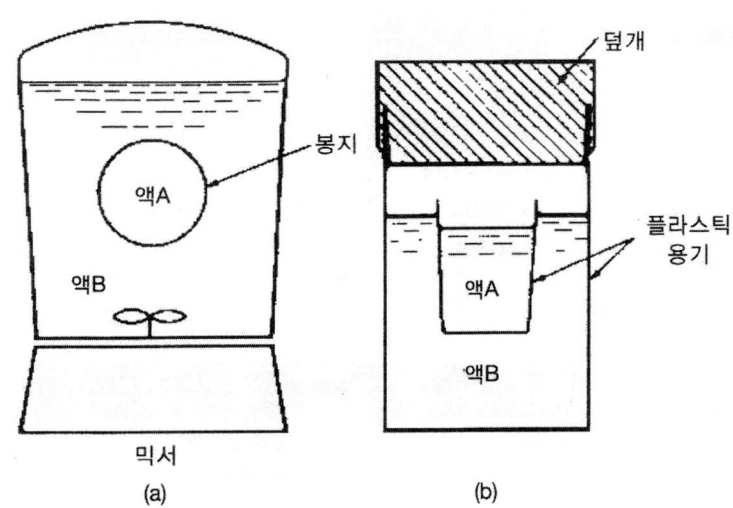

그림 6-17　급속침전장치(II)

용기벽으로 흘리면서 다른 한쪽 액을 액적으로 분무하는 것을 나타낸다. 그림 (b)는 시판되고 있는 가정용 믹서를 이용한 것으로 (a)와 마찬가지로 고속으로 회전하고 있는 액에 분무하는 방법이다. (c)는 분무는 아니지만 양쪽 액을 같은 상태에서 혼합하는 방법이다.

(나) 액 중에 도입하는 방법

이것은 분무에 의한 방법과 같이 한 가지 액을 다른 한쪽 액의 표면에 작용시키는 것이 아니고, 한 가지 액을 분리막(용기)을 사용해서 처음부터 다른 한쪽 액 중에 넣고 급격히 혼합하는 방법이다. 그림 6-17(a)는 시판 믹서 중에 플라스틱 봉지를 넣어두고 믹서를 급속히 회전시켜 봉지를 파쇄시켜 혼합한다. (b)는 봉지 대신에 플라스틱 용기를 넣어두고 진동장치(진폭 1cm로 2000 회/분)로 혼합하는 방법이다. (a), (b)와는 약간 다르지만 비중차이를 이용해서 두 액을 분리시켜 놓고 급속히 교반시켜 혼합하는 방법도 있다.

(5) 공침에 의한 세라믹 분말의 제조

전형적인 침전생성 프로세스의 개략도를 그림 6-18에 나타내었다.

(가) 침전의 화학종

침전을 어떠한 염, 예를 들어 산화물, 탄산염 등의 형태로 할 것인가를 결정할 필요가 있다. 열분해시의 온도와 발생기체의 종류, 소결시의 상이나 음이온의 영향, 경우에 따라서는 비용도 문제가 된다. 수산화물은 알칼리금속 이외의 원소에서는 난용성인 경우가 많고 열분해 온도도 낮다. 그러나 고이온가의 금속수산화물은 무정형 침전으로 얻어지는 경우가 많다. 용액 중에서도 중합해서 다핵 착체이온을 생성한다. 탄산염이나 수산염은 비교적 결정성이 좋고 여과하기 쉽지만 생성하는 원소는

그림 6-18 침전에 의한 분말제조의 대표적인 방법

제한적이다. 탄산염에서도 염기성염이 되면 무정형화로 된다. 황산염은 분해온도가 높다. 유기물염은 일반적으로 비싸기 때문에 특수한 목적에만 이용한다.

(나) 원료염

일반적으로 음이온은 침전물에 포함되기 어렵지만, 여과 중에 제거하기 쉽고 열분해시 쉽게 휘발되어야 한다. 결정수가 불명확한 것이나 조해성의 염에서는 금속원소 함유량에 주의할 필요성이 있다. 일반적으로는 황산염이나 염화물이 이용된다. 또 동일 원소에서도 염에 의해 순도가 다르기도 하며 가격에도 큰 차이가 있다.

(다) 침전제

침전제에는 가능한 금속원소가 포함되지 않는 것이 바람직하다. 따라서 암모니아수, 탄산암모늄, 수산암모늄, 암모니아가스 등이 이용되고 있다. 그러나 높은 pH가 필요한 경우에는 NaOH나 KOH를 이용할 필요가 있다. 알칼리금속은 침전 중에 침입하기 쉽기 때문에 세척시 주의하여야만 한다.

(라) 용매

보통 물을 사용하지만, 유기용매를 사용하는 경우도 있다. 물에 에탄올이나 아세톤 등의 유기용매를 첨가하면 무기염의 용해도가 감소한다. 이것은 물의 유전율을 저하시키는 것이 되며, 숙성시에도 영향을 미친다. 특히 숙성속도나 수화상태에서 볼 수 있다.

(마) 알칼리금속을 원료성분에 첨가하는 경우

침전에 의해 알칼리금속을 침전물 중에 고정시키기는 곤란하다. 미량성분이라면 알칼리 수용액에 원료분말을 분산시킨 뒤 증발건조시킨다. 성분으로 첨가하는 경우는 용액으로 해서 동결건조나 분무 건조시킨다.

(바) 침전조작

그림 6-18에 나타낸 바와 같이 여러 가지 인자를 생각할 수 있으며, 목적에 부합하는 방법들을 조합해서 이용한다. 경우에 따라서는 자장을 걸어주면서 침전을 생성시키는 방법도 이용된다.

(사) 여과

침전물 처리에서 여과는 중요한 조작이 된다. 여과는 단순히 침전물의 분리만이 아니고 세척조작 도 포함한다.

여과, 세척된 침전물을 건조시킨 뒤, 열분해에 의해 최종적인 원료분말을 얻게 된다.

6.2 분체의 건조

세라믹 분말을 용액으로부터 제조하는 경우, 용액 중에 침전으로 석출시킨 후 건조에 의해 분체로 만드는 것이 일반적인 방법이다. 건조 프로세스를 보다 확대해서 용액으로부터 직접 복합금속염을 건조에 의해 생성시키거나, 산화물 분체를 얻기 위한 하소까지를 하나의 건조 프로세스로 완결시키는 건조방법도 있다. 건조는 분체 중에 함유되어 있는 수분을 분체로부터 기체로 분리시키는 방법이기 때문에, 상압하에서 대기 중으로 단순히 제거하여 건조시키는 상온건조법을 비롯해서 여러 가지 방법이 이용되고 있다. 수분의 증발속도를 높이기 위해서는 온도를 상승시키는 것이 가장 간단한 방법이며 열풍건조법이 잘 이용된다. 특수한 방법으로 적외선건조법, 분무건조법 등 가열건조시키는 방법이 있다. 수분의 증발이라는 간단한 건조 프로세스 중에서도 분체의 질적 변화를 제어하기 위해 감압하에서 건조시키든지, 동결상태로부터 얼음의 승화에 의해 건조시키는 방법, 유기용제로 수분만을 흡습시켜 건조시키는 방법 등이 이용되고 있다. 분체의 건조에 이용되는 대표적인 방법을 표 6-6에 나타내었다.

6.2.1 건조특성

건조의 기본적인 특성을 침전물의 건조를 예로 설명하고자 한다. 용액 중에 석출한 침전은 모액의 조건(각 이온의 농도, 액온, pH값)하에서 일정한 용해도로 규제되어 용해, 석출을 반복하면서 양적으로 평형을 유지한다. 이 평형상태에서 시간의 경과와 함께 침전입자의 입자경, 입자형태가 본질적으로

표 6-6 분체의 건조법

건조법	처리방법	장 점	단 점	적용 예
상온건조	상온 대기 중에서 건조	-간단 -저비용	-장시간 요구 -분위기에 좌우	-실리카겔 -점토재료
열풍건조	실온 이상의 열풍 중에서 건조	-건조속도가 빠름 -연속, 대량처리 가능	-건조체의 분쇄공정	-일반적 무기분체
적외선건조	적외선 복사열에 의한 건조	-복사된 면만을 효율적으로 가열	-두꺼운 분체층에 부적절	-슬러리 도포막의 건조함수율 측정
진공건조	감압하에서 건조	-낮은 온도에서 가능	-연속처리 곤란	-유기용제 혼합슬러리 -CdS, PbO
분무건조	현탁액, 용액의 액적을 열풍 중에서 건조	-조립분말제조 -대량 연속 건조 가능	-장치의 대형화 -미분체 제조 곤란	-일반적 무기분체
동결건조	현탁액, 용액의 동결체 를 감압하에서 건조	-분체의 활성이 큼 -오염이 적음 -다공질 분체제조 -분체조성의 균일성	-연속처리 곤란	-고순도 세라믹 재료 -촉매
액체건조	흡습성 용액과 접촉 시켜 건조	-오염이 적음 -분체조성의 균일성	-대량의 유기용제 필요	-알루미나 분체 -페라이트 분체

변화한다. 이것이 침전의 숙성이다. 용액 중의 침전은 모액의 조건을 변화시키지 않는 한, 양적으로 일정하더라도 화학변화가 완전히 정지한 상태는 아니기 때문에 침전을 모액으로부터 분리, 건조시킴으로써 처음으로 특성을 갖는 세라믹 원료분말로 되는 것이다. 침전의 건조에는 여과, 세척 후 열풍건조기에서 케이크상으로 고화시키는 것이 실험실적으로도, 공업적으로도 잘 이용되는 방법이다.

일반적으로 물을 내포한 재료를 일정 건조조건(온도, 습도, 풍속)의 열풍하에 두면, 그림 6-19에 나타낸 바와 같이 시간이 경과함에 따라 함수율(water content, 수분량/건조질량)이 감소하며 재료의 온도가 상승한다. 이러한 건조를 I: 재료예열기간, II: 항률건조기간, III: 감률건조기간의 3단계로 분리할 수 있으며, II와 III의 경계에서의 함수율을 한계함수율(boundary water content), III의 기간이 종료될 때의 함수율을 평형함수율(equilibrium water content)로 정의하고 있다. 그림 6-19에서 함수율곡선의 시간에 대한 기울기는 건조속도를 나타낸다. 함수율과 건조속도와의 관계를 그림 6-20에 나타내었으며, 재료의 건조특성을 명료하게 나타내기 때문에 건조특성곡선이라 부르기도 한다.

여과, 세척과정을 통해 모액으로부터 분리된 침전은, 건조초기단계에서는 입자의 표면을 충분한 물이 자유수로 피복하고 있기 때문에 물의 증발속도는 침전의 건조속도와 동일하다. 함수율이 감소함에 따라서 침전입자가 물의 표면장력에 의해 끌어당겨져 서로 접촉하게 되면, 입자의 자유로운 이동이 정지되고 건조에 의한 침전케이크의 수축도 멈추게 된다. 이러한 단계의 함수율이 그림 6-19

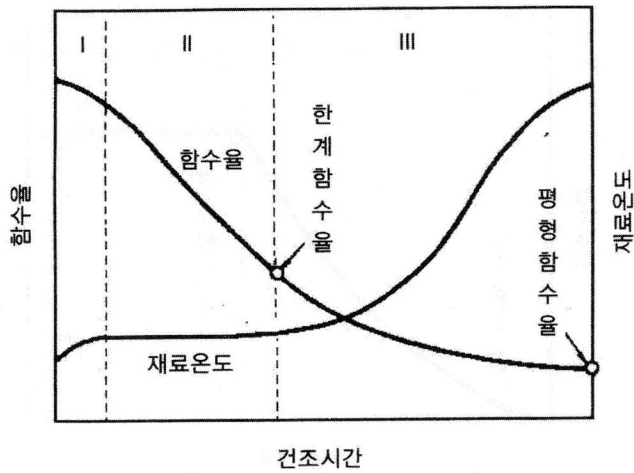

그림 6-19 건조과정

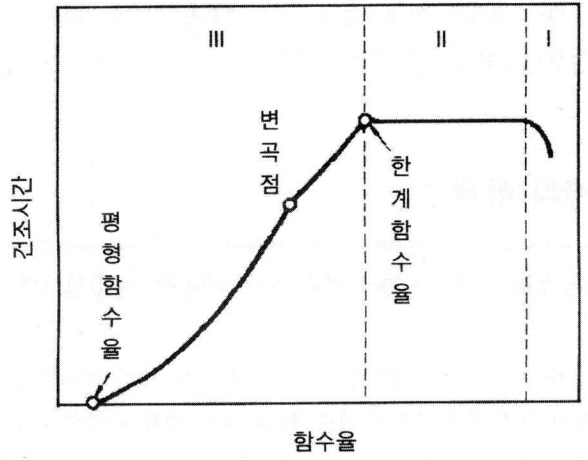

그림 6-20 건조특성곡선

및 6-20에 나타낸 한계함수율이다.

　함수율이 더욱 감소하면 물이 제거된 부분이 입자간격으로써 잔존하게 된다. 다음 단계에서는 아직 침전입자층 내부에 남아 있는 물이 앞서의 입자간격을 통해 층의 표면쪽으로 이동해서 증발하게 되므로 건조속도가 저하된다. 침전입자가 미립의 콜로이드상인 경우, 그림 6-21에 나타낸 바와 같이 건조특성곡선에 변곡점을 나타내게 된다. 이것은 입자간격을 이동한 수분이 침전입자층의 표면에서 증발하는 기간이 끝나고, 다음 단계로 침전입자층 내부에 존재하는 수분이 증발해서 증기상으로 되어 입자간격을 이동하게 되면, 더욱 건조속도가 저하되기 때문이다. 침전은 일정 건조조건하에서 각각 특유의 건조특성곡선을 나타내면서 평형함수율에 도달하게 된다.

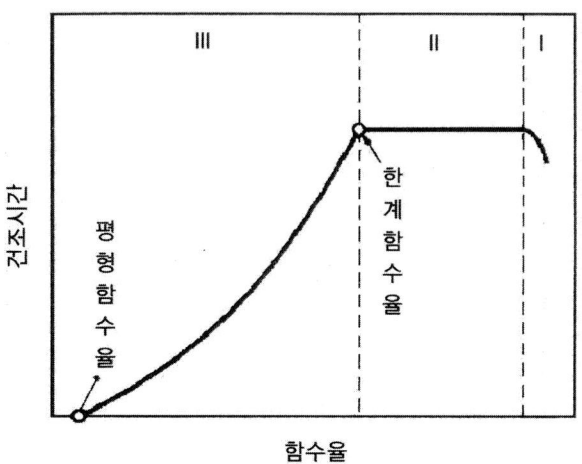

그림 6-21 미립자 침전의 건조특성곡선

침전은 건조조건에 의해 결정된 평형함수율까지 수분이 제거되지만, 건조 후 분체로서 보관되는 온도, 습도하에서의 평형함수율로 되돌아가기 때문에 과도한 건조가 되지 않도록 건조조건을 설정하는 것이 중요하다.

6.2.2 건조분체의 형태

침전입자는 용액으로부터의 생성조건에 의해 조성, 결정형, 단일입자의 입경, 입자형태가 결정된다. 침전생성 후 모액 중에서의 숙성, 모액으로부터의 분리 및 건조 프로세스에 있어 단일입자(1차 입자)는 응집되어 응집입자(2차 입자)를 형성한다. 건조에 의해 특히 미립자 침전이 강하게 고화되거나, 비정질 침전이 유리질의 건조 경화체로 되기도 한다. 2차 입자는 약한 van der Waals 힘으로 단순히 접촉한 것으로부터 입자접촉부에 네크(neck)를 형성한 것까지 여러 형태를 취하는데, 모두 응집체로 부르고 있다. 그림 6-22에 단일입자와 몇 가지 응집입자의 형태를 나타내었다.

응집입자의 형태는 세라믹스의 성형, 소결과정에 있어 여러 가지 영향을 미치는 분체특성이다. 성

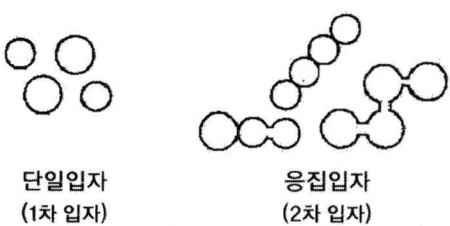

단일입자   응집입자
(1차 입자)   (2차 입자)

그림 6-22 건조분체의 형태

형성과의 관계에서는 분체의 유동성, 충전밀도, 충전의 균일성, 성형체의 밀도 등에 영향을 미치며, 소결성에는 소결속도, 소결체의 밀도, 결정입경 및 분포, 기공분포 등에 영향을 미친다.

따라서 세라믹스를 제조함에 있어서 2차 입자 형성을 제어한 분체의 건조는 중요한 프로세스라 할 수 있다. 건조과정에서 2차 입자 형성을 적극적으로 이용하는 방법으로 분무건조법(spray drying)을 들 수 있고, 2차 입자 형성을 억제하는 건조법으로 동결건조법(freeze drying)이 있다. 이 두 가지 건조법은 침전건조뿐만 아니라, 용액으로부터 세라믹 분말의 화학적 제조, 금속염 분체의 하소 등과 병용해서 광범위하게 이용되고 있다.

6.2.3　분무건조법

분무건조법은 슬립상의 원료를 분무시켜, 건조 비표면적을 크게 하여, 가열 건조공기에 접촉시킴으로써 단번에 고형 구상입자를 얻는 방법이다. 슬립으로부터 직접 분체가 얻어지므로 중간조작을 생략할 수 있다. 이때 슬립에 수분이 많으면 증발 부하가 커져 열적으로 불리하게 되므로 수분은 될 수 있는 한 적게 하여 대개 30~60%가 되도록 하면 좋다.

건조에 필요한 시간은 5~60초이다. 또한 분무의 상황에 따라 다르나 대개 40~200 μ 정도의 구상 건조분말이 얻어진다. 이 과립상 분말은 유동성이 좋으므로 건식 가압성형에 유리하다. 타일, 벽돌, 제지용 점토, 스테아타이트, 산화티탄, 티탄산 바륨, 알루미나, 페라이트 등의 성형용 분체는 이 방법으로 얻는다.

(1) 분무건조기

분무건조기는 슬러리의 분무부, 분무액적의 건조부, 건조입자의 집진부 등 3개 부분으로 구성되며(그림 6-23), 분무부의 기구에 따라 회전원판식(spinning disk type)과 압력노즐방식(nozzle type)으로 분류된다. 그림 6-24에는 분무장치의 구성도를 나타내었다.

회전원판식에서는 3,000~20,000rpm의 고속으로 회전하는 원판의 중심에 슬러리를 주입시키면 원심력에 의해 원판의 주변으로 흐르게 되어, 원판 끝부분에서 액적으로 된다. 그 액적이 건조탑 내의 열풍 중에 수평방향으로 비산하게 된다. 액적의 크기는 회전원판의 직경, 회전수, 슬러리의 농도, 송류량 등에 의해 결정된다. 회전원판의 회전수를 변화시켜 조립 건조분체의 크기를 간단히 바꿀 수 있으며, 또 입도분포가 좁은 조립 미분체(50~150 μm)를 얻을 수 있다는 것이 회전원판방식의 특징이다.

압력노즐방식은 슬러리를 펌프로 압송해서 노즐의 작은 오리피스로부터 분수와 같이 유출시키면, 슬러리가 미립의 액적으로 되어 열풍 중에 비산되어 건조되는 방식이다. 압력노즐방식에 의한 분무건조에서는 비교적 큰 조립 건조분말(250~350 μm)을 얻을 수 있다. 압력노즐을 2류체 형식으로 해서, 공기, 증기 등의 가스유속을 이용해 슬러리의 액적화를 행한다. 가스 공급에 따른 에너지 비용

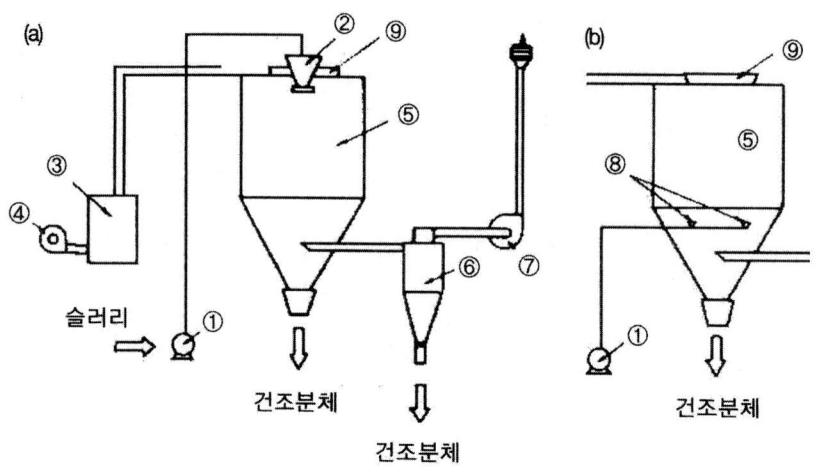

그림 6-23 분무건조기: (a) 회전원판방식, (b) 압력노즐방식.
① 슬러리 송류펌프 ② 회전원판분무기 ③ 열풍송풍팬
④ 공기가열기 ⑤ 분무건조탑 ⑥ 사이클론
⑦ 배풍팬 ⑧ 압력노즐분무기 ⑨ 열풍도입구

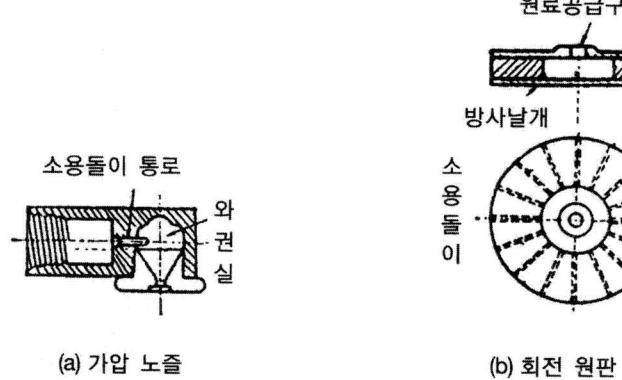

(a) 가압 노즐   (b) 회전 원판

그림 6-24 분무장치의 구성도

이 높다는 것이 결점이다.

　세라믹에서는 주로 회전원판식이 채용되고 있으며, 입경이 동일한 것을 얻을 수 있고, 점도가 높은 원료도 처리할 수 있는 이점이 있다. 그림 6-25는 병류식 분무건조의 형식을 나타낸 것으로 분무는 건조실 상부에서 수평으로 한다. 열풍은 이 분무위치의 바로 아래에서 분무방향으로 들어와 건조실의 벽을 따라 하강하면서 건조된다. 열풍을 분무위치 위쪽에서 도입하는 방법도 있다. 이 방식에서는 수평방향으로 분무되기 때문에 건조실의 지름이 커진다.

　그림 6-26은 향류식 분무건조의 형식이다. 건조기 상부에서 분무되며, 열풍은 밑에서 불어 올라

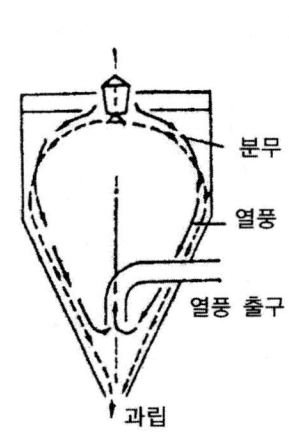

그림 6-25 병류식

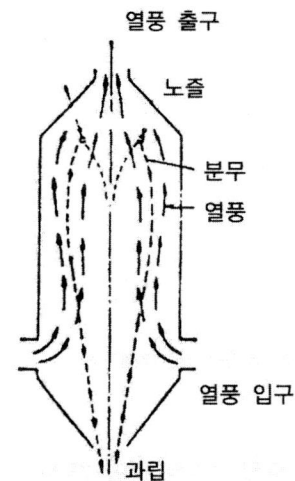

그림 6-26 항류식

간다. 이 방식에서는 열풍의 출구온도 이상으로 분말의 온도가 올라갈 수 있기 때문에 건조효과는 일반적으로 좋다. 과립의 낙하를 방해하지 않기 위해서는 열풍의 속도를 완만하게 조절할 필요가 있으며 증발량에 따른 건조실의 지름을 크게 할 필요도 있다.

(2) 분무건조공정

분무건조에서는 침전입자의 슬립상 슬러리를 액적화해서 열풍 중에 방출하면, 액적은 표면장력에 의해 구상화된다. 수백 μm를 한도로 하는 구상체가 수백 °C의 열풍 중에서 건조되는 기간은 초단위가 된다. 이러한 짧은 건조공정에도 표면의 자유수가 증발하는 항률건조기간과 내부의 수분이 증발하는 감률건조기간이 있다. 항률건조기간 내에서는 액적의 온도가 일정하면서 건조체는 일정한 건조속도에 의해 수축되는 간단한 프로세스이지만, 감률건조기간에서는 약간 복잡한 프로세스가 된다. 건조초기단계에서는 수분의 액적표면으로의 이동과 함께 액적 중의 미세한 콜로이드입자일수록 액적표면으로 이동한다. 또 액적은 열풍기류 중에서 자전하기 때문에 비중이 클수록 쉽게 표면으로 모여서 표면층을 형성한다. 이 표면층이 건조되어 표면 고체층이 되면 내부의 수분이 표면으로 이동하기 어렵게 되어 감률건조가 시작된다. 감률건조기간에서는 그림 6-19에 나타내었듯이 액적 건조체의 온도가 상승하며 수축이 정지된다. 그림 6-21에서 설명한 감률건조기간의 후기가 되어 내부 수분의 증발속도가 표면 고체층을 통해서 외부로 방출되는 속도와 비교해서 크게 되면 표면 고체층의 약한 부분을 파괴시키면서 증기가 날라가기 때문에 凹부분을 지닌 중공상의 조립분체가 얻어진다. 그림 6-27은 분무건조에 의해 조립된 분체 내부의 구조설명도이다. 분무된 액적의 크기를 작게 하고, 부드럽게 건조시키면 중공상의 조립건조분체는 내실상의 분체로 된다.

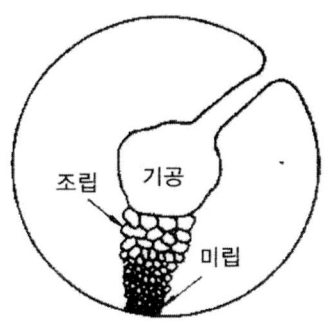

그림 6-27 조립분체의 내부구조

(3) 분무건조분체의 특성

분무건조에 의해 얻어진 분체는 평활한 표면을 갖는 구형으로 잔존수분과 입도분포가 정확하게 제어된 분체로 얻어진다. 구상으로 조립된 분체는 유동성이 좋고, 분체 간의 미끄럼현상도 좋기 때문에 안식각이 작은 분체이다. 따라서, 성형성면으로 볼 때, 분무건조분체는 ① 금형에의 충전이 용이하고, ② 금형 중에 균일하게 충전되며, ③ 미분체에 의한 분진발생이 없다는 특징을 지닌다. 라미네이션이 없는 고밀도 성형체를 얻기 위해서는 균일하게 충전된 조립체가 적절한 압력에서 파괴될 필요가 있다. 조립건조분체의 입도, 입도분포, 겉보기밀도, 강도, 경도, 금형 벽과의 부착성 등을 제어하기 위해, 슬러리 농도 및 pH 값의 조절과 함께, 분체의 물에서의 분산을 돕는 분산제나 PVA 등의 결합제를 첨가하고, 더욱이 글리세린, 에틸렌글리콜 등의 가소제도 첨가해서, 원료 슬러리는 400cP 이하의 점도로 조절하고 있다.

분무건조분체의 특성을 이용해서 특수한 형상으로 정수압 성형한 β-Al$_2$O$_3$ 고체전해질 세라믹스의 예를 보면, α-Al$_2$O$_3$ 분말과 Na$^+$ 용액의 혼합 슬러리로부터 직접 β-Al$_2$O$_3$에 상당하는 조성 분말이 제조된다. 또 침전이나 분말의 슬러리를 사용하지 않고 금속이온 용액으로부터 직접 분무건조법에 의해 금속염의 건조분체를 얻는 방법도 있다. 통상 분무건조의 열풍온도를 200℃ 이상으로 하면 금속이온 용액으로부터 직접 금속산화물의 건조분체를 얻을 수 있으며 이를 분무하소법이라고 한다.

6.2.4 동결건조법

침전입자를 열풍에 의해 건조시키는 과정에서는 침전입자의 응집에 의한 고화를 피할 수 없다. 고화 케이크의 분쇄에 의해 분말을 얻는 과정에서 불순물의 혼입, 경우에 따라서는 1차 입자의 파쇄 및 변질을 초래할 수 있다.

동결건조법은 침전입자를 수용액 중에 분산시킨 상태에서 용액을 동결시키고, 얼음상의 수분을 감압하에서 승화시키는 방법이다. 물의 표면장력이 작용하지 않기 때문에 기본적으로 건조과정에서의 1차 입자의 응집이나 고화가 발생하지 않는다. 정밀하게 제어해서 생성된 침전입자를 가장 충실하게 건조분체로 하는 방법이다.

(1) 동결건조의 원리

그림 6-28은 물의 상태도로, 이것을 이용해서 동결건조법의 원리를 설명하고자 한다. 물의 삼중점(4.58mmHg, 0.0075℃)에서는 물과 얼음과 수증기가 공존한다. 삼중점 이하의 압력(감압)하에서는 얼음(고상)과 수증기(기상)만 존재하며 온도에 따라 두 상 간의 승화와 응축이 발생한다. 동결건조에서는 물(A점)의 수증기로의 전이는 온도를 내려 얼음(B점)으로 변화시킨 뒤, 압력을 낮추어서 삼중점 이하(C점)한 뒤, 온도를 올려서 D점에서 얼음을 승화시키는 방법을 이용한다. 그림 6-28에 나타낸 원리에 기초를 두고 수분만을 동결건조시키는 방법은 식품공업에서는 광범위하게 이용되고 있지만, 세라믹스의 제조공정으로 침전 슬러리의 수분만을 건조시키는 데 동결건조법을 이용하는 예는 적다. 오히려 금속염 용액의 동결건조에 의한 복합금속염 분체제조법으로 사용되는 예가 많다. 용액에서는 빙점이 강하되고 비점이 상승되기 때문에 온도-압력 상태도는 그림 6-28과 같이 된다. Q점은 사중점을 나타내며, 얼음, 수증기, 용질(금속염), 포화용액이 공존하는 상태이다. 금속염 용액을 동결건조시키는 경우는 그림 6-29에서 용액의 온도를 (금속염 + 얼음)상의 영역까지 내려 동결시키고, Q점 이하의 압력하에서 (금속염+수증기)상으로 전이시키기 때문에, 우선 용액을 동결시킨 뒤, 여러 감압하에서 천천히 온도를 높이면서 동결된 고체표면에 용해에 의한 액체가 발생하는지를 주의 깊게 관찰해서 사중점을 구하는 것이 필요하다. 또 용액을 (금속염+얼음)상까지 냉각하는 경우에는 (용액+얼음)의 2상 영역을 통과하게 되므로 동결건조된 금속염의 균일성을 유지하며 편석을 방지하기 위해 급속한 동결이 필요하게 된다. 따라서 금속염 용액을 냉각된 헥산 중에 분무해서 미소 동결

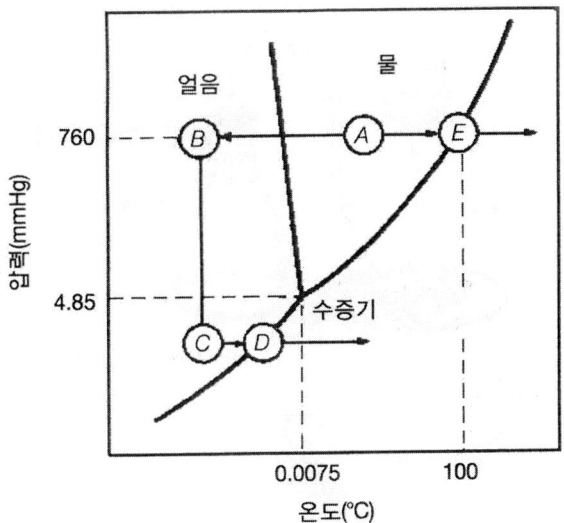

그림 6-28 물의 상태도

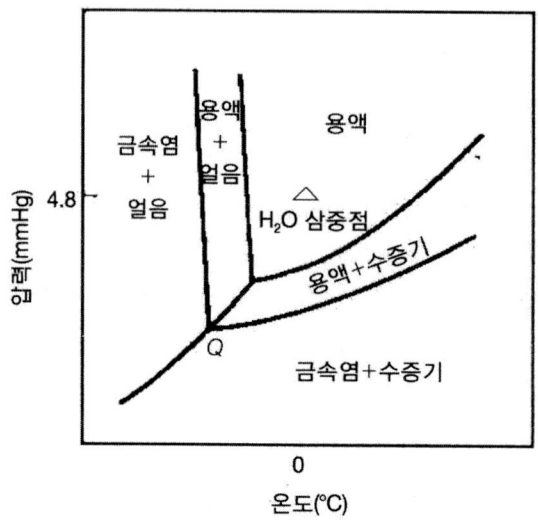

그림 6-29 금속염 용액의 온도-압력 상태도

체로 하는 방법이 이용되고 있다. 금속염 용액을 드라이아이스에 의해 동결체로 한 냉각매체는 융점이 드라이아이스 온도(-78℃)보다 낮고, 비점이 실온보다 높은 것이 요구되기 때문에, 물과 혼합하지 않고 또 인체에 유해하지 않은 헥산이 잘 이용되고 있다. 그림 6-30은 실험실 규모의 동결입자 제조장치를 나타낸다. 동결된 구상입자는 헥산과 함께 스테인레스망에 주입되어 분리되고 그림 6-28의 Q점 이하의 감압 중에서 승화건조된다.

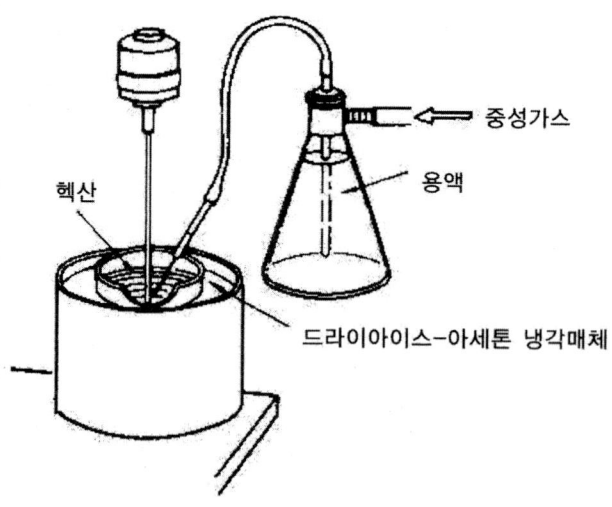

그림 6-30 용액의 동결입자 제조법

(2) 동결건조공정과 건조분체의 특성

침전 슬러리의 동결체, 금속염 용액의 동결체로부터 승화에 의해 수분이 탈수되어 건조되는 공정은 현탁액이나 용액 중에서 균일하게 혼합되어 동결된 상태로부터 수분이 직접 수증기로 제거되는 공정이므로 건조과정에서 물의 표면장력에 의한 1차 입자의 응집이나 수중의 용해성분 석출에 의한 입자 간의 결합이 발생하지 않는다. 또 건조공정에 있어서 분체의 수축도 일어나지 않는다. 희박한 콜로이드용액을 동결건조시키면 취급할 때 호흡에 의해 비산될 정도의 미분체를 얻을 수 있다.

분체와 수분 간의 상호작용이 없는 동결체의 건조공정에서도 분체표면에 형성되어 있는 얼음층이 승화하는 항률건조기간과 분체표면에 구속된 얼음이나 분체의 세공 내의 얼음이 승화하는 감률건조기간이 존재한다. 동결건조에 의해 얼음의 승화가 끝나면 진공도가 계의 도달진공도까지 회복되기 때문에 건조의 완결을 쉽게 알 수 있다.

동결건조에 의해 얻어진 건조분체는 동결체 중의 1차 입자가 감압하의 건조공정에서 응집하지 않고 초기의 상태 그대로 건조된 분체이기 때문에 표면의 활성이나 내부의 세공이 변질되지 않고 보존된 비표면적이 큰 분체로 된다. 동결건조분체를 세라믹 분말면에서 보면, ① 감압하에서 건조하기 때문에 건조과정에서의 불순물 혼입이 없어 고순도의 원료분말 제조가 용이하며, ② 1차 입자의 응집이 발생하지 않기 때문에 미분체이며, 건조 후 파쇄공정이 불필요하고, ③ 복잡한 세라믹스 조성이나 미량 성분이 균일하게 혼합된 분체를 얻을 수 있으며, ④ 다공질 분체로 얻어지기 때문에 성형시 바인더를 잘 유지시키며, 하소도 용이하고, ⑤ 표면활성인 분체이기 때문에 반응성이 크다는 특징을 지닌다.

동결건조분체의 우수한 반응성을 이용하면 1700℃ 정도의 비교적 낮은 온도에서의 소결으로 이론밀도의 99.9%에 도달하는 알루미나 세라믹스가 얻어지며, 동결건조공정에서는 공침법에서의 세척수와 같은 배용액이 나오지 않기 때문에 방사성 원료분말의 제조에도 이용하려는 움직임이 있다.

여기서 설명한 동결건조법은 소규모로는 간단한 용기로 실험이 가능하지만, 공업적 규모가 되면 고가의 장치를 필요로 한다. 그러나 동결체의 연속제조법이 제안되고 있고, 동결체 제조에 냉각매체로 액체질소를 사용해서 간단히 동결체를 분리하는 방법도 고안되고 있어서, 특수 세라믹스용 분말의 제조법으로서의 동결건조법은 주목받는 건조법이라 할 수 있다.

6.2.5   기타 건조장치

(1) 회전건조기

고상 분말을 건조시키는 장치로, 건조원통이 경사진 횡축 위에서 회전하고 있어 원료는 통 내에서 어느 높이까지 끌어올려진 다음, 낙하되면서 한쪽에서 다른 쪽으로 이동해간다. 가열 공기는 병류식, 항류식 및 환류식이 있으며, 가열공기가 원료에 직접 닿는 직접식과 가열공기를 원료와 별도로 이동시키는 간접식이 있다. 그림 6-31은 병류 회전건조기의 예로, A에서 투입된 원료가 G에 떨어져 H

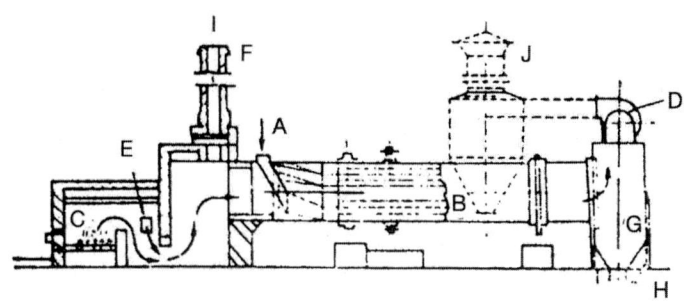

그림 6-31 병류식 회전건조기

　　　A: 재료 입구　　　B: 회전원통　　　C: 로　　　D: 배풍기
　　　E: 조절공기 입구　　F: 예비굴뚝　　G · H: 재료 출구　J: 사이클론

의 운반용 컨베이어로 반출된다. E에서 공기를 불어넣어 가열공기의 온도를 조절한다. 배기는 배풍기 D로 빼내고 사이클론 J로 분진을 제거하여 밖으로 배출한다.

향류식은 연소로의 위치를 원료배출구 쪽에 설치한 것으로 원료의 진행방향과 가열공기의 방향이 반대로 된 것이다.

향류식과 병류식의 장점을 채택한 환류식은 회전원통의 주위에 연도를 설치하고 가열공기를 먼저 원통 내의 원료와 같은 방향으로 진행시킨다. 이 사이에 가열공기를 먼저 원통 내의 원료와 직접 접촉하지 않으므로 절대습도는 변화하지 않는다. 온도가 떨어진 가열공기는 원통의 출구에서 되돌아 다시 원통 내부로 들어가 향류식으로 건조하고, 그와 동시에 원료 투입구 측에 설치된 배기탑에서 배출된다. 원통 내부에는 위로 끌어올리는 날개가 붙어 있어 분체를 이동시킨다. 이 구조는 그림 6-32와 같이 분체와 가열공기가 잘 접촉되도록 다양하게 설계되어 있으나, (a)와 같은 가장 간단한 것이 많이 이용되고 있다.

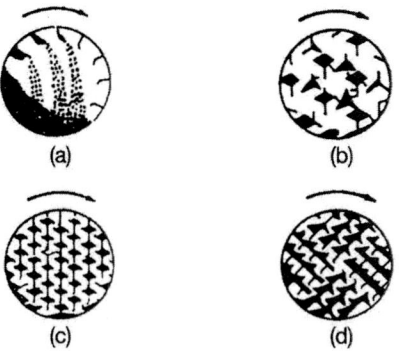

그림 6-32 회전원통 내부

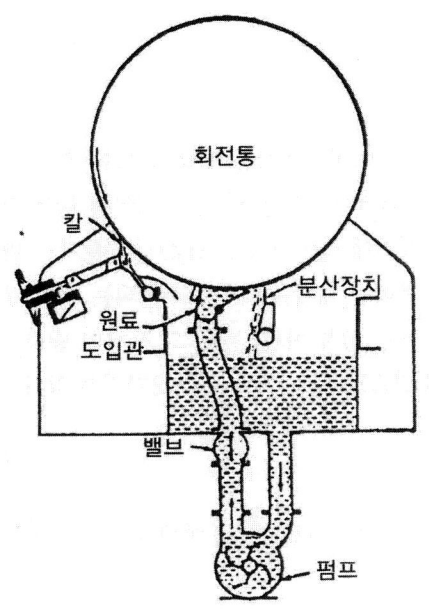

그림 6-33 단일 드럼건조기

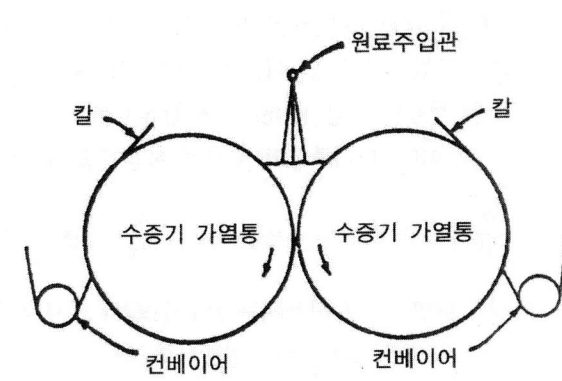

그림 6-34 이중 드럼건조기

(2) 드럼건조기

이 장치는 가열된 롤 사이에서 용액이나 슬러리를 증발시킴과 동시에 건조하는 장치로 원통의 수에 따라 단일형(그림 6-33), 이중형 및 다중형이 있다.

그림 6-34는 드럼건조기(drum dryer)의 원리를 나타낸 것이다. 서로 반대방향으로 회전하는 드럼 사이에 용액을 도입하면 이는 건조되어서, 롤에 부착하여 회전하게 된다. 이를 긁어 다시 건조하거나 그대로 사용하게 된다. 원료와 드럼의 접촉시간은 6 ~ 15초이다.

6.3 제품의 건조

지금까지는 분말 및 슬러리 계의 건조에 대해 설명하였으며, 여기서는 수분을 함유하는 성형체 및 제품의 건조에 대해 생각해 보기로 한다. 건조는 다공성 재료로부터 주위의 불포화된 기체, 또는 어떤 경우에는 건조시키는 액체 속으로 액체의 수송과 증발에 의해 액체를 제거하는 공정이다. 건조는 조심스럽게 제어되어야 하는데, 이는 차등적 수축 또는 기체압력에 의해 발생된 응력이 제품 안에 결함을 일으킬 수 있기 때문이다. 또한 건조비용은 공업용 광물의 판매가격에 중요한 영향을 미치며, 이러한 재료들은 태양과 바람 등 자연건조시키고 있다. 습식공정으로 제조한 제품들은 일반적으로 연속 터널건조기 또는 방건조기를 이용해서 건조시킨다.

6.3.1 함수량

물질에 함유되어 있는 전체 수분을 전함수량이라 한다. 건조공정에서 제거될 수 있는 최대의 수분량이다. 이 수분은 유리수분으로 물질의 표면에 흡착되어 있거나, 기공이나 입자 사이에 들어 있다가 200℃ 정도까지에서 제거된다. 결정수로서 결정구조의 일부에 들어가 있는 H_2O나 OH기는 엄밀히 수분에 포함시키지 않는다. 그러나 200℃ 정도까지 탈수분해할 때에는 이것이 포함되는 수도 있다.

습한 재료의 중량 W(lb) 중에 함유되어 있는 수분을 W_H(lb)라 하면, 재료 그 자체의 중량 W_0는 $W - W_H$이다. 단위중량의 물질 중 함수량을 표시하는 방법으로서의 함수율에는 2가지가 있다.

$$\frac{W_H}{W}[\text{ lb } H_2O \text{ /lb } \text{ 습량}] \text{ 또는 } \frac{W_H}{W} \times 100[\%] \tag{6-44}$$

이것이 일반적으로 사용되는 함수율[%]의 표시방법이다. 그러나 건조과정을 이해하는 데는 건조기준의 함수율로 표시되는 쪽이 편리하다. 즉,

$$\frac{W_H}{W - W_H} = \frac{W_H}{W_0}[\text{ lb } H_2O \text{ /lb } \text{ 고체}] \tag{6-45}$$

건조장치에 도입되는 공기는 완전히 건조된 공기일 수는 없으며, 일정한 습도를 가지고 도입된다. 이때의 평형을 이루는 수분량 이하로 고체를 건조시킬 수는 없다. 이와 같이 고체 중에 평형상태에서 남아 있는 수분함량을 평형함수량이라고 한다. 고체가 함유하고 있는 전수분 X_r과 평형수분 X_e의 차를 자유수분이라고 한다.

$$X = X_r - X_e \tag{6-46}$$

6.3.2 건조속도

건조장치의 능력은 전열과 물질전달의 속도에 좌우된다. 수분이 증발하여야 하므로, 증발열이 고체의 표면이나 내부에 공급되어야 한다. 수분은 고체의 내부에서 표면으로 증기상 또는 액상으로 흘러나와 기상으로 전달되어야 한다. 어떤 고체는 많은 모세관을 가지고 있어 표면으로의 전달이 어려울 때가 있으며, 어떤 화합물은 결합수분을 가지고 있을 때가 있다.

(1) 건조에서의 열전달

증발에 필요한 열은 고온가스와 고체가 직접 접촉함으로써 공급되며, 계면에서의 전도와 고체표면으로부터의 복사가 무시될 때, 이를 단열건조(adiabatic drying)라고 한다. 증발잠열은 전부 고온기체의 현열로서 공급된다. 기체 쪽에서 보면 이 과정은 단열조습(adiabatic humidification)이다.

그러나 실제는 고온으로 조작하는 경우에는 복사전열이 주가 되기도 한다.

유리수분이 존재하는 한 증발영역 온도는 공기와 물의 평형온도에 해당하는 온도로 유지된다. 한계수분만이 존재하는 경우에는, 증발영역의 수증기의 분압은 증발영역 온도에서의 물의 증기압보다 낮아지므로 수증기는 과열된다. 증발이 계속 진행되면, 고체의 온도는 더운 가스의 온도에 접근하게 된다. 고체층을 통하여 가열가스를 통과시킬 경우에는 다소 형태가 달라진다.

(2) 건조기구

건조기구를 이해하기 위해서는 실제로 2개의 전혀 다른 종류의 고체를 가정하는 것이 중요하다. 대개의 고체는 흡습성과 비흡습성 고체의 중간적인 성질을 가지고 있다.

건조과정을 고려하기 위하여 상하의 표면에서 건조가 일어나고 측면에서는 건조가 일어나지 않는 평판을 생각해 보자. 건조표면이 흐르는 공기의 온도, 습도, 속도, 흐르는 방향은 일정하다고 생각한다. 이러한 경우를 일정건조조건이라고 한다.

(3) 항률건조단계

젖은 상태의 고체가 초기의 어느 단계를 지나서 건조가 시작되는 상태에 도달하면 건조속도가 일정한 기간이 존재하게 되는데 이 단계를 항률건조단계라고 한다. 이 단계에서 수분은 고체의 표면에 연속피막을 형성하여 고체의 존재와 관계없이 일정한 속도로 증발된다. 다공성이 아닌 고체의 경우, 이 수분은 고체표면을 처음부터 덮고 있던 것이며, 다공성인 경우에는 내부로부터 흘러나온 수분이 대부분일 것이다.

(4) 감률건조단계

고체의 수분함량이 어떤 점에 이르면 건조속도는 감소하기 시작한다. 이 점은 수분의 양이 고체표면에서 연속적인 피막을 이루기에 불충분한 점이다. 다공성이 아닌 고체일 때는 표면의 수분이 건조되어 고체표면의 일부가 공기 중에 직접 들어나기 시작하는 상태이며, 다공성일 때는 내부 수면이 표면에 이르는 속도가 건조속도보다 작아지는 때이다. 고체의 수분함량이 처음부터 임계수분 이하일 때는 항률건조단계는 존재하지 않을 것이다. 임계 수분함량은 고체의 성질과는 무관하며 건조조건에 따라서 달라진다. 임계점 이하의 건조단계를 감률건조단계라고 한다.

6.3.3 다공성이 아닌 고체의 건조

그림 6-35와 같은 속도로 건조되는 물질의 내부 수분함량은 그림 6-36의 선 1과 같다. 이러한 경향은 비누, 아교, 점토 등의 건조에서 볼 수 있다. 그림에서 실선은 물질전달이 확산만에 의하여 이루어질 경우의 이론치이다. 확산계수는 온도의 증가에 따라서 증가하므로, 고체의 온도를 높이면 건조

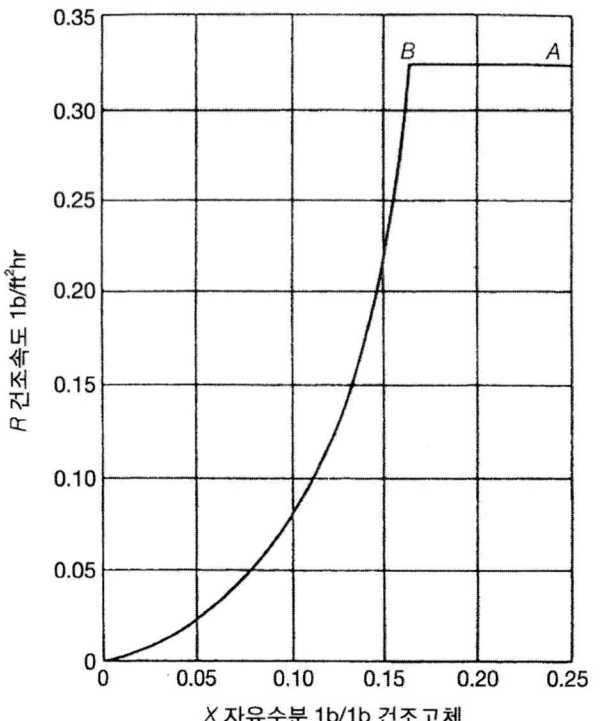

그림 6-35 다공성이 아닌 평판의 건조속도

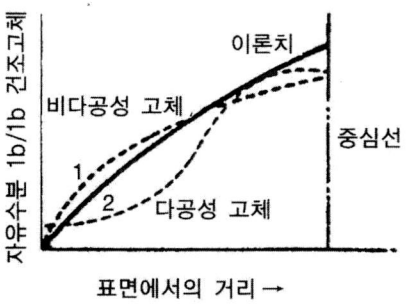

그림 6-36 다공성이 아닌 평판 내부의 수분분포

속도는 증가한다. 또, 확산계수는 대개 수분함량에 따라서 변화하며 특히 고체의 수축에 민감하다.

한편 콜로이드성의 다공성이 아닌 고체가 건조될 때, 한계수분이 제거되면 수축현상이 일어난다. 이러한 현상은 표면에서 먼저 일어나며, 고체의 균열 등의 원인이 되며, 확산계수를 급격히 감소시킨다. 이러한 수축현상을 방지하려면 건조속도를 느리게 하며, 고체 내부의 수분분포에 현저한 차가 없도록 한다. 건조속도는 대개 공기의 습도를 증감시켜서 조절한다.

6.3.4 다공성 고체의 건조

다공성 고체 내부의 수분분포는 그림 6-36의 선 2와 같이 나타나며, 내부에 많은 모세관을 가지고 있어 모세관 현상에 의하여 수분이 표면으로 전달된다. 이때의 건조속도는 그림 6-37과 같다. 내부로부터 수분이 충분히 배출되어 표면이 전부 젖어 있는 경우에는 역시 처음 단계는 항률건조단계(선분 *AB*)이다. 다음 구멍이 다소 큰 모세관에 있는 수분이 제거되어 증발표면이 감소하면 감률건조단계에 들어간다. 이때 큰 모세관 안의 수분이 공기와 대치되면서 일정한 건조속도의 감소율을 보인다(선분 *BC*). 이 경우에 수분은 연속상이며, 공기는 불연속상을 이룬다. 수분이 더욱 증발하면 수분의 연속은 끊어지고 공기가 연속상으로 모세관에 도입된다. 수분은 공기가 차단되어 표면에 나오기 힘들게 되는 것이다. 이때 건조속도는 급격히 저하하며, 선분 *CD*와 같이 나타난다. 이 단계를 제2 항률건조라고 하며 *C*점을 제2 임계점이라고 한다. 이때는 건조속도가 공기의 유속과 무관하며, 열전도에 따른다. 고체의 온도는 건구온도와 같아진다.

모래층의 경우처럼 전체적으로 다공성이나 모세관 현상이 현저하지 않은 경우에는 그림 6-38과 같은 건조곡선이 나타난다.

6.3.5 흡습 다공성 고체의 건조

고체가 흡습성이고 다공성인 경우에는 유리수분에 의하여 감률건조단계가 형성되며, 건조곡선은 그림 6-39와 같이 나타난다. 이 경우는 유리수분이 다 제거된 후 계속하여 한계수분이 제거되므로, 제2 임계점은 나타나지 않는다. 이 경우에는 고체 내부의 일반적인 수분분포를 나타내기가 곤란하다.

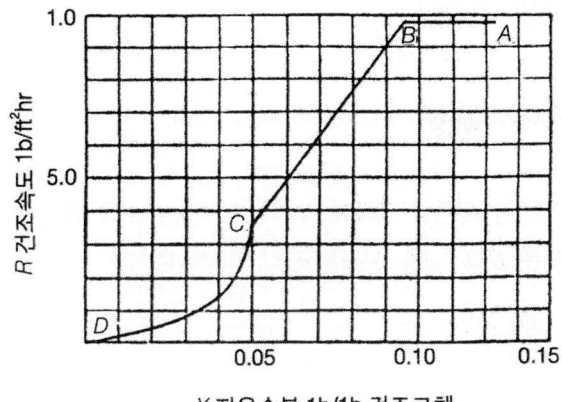

그림 6-37 다공성 평판의 건조속도

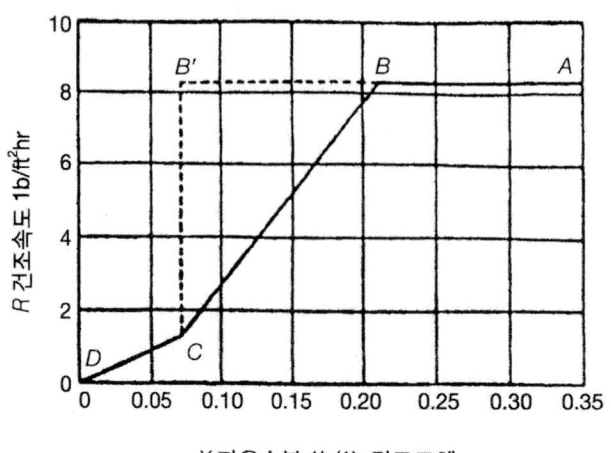

그림 6-38 모래층의 건조속도

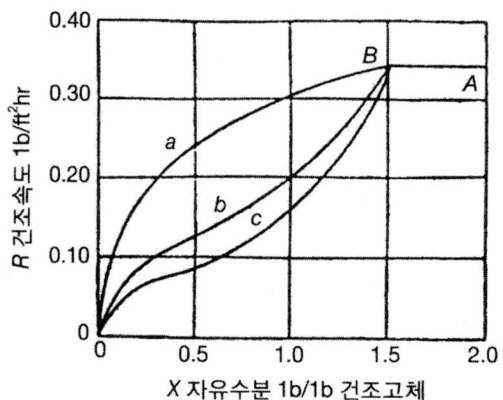

그림 6-39 흡습 다공성 물질의 건조속도

6.3.6 건조수축과 결함

건조되는 동안에, 입자들 사이의 액체가 제거되고 입자간격이 줄어들어 수축이 발생한다. 수축이 등방적일 때, 부피수축률($\Delta V/V_0$)과 선수축률($\Delta L/L_0$)의 관계는

$$\frac{\Delta V}{V_0} = 1 - \left(1 - \frac{\Delta L}{L_0}\right)^3 \tag{6-47}$$

과 같다. 입자의 미끄러짐과 재배열이 수축에 크게 기여하지 않는 경우의 선수축은 입자 간 거리의 평균감소 $\overline{\Delta l}$과 단위길이당 입자 간 액체막의 평균개수 $\overline{N_1}$에 비례한다.

$$\frac{\Delta L}{L_0} = \overline{N_1 \Delta l} \tag{6-48}$$

입자배향이나 액체의 농도구배로 인한 방향에 따른 $\overline{N_1}$이나 $\overline{\Delta l}$ 의 변화는 이방성의 선수축으로 나타나며, 위치에 따른 변화는 차등적 수축의 원인이 된다. $\overline{\Delta l}$ 을 감소시키기 위하여서는 가능한 액체함유량이 낮은 성형체를 제작하여야 하며, 건조시 화학적 경화를 일으키는 결합이 형성되면 $\overline{\Delta l}$ 이 크게 감소한다.

일반적으로 압축 및 주입 성형체의 선형 건조수축률은 1.5～4% 범위이다. 건조되는 동안에, 감률건조단계의 시점에서 액체의 농도구배는 표면에 차등적 수축과 인장응력을 발생시킨다. 세라믹 성형체는 보통 매우 약해서 변형이나 부분적 파괴 없이 견딜 수 있는 응력은 단지 몇 kPa밖에 되지 않는다. 재료표면 부근이 취성이고, 차등적 수축력이 인장응력을 초과하면 표면에 균열이 형성된다.

성형체 내의 차등적 액체함량으로 인한 차등적 수축 또는 제품표면에서의 차등적 건조속도는 형상 뒤틀림(warping)을 일으킬 수 있다(그림 6-40). 형상 뒤틀림은 비대칭적인 수축으로 인한 응력에 의해서 발생하는데, 이는 수축속도가 느린 영역에 가소성 연신을 일으킨다. 형상 뒤틀림은 건조의 균일성을 증가시키고 소지의 평균 건조수축을 감소시킴으로써 감소된다. 형상 뒤틀림은 불균일한 표면투과성을 일으키는 불균일한 외부막 또는 피복, 입자배향 또는 결합제 이동에 의하여, 그리고 세팅 패턴과 지지대에 의한 건조공기의 순환 또는 온도의 불균일성에 의하여 증가한다. 이상적으로, 건조는 등방성 재료 안에서는 대칭적으로 일어나야 하며, 모든 수축은 감률건조단계에 들어가기 전에 끝나야 한다.

강한 지지대와 수축하는 제품 사이의 접촉마찰은 균열을 일으킬 수 있는데, 특히 제품이 무겁고 표면이 거칠수록 심하게 나타난다. 제한된 수축은 불균일한 단면 내에서와 같이 건조속도가 상이한 부분들 사이에서도 발생되며, 재료가 다공성 형틀에 부착될 때도 발생된다. 결함의 또 다른 원인으로는 표면으로의 콜로이드 이동 및 액체의 너무 빠른 증발과 기공의 불충분한 투과성에 의하여 발생된 내부 기체압력 등을 생각할 수 있다.

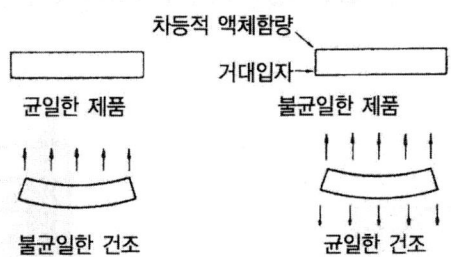

그림 6-40 불균일 건조수축에 의한 형상 뒤틀림

6.3.6 건조장치

(1) 트레이 공기건조기

그림 6-41은 회분식 직접가열 건조기의 일종으로 가장 간단한 경우이다. 즉, ①에서 발생한 연소가스가 ②에 있는 재료를 건조하고 ③에서 배출된다. 또, 그림 6-42에 나타낸 다단식은 송풍기 ①에 의하여 밖에서 흡입된 공기를 가열기 ②에서 가열하여, 선반 ③ 위의 재료를 건조한다. 온도가 떨어진 공기는 다시 가열기에서 가온되어, 다음의 선반으로 돌아간다. 이와 같이 하여 배기구 ④에서 배출된다.

다단식 건조장치의 공기 온도와 습도의 관계는 그림 6-43과 같다. 수직축에 절대습도 H, 횡축에 온도 t를 취하고, 송풍기를 나온 공기의 온도를 t_0, 습도를 H_0라 하면, 가열기에 의하여 온도를 올려 t_1으로 되었을 경우에도 수분의 함유량은 변하지 않으므로 습도는 H_0이다. 이 공기가 선반을 통과하면, 온도가 점차 떨어짐과 동시에 건조에 의한 수분이 늘어나므로, BC를 거쳐 C에서 다시 가열된다. 이와 같이 하여 최후의 G에 상당하는 온도·습도로 배출된다. 이 경우에 수분의 제거량은 물의 증발량과 같으므로 $H_3 - H_0$(무게)이다. 만약, 직접건조장치로 동일한 건조효과를 얻으려면 J에 상당하는 온도 t_2까지 가열해야만 한다.

(2) 트레이 진공건조기

그림 6-44와 같으며 건조기 본체는 진공으로 되었을 때 외압에 견딜 수 있도록 강한 주물로 만들어져 있다. 여러 단의 선반에 과열증기를 보내어 그때 원료에서 발생한 증기는 도관을 통하여 표면응집기, 진공펌프에 의해 뽑아낸다. 증발이 심하므로 형태가 부서져도 좋은 것, 공기건조에서는 변질이나 산화 등의 염려가 있는 것의 건조에 쓰여진다.

(3) 터널건조기

트레이 건조기는 일반적으로 용량이 작고 더구나 조작이 불연속이지만, 이 건조기는 대량, 연속적

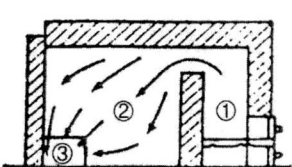

그림 **6-41** 회분식 직접가열 건조장치

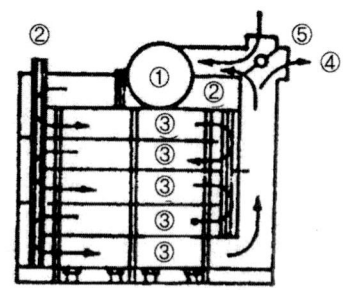

그림 **6-42** 다단식 건조장치

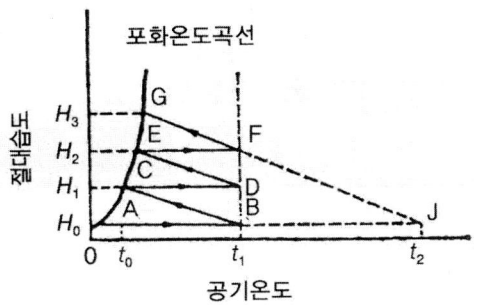

그림 6-43 다단식 건조장치의 건조과정

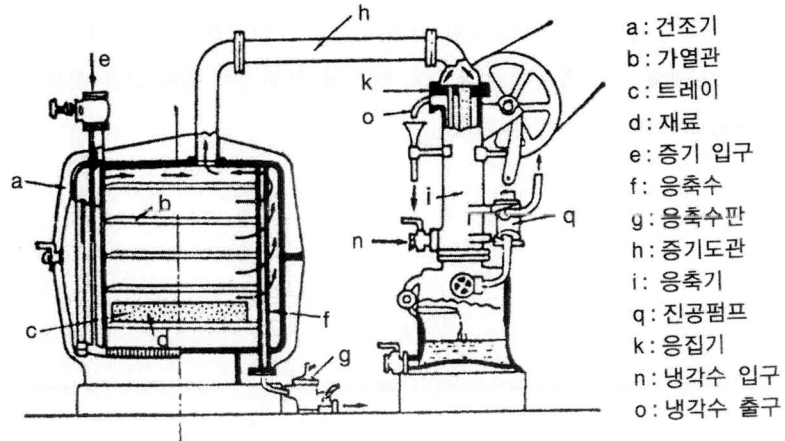

그림 6-44 트레이 건조기

인 건조가 가능하다. 그림 6-45와 같이 가열공기가 흐르는 방향과 원료의 진행방향이 서로 반대인 향류식이 많이 쓰인다. 건조능력은 출구에서 입구에 이르기까지 대체로 평균적이다. 반건조상태의 원료가 출구 부근에서 고온 저습의 공기와 마주치게 되므로 건조가 잘 된다. 결국 건조가 진행된 상태의 원료가 좀더 높은 온도의 가열공기와 접촉하기 때문이다. 그러므로 과열에 의한 원료의 변질이 우려된다. 이것을 방지하기 위해서는 배가스를 혼합하여 급격한 건조속도를 완화시키기도 한다.

(4) 마이크로파 건조기

마이크로파는 일반적으로 전기적 도체에 의하여 반사되고, 전기적 부도체에 의하여 투과되며, 유전체에 의하여 흡수된다. 물은 유전체처럼 거동하는데, 이는 분자가 극성이고 마이크로파를 받을 때 분극방향이 순환되기 때문이다. 마이크로파 흡수는 필드의 세기 및 주파수와 유전손실인자의 곱에 비례한 가열을 일으킨다. 마이크로파의 에너지는 큰 단면 내의 액체를 비교적 빠르게 가열해서 증발

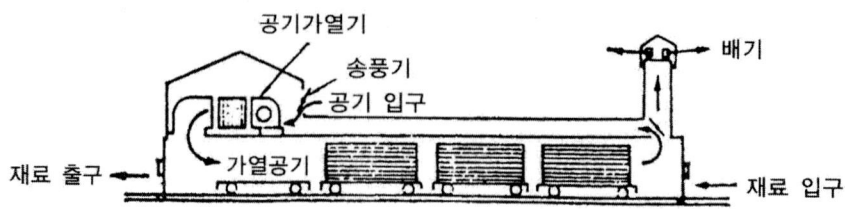

그림 6-45 터널건조기

시킬 수 있으며, 고체의 열전도도와는 무관하다. 세라믹 절연체를 건조시키는 경우, 마이크로파는 물에 의해 선택적으로 흡수되며, 건조시 제품온도가 50℃를 초과해서는 안 된다. 즉, 통상적인 건조에서 높은 표면온도는 피해야 한다. 물이 증발되어 기체상태로 표면으로 확산됨에 따라서, 마이크로파의 겉보기 침투는 증가한다. 마이크로파 건조는 온도에 민감한 제품의 건조, 건조시간의 단축, 단면적인 큰 제품 및 대형 석고 형틀의 건조, 젤, 안료 및 투과성이 매우 낮은 점토와 같은 콜로이드 재료로 구성된 제품을 건조시킬 때 이용된다.

제 **7** 장

성 형

역사적으로 인류가 제조한 최초의 세라믹스는 토기라 할 수 있다. 점토가 주분체가 되며, 점토의 가소성을 이용하여 물로 반죽하여 성형하였다. 즉, 가소성형이 가장 오랜 역사를 지닌 성형방법이라 말할 수 있다. 층상구조인 점토는 미세해서 표면적이 크며 물에 대한 친화성이 매우 커서 가소성을 나타내지만, 편평한 구조로 인해 치밀성과 균질성이 떨어진다. 즉, 성형 중에 발생하는 입자배향이나 입자의 미끄럼면 발생에 의한 불균질이 나타난다. 이러한 현상은 건조수축의 이방성, 균열발생, 라미네이션의 원인이 된다. 입자형태의 이방성은 점토에만 해당되는 것이 아니고 일반적인 분체의 성형에서도 치명적인 결함으로 되기 쉽다.

1800년경부터 석고형틀에 의한 주입성형을 이용하기 시작되었고, 현재까지 각종의 주입성형 기술이 개발되었다. 주입성형은 점토를 전혀 함유하지 않는 파인 세라믹스의 성형에도 이용되고 있다. 치수 정밀도와 품질의 향상, 양산의 필요성이 대두되면서 가압성형법이 개발되었고, 조직의 균일성 및 치밀화를 목적으로 1축가압에서 2축가압, 등축가압까지 응용되고 있다. 그밖에, 가소성 및 열경화성 수지를 이용한 사출성형, 유기결합제를 이용한 가소성형, 닥터블레이드(doctor blade)법에 의한 테이프 성형법 등이 사용되고 있다. 또한 성형과 소결을 동시에 행하는 고온프레스 및 정수압 고온프레스법도 있다. 이 장에서는 입자 충전에 관한 기본적인 이론, 각종 성형방법 및 그 기구에 대해 설명하고자 한다.

7.1 입자 충전

입자계는 서로 다른 특성을 지닌 원료들의 분쇄, 분급 및 혼합공정에 의해서 형성되며, 그 기하학적 특성은 입자배열과 충전밀도, 기공틈새의 크기와 형태, 유체에 대한 투과저항, 벌크유동 및 변형거동, 건조거동 그리고 소성 후의 미세구조에 크게 영향을 미친다.

고밀도, 미결정립의 세라믹스를 제조하기 위한 분말은 일반적으로 마이크론 이하 또는 수 마이크론보다 더 미세하며, 소결시 과대 결정립 성장을 피하기 위하여 크기분포는 대략 대수-정규적(log-normal) 크기분포를 갖는다(그림 7-1). 도자기와 액상소결에 의해 제조되는 제품들의 경우, 최대 크기 $10 \sim 100\,\mu m$부터 마이크론 이하까지 범위의 입자들을 사용하며, 비교적 밀한 충전분포를 갖는다. 내화물과 콘크리트는 약 1cm부터 마이크론 이하까지 범위의 입자들을 사용하며, 충전밀도를 향상시키기 위해서 불연속적인 크기들을 사용하여 제조한다. 높은 분율의 미세 기공이 요구되는 내화단열벽돌에는 내화 섬유와 혼합 응교된 입자들이 사용된다. 대부분 세라믹스에서는 다양한 크기와 형태의 입자들을 사용하기 때문에, 입자충전 거동이 매우 복잡하다.

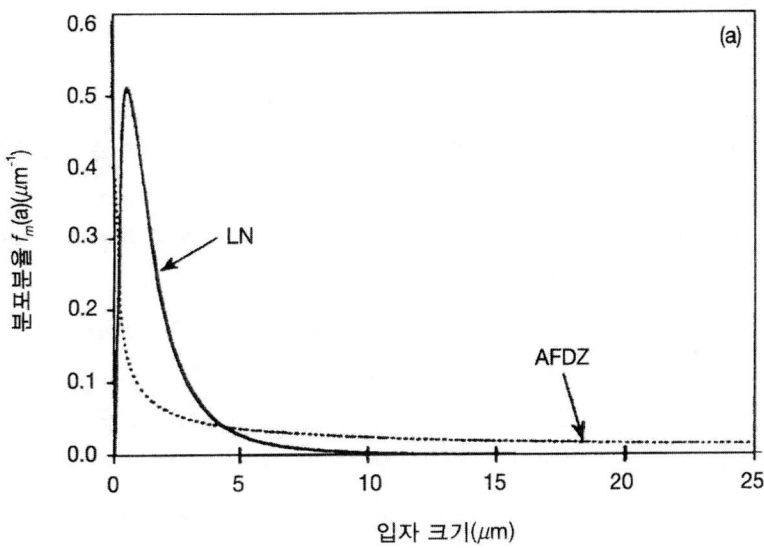

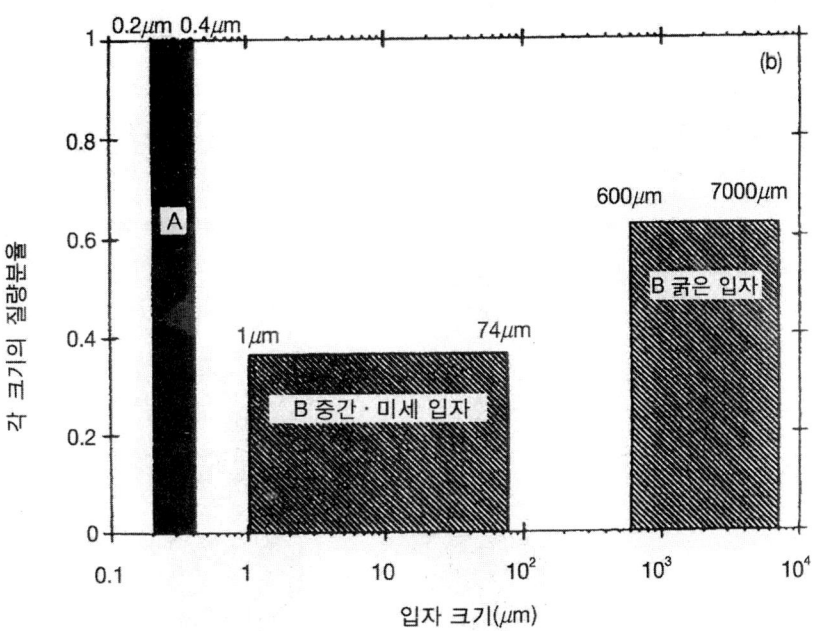

그림 7-1 (a) 알루미나 기판, 티탄산바륨, 페라이트 등의 제조용 미세 분말의 크기분포는 대수-정규적(LN)이며, 도자기 제조용 분말은 콜로이드 크기의 입자들을 함유하며 보다 밀한 충전분포(AFDZ)를 갖는다. (b) A 입자계는 거의 콜로이드형 입자로 구성되며, 특수 코팅이나 서브마이크로의 소결 입경이 요구되는 파인 세라믹스 제조용 분 말로 이용되고, 중간 및 미세한 입자 크기로 구성된 입자계와 입자 크기가 큰 계가 혼합된 B 입자계는 내화 물 또는 콘크리트 등에 이용된다 (J.S.Reed, "Principles of Ceramics Processing", John Wiley & Sons, 216, 1995.).

7.1.1 충전특성

균일한 구들의 충전방식을 대별하면 그림 7-2와 같다. 구가 점유하는 부피는 충전분율(PF) 또는 충전밀도($PD(\%)$)로 나타낸다. 표 7-1에서 볼 수 있듯이, 충전밀도는 단순입방 충전시의 52%부터 사면체 및 피라미드 충전시의 74%까지의 범위를 갖는다. Scott 등은 1mm 이상의 균일한 구들을 불규칙적으로 배열하였을 때의 충전밀도는 약 60% 정도가 되며, 진동을 주면서 충전시키면 약 64%까지 충전밀도가 증가하는 것을 실험적으로 보고하였다.

비다공성 구들 사이의 틈새 부피는 틈새 기공의 분율 또는 틈새 기공률($\varphi(\%)$)로 나타내며, 기공 크기는 구의 크기 및 충전배열의 함수이다. 사면체 충전시의 틈새 단면적 A는 $0.04 \sim 0.21a^2$, 단순입방 충전시는 $0.21a^2$이다. 최밀충전시, 틈새 단면적은 구의 직경이 감소함에 따라서 감소한다.

충전물 사이의 연속적으로 분포된 기공의 중심선은 비틀어져 있으며, 단위포의 모서리 길이에 대한 중심선 길이의 비를 굴곡도(T_o, tortuosity)라고 한다. 입방 충전에서는 $T_o = 1$이며, 사면체 충전에서는 1.3이다. 입자들이 덜 밀한 부분으로 이동하면 평균 굴곡도가 감소된다.

균일한 크기의 구가 충전된 계에서 단위부피당 입자개수(N_P)는

$$N_P = \frac{6(PF)}{\pi a^3} \tag{7-1}$$

과 같다. 단위부피당 입자 간 접촉수(N_C)는 N_P와 배위수(N_C)의 1/2과의 곱이 된다.

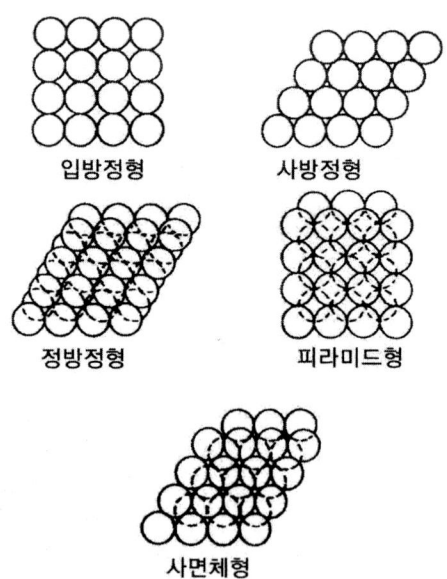

그림 7-2 일정 크기 구의 규칙적 충전방식

표 7-1 일정 크기 구의 배위에 따른 충전밀도

배위방식	배위수	충전밀도
입방정형(cubic)	6	52.4
사방정형(orthorhombic)	8	60.5
정방정형(tetragonal)	10	69.8
사면체형(tetrahedral)	12	74.0
피라미드형(pyramidal)	12	74.0

$$N_C = \frac{3(PF)(CN)}{\pi a^3} \tag{7-2}$$

규칙적인 충전배열시 N_C는 충전기하에 크게 의존한다.

불규칙적인 충전배열의 경우, 입자 간 접촉수는 구들의 국부적 그룹의 배열과 기공률의 함수이다. Smith에 의하면, 배위수는 $6 \sim 10$의 범위를 나타내고, 평균 배위수($\overline{CN}$)의 경험적 근사값은 π/ϕ이다. 무질서한 충전에서 평균 접촉수는

$$\overline{N_C} = \frac{3(1-\phi)}{\phi a^3} \tag{7-3}$$

으로 근사된다. McGeary는 단일 크기($>37\,\mu m$)의 구형입자들을 축진동으로 충전시켰을 때, 대부분 사방정형 충전을 나타내었고 충전밀도가 62.5% 정도로 되는 것을 보고하였다. 이 배열은 진동에 의해 구들이 옆으로 퍼지고 끼어들고 하며 안정화되는 것으로 나타났으며, 용기직경/입자직경비가 10을 초과하면 용기벽의 방해는 거의 없는 것으로 나타났다. 참고로, 해교 슬러리를 필터프레스 (filter press)로 충전시킨 콜로이드 크기의 실리카와 알루미나의 거의 단일 크기 구형입자들의 충전 밀도는 약 $60 \sim 65\%$를 나타낸다.

7.1.2 큰 입자들 사이의 틈새 충전

충전된 큰 입자들의 틈새 안으로 작은 입자들이 유입되면 기공률과 기공 크기가 감소한다. 또한 미세 입자들에 큰 입자가 유입되면 미세 입자와 기공이 변위하고 기공률이 감소한다. 충전에서 이 모델을 Furnas 모델이라 한다(그림 7–3 참조).

큰 입자, 중간 입자 및 미세 입자들의 혼합물의 충전에서 이론적 최대충전분율(PF_{max})은

$$PF_{max} = PF_c + (1 - PF_c)\,PF_m + (1 - PF_c)(1 - PF_m)\,PF_f \tag{7-4}$$

가 된다. 여기서 PF_c, PF_m, PF_f는 각각 큰 입자, 중간 입자, 그리고 미세 입자들의 충전인자이다. PF_{max}에서 각각의 크기의 무게분율 f_i^w는

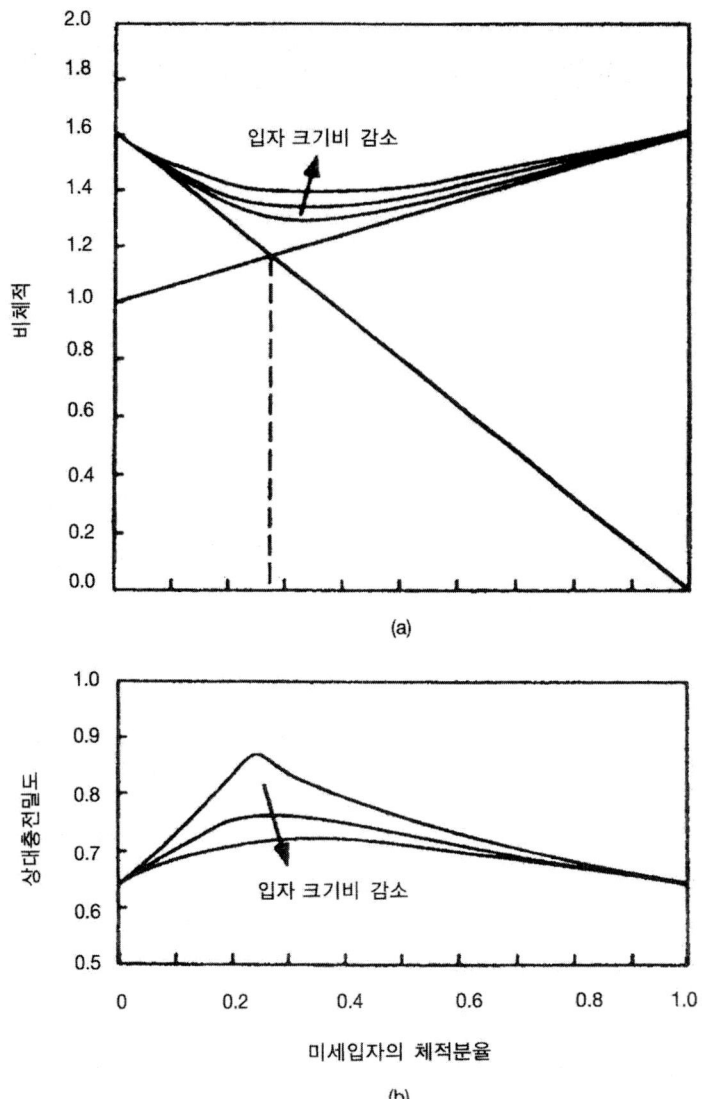

(a)

(b)

그림 7-3 (a) 큰 입자와 미세 입자의 혼합물의 충전부피(직선; 어느 크기 입자 중의 일부를 다른 크기로 대체하고 그 크기비가 무한할 때 나타나는 이상적인 충전, 곡선; 실제계에서 나타나는 충전거동으로 제한된 크기비를 가짐), (b) 상대충전분율(큰 입자 간의 틈새를 미세 입자가 채울 때 최대충전분율을 나타냄). (J.S.Reed, "Principles of Ceramics Processing", John Wiley & Sons, 220, 1995.)

$$f_i{}^w = \frac{W_i}{W_{total}} \qquad (7\text{-}5)$$

와 같다. 여기서 W_i는 각각의 크기의 무게이며, $W_{total} = \Sigma W_i$이다. 3성분계에서 큰(W_c), 중간(W_m), 미세(W_f) 입자들의 무게는 다음과 같다.

$$W_c = PF_c\, D_c \qquad (7\text{-}6)$$

$$W_m = (1 - PF_c)PF_m\, D_m \qquad (7\text{-}7)$$

$$W_f = (1 - PF_c)(1 - PF_m)PF_f\, D_f \qquad (7\text{-}8)$$

이 모델에서 입자의 부피분율은 입자 크기에 따라서 감소한다. 실제로, 가장 근접한 크기들 사이의 비가 약 7보다 더 크고 아주 미세한 입자들이 균일하게 분포되었을 때 최대충전분율이 얻어진다. 아주 미세한 입자들은 모든 틈새에 들어갈 수 있도록 충분히 작아야 한다(그림 7-4). McGeary는 이러한 충전방식을 근거로, 실험적으로 4종류의 강구들을 진동 충전시킨 결과 95%의 충전밀도를 얻었다(표 7-3).

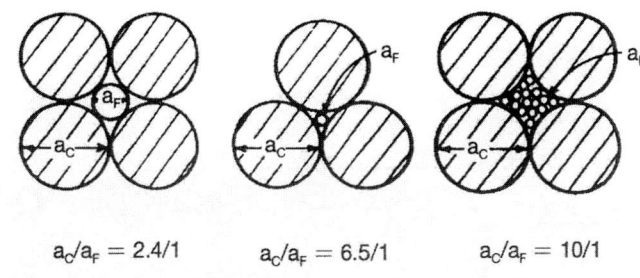

$$a_c/a_F = 2.4/1 \qquad a_c/a_F = 6.5/1 \qquad a_c/a_F = 10/1$$

그림 7-4 큰 입자 간의 틈새에 작은 입자가 유입된 충전

표 7-3 크기가 다른 구들의 혼합에 의한 충전밀도 변화

| 직경 (cm) | | | | 충전밀도 (%) | |
| 구의 무게비 | | | | | |
1.28	0.155	0.028	0.004	계산치	실험치
1.000	–	–	–	60.5	58.0
0.726	0.274	–	–	84.8	80.0
0.647	0.244	0.109	–	95.2	89.8
0.607	0.230	0.102	0.061	97.5	95.1

7.1.3 연속적인 크기분포의 입자 충전

대부분의 세라믹스는 어느 최대 크기와 유한한 최소 크기 사이의 연속적인 크기분포를 가진 입자들로부터 제조된다. 예를 들어, 미결정립 세라믹스를 제조할 때는 일반적으로 그림 7-5에 나타낸 바와 같이 대수-정규적인 입자분포를 갖는 하소분말을 사용한다. 기하표준편차(σ_g)는 1.4 ~ 2.4 범위이다. 대수-정규적 분포를 갖는 구들의 무질서한 충전에서의 최소기공분율은 계산적으로 기하표준편차가 커짐에 따라 증가하나, 구형입자들의 최대충전밀도는 σ_g가 1.4에서 2.4로 커짐에 따라 65%에서 겨우 69%로 증가하는 것으로 계산되었다. 여과 케이크를 하소 후 분쇄하여 제조한 대수-정규적 분포를 갖는 3가지 알루미나 분말의 최대충전분율을 표 7-4에 나타내었다. 예상대로 최대충전분율의 실험치는 기하표준편차가 큰 분말인 경우에 약간 더 높은 것을 알 수 있다. 그러나 충전밀도값은 구를 사용한 모델에서 계산한 값보다 낮은데, 이는 알루미나 하소분말이 비구형의 다공성 응결체들로 형성되어 있기 때문이다.

크기분포가 대수-정규적이 아닌 알루미나 하소분말의 경우 더 높은 최대충전분율을 갖는다(그림 7-6). 충전밀도는 입자 크기의 범위뿐만 아니라 크기분포의 형태에도 크게 의존한다. 치밀한 충전에서의 혼합물 크기분포는 Andreasen 식에 의하여

$$F_M(a) = \left[\frac{a}{a_{max}} \right]^n \tag{7-9}$$

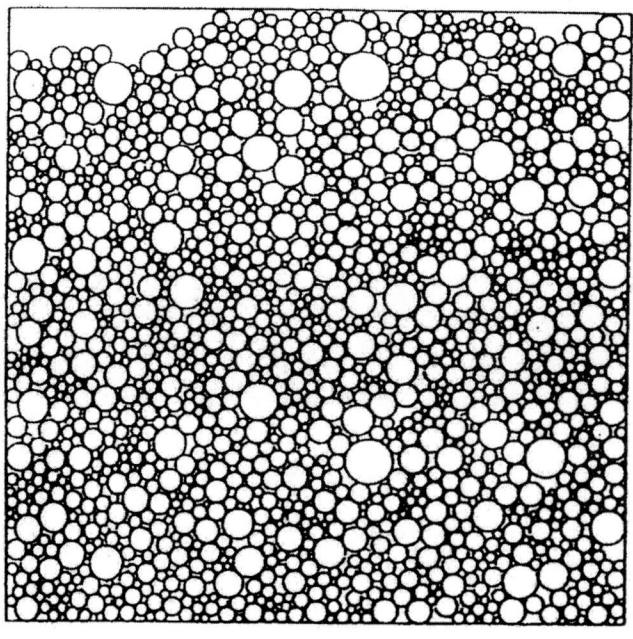

그림 7-5 대수-정규적 입자분포의 무질서 충전

표 7-4 대수-정규적 입자분포의 알루미나 하소분말의 *PF* 실험치

특 성	알루미나 분말의 형태		
$\bar{a}_{gM}(\mu m)$	8.0	0.8	1.3
σ_g	1.8	2.2	2.5
PF(%)	62	64	66

와 같이 근사된다. 여기서 a_{max}는 최대 입자 크기이며, $1/n$은 분포계수이다. Andreasen은 특정한 a_{max}에 있어서 충전입자들의 기공률은 n이 감소함에 따라서 감소한다고 하였으며, n의 범위를 0.33 ~0.50이라고 보고하였다. n이 0.33과 0.50일 때의 식 (7-9)과 75%의 최대충전밀도를 갖는 전기용 자기에 대한 크기자료를 그림 7-7에 나타내었다. 약 0.3 μm보다 더 큰 크기들의 실험치는 Andreasen 범위 내에 속하지만, 그보다 작은 크기의 분포는 곡선을 나타낸다.

Andreasen은 최소입자들이 무한소로 작다고 가정하였는데, Dinger와 Funk는 실제 재료에서 가장 미세한 입자들의 크기는 유한하다는 것으로부터, 최소 크기 a_{min}을 도입해서 Andreasen 식을 변형시켰다. 또한 Zheng은 기본모델로부터 식을 유도하였다. 결과적으로 치밀한 충전에서 *AFDZ* 식은 다음과 같다.

$$F_M(a) = \frac{a^n - a_{min}{}^n}{a_{max}{}^n - a_{min}{}^n} \tag{7-10}$$

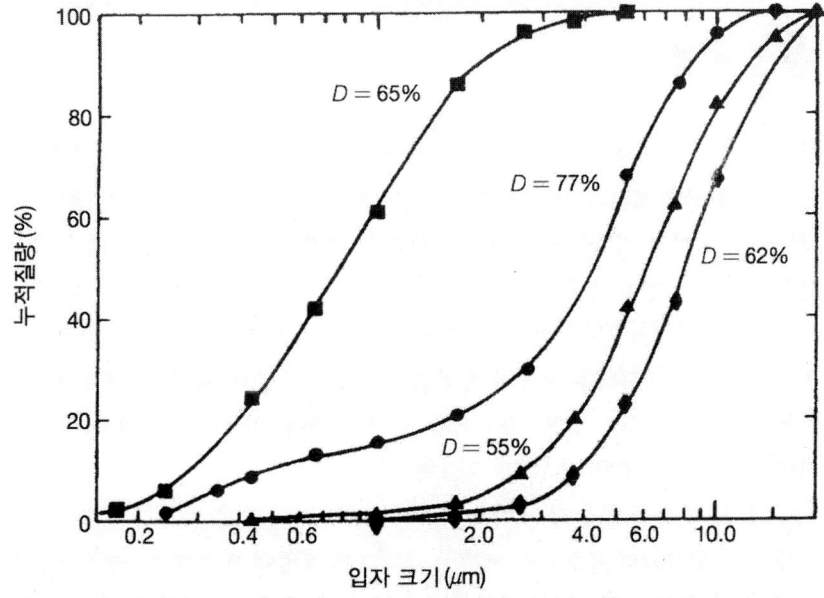

그림 7-6 Bayer 공정으로 제조한 알루미나 하소분말들의 누적 입자 크기분포와 최대충전밀도(J.S.Reed, "Principles of Ceramics Processing", John Wiley & Sons, 224, 1995.)

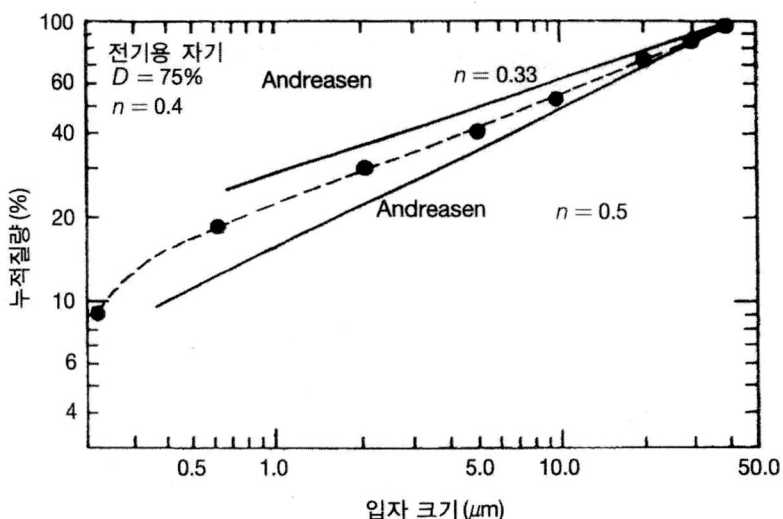

그림 7-7 최대 크기가 44 μm인 Andreasen 분포와 전기용 자기의 입도 크기분포(J.S.Reed, "Principles of Ceramics Processing", John Wiley & Sons, 225, 1995.)

일반적으로, 식 (7-9)와 (7-10)에 의해 근사된 크기분포에 대하여, 충전밀도는 $1/n$과 크기범위가 증가함에 따라서 증가하며, 충전밀도는 80%를 초과한다. 77%의 충전밀도를 가진 그림 7-6에서의 알루미나 하소분말은 식 (7-10)에 의하여 대략 근사되지만, n은 0.5 이상의 값이 된다.

7.1.4 충전 방해

성형 중에 입자들은 기공률을 최소화하기 위해 이동하는데, 이때 외부 및 내부적 요인들에 의해서 방해받는다. 입자 및 응집체들의 가교는 충전에 심각한 영향을 미친다. 가교는 특히 입자들과 응결체의 표면이 거칠 때, 그리고 입자들과 기계설비 사이의 계면에서 마찰이 높을 때 문제가 된다. 기계적 진동은 순간적으로 가교 힘을 감소시켜서, 건조 입자들이 보다 쉽게 이동하여 치밀한 배열이 되도록 한다(그림 7-8 참조). 성형기기의 벽면 및 입자표면 등 모든 표면을 윤활하게 함으로써 한층 높은 충전밀도를 얻을 수 있다. 매끄러운 구들의 충전밀도가 65%인 것에 비하여, 균일한 크기의 굵고 각진 입자들의 진동 충전밀도는 50~60% 정도이다. 따라서, 몇몇 입자들이 파괴되어 최소기공률에 도달하려면 거기에 상응하는 기계적 에너지가 필요하다.

응고력, 응교력 및 부착력 등은 입자운동을 억제시키므로 역시 충전을 방해한다. 그림 7-9에 나타내었듯이, 비등축성 입자들의 무질서한 배열은 규칙적인 배열에 비하여 더 높은 기공률과 더 넓은 범위의 기공 크기를 나타낸다. 입자들의 종횡비가 크거나, 등축성 입자분말에 많은 양의 섬유를 첨가하면 기공률이 커진다.

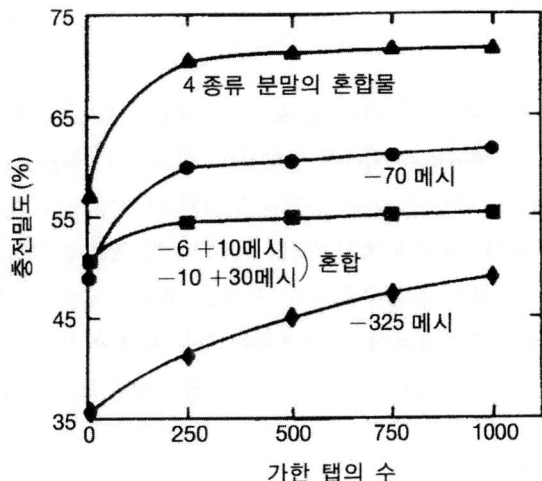

그림 7-8 알루미나 분말의 충전밀도에 미치는 진동주기의 영향(J.S.Reed, "Principles of Ceramics Processing", John Wiley & Sons, 226, 1995.)

그림 7-9 비등축성 입자의 무질서 충전: (a) 무질서, (b) 배향.

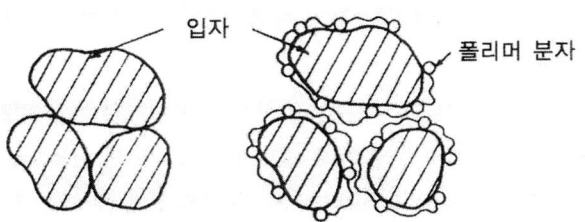

그림 7-10 흡착 결합제 분자에 의한 충전밀도 감소현상

　흡착 결합제 분자와 콜로이드 입자는 입자이동을 방해하며, 가해진 응력이 그 방해요소를 제거하지 못하면 충전밀도는 감소한다(그림 7-10). 입체장해는 결합제의 분자량이 증가함에 따라서, 또한 그 분자들이 입자들을 가교시킬 때 증가한다. 입자들이 콜로이드 크기일 때 또는 결합제 농도가 높을 때 충전의 불균일성은 더욱 현저하게 증가한다.

7.2 성 형

세라믹 분말재료를 특정의 크기, 모양 및 표면, 그리고 밀도와 미세구조를 가진 성형체로 만드는 공정을 성형이라고 한다. 목적하는 세라믹 완제품을 제조하기 위해서는 성형체의 밀도 및 미세구조를 정밀하게 제어하여야만 하는데, 이는 성형시 도입된 큰 결함들을 소성공정에서 제거하기가 일반적으로 쉽지 않기 때문이다. 표면은 매끄러워야 하며, 몇몇 제품에 있어서는 필수적일 수도 있다. 성형체는 취급 및 후속의 마무리 공정에서 견딜 수 있는 충분한 강도를 지녀야만 한다. 또한 대량생산시 제품의 크기 재현성도 매우 중요하다. 성형체와 소성 완제품 사이의 일정한 수축인자를 유지하도록 크기와 생밀도를 조절하여야 한다. 분말의 각종 성형공정을 표 7-5에 분류하였다.

7.2.1 성형 개요

(1) 성형 첨가제

성형 첨가제의 액체함량과 조성은 각 성형방법에 따라 약간씩 다르며, 4장에서 설명한 첨가제들의 기능들은 표 7-6에 요약 정리하였다.

결합제의 분자량과 농도는 필요한 성형 레올로지 및 제반 성질들에 매우 중요한 역할을 한다. 각 성형법에 이용되는 결합제의 점도등급과 분자량을 표 7-7에 나타내었다. 압축성형용 과립은 일반적으로 슬러리를 분무건조해서 제조하고 있는데, 참고로 약 40vol% 분말과 2~10vol%의 결합제 농도를 지닌 분무건조용 슬러리의 경우, 결합제는 저 점도부터 중간 점도등급을 사용한다. 주입성형에서 미분말의 진한 슬립을 사용하는 경우 결합제의 함량을 매우 적게 하여야 하는데, 이는 주입물 간의 액체이동에 대한 저항이 결합제의 농도에 따라서 직접 변하기 때문이다. 따라서 액체와 함께 적게 이동하는 고분자량의 결합제를 사용하는 것이 바람직하다. 또한 젤 주입의 경우는 낮은 점도등급(저분자량)의 결합제가 사용된다.

적절한 항복강도, 겉보기 점도 및 가소성을 가진 분말재료를 압출성형할 경우에는 소지 안의 액체 투과성 및 결합제의 이동성이 낮아야 하기 때문에 중간~높은 점도등급의 결합제가 사용된다. 압출성형용 결합제 경우, 판상의 응교 점토는 슬러리 형태로 혼합하지만, 중간 및 고 분자량의 분자 결합제는 직접 첨가 혼합한다. 셀룰로오스계 결합제는 압출성형체에 탄성을 부여한다.

중간 분자량의 열가소성 결합제는 비수성 사출성형용 첨가물로 사용된다. 열가소성 중합체 결합제의 점도는 폴리에틸렌, 폴리프로필렌 및 왁스와 같이 성형온도에서는 비교적 낮지만, 실온으로 냉각하면 겉보기 점도가 매우 높아진다.

각종 성형법에 따른 성형 전후 및 건조 후 미세구조의 변화에 대해 표7-8에 나타내었다. 성형용 재료를 슬러리화하면 입자들과 첨가제들의 분산이 용이하여 편리 및 불균일성을 감소되며, 따라서 제품의 성질이 크게 향상되고, 생산품 간의 변화가 감소된다. 결합제 부피/입자부피($100V_b/V_p$)는 성

표 7-5 각종 성형공정

성형공정/출발원료	형 틀	특 징	제 품
압축성형/분말			
단식 및 복식 가압	금형	정밀 치수제어, 양산 가능	소형의 전자세라믹스 및 내화물
정수압 가압	고무형틀/금형	복잡한 형태의 성형, 균일한 밀도의 등방성 제품생산	전자 및 고온구조용 세라믹스
열간 가압	내화 세라믹/금형	성형과 동시에 소결	치밀한 세라믹스
열간 정수압 가압	고온용 압력매체	성형과 동시에 소결, 복잡한 형태의 성형, 균일한 밀도의 등방성 제품생산	치밀한 세라믹스
롤링 가압	금속제 롤(roll)	연속 생산 가능	후막 기판
압축성형/슬러리	다공성 피스톤	배향 성형, 분말과 섬유의 복합재료 성형	배향재료 및 섬유강화제품
압축성형/가소성 원료			
도자기	다공성 형틀	저압 성형, 소형 및 대형제품 성형	식기류 및 전기절연제품
열경화성	금형(가열)	소형 및 대형제품 성형	내화물 및 절연체
열가소성	금형(냉각)		
압출성형/가소성 원료	금형	연속 공정, 양산 가능 소형 및 대형제품 성형	내화물 및 봉상, 튜브상 제품
사출성형			
몰딩/가소성 원료	금형	정밀 치수제어, 복잡한 형태의 성형	구조부품 및 노즐
롤링	금속제 롤	연속 생산 가능	연삭용 제품
주입성형/슬러리			
슬립	다공성 석고형틀	여러 가지 형태의 성형	내화물, 위생도기 및 식기류
젤	금형/고분자 형틀	복잡한 형태의 성형, 분말산성 우수, 균일한 밀도	구조용 제품 및 절연체
반응결합	각종 재료	복잡한 형태의 성형, 소형 및 대형제품 성형	콘크리트, 내화물 및 치과용 재료
테이프	블레이드(blade)	연속 공정, 양산 가능	박막 기판

표 7-6 성형 첨가제의 기능

첨가제	기 능
적심제	입자의 적심성 및 분산성 향상
해교제	입자 분산성 향상
응고제	응결의 균일성 향상
결합제/응고제	레올로지 제어, 성형 생강도 부여
가소제	성형온도에서 결합제의 점탄성 제어, 결합제의 유리천이온도 감소
기포안정제	기포의 제거
제포제	기포의 안정성
윤활제	형틀 및 충전물 내의 마찰저항 감소, 성형체의 용이한 방출

표 7-7 결합제의 점도등급과 분자량

성형공정	점도등급 (mPa · s)	분자량 (kg/mol)
압축성형(분무건조분말)	낮은 급~중간급	8-50
주입성형(슬립)	중간급~높은 급	20-300
주입성형(젤)	매우 낮은 급~중간급	3-20
주입성형(테이프)	중간급~매우 높은 급	100-1000
압출성형	중간급~높은 급	100-500
사출성형	중간급	20-50

형공정에서 중요한 변수이다. 표 7-8에 나타내었듯이, $100V_b/V_p$값은 사출성형 및 테이프 성형용 재료에서는 매우 크며, 압출성형 및 젤 주입성형용 재료에서는 보통이며, 슬립주입성형 및 압축성형용 재료에 있어서는 비교적 작다. 성형용 재료의 기공포화도(액체부피/기공부피, DPS; Degree of Pore Saturation)는 주입 및 사출성형계의 경우는 >1이며, 압출성형계에서는 거의 1이며, 압축성형계에서는 ≪1이다. 일반적으로 사출성형체를 제외하고, 건조공정은 DPS를 크게 감소시킨다. 성형 시 입자 충전의 변화(ΔPF)는 성형시 일어난 치밀화와 불균일한 압력 또는 성형 첨가제의 이동에 따

표 7-8 성형 전후 및 건조 후 계의 특성

성형공정	$100V_b/V_p$	기공포화도 (DPS)			ΔPF	$100V_v/V_p$
		성형용 재료	성형 후	건조 후		
압축성형	2-10	≪1	≪1	≪1	크다	2-10
압출성형	8-16	<1	=1	≪1	매우 작다	8-16
사출성형	15-40	>1	>1	>1	매우 작다	30-50
주입성형(슬립)	0-4	>1	=1	≪1	중간	0-6
주입성형(젤)	5-25	>1	>1	≪1	매우 작다	5-25
주입성형(테이프)	15-25	>1	>1	<1	중간	45-70

른 밀도구배 등에 영향받는다. 그러나 *PF*가 작을수록 성형체의 기공률은 증가하며, 따라서 소성에 의한 수축도 커질 것이다. 성형체 내의 잔류유기물 부피/입자부피($100V_o/V_p$)는 소결 전 단계, 즉 하소공정에서 유기물의 열적 제거에 필요한 시간을 나타낸다. 특히 사출성형 및 테이프 성형체의 경우, 그리고 결합제 함량이 비교적 큰 젤 주입성형체에 있어서 유기물의 열해리 과정은 매우 조심스럽게 수행되어야만 한다.

각 성형방법에 따라서 압력과 전단속도가 다르며, 일반적으로 성형용 재료의 항복응력과 겉보기 점도가 증가함에 따라서 성형압력은 증가한다. 과립상의 재료를 정수압 및 롤 가압성형할 때는 압축 성형시 보다 큰 압력이 요구된다. 또한 가소성 및 슬러리 성형재료의 경우는 훨씬 낮은 압력으로 성형하며, 사출, 압출 및 주입성형 순으로 성형압력은 감소한다. 성형시 전단속도는 재료공급방식과 공정의 불연속식/연속식 특성에 의존하여 광범위하게 변한다.

형틀에서 나온 성형체는 취급시 형태의 왜곡이 없도록 충분한 강도를 가져야 한다. 균열이나 층상화가 형성되지 않았다면, 일반적으로 성형체는 건조공정에 의해 강도가 증가된다.

(2) 성형장비

일반적으로 압축성형에서는 매우 빠른 속도(초당 1개 이상)로 소형품을 압축·방출하는 고도로 자동화된 압축성형기를 사용한다. 일축가압용 형틀은 열처리한 초경합금제를 주로 사용하며, 정수압 압축성형에서는 고무형틀을 사용한다. 재료공급시 적절한 제어가 요구된다.

압출성형 역시 고도로 기계화 및 자동화되어 있다. 압출기는 규모가 작은 성형 또는 고성능 부품을 성형할 때는 피스톤 형을 사용한다. 단면적이 큰 성형체의 경우는 단일 오거(auger) 또는 이중 나사 형을 사용하여 연속적으로 성형한다. 압출성형용 재료로는 굵은 과립형이거나 피스톤 압출에 의해 탈기시킨 봉상을 사용한다.

고압 사출성형은 다른 성형방법과 비교시 매우 복잡하며, 성형용 재료는 사전에 잘 혼합한 펠렛 또는 비드형을 사용한다. 성형과정에서의 온도 및 전단속도의 제어가 중요하다. 형틀로는 내마모성이 우수한 강화된 강을 사용하며, 표면연마 또한 우수하여야 한다. 형틀제작시에는 배출구, 방출 핀, 용접선 및 모서리 반경 등에 대한 세심한 설계가 필요하다.

주입성형에 있어서 기계화, 자동화 및 자본비용의 정도는 주입방식, 제품형태 및 생산량에 의존하여 변한다. 모세관 흡인에 의해 액체를 제거하는 다공성 석고형틀이 많이 사용된다. 빠른 주입성형을 위해 슬러리를 압축하거나 또는 진공 중에 주입하는 방법도 이용되고 있다.

(3) 치수제어

제품 생산시, 사양 만족을 위한 제품치수의 제어는 필수적이다. 소성 완제품의 양품률을 크게 증가시키고 제품비용을 감소시키려면 엄격한 치수공차를 지닌 성형체를 제조하여야 한다. 소성 완제품을 사양 치수까지 기계가공하는 방법은 시간 및 비용면에서 그다지 좋은 방법이 되지 못한다.

성형 후 수축은 최종 밀도와 성형시 밀도 사이의 큰 차이로 인해 금속이나 중합체 가공에서보다 세라믹 가공에서 훨씬 더 크다. 부피수축은 건조과정에서의 수축(S_{vd}), 유기 결합제의 제거 또는 접합체들의 합체반응에 의한 수축(S_{vb}) 그리고 소결에 의한 수축(S_{vs}) 등으로 일어날 수 있다. 전체 부피수축(S_v)은

$$S_v = S_{vd} + S_{vb} + S_{vs} \tag{7-11}$$

과 같다. 따라서 소성체의 정밀한 치수제어는 S_{vd}, S_{vb}, S_{us}에 의존한다. 건식 압축성형체와 사출성형체의 경우 S_{vd}는 0이다. 그러나 압출성형체와 슬립주입 성형체에서는, S_{vd}는 3~12% 정도이다. 사출성형체와 테이프 주입성형체에 있어서는 결합제 제거에 의한 수축(S_{vb})이 비교적 크다. 소결수축(S_{us})은 높은 밀도의 소성체인 경우 약 35~45%이다. 우수한 치수제어를 위해서는 S_{vd}와 S_{vb} 수축이 작아야 한다.

소성체의 부피(V_{final})는 성형체의 부피(V_{formed})와 전체 부피수축에 의존한다.

$$V_{final} = (1 - S_v)V_{formed} \tag{7-12}$$

물론 최종 제품치수의 조절은 성형치수뿐만 아니라 가공시 발생하는 수축도 고려하여야만 한다.

그림 7-11에 압축성형, 건조 및 소결과정에서 발생하는 부피변화를 나타내었다. 소성체 내에 기공이 잔류하면, 소성체 부피 V_{final}는 무기 고체의 부피 V_{solids}보다 더 크며, 그 비율 D_r은

$$D_r = V_{solids} / V_{final} \tag{7-13}$$

이 되며, 따라서

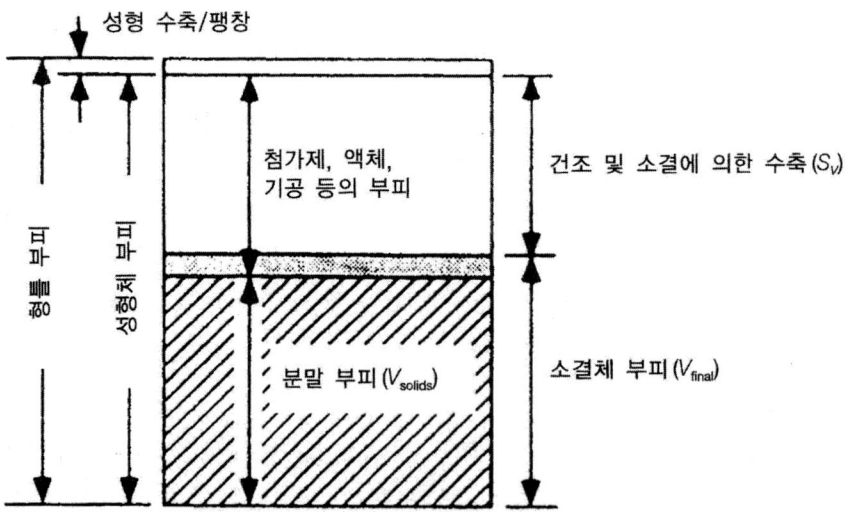

그림 7-11 압축성형 · 건조 · 소결과정에서의 부피변화

$$V_{\text{final}} \;/\; V_{\text{formed}} \;=\; V_{\text{solids}} \;/\; (V_{\text{final}} \; D_r)$$

$$V_{\text{final}} \;=\; V_{\text{formed}} \; (PF_{\text{formed}}) \;/\; D_r \tag{7-14}$$

가 된다.

V_{formed}는 형틀에 의해 제어되며, PF_{formed}는 성형용 재료의 일관된 배합과 분산에 의해 제어되며, 재현성이 요구된다. 특정한 유동 레올로지를 유지하기 위해 성형 첨가제의 비율을 조절하거나 액체 함량을 조절하는 경우에는 PF_{formed}와 V_{final}이 변화한다. D_r은 성형체와 소성체의 미세구조에 의해 제어되므로, 소성조건(온도, 시간, 분위기 등)이 일정하다면, D_r의 재현성은 성형체의 미세구조에 크게 영향받게 된다.

수축이 등방적일 때, 선형수축($\Delta L/L_0$)은 다음과 같이 부피수축으로부터 계산할 수 있다.

$$\Delta L/L_0 (\%) = 100 \left[1 - (1 - S_v)^{1/3} \right] \tag{7-15}$$

일반적으로 건조시 선형수축은 약 2% 이하이며, 결합제 제거 및 소결시에는 약 15% 이하이다.

7.2.2 압축성형

압축성형법은 형틀에 분체원료를 충전시키고 가압하여 성형체를 얻는 방법으로 건식법과 습식법이 있다. 일축가압법은 금형을 사용해서 강제적으로 분체원료를 성형하기 때문에 주입성형법 등과 비교하면 제품의 형태가 다소 간단한 것으로 한정되지만 기계부품 등 제법 복잡한 것도 성형이 가능하며, 치수정도도 우수한 것을 만들 수 있다. 또한, 양산형 성형법이며, 내화물, 연마지석, 타일, 절삭 공구, 전자부품, 자성재료 등의 여러 분야 부품의 성형에 이용되고 있다. 그러나 완전히 균일한 제품을 얻기가 어렵고 밀도의 불균일, 강도의 편차 등도 일어나기 쉽다.

단단한 금형과 펀치를 사용하여 1축 가압하여 성형하는 방법을 보통 건식 압축성형이라 부르며, 주로 두께가 0.5mm 이상인 부품과 압축방향으로 표면요철을 가진 부품을 성형하는 데 사용된다. 반면에 유연한 고무형틀 안에서 정수압으로 압축성형하는 방법을 정수압 압축성형법 또는 등압축 성형법이라고 하며, 2차원 또는 3차원의 요철을 가진 형태, 막대와 관 같이 한 방향으로 긴 치수를 가진 형태, 그리고 단면적이 넓은 대형 제품을 성형하는 데 사용된다. 대형 판을 성형할 때는 롤 압축성형법을 이용한다.

(1) 건식 압축성형

(가) 개요

건식 압축성형은, ① 틀 충전, ② 가압과 성형, 그리고 ③ 방출 등의 단계에 의해 행해진다(그림 7-12 참조). 자유롭게 유동하는 과립들은 자동공급장치에 의해서 계량되어 틀에 충전되고, 비유동성 재료는 평량 후 기계적 유동에 의하여 충전된다. 압축성형법은 틀과 펀치의 운동에 따라 표 7-9와 같

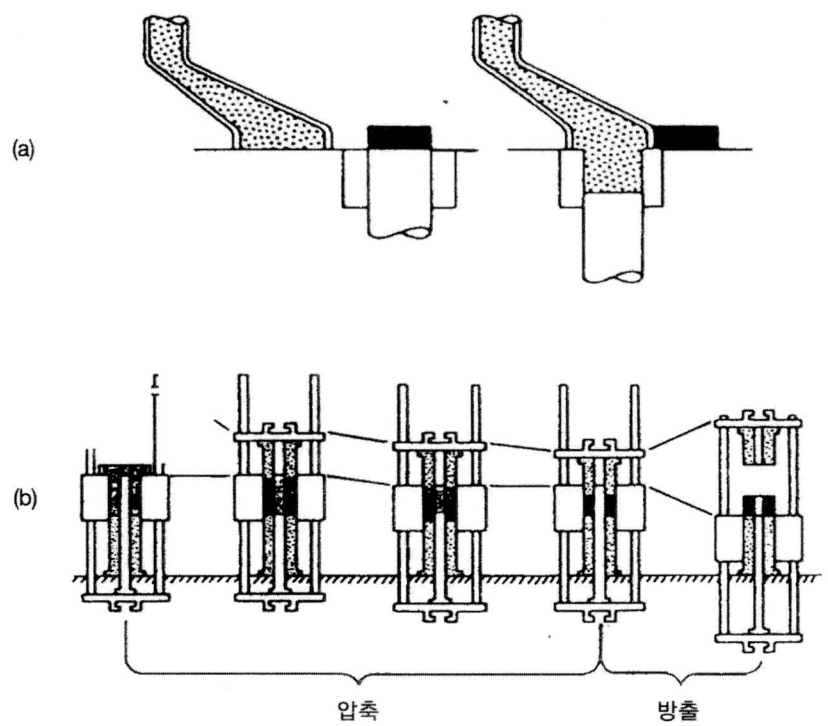

그림 7-12 건식 압축성형 공정: (a) 틀 충전, (b) 압축 및 방출.

표 7-9 건식 압축성형법

Type	틀	상부 펀치	하부 펀치
단식 압축	고정	운동(고정)	고정(운동)
복식 압축	고정	운동	운동
유동틀	운동	운동	고정

이 대별된다.

　일반적으로 단식 압축성형은 틀이 고정되어 있고, 상부 또는 하부펀치 중 한쪽은 고정되고, 다른 한쪽의 운동에 의해 압력을 가하는 형태로, 두께가 5mm 이하로 그다지 두껍지 않고 표면요철이 없는 단순한 형상을 성형할 때 사용된다. 반면에 복식 압축성형은 단식과 마찬가지로 틀은 고정되어 있지만, 상부 및 하부 펀치 모두를 이용해서 압력을 가하는 형태로, 두께가 5mm 이상으로 두껍거나 표면요철이 있는 약간 복잡한 형상을 성형할 때 사용된다. 마지막으로 유동틀에 의한 압축성형은 하부 펀치만 고정되어 있고, 틀과 상부 펀치의 운동에 의해 압력을 가하는 형태로, 단식 또는 복식 압축에 비해 전달되는 압력은 약하지만 연속적인 성형이 가능하다는 장점이 있다. 그림 7-13에 유동틀 압축성형법에서의 펀치와 틀의 운동에 관한 모식도를 나타내었다.

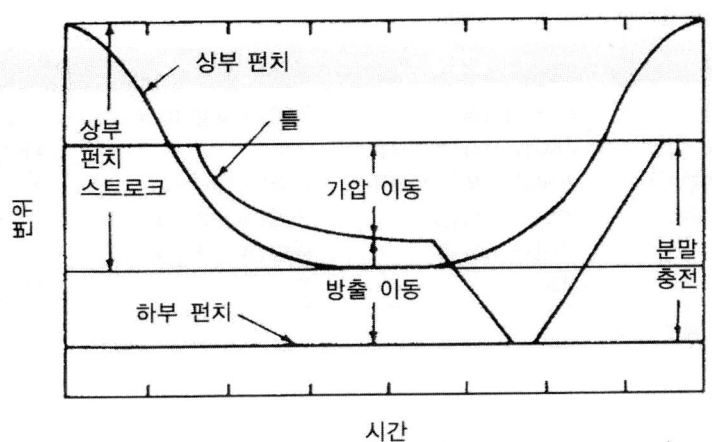

그림 7-13 상부 펀치와 유동틀의 운동

　성형틀과 펀치는 주로 경화된 강으로 제작되며, 마모가 큰 부분은 특수강과 탄화물 또는 비활성 세라믹 삽입체가 사용되기도 한다. 틀과 펀치 사이의 간극은 성형용 분말이 마이크론 크기인 경우는 약 $10\sim25\,\mu m$, 과립상인 경우는 $100\,\mu m$ 정도이다. 용이한 방출을 위해서 틀벽을 $10\,\mu m/cm$ 성노 경사지게 하기도 한다.

　단식 압축성형속도는 소형제품의 경우에는 초단위 이하, 대형제품의 경우에는 분단위 정도이다. 가압용량은 수백톤까지 광범위하며, 건식 압축성형시의 가압범위는 일반적으로 $20\sim100MPa$ 정도이다. 성형체의 밀도는 가압 크기로 거의 결정되지만, 반드시 가압 크기에만 영향받는 것은 아니다. 특히, 성형체 각 부분의 밀도는 성형용 과립의 성질에 의해서도 좌우된다. 일반적으로 점토성 재료를 성형할 때보다 기능성 세라믹스를 성형할 때 더 높은 압력이 사용된다.

　앞서 설명하였지만, 분무건조에 의해 압축성형용 분말을 제조하는 경우에는 해교제, 결합제, 가소제, 또는 윤활제, 적심제 및 제포제 등을 첨가한다. 그 대표적인 예를 표 7-10에 나타내었다. 결합제 함량은 보통 $100V_b/V_p$가 $2\sim12$인 범위에 있다. 가소제는 결합제의 변형성을 증가시키고 결합제의 습기 민감도를 감소시킨다. 습기는 보통 이차적 가소제로 작용하기 때문에 수분흡착량은 적절하게 제어되어야 한다. 윤활제는 틀의 마모와 방출압력을 감소시키며, 성형체 내의 밀도를 균일하게 한다. 연성 왁스, PEG 및 PVA도 약간의 윤활작용을 제공한다. 압축성형용 분말로는 유동성이 우수하고, 벌크밀도가 높으며, 변형이 가능한 과립상이 적절하다. 또한 대기 중에서 안정하여야 하며, 성형된 후 펀치에 부착되어선 안되며, 방출 및 후속의 취급과정에서 안전할 정도의 충분한 강도를 가져야 한다. 물론 결합제는 경제성을 감안하고, 하소과정에서 발생하는 기체량을 최소화하도록 가능한 적은 양을 첨가함이 바람직하다.

표 7-2 압축성형용 첨가제

제 품	결합제	가소제	윤활제
알루미나	PVA(저점도급)	PEG(분자량 400)	스테아린산 마그네슘
알루미나(96%) 기판	PEG(분자량 20,000)	–	활석, 점토
알루미나 점화플러그	미세결정 왁스 현탁액	KOH + 타닌산	왁스, 활석, 점토
망간아연 페라이트	PVA(저점도급)	PEG(분자량 400)	스테아린산 아연
티탄산바륨	PVA(저점도급)	PEG(분자량 400)	–
세라믹 타일	점토	물	활석, 점토

* 활석과 점토는 콜로이드상

(나) 틀 충전

재현성 있는 부피충전, 균일한 충전밀도, 그리고 빠른 속도의 압축성형을 위해서는 성형용 분말의 유동성이 우수하여야만 한다. 앞에서 설명한 바와 같이, 유동속도는 분말의 특정한 질량 또는 부피가 표준 깔때기를 통해 흐르는 시간을 측정하거나 안식각을 측정함으로써 추정할 수 있다. 그 예로 과립의 깔대기 유동속도와 안식각의 관계를 그림 7-14에 나타내었다.

구형의 치밀한 입자 또는 약 20 μm 이상의 크고 표면이 매끈한 과립들은 유동성이 우수하여 압축성형용 분말로 적합하다. 크기가 20 μm 이하의 미세한 입자를 5% 이상 함유하는 경우는 때때로 유동이 정지될 수도 있다. 또한 미분말들은 펀치와 틀벽 사이에 들어가서 마찰을 일으키거나 공기의 배출을 감소시킬 수 있다. 매우 큰 과립은 대개 모양이 불규칙하며, 과립들 간의 가교작용에 의해 유동

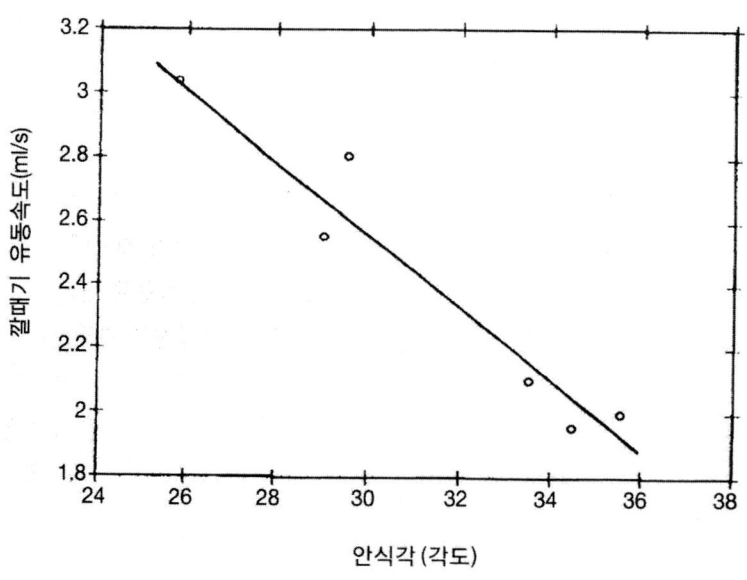

그림 7-14 과립의 깔때기 유동속도와 안식각

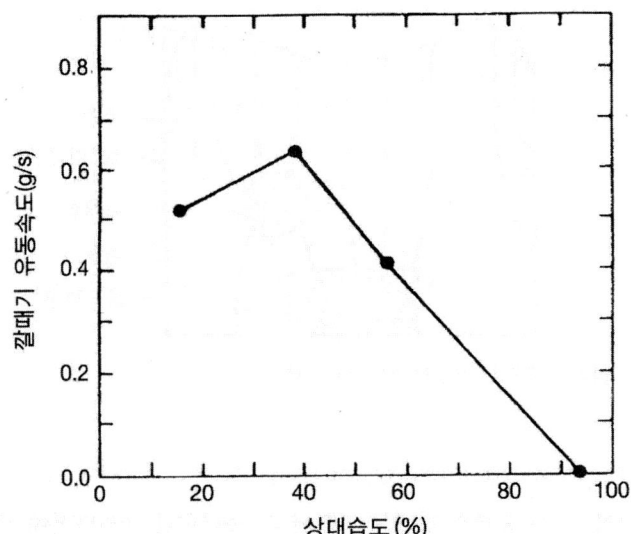

그림 7-15 PVA가 첨가된 과립의 유동속도에 미치는 수분의 영향

이 방해되어, 성형밀도의 균일성을 저해한다. 이런 큰 과립들은 체가름에 의해 제거하여야만 한다. 결합제는 성형온도가 융점에 접근하거나, 유리천이온도를 초과하면 점성을 나타내므로, 결합제 및 가소제의 농도 그리고 성형온도조절은 분말유동에 있어서 매우 중요하다. 특히 수용성 결합제가 첨가된 과립의 유동거동은 습도에 매우 민감하다(그림 7-15 참조).

충전밀도가 높을수록 압축성형시의 문제점들이 최소화되며, 또한 펀치의 운동이 감소된다. 기계적인 진동은 과립들을 재배열시켜 충전밀도를 증가시킨다. 조립 분말의 전형적인 충전밀도는 25 ~ 35%의 범위에 있으며, 분무건조된 분말의 크기분포는 대략 대수-정규적이며, 충전밀도는 과립밀도와 충전거동에 의존한다. 저밀도의 과립, 큰 기공을 지닌 과립, 도넛형의 과립, 그리고 거친 표면을 가진 과립으로 형성된 분말들은 비교적 낮은 충전밀도를 갖는다.

(다) 응력의 전달

분말을 틀에 충전시키고 가압하면, 펀치로부터 전달된 힘은 입자 간 접촉부를 통해 작용반작용의 법칙에 따라서 순차적으로 전달되며, 최종적으로는 틀벽면 및 아래면(하부 펀치)까지 전달된다. 충전 분체 내의 임의의 단면을 기준으로 생각하면, 그 면에 수직으로 작용하는 압력뿐만 아니라 면에 평행한 마찰력(전단력)도 작용하고 있다. 따라서 힘이 틀 내부로 전달될 때 그 힘의 많은 부분은 마찰에 의해 발산되고 만다. 그러나 발산만 하는 것이 아니고 때로는 집속하는 경우도 있다. 입자에서 입자로 힘이 전달될 때, 접촉부가 압축에 의해 변형된다. 따라서 동일한 크기의 힘이 전달되더라도 견고한 부분은 약간 변형되지만, 유연한 부분은 크게 변형된다. 즉, 견고한 분말과 유연한 분말의 혼합물을 압축성형하면 견고한 분말은 큰 하중을 받고, 유연한 분말은 작은 하중밖에 받지 않는다. 따라서 틀

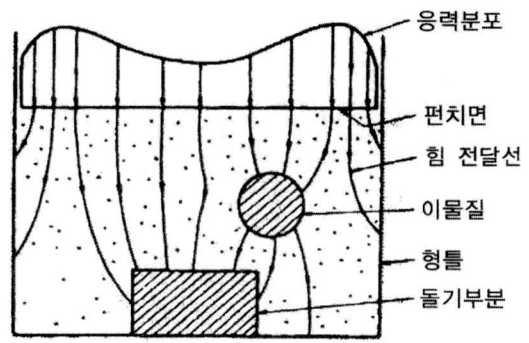

응력분포

펀치면

힘 전달선

이물질

형틀

돌기부분

그림 7-16 틀 내에서 힘의 흐름(힘은 견고한 부분으로 집중)

내에서 힘의 흐름은 견고한 부분에 집속되거나 틀벽으로 향하게 된다(그림 7-16 참조).

힘은 고체 중에서는 보통 응력의 형태로 전달된다. 응력이란 단위면적에 작용하는 힘을 말하며, 그 면에 수직인 힘을 수직응력, 평행한 힘을 전단응력이라고 한다. 고체에서는 그 면적을 아무리 작게 하더라도 단위면적당 힘은 동일하다. 분체 중에서도 단위면적 내에 작용하는 힘을 응력이라고 부를 수 있다. 그러나 이것은 단위면적 내에 있는 몇 개 입자 간의 힘을 합한 것이며, 면적을 아무리 작게 하여도 힘을 나눌 수가 없다. 면적을 너무 작게 하면 그 면적 내의 힘은 큰 편차를 갖게 되며, 결국은 힘은 0으로 되거나 입자 내의 내력만으로 되고 만다. 어느 정도의 입자를 포함하는 면적을 취하면 될 것인가에 대한 확실한 답은 없지만, 대체적으로 약 100개 정도의 입자를 포함하는 면적을 취하면 충분하다. 이는 입자경의 약 10배의 길이를 한 변으로 하는 정방형의 면적 또는 입방체의 체적을 생각하는 것이 된다.

일반적으로 보통의 고체에서의 응력은 어느 1점에서의 응력이라고 구체적으로 나타낼 수 없기 때문에, 그 점을 포함하는 하나의 미세한 면에 작용하는 힘으로만 나타낼 수 있다. 즉, 응력이 작용하는 점과 그것을 포함하는 면을 결정하지 않으면 응력의 크기를 나타낼 수 없다. 압축력이 가해진 체적 내의 모든 입자 간의 힘이 힘의 크기, 방향, 입자표면에서의 위치 등을 그대로 유지한 채로 1개의 입자를 나타내는 구 주위로 이동할 경우, 구면상에서의 입자간 힘의 분포를 구할 수 있는데, Nagao에 의하면 어느 정도의 편차는 있지만 그 힘의 분포는 응력타원체와 유사한 타원분포가 된다고 보고하였다. 이것으로부터 거시적인 응력과 입자 간 힘과의 사이의 관계를 바로 구할 수 있다. 즉, 응력상태가 주어지고 입자 간의 접촉방향이 결정되면, 바로 그 입자 간의 힘을 구할 수 있다. 또한, 입자 간 힘의 분포를 알면 응력상태가 결정된다.

이러한 관계는 주응력을 σ, 입자 간 힘의 분포의 극한치를 P로 하면,

$$P = 3\sigma/2r\Lambda \tag{7-16}$$

으로 나타낼 수 있다. 여기서 r은 입자의 평균반경, Λ는 단위체적 내의 접촉점의 수를 의미한다. Λ가 어느 정도의 값인가가 문제가 되는데, Nagao에 의하면, $\lambda = r^3 \Lambda$라 할 때, 보통 상태에서 λ가

0.63 정도의 값을 취하기 때문에,

$$P = 3r^2\sigma/ 2\lambda \fallingdotseq 2.4\ r^2\sigma \tag{7-17}$$

이 된다. 예를 들어, r이 10 μm인 세라믹 분말을 1000 kgf/cm²로 압축성형한 경우, 2.4g의 힘이 입자 접촉점에 작용하게 된다.

여기서 입자 1개가 점유하는 공극을 포함한 체적이 어느 정도인가 생각해 보기로 하자. 공극률을 p, 단위체적 내의 입자수를 N, 입자반경을 r로 하면,

$$1-p = N\times(4/3)\pi r^3 \tag{7-18}$$

이 된다. $p=0.38$이면 $Nr^3 \fallingdotseq 0.148$이 된다. 즉, 입자 1개가 점유하는 공간은 입자체적의 약 1.6배 $(1/N=1.6\times$(입자체적))가 된다. 다음으로 입자 1개의 접촉점수를 생각하면,

$$2\Lambda/N = 2\lambda/Nr^3 \fallingdotseq 2\times0.63/0.148 \fallingdotseq 8.5 \tag{7-19}$$

가 된다. 즉, 보통 상태에서는 1개의 입자는 8~9개의 주위 입자와 접촉하게 된다.

또한 Hiramatsu 등에 의하면, 반경 r인 구 양단에 하중 P를 가했을 경우, 파괴하중 P_f와 구의 인장강도 S_t 사이에는

$$S_t = 0.7P_f /\pi r^2 \tag{7-20}$$

의 관계가 있다. 여기에 식 (7-17)을 대입하면, 입자가 파괴될 때의 응력 σ_f는

$$\sigma_f \fallingdotseq 1.87\ S_t \tag{7-21}$$

로 나타낼 수 있다. 또한, 역으로 σ_f로부터 S_t를 계산할 수 있다.

이상으로부터 어느 정도의 응력을 가하면 입자가 변형 또는 파쇄되는가를 대략적으로 계산할 수 있으며, 어느 응력하에서의 입자 간의 접촉면적과 입자변형량도 예측할 수 있다. 물론 8~9개의 접촉점으로부터 압축되는 경우는 2점으로부터 압축되는 경우와는 다르기 때문에 파쇄되기가 조금 어렵겠지만 대략적인 판단 기준으로는 충분할 것이다.

(라) 가압의 실제

건식 압축성형에서 치밀화속도는 가압초기에는 빠르지만, 약 5~10MPa 이상의 압력에서는 급격히 감소한다(그림 7-17 참조). 초기압력은 과립 간의 접촉에 의하여 전달된다. 과립의 변형은 결합제로 피복된 입자들의 미끄러짐과 재배열에 의해 일어나며, 변형과 함께 과립 간의 기공률이 감소하고 과립 간 접촉점의 수와 면적이 증가한다. 기공 내의 압축공기는 이동하며, 일부는 틀과 펀치 사이로 외부로 배출된다. 약 50MPa 이상에서는 상대적으로 치밀화는 거의 일어나지 않지만, 고경도의 세라믹재료를 압축할 경우 틀의 마모는 커진다. 공업적 압축성형 압력은 일반적으로 기능성 세라믹 재료의 경우는 100MPa 이하, 도자기 및 타일 재료의 경우는 40MPa 이하이다.

입자 접촉점에서의 마찰력은 입자 간의 미끄럼을 방해하기 때문에, 최종 가압밀도는 입자의 PF_{max}

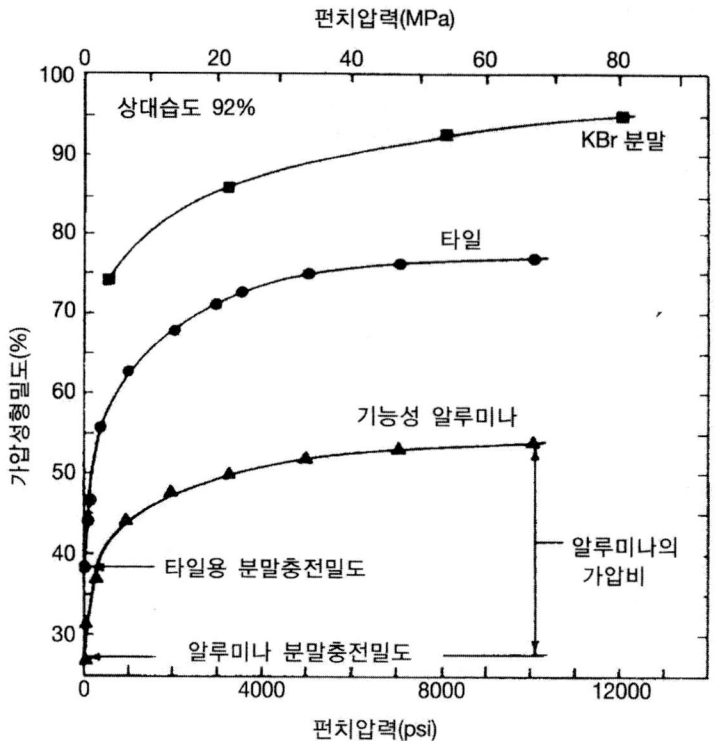

펀치압력(MPa)

상대습도 92%

KBr 분말

타일

기능성 알루미나

알루미나의
가압비

타일용 분말충전밀도

알루미나 분말충전밀도

가압성형밀도(%)

펀치압력(psi)

그림 7-17 펀치압력에 따른 과립의 가압거동(J.S.Reed, "Principles of Ceramics Processing", John Wiley & Sons, 426, 1995.)

보다 작다. 압축성형시의 가압비율(CR)은

$$CR = V_{fill} / V_{pressed} = D_{pressed} / D_{fill} \tag{7-22}$$

과 같다. 압축성형용 세라믹 분말의 경우 가압비율은 2 이하가 바람직하다. 가압비율이 작을수록 펀치변위가 감소하며, 성형체 내의 압축공기도 줄어든다. 또한 충전밀도가 높을수록 가압비율은 작아진다. 압축성형용 세라믹 분말은 변형성 과립이나 취성입자들로 구성되지만, Al, Cu 및 KBr과 같은 연성입자들로 구성된 분말은 실온에서 약 50MPa의 압력으로 압축성형하면 성형밀도가 거의 100%까지 도달한다. 이러한 연성재료의 가압비율은 2보다 훨씬 크다.

펀치압력과 가압밀도의 관계는 과립의 가압에 있어서 중요한 정보가 된다. 가압화는 그림 7-18에서와 같이, 과립유동과 재배열이 일어나는 Ⅰ단계, 과립변형이 주가 되는 Ⅱ단계, 과립의 치밀화가 지배적인 Ⅲ단계로 생각할 수 있다.

Ⅰ단계는 펀치가 성형용 분말에 접촉함과 동시에 가해지는 낮은 압력에 의해 과립들이 미끄러지면서 약간의 재배열이 일어나는 단계로 약간의 치밀화가 발생한다.

Ⅱ단계에서는 과립의 겉보기 항복압력(P_Y)을 초과하는 압력이 가해져서, 이웃하는 틈새방향으로

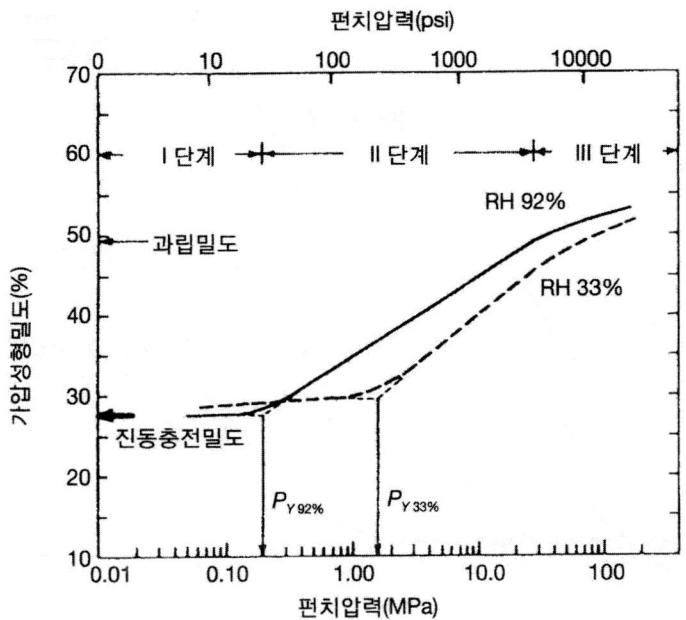

그림 7-18　과립이 고가소성(상대습도 92%) 및 저기소성(상대습도 33%)인 경우에서의 3단계 가압거동(R.A.DiMilia et al.,
J.Am.Ceram.Soc., 66(9), 667, 1983.)

과립이 변형되기 시작한다. 그림 7-19와 7-20에서 볼 수 있듯이, 과립의 변형에 의해서 비교적 큰
틈새의 부피와 크기가 감소하게 된다. 연성 결합제가 첨가된 과립의 P_Y는 약 1MPa보다 작다. 결합
제의 첨가량이 많거나, 비가소성 결합제가 첨가된 고밀도 과립은 변형에 대한 저항성이 크기 때문에
(그림 7-21), 목적하는 성형밀도를 얻기 위해서는 보다 높은 압력이 요구된다.

이 II단계에서 주된 치밀화가 일어난다. 과립변형이 지배적인 기구이지만, 저밀도의 과립도 상당
한 정도까지 치밀화가 일어난다. 이 단계에서의 가압성형밀도는

$$D_{compact} = D_{fill} + m\log(P_a/P_Y) \tag{7-23}$$

에 의해 근사된다. 여기서 $D_{compact}$는 가해진 압력 P_a에서의 성형밀도이며, m은 과립의 변형성과 치
밀화에 의존하는 가압상수이며, 기울기 m은

$$m = (D_{10P} - D_P)/\log(10P/P) = D_{10P} - D_P \tag{7-24}$$

와 같이 정의된다. 여기서 $10P$는 II단계에서 가해진 압력의 10배로, 분말의 가압성을 나타낸다. 고
밀도의 과립분말들은 비교적 작은 m값에서 높은 성형밀도를 갖는 것으로 관찰되었다. 그러나 약 7
~10%의 중간값 m을 갖는 다소 저밀도의 과립분말인 경우에서 과립 간의 모든 큰 기공들이 잘 제거
된다. 따라서 각 분말에 있어서 가압비율과 큰 기공제거 간의 최상의 절충을 이루는 최적의 과립밀
도, 충전밀도, m값이 존재한다.

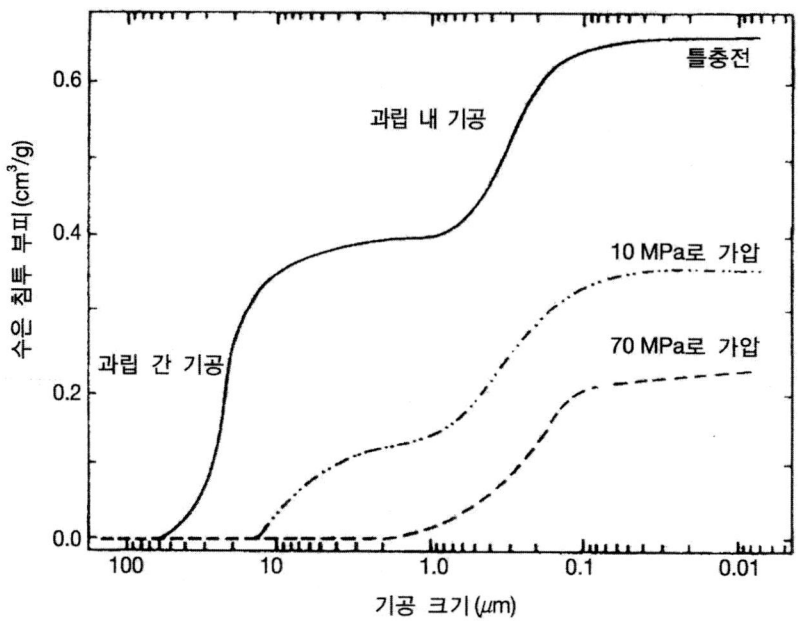

그림 7-19 충전 후와 가압 후의 과립 내부 및 과립 간 기공 크기의 누적분포(J.S.Reed, "Principles of Ceramics Processing", John Wiley & Sons, 428, 1995.)

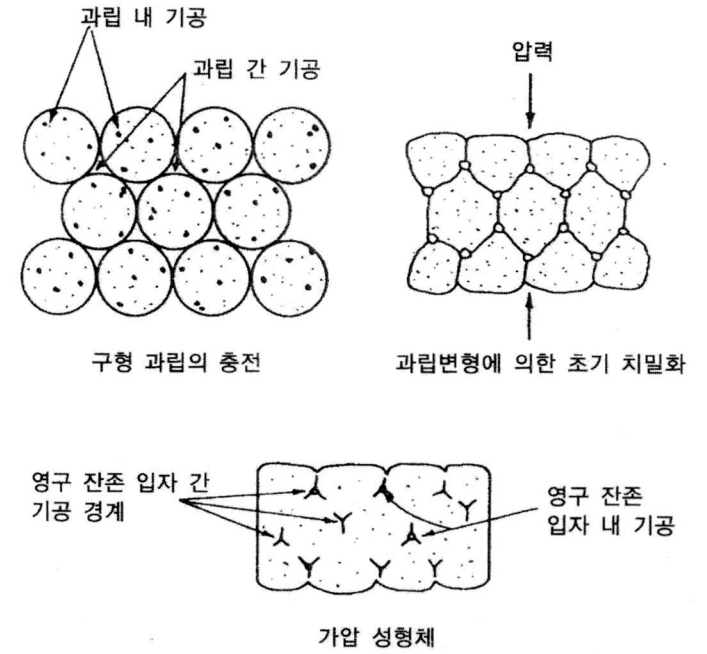

그림 7-20 가압 중 두 형태 기공의 형상 및 크기변화(J.S.Reed, "Principles of Ceramics Processing", John Wiley & Sons, 428, 1995.)

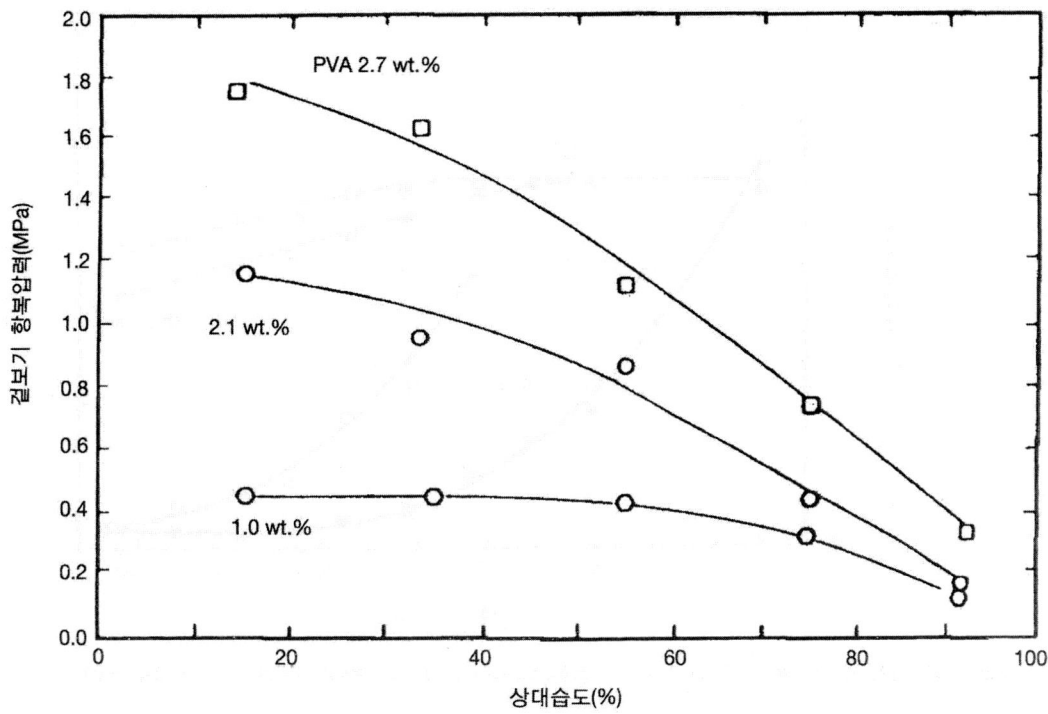

그림 7-21 PVA 함량에 따른 P_Y의 변화(J.S.Reed, "Principles of Ceramics Processing", John Wiley & Sons, 429, 1995.)

Ⅲ단계는 보다 높은 압력에 의해 입자들이 미끄러지면서 재배열하여 조금 더 치밀화가 일어나는 단계이다. 변형된 과립들 사이의 큰 기공이 소멸하고 과립 내의 기공만 잔존하며, 과립 간의 계면은 존재하지 않는다. 가해진 높은 압력과 접촉점에 집중된 응력은 응결체 또는 치밀화를 방해하는 비등축성 입자들을 파괴시킨다. 항복강도 또는 밀도가 변하는 과립들의 성형체에서는 각 단계들 사이의 천이가 불균일적으로 일어난다. 또한 과립밀도가 보통 수준일 경우에는 과립의 변형과 치밀화가 동시에 일어날 수도 있다.

연한 미세과립들 사이의 계면은 Ⅱ단계에서 제거되기 시작하여, 최종적으로 1개의 균일한 덩어리로 합체된다. 큰 과립들 사이의 큰 틈새와 큰 도넛형태의 과립 안의 큰 기공들은 Ⅲ단계까지 잔존하기도 하며, 과립이 견고할수록 큰 틈새들이 잔존하기 쉽다. 그림 7-22는 가압에 의한 기공률 변화에 미치는 습도의 영향을 나타낸 것으로, 과립 내에 존재하는 기공은 습도에 그다지 큰 영향을 받지 않지만, 습도가 높을수록 과립 간 기공은 낮은 압력에서 제거되기 시작하는 것을 볼 수 있다.

그림 7-23에 변형 가능한 결합제로 피복된 분체로 구성된 벌크분말(또는 분무건조 과립을 분쇄한 분말), 분무건조 과립 및 결합제를 제거한 과립들의 가압거동을 나타내었다. 벌크분말의 충전밀도는 조립된 분말과 유사하더라도, 기공의 크기분포가 넓고 단일형태이다. 따라서 과립부재시의 P_Y는 0

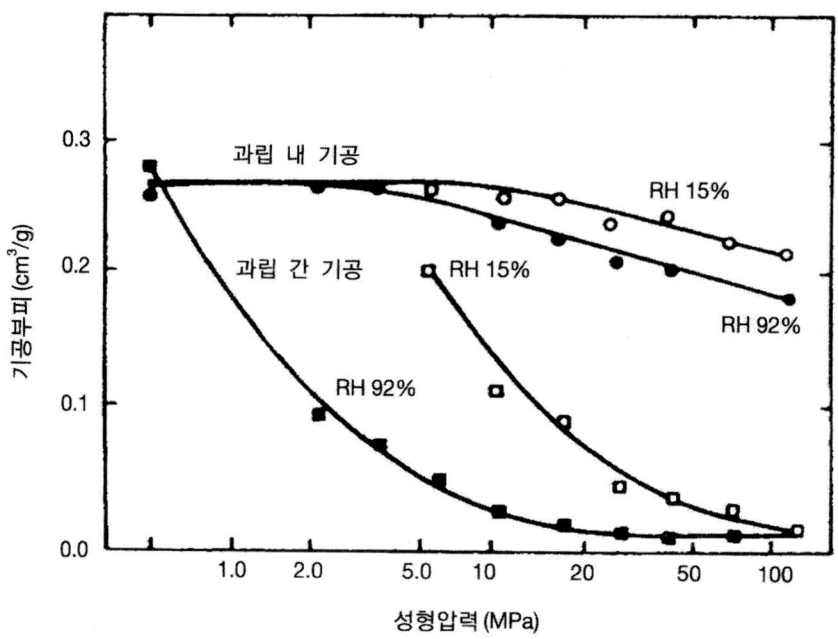

그림 7-22 가압 중 기공률에 미치는 습도의 영향(R.A.DiMilia et al., Am.Ceram.Soc.Bull., 62(4), 484, 1983.)

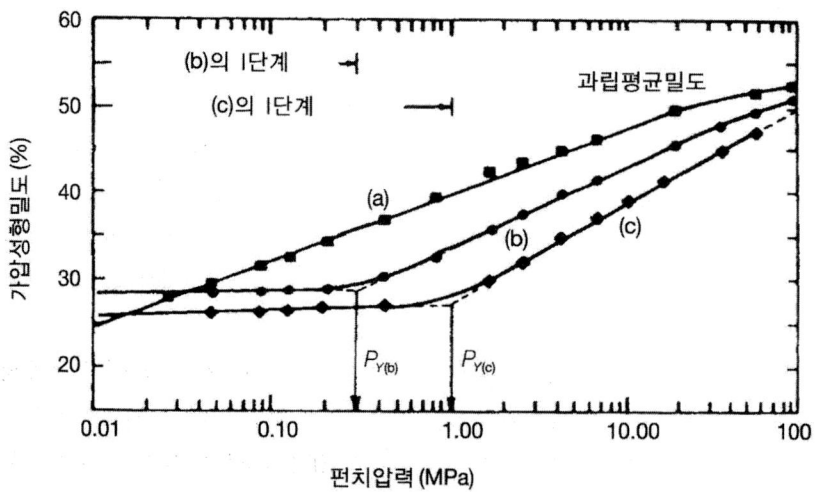

그림 7-23 MnZn 페라이트 과립의 가압거동: (a) 변형 가능한 결합제로 피복된 분체로 구성된 벌크분말, (b) 분무건조한 과립, (c) 결합제를 제거한 과립(S.J.Lukasiewicz et al., Am.Ceram.Soc.Bull., 57(9), 798, 1978.).

이며, 가압에 의한 입자이동은 현저하게 축방향으로 일어나서 III단계의 거동을 나타낸다. 결합제를 제거한 과립의 P_Y는 비교적 높으며 강도는 약하다. II단계는 과립파괴와 함께 시작되며, 파편이 이웃하는 큰 틈새로 들어갈 때 치밀화가 일어난다. 압력에 따른 치밀화가 지연되고, III단계 거동이 일어나지 않을 수도 있다.

(마) 압력전달 및 밀도분포

앞에서 설명한 바와 같이, 가해진 하중의 일부는 틀벽으로 전달된다. 틀벽에서의 마찰은 성형체 내에 압력 및 밀도구배를 발생시킨다. 일축가압(그림 7-24)에서, 벽에서의 평균 전단응력 $\overline{\tau_w}$는 평균 축방향 압력 $\overline{P}$와

$$\overline{\tau_w} = f K_{h/v} \overline{p} + A_w \tag{7-25}$$

의 관계가 있다. 여기서 f는 틀벽에서의 마찰이고, $K_{h/v}$는 수평압력/수직압력의 비이며, A_w는 틀벽에서의 부착을 나타낸다. 틀벽에서의 전단응력은 압축성형 압력에 따라 증가하나, 틀의 윤활에 의하여 감소한다(그림 7-25). 과립의 항복강도가 클수록, 압축속도가 빠를수록, $K_{h/v}$는 작아진다. 윤활제를 1% 이상 첨가하면, f는 더 이상 감소하지 않지만, $K_{h/v}$는 증가할 수 있다. $\overline{\tau_w}$가 클수록 성형체 안으로 전달되는 압력과 평균 가압밀도가 감소한다.

압력 P_a를 일방향으로 가했을 때, 성형체 내의 깊이 H에 전달되는 평균 축방향 압력 P_H는 다음 식에 의해 근사된다.

$$P_H / P_a = \exp -(f K_{h/v} A_{\text{friction}} / A_{\text{pressing}}) \tag{7-26}$$

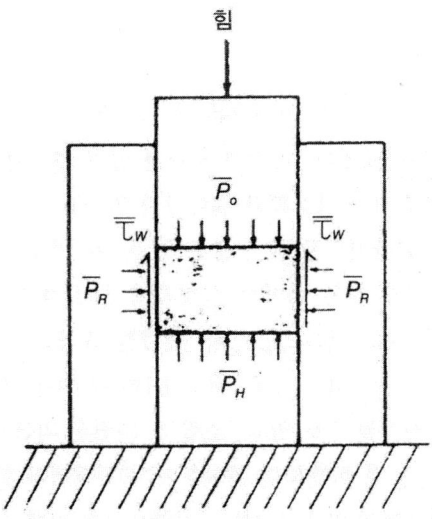

그림 7-24 일축단식가압시 발생하는 응력의 모식도

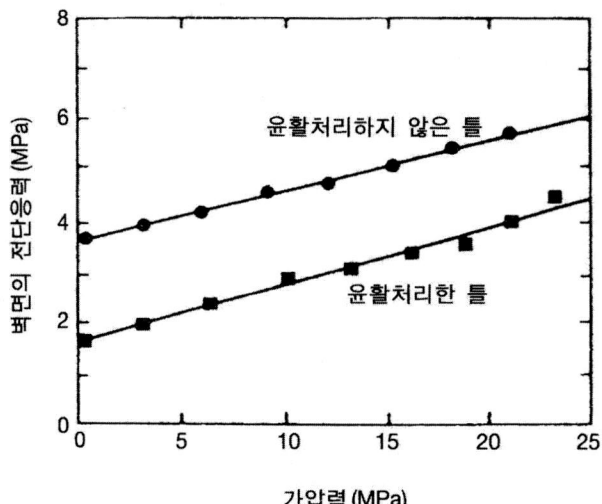

그림 7-25 PVA를 첨가한 알루미나 분말의 성형시, 가한 압력과 틀윤활에 따른 전단응력의 변화(J.S.Reed, "Principles of Ceramics Processing", John Wiley & Sons, 437, 1995.).

여기서 $A_{friction}/A_{pressing}$은 성형체의 마찰면적/압축면적의 비이다. 직경 D와 두께 H의 원통형 성형체를 압축할 때, $A_{friction}/A_{pressing}=4H/D$이고, 단식 압축성형시에는

$$P_{H}/P_a = \exp-(4f K_{h/v} H/D) \tag{7-27}$$

이 되고, 복식 압축성형의 경우는, $A_{friction}/A_{pressing}$은 단식 압축성형에서의 값의 반이 되며, 최소압력은 중간 높이에서 일어난다. 따라서, 복식 압축성형시에는

$$P_{min}/P_a = \exp-(2f K_{h/v} H/D) \tag{7-28}$$

잘 가소화된 PVA 결합제를 첨가한 마이크론 크기의 알루미나 조립분말을 단식 압축성형할 때의 응력전달을 그림 7-26에 나타내었다. 가압의 II단계 말기 부근에서 $K_{h/v}$는 대략 0.4로 작은 값을 나타내었는데, 이는 입자에 흡착한 가소화된 결합제가 입자들 간의 접촉점으로부터 압출되었다는 것을 나타낸다. 마찰인자 f는 윤활처리를 하지 않은 틀에서는 약 0.3, 윤활처리한 틀에서는 0.24 정도로 나타났다. 윤활처리를 하지 않은 틀에서 성형체의 H/D가 0.8일 때, $P_{min}/P_a=P_{H}/P_a$는 겨우 0.55이다. 복식 압축성형은 $A_{friction}/A_{pressing}$과 H/D를 효과적으로 반이 되게 하며, P_{min}/P_a는 약 0.75이다. 틀벽의 윤활은 $A_{friction}/A_{pressing}$(그림 7-26의 H/D)이 크지 않을 때도 유효하다. 윤활제는 과립들을 조립하는 동안에 첨가될 수도 있고, 조립 후 과립을 피복시킬 수도 있다. 경험에 의하면, 윤활제(<1%)는 $A_{friction}/A_{pressing}$에 비례하여 균일하게 첨가되어야 한다. 급속하게 압축성형하는 경우에는 $A_{friction}/A_{pressing}$에 비례하여 압축시간을 유지함으로써 압력구배를 감소시킬 수 있다.

압축성형시 분말의 이동은, 입자들의 상대적 축방향 변위가 틀벽 부근에서보다 중앙에서 더 크고, 평균이동은 가동펀치로부터 더 멀수록 감소한다. 방사상의 이동도 발생하며, 이것은 펀치표면의 중

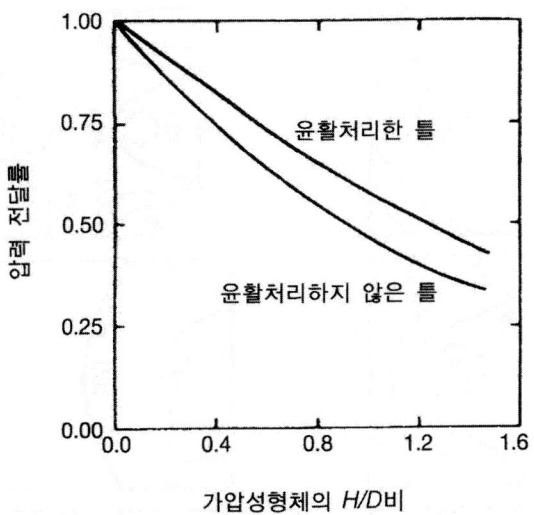

그림 7-26 H/D비와 압력전달의 연관성(J.S.Reed, "Principles of Ceramics Processing", John Wiley & Sons, 438, 1995.)

앙부에서 최소로 일어난다. 분말을 일방향 압축성형할 때, II단계의 시자과 끝에서의 일반적 압력구배를 그림 7-27에 나타내었다. 최대압력은 성형체의 맨 위 꼭지점 부근에서 일어나며, 중앙축을 향한 깊이에 따라서 감소된다. II단계 말기에, 펀치중앙의 바로 아래에 더 낮은 압력의 영역이 형성된다. 이러한 압력구배에 의해 성형체에 밀도구배가 발생하게 되며, 밀도구배는 소결공정에서 차등적 수축으로 인한 치수비틀림으로 나타날 수 있다.

이와 같은 성형체 내의 밀도 불균일이 실제로 일어나는 예를 그림 7-28(Train의 실험)에 나타내었다. 그림 7-28은 탄산마그네슘 분말을 가압하였을 때의 압력전달 및 밀도분포를 나타낸 것으로, 밀도분포가 발생하는 주요 원인은 성형틀 내벽에 접촉하는 재료분말의 마찰로 인해 상부로부터 성형체

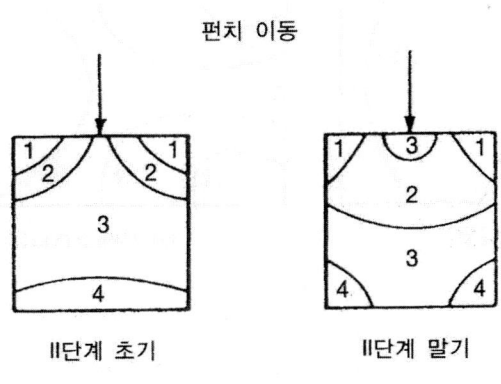

$$P_1 > P_2 > P_3 > P_4$$

그림 7-27 단식 압축성형시 가압 II단계 초기 및 말기에서의 압력 프로파일

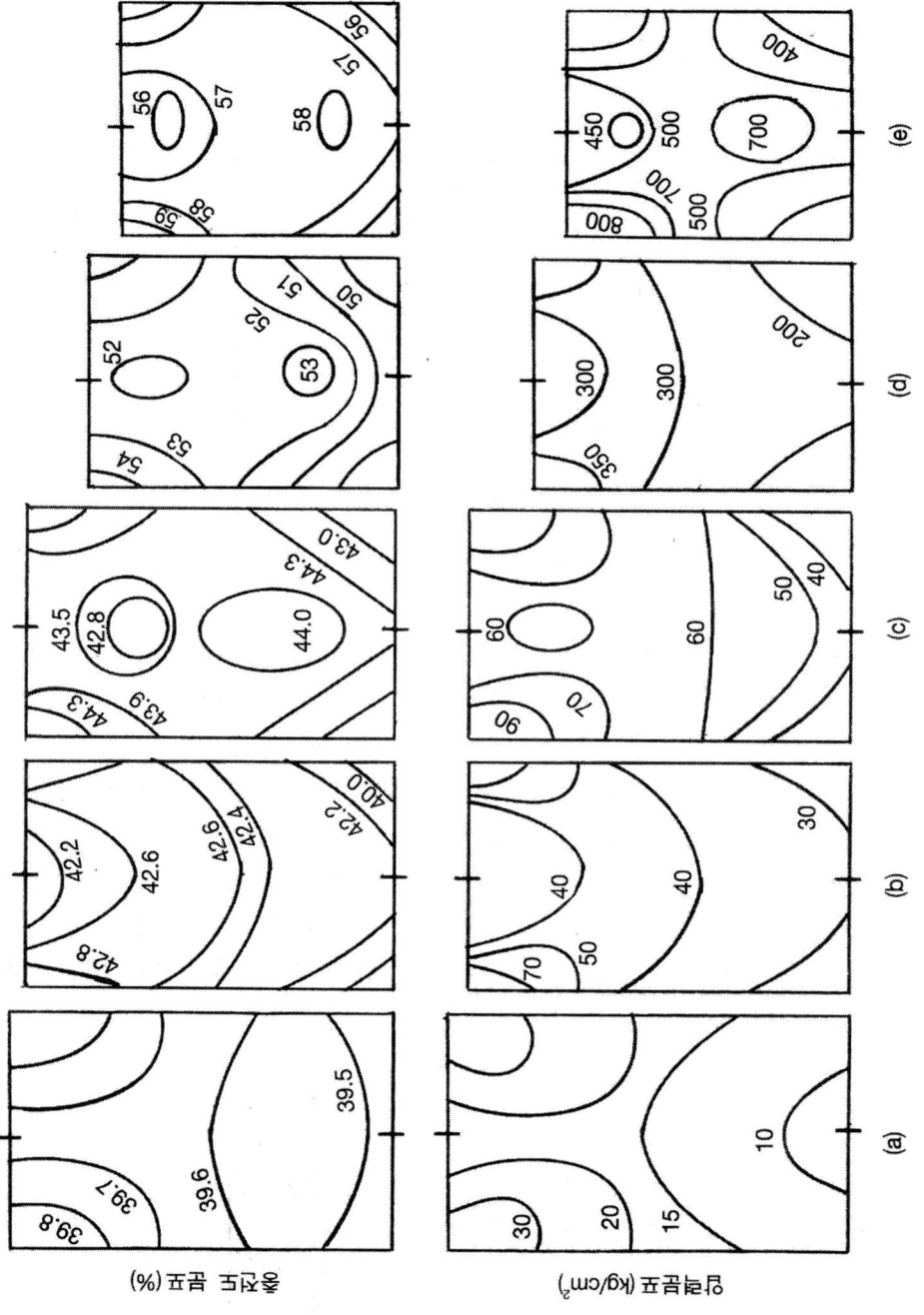

그림 7-28 성형가압에 의한 성형체 내의 충전도 및 압력변화: (a) 28.5kg/cm², (b) 62kg/cm², (c) 90kg/cm², (d) 336kg/cm², (e) 671kg/cm².

내부로의 압력전달이 원활하지 못하기 때문이다. 실제 세라믹스의 건식성형에서는 이 그림 이상의 밀도차이가 발생할 수도 있다.

(바) 방출

탄성압축은 가압의 II단계에서 시작되고, III단계에서 증가된다. 성형체 내의 축적된 탄성에너지는 배출시 압축된 성형체의 치수를 증가시키는데, 이것을 탄성복귀(springback)라고 한다. 성형체와 펀치 사이의 차등적 탄성복귀는 성형체가 펀치로부터 분리되기 위해서 필요하다. 약 0.75% 이하의 선형 탄성복귀가 바람직하며, 과도한 탄성복귀는 방출시 성형체에 결함을 일으킬 수 있다.

압축성형 압력이 높을수록 탄성복귀는 더 크게 발생하며, 일반적으로 유기물 첨가량이 많을수록 또한 성형온도가 결합제의 유리천이온도보다 낮을 때 탄성복귀는 더 크다(표 7-11 참조). 수분과 같이 결합제의 가소성을 증가시키는 첨가제가 존재하면 탄성복귀가 감소된다.

방출시키는 데 필요한 힘은 틀의 경사와 표면조건, 성형체 내의 탄성응력, 틀벽의 윤활 그리고 방출속도에 의존한다. 경사진 틀을 사용할 때 그리고 틀표면이 매끄러울수록 방출압력은 더 작아진다. 가소화된 결합제의 윤활작용은 방출압력을 $80\sim90\%$만큼 감소시킬 수 있으며, 틀벽의 윤활처리는 방출 힘을 더욱 감소시킬 수 있다(그림 7-29).

표 7-11 티탄산바륨 과립의 탄성복귀 (2wt% PVA, 24℃)

T_g (℃)	P_y(MPa)	초기 탄성복귀 압력(MPa)	400MPa로 가압시 탄성복귀 (%)
<10	0.3	22	0.31
22	0.5	–	0.65
42	1.0	7	1.6

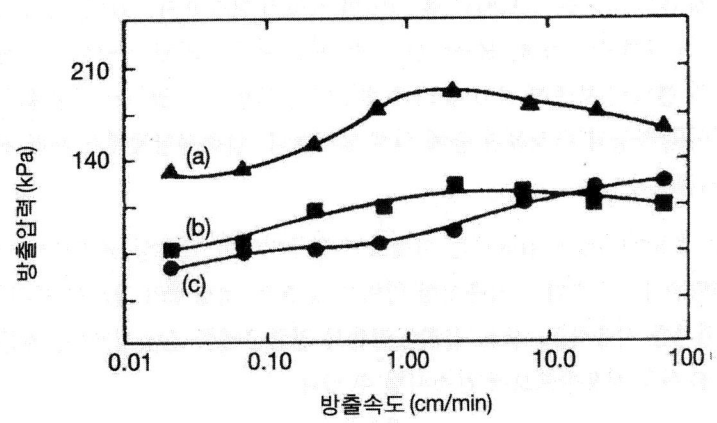

그림 7-29 PVA를 첨가한 알루미나 성형체의 방출시 윤활제의 영향: (a) 윤활처리하지 않은 틀, (b) 올레인산 첨가, (c) 스테아린산 첨가(J.S.Reed, "Principles of Ceramics Processing", John Wiley & Sons, 435, 1995.).

(사) 건식 압축성형용 과립의 성질

일반적으로 성형용 재료는 가압 전에 형틀 내의 구석까지 유입되지 않으면 안 된다. 즉, 성형용 재료는 형틀 내에서 액체 또는 유체와 같은 거동을 하여야만 이상적이다. 이러한 거동을 할 수 있는 재료는 미분체로는 불가능하고 다음의 특성을 갖는 과립이어야만 할 것이다.

① 과립의 유동성이 클 것. 이를 위해서는 ② 괴립의 형상이 구형일 것. 또한 ③ 과립의 입도가 제어되어 있을 것. 더 나아가 ④ 과립 개개의 밀도가 높아야 한다. 분무건조로부터 구형입자를 얻을 수 있지만, 조립조건에 의해서 변형입자가 생성되기도 한다. 이러한 조립조건의 기술개발 또는 선택은 균일 입자 및 고밀도 입자를 얻는 데 필요하다. ③의 제어된 입도란 입경의 균일성보다 최밀충전이 될 수 있는 분포를 뜻한다. 그러나 이 경우 ①의 유동성이 저하될 수 있으므로 적절한 제어가 요구된다. ⑤ 과립은 적당한 강도를 지녀야 한다. 형틀 내로의 충전과정에서도 일부의 과립은 파괴되고 그 파편인 미립자로 인해 ③의 균일성 조건에서 벗어나 과립의 유동성이 저하된다. 또한 그 파괴는 형틀에 인접하는 과립에서 시작되기 때문에, 형틀로부터의 가압전달이 멈추게 되어 내부의 과립 간의 공기가 외부로 빠져나가지 못하고 그대로 잔존하게 된다. 그러나 가압이 진행되어 ⑥ 가압 II단계에서 과립이 파괴된다면, 과립 간의 공기는 완전히 외부로 빠져나가고, 그 결과 가압의 최종 단계에서 파괴된 과립편의 분체는 서로 결합할 수 있게 된다. ⑦ 과립에 내포된 수분량은 적당하여야만 한다. 과립 중의 수분이 과하면 가압에 의해 형틀에 부착되기 쉬우며, 따라서 가압이 내부의 과립까지 전달되지 못하여 과립 간의 공기가 그대로 잔존하게 된다. 또한 수분이 지나치게 적으면 과립의 강도가 커서 가입의 최종 단계에서도 각 과립이 완전히 파괴되지 않는다. 따라서, 어떤 경우에도 최종 소성체에 결함이 발생하게 되므로, 수분의 적절한 제어는 매우 중요하다.

(아) 성형체 결함의 제어

성형체는 결함이 없어야 하며, 방출 및 후속 조작시 손상받지 않아야 한다. 건식 압축성형체에 있어서 가장 흔한 결함은 층상과 균열이며, 이는 방출시 차등적 탄성복귀에 의해 유발된 응력에 의해서 일어난다. 성형체 내부의 또는 성형체와 틀 사이의 차등적 탄성복귀는 ① 틀벽의 마찰에 의한 성형체 내의 압력구배, ② 가변성의 과립, 불균일한 충전, 또는 압축공기에 기인한 탄성에너지의 불균일성, ③ 표면거칠기 및 틀벽의 부족한 윤활에 의해 발생하는 틀벽의 마찰, ④ 성형체의 방출된 부분과 미방출된 부분 사이의 차등적 탄성복귀 등에 의해 발생한다. 압축성형체에서 흔히 관찰되는 결함을 그림 7-30에 나타내었다.

① **층상 결함:** 층상화(laminations)는 마찰표면에 주기적인 원주상 균열로서 나타나며, 압축방향에 수직으로 배향된다. 이 결함은 압축성형 압력을 낮추고, 성형체의 강도를 증가시키고 탄성복귀를 감소시키는 첨가제를 사용하고, 틀을 윤활처리해서 압력구배를 감소시키며, 매끈한 틀벽과 적당한 입구 경사를 가진 틀을 사용함으로써 감소시킬 수 있다.

② **끝깨짐 결함:** 끝깨짐(end capping)은 방출시 성형체 끝으로부터 10~20°의 각도로 분리되는 얇은 쐐기형 부분을 말한다. 이 결함은 탄성복귀가 비교적 높고, 성형체의 강도가 낮으며, 내부에 차

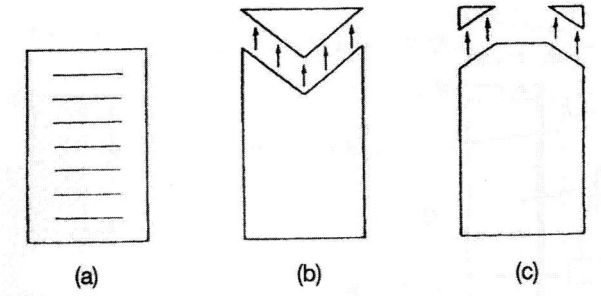

그림 7-30 압축성형체의 결함: (a) 층상결함, (b) 끝깨짐, (c) 링깨짐.

등적 탄성복귀가 일어날 때 관찰된다. 끝깨짐은 다음의 끝깨짐 지수(CI)로 예측할 수 있다.

$$CI = P_w \, / \, S_t \tag{7-29}$$

여기서 P_w는 외삽된 잔류 벽틀압력, S_t는 성형체의 인장강도이다. $CI > 1$일 때 끝깨짐이 관찰된다. 잘 가소화된 결합제의 양을 증가시키고, S_t를 증가시키기 위하여 더 강한 결합제를 사용하고, 탄성복귀를 감소시키는 매개변수들을 변화시킴으로써 CI가 감소될 수 있다. 층상결함과 마찬가지로, 성형체와 펀치 그리고 성형체와 틀벽 사이의 마찰을 감소시키거나, 경사진 틀을 사용함으로써 차등탄성복귀가 작아져 끝깨짐 결함을 감소시킬 수 있다. 펀치표면에 성형체가 부착하면 끝깨짐 경향이 증가된다.

③ **링깨짐 결함:** 링깨짐(ring capping)은 비교적 높은 차등적 탄성복귀에 의해 성형체의 모서리 부근에서 일어난다. 모서리 근처의 높은 탄성복귀는, 가압시 탈기와 함께 펀치와 틀벽 사이의 틈새로 분말이 들어가면서 발생된다. 따라서 금형 제작시 펀치와 틀벽 사이의 간격을 과립 크기보다 더 작게 하여야 한다.

그림 7-31에는 성형체를 소성시켰을 때 발생하는 결함을 나타내었다. (a)의 결함은 C부분의 성형밀도가 다른 곳과 비교시 낮기 때문에 소성수축이 크다. 따라서 최종 소성체의 치수가 변하게 되며, 결과적으로 변형불량이 되고 만다. (b)의 결함은 얇은 원판의 중심부가 주변과 비교시 성형밀도가 낮고, (c)의 결함은 역으로 A부분의 밀도가 낮은 경우를 나타낸다. 이러한 부분적인 성형밀도의 차는 소성공정에서 균열 또는 형태의 비틀림으로 나타나게 된다.

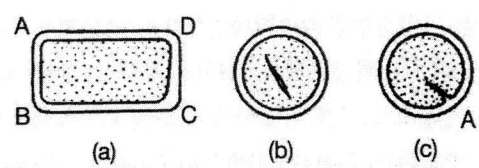

그림 7-31 소성체의 결함

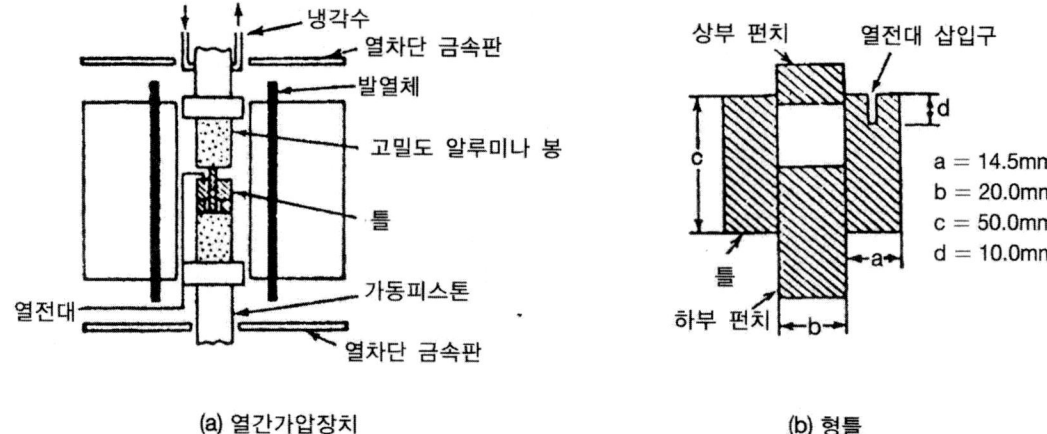

(a) 열간가압장치

(b) 형틀

그림 7-32 열간가압성형

(2) 열간가압성형

열간가압성형(HP; Hot Press)은 분말야금, 특수 세라믹스 등의 제조공정에서 냉간성형과 소결을 순차적으로 하는 종래의 방법과 다르게, 고온에서 성형과 소결을 동시에 하는 것을 말한다. 특히 진공 중에서 흑연틀을 사용할 수 있는 재료에 대해서는 많은 보고가 있으며 실용화되었다(그림 7-32).

고온프레스의 이점은 다음과 같다. ① 소성유동에 의해 고밀도화가 달성되므로 이론밀도에 가까운 세라믹스를 제조할 수 있으며, ② 고온에서 가압시키므로 입자 간의 접촉과 확산효과가 조성되어 일반적인 소성에 비해 소성온도가 저하되며 소성시간도 단축된다. ③ 입성장이 억제되므로 작은 입경의 소결체를 제작할 수 있으며, 열처리 조건에 따라 이상 입성장을 일으켜 큰 입경의 소결체도 만들 수 있다. ④ PZT 세라믹스와 같이, 증기압이 높은 PbO 성분을 내포하는 재료에서 PbO의 증발에 의한 성분변화를 방지하는 역할을 한다. ⑤ 결합제가 불필요하므로 결합제로 인한 기공요인이 감소된다. ⑥ 재료에 따라서는 결정의 배열효과를 기대할 수 있다.

7.2.3 정수압 가압성형

일반적으로 가장 많이 이용되는 분체 성형법은 앞서 설명한 금형을 이용한 일축가압 성형법이다. 그러나 일축가압법으로 제작한 성형체는 부분적으로 밀도차이가 있어서 층상 및 균열 결함이 발생하기 쉽다. 여기서의 정수압 가압성형법은 이러한 결함을 근본적으로 개량하려는 방법으로 파스칼의 원리를 근거로, 변형 가능한 형틀에 분체를 충전시킨 후, 정수압에 의해 무한 다축 방향으로 압축시켜 성형하는 방법이다. 성형틀로 고무를 사용하기 때문에 러버프레스(Rubber Press)라고도 부르며, 후술하는 열간 정수압 가압법과 대비해서 CIP(Cold Isostatic Press)라고도 한다. 일축가압성형에서와 같은 압력손실이나 압력전달 방향의 변화가 없어서, 균일하고 밀도가 높은 성형체를 제작할 수 있기 때문에, 소성체의 기계적 성질이나 화학적 성질 등의 향상을 기대할 수 있다.

(1) CIP

종횡비가 크거나 복잡한 형태 또는 부피가 큰 제품은 일반적인 건식압축법으로 성형하기가 쉽지 않기 때문에, 종종 CIP법이 이용되고 있다. CIP법은 건식법과 습식법으로 대별된다. 건식법은 자동화가 용이해서 대량생산용으로 이용되며, 습식법은 다종소량 생산 및 시제품 제작용으로 이용되고 있다. 그림 7-33에 성형법의 모식도를 나타내었다.

건식법은 그림 7-33(a)와 같이 가압고무를 매체로 액압을 고무형틀에 가하는 방법으로 가압액은 대기와의 접촉이 전혀 없는 밀폐계에서 작용하게 된다. 분체충전, 가압, 탈형 등의 연속작업 및 그 자동화가 가능하기 때문에 생산성이 우수하다. 그러나 구조상 상면 또는 하면으로부터의 가압이 이루어지지 않기 때문에 준 CIP로 볼 수 있다.

습식법은 그림 7-33(b)와 같이 일반적으로 성형용 고무형틀에 분체를 충전시켜 성형하지만, 고밀도화 및 균일화를 위해 다른 성형방법(일축가압, 주입성형, 사출성형 등)으로 예비성형한 압분체를 고무봉지에 넣어서 액 중에서 재가압하는 경우도 있다. 또한, 예비성형한 압분체를 여러 개 조합시켜서 고무봉지에 넣고 예비성형압보다 훨씬 높은 압력에서 2차 가압하면 압분체 상호간 접합이 가능하게 된다. 이것을 접합성형이라고도 한다. 습식법은 전면으로부터 균일하게 가압시키기 때문에 이상적인 성형체를 제조할 수 있지만, 건식법과 비교시 회분식이기 때문에 효율이 떨어져서 양산용으로는 적합하지 못하다.

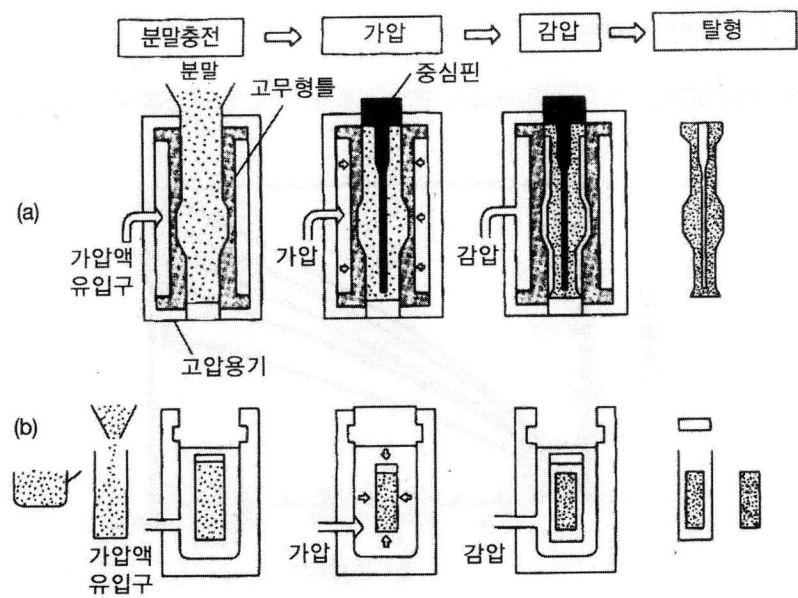

그림 7-33 정수압 가압성형: (a) 건식법, (b) 습식법.

CIP법에 이용되는 고무제품으로는 천연고무, 폴리우레탄, 나일론, 염화비닐 또는 실리콘고무가 사용되며, 제품의 형상, 분체의 입경 및 압축성, 압력매체와의 내식성 등을 고려해서 선택하여야 한다. 보통 고무형틀의 경도가 증가함에 따라 분체의 압축성은 저하된다. 또한 성형압이 증가함에 따라 경도가 큰 고무형틀은 압축률이 감소해서 성형밀도가 저하한다. 고무형틀의 선정은 고무경화 이외에 반복 가압시의 형상의 경시변화나 재질의 피로열화, 충전시의 형상유지특성, 작업성 등도 고려하여야만 한다. 가압용 매체로는 액체를 사용하는 데 일반적으로 이용되는 매체의 압축성을 그림 7-34에 나타내었다.

CIP법은 수백 Å의 초미립자도 결합제 없이 성형이 가능하다. 성형체의 강도 유지를 위해 결합제 및 가소제를 첨가하기도 하지만, 일축가압용 분체와 비교해서 첨가량을 최소화할 수 있다. 일반적으로 고무형틀에의 충진성을 고려해서 유동성이 우수하고 수분량의 조절이 용이한 분무건조법으로 처리한 조립분체(2차 입자경이 100 μm 전후의 구상입자)가 이용된다. 그림 7-35에 알루미나(순도 99%) 분말을 일축가압 및 CIP한 결과를 비교하였다. 일축가압성형과 비교시 밀도와 강도 모두 우수한 것을 볼 수 있다.

분체를 가압하는 승압과정, 성형체 내부를 균일하게 하는 최고압 유지과정 및 감압과정 또한 중요하다. 승압속도가 과하게 빠르면 분체의 급속한 치밀화와 통기율 저하에 의해 분체 내에 공기가 일부 침입하여 층상결함이 발생하는 경우가 있다. 유지시간은 제품의 형상 및 분체의 특성에 따라 다르다. 성형과정에서 가장 중요한 것은 감압과정이다. 특히 $100kg/cm^2$ 이하의 저압영역에서 주의가 필요하다. 이 영역은 고무형틀의 복원 및 압축되어 있던 공기의 방출 등에 의한 충격에 의해 성형체가 파괴되는 경우가 있다. 따라서 고무형틀의 복원속도가 일정하도록 감압속도를 제어하여야만 한다.

(2) 열간 정수압 소결법

열간 정수압소결법(HIP; Hot Isostatic Press)은 Ar, N_2 등의 불활성 기체를 압력매체로 사용하

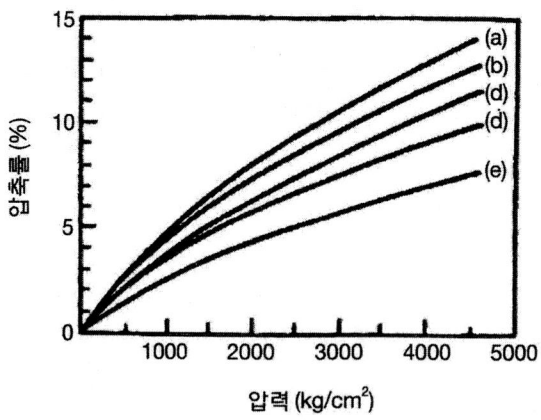

그림 7-34 액체의 압축성: (a) 물, (b) 30% 붕산수, (c) 모빌유, (d) 윤활유, (e) 글리세린.

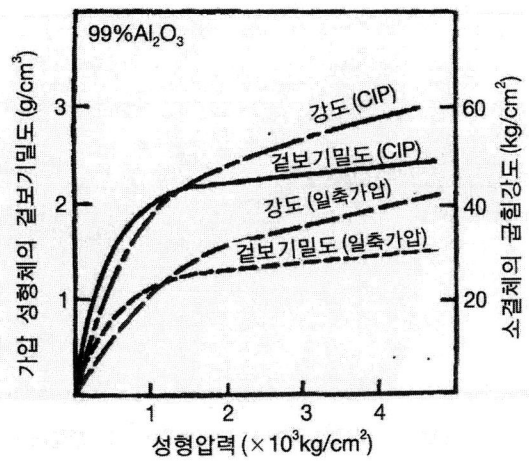

그림 7-35 성형체의 겉보기밀도와 소결체의 강도

여 주위로부터 등방적으로 가압하면서 고온에서 소결하는 방법이다. 이 방법은 종래 약 1500℃ 이하의 온도에서 분말야금 분야에서 사용되어 왔으나 최근에는 장치면에서 기술혁신이 이루어져서 고온에서 사용할 수 있게 되었으며 고온소결의 세라믹스 분야에서도 활용할 수 있게 되었다. Si_3N_4 세라믹스의 소결에 사용될 경우 2000기압과 1900~2000℃가 일반적이다.

현재 이 방법에 있어서는 압력매체가 성형체 내부에 들어가지 않도록 성형체의 표면을 금속이나 유리 등으로 피복하는 기술이 문제점이 되고 있다. 이것이 생산성의 면에서 해결이 되면 본질적으로 소결조제를 적게 사용할 수 있으므로 매우 유망한 방법이다.

7.2.4 기타 압축성형

(1) 복합 압축성형

두께가 0.5cm보다 작고 지름 대 두께의 비가 약 50 정도인 식기와 같은 큰 접시류는 건식 압축성형과 건식 정수압성형의 복합적인 성형법이 이용된다. 복합 압축성형에서, 비교적 강한 강 또는 폴리우레탄 플라스틱 틀에 압력을 가하면, 내부 액체에 의해 가압된 유연성 격막이 복잡한 요철부분에 압력을 전달하게 된다(그림 7-36 참조). 틀 내의 재료는 압축성형 전에 회전기구에 의해 구석까지 공급된다. 충전, 형태 만들기, 압축과 방출이 다단식 회전테이블에서 동시에 이루어진다. 생산속도는 시간당 수백 개까지에 이르며, 수직충전과 수평 압축모드가 이용되고 있다. 가소성 성형에 비해서 치수 정밀성이 우수하고, 성형체의 건조수축이 적다.

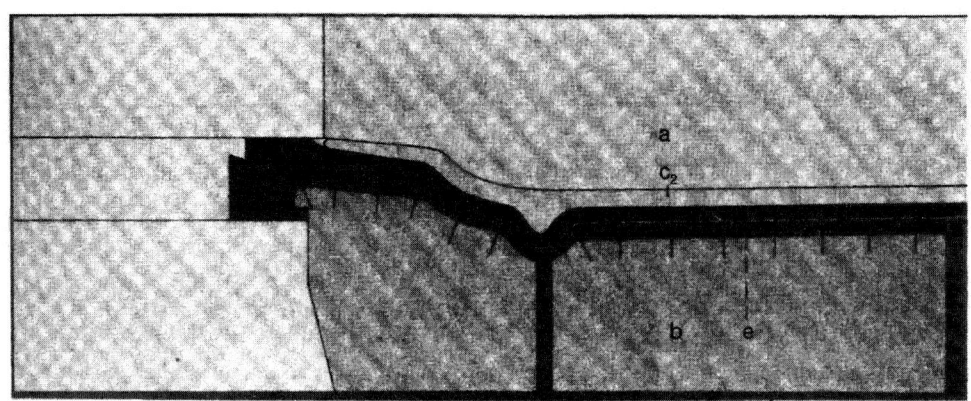

그림 7-36 복합 압축성형(a; 견고한 펀치, b; 복잡한 하부의 견고한 펀치, C_2; 성형체, e; 정수압 액체가 내장된 유연한 막)

(2) 롤 압축성형

두 개의 견고한 롤(roll) 사이에서 연속적으로 두꺼운 평판을 성형할 때 이용된다. 가압시 압력은 롤에 의해 접촉되는 분말의 면적이 매우 작기 때문에, 일반적인 건식 압축성형법과 비교시 크며, 생산속도는 초당 수 cm에 이른다. 두께가 0.5∼1.5mm, 폭이 30cm 정도인 간단한 형상의 기판을 제조하는 데 이용되고 있다.

7.2.5 소성 및 압출 성형

(1) 개요

점토를 내포하는 도자기와 같은 전통적 세라믹스의 성형은 점토의 특성인 가소성을 이용한다. 소성 또는 가소성이란 외력에 대해 파괴를 일으키지 않고 연속적이면서 영구적으로 변형할 수 있는 성질을 말한다. 대부분의 산화물과 물의 계에서는 가소성이 나타나지 않기 때문에, 각종 유기고분자를 배합해서 소성성형을 하고 있다.

소성성형에는 대표적으로 물레성형, 압출성형 및 압연성형 등이 있다. 도예가들이 직접 손으로 성형하는 방법이 물레성형법이고, 식기류 등의 대량 성형에는 기계녹로(jiggering)가 이용되고 있다. 압출성형은 비교적 간단한 원통형을 성형할 때 사용되며, 도관, 탄소전극관, 애자와 같이 대형제품에서부터 열전대의 절연관, 보호관 등 소형제품까지 폭넓게 이용되고 있다. 그밖에 건축자재인 연와, 최근에는 자동차의 배기가스 처리에 사용되는 하니컴(honeycomb) 세라믹스와 같은 복잡한 형상의 성형에도 이용되고 있다. 소성성형은 큰 것부터 작은 것까지 연속적으로 성형이 가능하고, 성형압력도 압축성형과 비교시 작다는 특징이 있다.

가소성의 정의에 대해서는 여러 가지가 제안되고 있는데, 간단히 정리하면, ① 압력하에서 파괴되지 않고 형태가 변형되며, 입력이 제거되더라도 그 변형된 형태를 그대로 유지하는 성질, ② 항복값

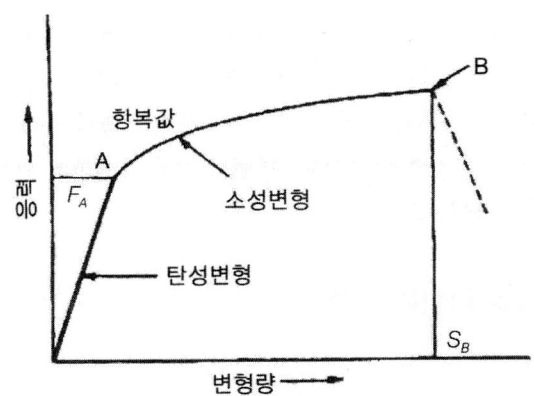

그림 7-37 가소성 재료의 응력-변형곡선

이상의 힘을 가했을 경우, 파괴를 일으키지 않고 연속적으로 또한 열구적으로 형상을 변형시킬 수 있는 성질, ③ 변형력을 항복값까지 감소시켰을 때, 그 형태를 유지하려는 성질 등으로 정의할 수 있다. 이러한 각 정의에 공통적인 인자는 항복값과 파괴를 수반하지 않는 변형이라는 2가지를 들 수 있다. 가소성 물질의 응력-변형곡신은 그림 7-37과 같으며, A점끼지는 응력괴 변형이 직선적인 관계인 탄성변형이며, A점에 있어서 응력(F_A) 이상의 응력을 가하면 A점에서 B점까지 연속적으로 영구변형하게 되며, B점에서 파괴된다. 그림에서 A점의 응력(F_A)이 항복값이며, 가소성이 크다는 것은 항복값이 크고, 파괴(균열, 절단 등)가 발생하기 어렵고, 소성변형량이 크다는 것을 의미한다.

　가소성 재료의 변형량이 시간에 따라 변화하는 예를 그림 7-38에 나타내었다. A에서 응력을 가하면 B까지 탄성변형을 하고, 그 후 소성변형이 일어난다. C점에서 응력을 제저하면, 순간적으로 탄

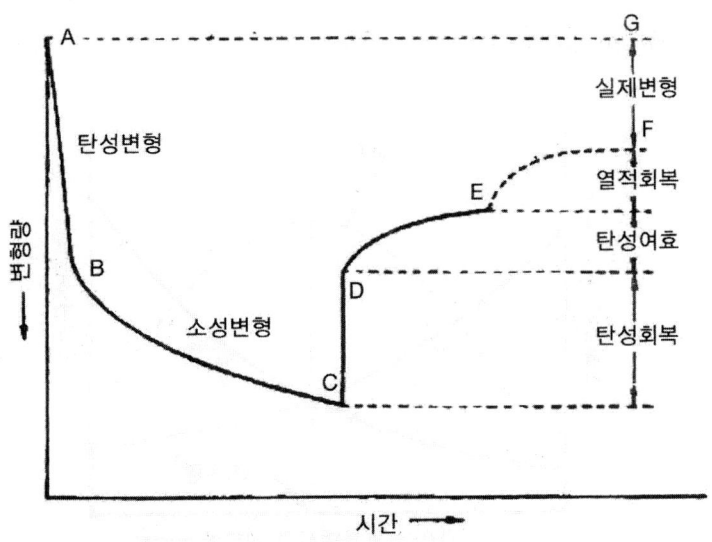

그림 7-38 변형량의 시간적 변화

성이 회복되어 D에 도달한다. DE간을 탄성여효(deleyed elastic after effect)라 하며, 시간의 경과와 함께 변형이 감소한다. 그 크기는 전체 변형량의 10~40%에 이른다. E점에서 평형이 되며, 온도가 변하던가 건조 또는 소성하게 되면 변형이 감소하여 F까지 돌아오게 된다(기억현상). 세라믹스에서는 이러한 탄성회복이나 기억현상이 소성변형을 매우 곤란하게 만들며, C점까지 변형하려고 해도 어느 순간에 E나 F로 돌아오고 만다.

(2) 가소성에 영향을 미치는 인자

(가) 함수율

함수율에 따른 항복값(T_L)과 최대변형량(θ_M)의 변화를 그림 7-39에 나타내었다. 함수율이 증가함에 따라, 항복값은 감소하고 최대변형량은 커진다. 따라서 두 값의 곱으로 표현되는 가소성값(그림에서 점선)은 어느 함수율에서 최대값을 갖게 된다. 가소성값이 최대가 되는 함수율을 가소수량(water of plasticity)이라고 한다. 가소성값이 함수량에 따라 그다지 예민하게 변화하지 않을수록 소성성형을 쉽게 할 수 있다.

(나) 입자형태

가소성은 입자가 미세할수록, 벽개성이 있으며 평편할수록, 입자표면의 수막이 두꺼울수록 우수하게 나타난다.

(다) 흡착 양이온

가소성 요인 중의 하나인 수막의 두께는 동일한 재료라 할지라도 입자표면에 존재하는 흡착 양이온의 종류 및 양에 따라 크게 변하기 때문에 가소성은 현저하게 다르게 나타난다. Na 이온을 흡착한 해교계에서는 입자 간에 반발력이 작용하기 때문에 가소성이 작다. 반면에 Ca나 Mg 이온과 같은 2가 양이온 및 H 이온을 흡착한 응집계에서는 입자 간에 흡인력이 작용하기 때문에 가소성이 커진다.

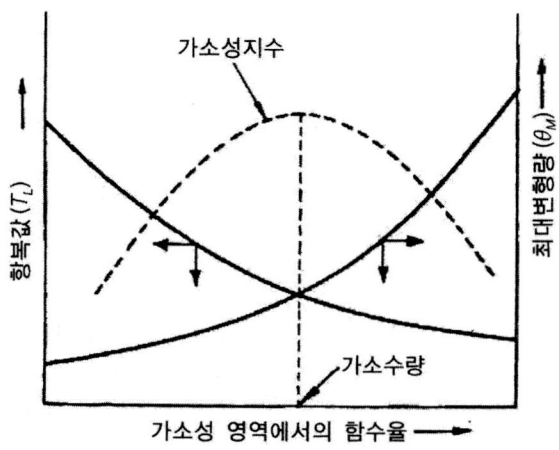

그림 **7-39** 함수량과 항복값·최대변형량의 관계

(라) 표면장력

가소성 특히 항복값은 입자간에 존재하는 액상의 표면장력에 지배된다. 각종의 계면활성제로 물의 표면장력을 저하시킬수록 가소성값은 직선적으로 감소한다. 물보다 더 표면장력이 작은, 예를 들어 에틸알코올을 사용하면 당연히 물보다 가소성이 작아진다.

(마) 숙성(aging)

가소성 재료가 건조되지 않도록 장시간 보존, 즉 숙성시키면 가소성이 증가한다. 그 원인으로는 소성재료 내에 수분이 보다 균일하게 분산되며, 유기물의 분해에 의해서 발생한 약산에 의해 미립자가 응집하는 것 등을 생각할 수 있다.

(3) 압출성형

(가) 진공토련기

압출성형은 견고한 틀을 통해 응집성을 지닌 가소성 재료를 밀어냄으로써 형상을 만든다. 압출기로는 오거(Auger)형과 플런저(plunger)형이 있는데, 최근에는 오거형이 많이 사용되고 있다. 또한 진공퍼그밀과 오거머신을 일체화해서, 탈기에 의한 기포제거, 수분의 균질화, 압착에 의한 배토의 겉보기밀도 향상 등 가소성 향상을 목적으로 한 진공토련기(그림 7-40)의 사용이 증가하고 있다.

진공토련기에는 여러 종류의 크기 및 형상의 날개가 조합하여 배치된다. 그림 7-41에 진공토련기에 사용되는 날개의 일례를 나타내었다. 예를 들어, (a)의 혼합날개는 혼합력은 강하지만 배토에의 압출압력이 약하다. 또한 (e)의 연속나선 날개는 배토에의 압출압력은 강하지만 혼합력이 약하다. 이러한 날개는 퍼그부 및 오거부의 소정의 위치에 설치되며, S자형 균열, 층상형 균열 등의 결함 발생을 억제시키는 동시에 배토의 수분, 원료조성, 입자 크기, 겉보기밀도, 유동성 등의 균질화를 위해서는 날개의 크기, 형상 및 배치를 고려하여야만 한다.

진공토련기에서는, 배토는 퍼그부에 공급되고 우선 혼합력이 큰 날개로 혼합된 후, 추진력이 큰 날개에 의해 세분판을 통해 박판상으로 진공실로 압출되어 효과적으로 탈기된다. 진공실은 대기압에

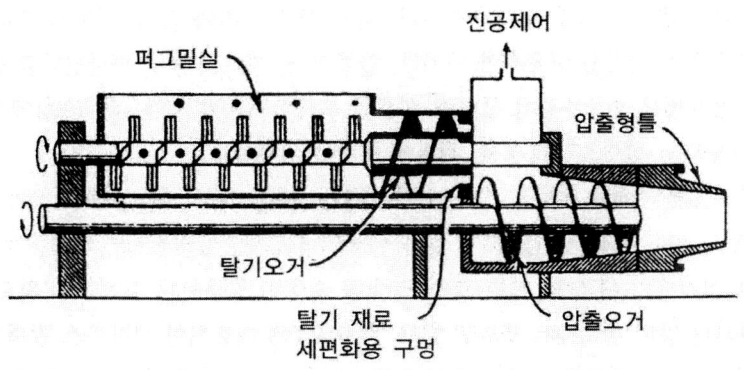

그림 7-40　진공토련기

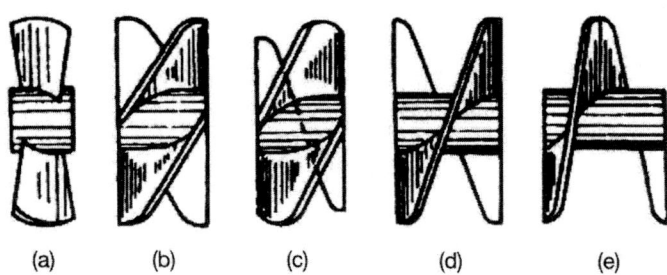

그림 7-41 진공토련기에 사용되는 날개: (a) 혼합 날개, (b) 4장 날개, (c) 3장 날개, (d) 2장 날개, (e) 연속나선 날개.

대해 약 -720mmHg로 유지된다. 탈기된 배토는 오거부로 들어가서, 우선 혼합력이 비교적 큰 날개로 혼합되는 동시에 앞쪽으로 압출되고, 그 후 추진력이 큰 연속나선형 날개에 의해 압축되어 균질하고 적절한 유동성을 갖는 배토로 되어 출구금형으로부터 압출성형되어 배출되게 된다.

압출 동안에, 오거에 의해 만들어진 구동력은 가소성 재료의 저항력과 틀벽의 마찰력을 초과하여야 한다. 유동을 일으키는 압력은 통 안에서 가장 높으며, 압출 성형기의 축을 따라 감소한다. 압출 동안에 유동은, ① 압출체 안의 층류와 벽에서의 미끄러짐(통과 틀-입구영역), ② 압출체의 충전유동과 벽에서의 미끄러짐(틀-출구부 영역), ③ 중앙부에서의 충전유동과 벽 근처의 층류(통과 틀-입구영역) 등에 의해서 일어난다.

공업용 압출압력은 자기소지의 경우 4MPa 이하이며, 가소화된 재료의 경우는 약 15MPa 이하 정도이다. 용량은 제품 크기에 의존하며, 큰 제품인 경우 100T/h 정도에 이른다. 공업적 압출속도도 각양각색이며, 압출된 재료의 절단과 운반속도에 의하여 부분적으로 조절된다. 큰 제품인 경우의 일반적인 압출속도는 약 1m/min 정도이다.

(나) 압출성형용 배토

압출성형용 배토는 일반적인 소성성형용 배토와 동일하게, ① 응력에 의해 소정의 형상으로 변형되어 성형되는 가소성, ② 성형시 배토가 출구금형을 통해 매끈하게 압출되는 평활성, ③ 성형체가 건조될 때까지 그 형상을 유지할 수 있는 형태보존성, ④ 가공 및 취급시 견딜 수 있는 성형체의 강도 등 소성성형에 연관된 성질을 갖추어야 한다. 앞서 설명한 바와 같이, 점토계 배토는 점토-물계가 본질적으로 갖고 있는 성질을 이용하면 되지만, 알루미나, 지르코니아, 티탄산바륨 등 비가소성 배토는 성형조제를 첨가해서 소성가공에 필요한 성질을 부여하여야만 한다. 표 7-12에 압출성형용 비가소성 배토에 사용되는 성형조제의 종류, 작용에 대해 열거하였다.

비가소성 배토용 성형조제로는 PVA, PVB, PEG, MC, CMC, EC, HEC, HPC 등이 사용되며, 그 중에서도 PVA, MC, PEG 및 CMC가 많이 이용되고 있다. 성형조제는 비가소성 원료의 종류, 입자 크기에 따라 첨가량이 다르다. 예를 들어, 동일한 순도의 알루미나 소지라도 원료의 종류에 따라 성형조제의 종류나 양이 변화하는 경우도 있다. 표 7-13에 대표적인 세라믹스 압출성형용 배토에 이용되는 성형조제를 나타내었다. 성형조제의 종류, 조합 및 첨가량을 이론적으로 결정하는 것은 불가능

표 7-12 압출성형용 비가소성 배토에 사용되는 성형조제

종 류	작 용
결합제	성형체의 강도
윤활제	탈형, 입자 간의 윤활성
가소제	가소성
해교제	분산, 입자표면전하 조정
킬레이트제	불필요한 이온의 불활성화
살균제	숙성 중의 변질방지

표 7-12 압출 성형체의 조성

탄화규소(vol%)		알루미나(vol%)		전기용 자기(vol%)	
탄화규소 분말	50	알루미나 분말	46	쿼츠 분말	16
HEC	6	볼클레이	4	장석	16
물	42	MC	2	카올린	16
PEG	2	물	48	볼클레이	16
				물	36
				탄산칼슘	<1

하기 때문에 적절한 조건은 실험적으로 정할 수밖에 없다.

(다) 성형체 결함의 제어

① **불충분한 강도**: 압출 성형체의 항복응력은 고분자량의 결합제 및 콜로이드 입자들의 양을 증가시키고, 액체함량을 감소시키고, 그리고 압출 동안에 젤화되는 결합제를 사용함으로써 증가시킬 수 있다.

② **균열과 층상화**: 대부분의 균열과 층상화 결함은 차등적 건조수축에 의해 발생한다. 새발 모양의 균열(그림 7-42(a))은 건조수축이 작은 견고한 개재물이 존재할 경우에 발생한다. 견고한 개재물로는 혼합시 젖음성이 낮은 출발재료의 응집체, 외부 불순물 또는 장비마모로부터 유입되는 큰 입자나 응결체 등을 생각할 수 있다. 차등적 수축의 또 하나의 원인으로 액체의 이동을 들 수 있다. 액체의 투

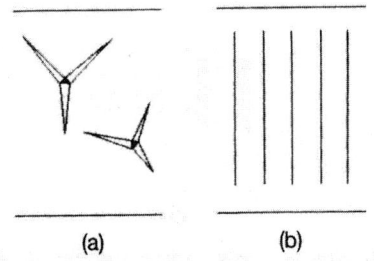

(a)   (b)

그림 7-42 압출 성형체 표면에 발생하는 새발모양의 균열(a)과 주기적 층상화(b)

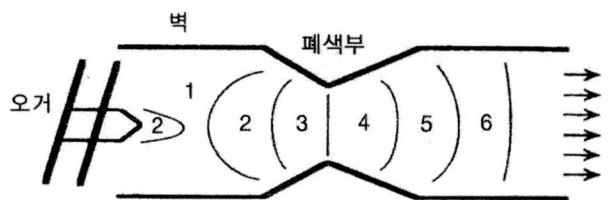

압력: 1 > 2 > 3 > 4 > 5 > 6

그림 7-43 오거 압출기에서의 압력분포

과율은 소지 안의 콜로이드의 함량 및 결합제의 양과 분자량을 증가시킴으로써 감소시킬 수 있다. 또한 입자응고와 소지의 액체함량을 증가시키거나 윤활처리함으로써 액체이동에 대한 구동력인 압출압력을 감소시킬 수 있다.

또한 고농도의 비등축성 입자로 구성된 소지에서의 이방성적인 건조수축은 소지 내부에 층상화 결함을 일으킬 수 있다. 이 경우는 배출구 부근에서의 유동속도 구배가 완만하도록 틀을 설계(그림 7-43)하여 비등방적인 수축으로 인한 응력을 감소시켜야 한다. 또는 종횡비가 작은 입자들을 사용하거나 미세한 등축성 입자들을 사용함으로써 수축의 이방성을 감소시킬 수 있다.

주기적인 표면층상화(그림 7-42(b))는 벽마찰 및 탄성복귀가 클 때 유동방향의 수직방향으로 발생한다. 표면의 윤활성을 향상시키고, 액체함량을 증가시키고, 압출속도를 빠르게 함으로써 제거할 수 있다.

③ **기공 및 기포 발생**: 소지 내부에 존재하는 공기는 1MPa 이하의 압력에서 물 안에 용해될 수 있는데, 방출 동안의 감압시 용해된 공기가 외부로 빠르게 이동하면서 비교적 큰 기공이나 기포를 생성시킨다. 이를 방지하기 위해서는 공급재료의 적절한 탈기 및 압출기의 높은 진공도가 요구된다.

④ **유동구배에 의한 균열**: 오거에서 나온 배토는 유동구배에 의해 그림 7-44와 같은 형태의 결함이 생성된다. 가장자리의 유동속도가 중심부의 유동속도보다 빠르면, (a)와 같은 S자형 균열을 발생시키며, 배토의 가소성이 부족하면 성형체 내부에 정형균열이 발생한다. 이 경우는 배출구의 배면 내부를 넓게 하여야 한다. 톱니형 결함(그림 7-44(b))이 생기면 배토기둥의 중앙부분이 빨리 나오기 때

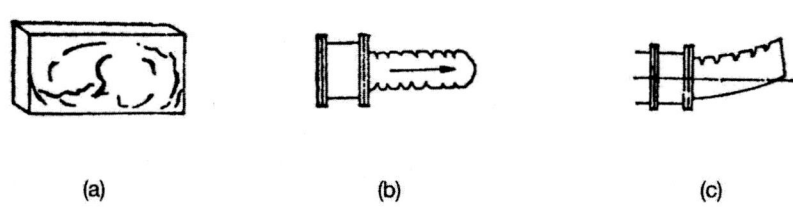

| (a) | (b) | (c) |

그림 7-44 배토의 유동구배에 의한 결함: (a) S자형 균열과 정형균열, (b) 톱니형의 배토기둥, (c) 톱니형의 구부러진 배토기둥.

문으로, 이때는 구석과 가장자리 부분을 넓게 하여야 한다. 또한 배토기둥이 굽어서 나오면(그림 7-44(c)), 출구가 굽어있든지 또는 함수량이나 윤활제가 부족할 때이다.

압출성형법은 대량생산에 적합하고 연속조작이 가능하지만 다음과 같은 결점이 있다.

① 기계 속에 상당량의 배토가 남게 되므로 소량의 생산에는 쓰이지 않는다. 또 다른 배토를 쓸 경우 기계를 청소하는 데 시간이 걸린다.

② 사용하는 원료는 일반적으로 단단한 재질이므로 기계 내부나 베어링 등의 마모가 심하기 때문에 부품의 교체주기가 짧다.

7.2.6 사출성형

(1) 개요

세라믹스는 일반공업제품에서부터 전자 및 기계부품에 이르기까지 광범위하게 이용되며, 이들 제품은 순도, 치수정밀성, 물성 등의 엄격한 요구 외에도 형상이 복잡한 경우가 많아서, 고분자 성형기술을 응용한 사출성형법이 이용되고 있다.

특히, 사출성형법은 목적하는 치수에 대해 소결 후 얻어지는 치수정밀성이 1% 이하로 다른 성형법과 비교시 우수하다. 복잡한 형상도 치수정밀도가 우수하며, 공정도 간단하고, 양산성이 있으며, 자동화도 가능해서 균일한 제품을 얻을 수 있다. 반면에 유기재료의 함유량이 많기 때문에 탈지(하소)공정이 길고, 금형이 고가이며, 금형설계가 어렵다는 문제점도 있다.

사출성형법은 초기에는 알루미나를 중심으로 한 분체에 적용하였으나, 현재는 탄화규소, 질화규소 등의 비산화물 세라믹스 분체를 사용한 가스터빈 부재, 자동차 부재, 디젤부품 등의 실용화를 목전에 두고 있다.

성형공정은 그림 7-45에 나타낸 바와 같이, 세라믹스 분체에 열가소성 수지(또는 열경화성 수지, 고무 등)와 윤활제 및 가소제 등의 유기재료를 가열 혼합한 후, 성형용 재료(펠렛상 또는 분말상)를 만든다. 플라스틱의 사출성형과 같이 사출성형기를 사용해서 성형용 재료를 금형 안으로 유입시킨 후 냉각(또는 가열)해서 성형체를 제작한다. 탈지로를 이용해서 성형체 중의 유기재료만을 열분해 휘발시킨 후, 본 소성하여 제품화한다.

혼합공정은 분말 응집체를 분산시키고, 유기재료로 입자를 피복시키며, 혼합물 내의 불균일성을 최소로 한다. 이 공정은 유기성분들이 산화로 인해 열화되지 않도록, 공기가 없고 유기성분들의 열화온도 이하에서 행한다. 결합제를 첨가하면 분말의 혼합토크가 크게 증가하기 때문에 온도조절이 가능한 고전단 혼합기를 사용한다. 그림 7-46에 결합제로 피복된 분말(a), 가열에 의해 결합제가 분해된 경우(b) 및 경화된 경우(c)에 있어서의 혼합시간에 따른 혼합토크의 변화를 나타내었다. 곡선 (d)는 분말농도가 과다할 때 발생한다. 토크가 극도로 높거나 혼합시간이 너무 길면 혼합기 내의 금속부재의 마모에 따른 오염이 발생하기 때문에 바람직하지 않다. 온도저하에 따른 점도의 증가 또는 빠른

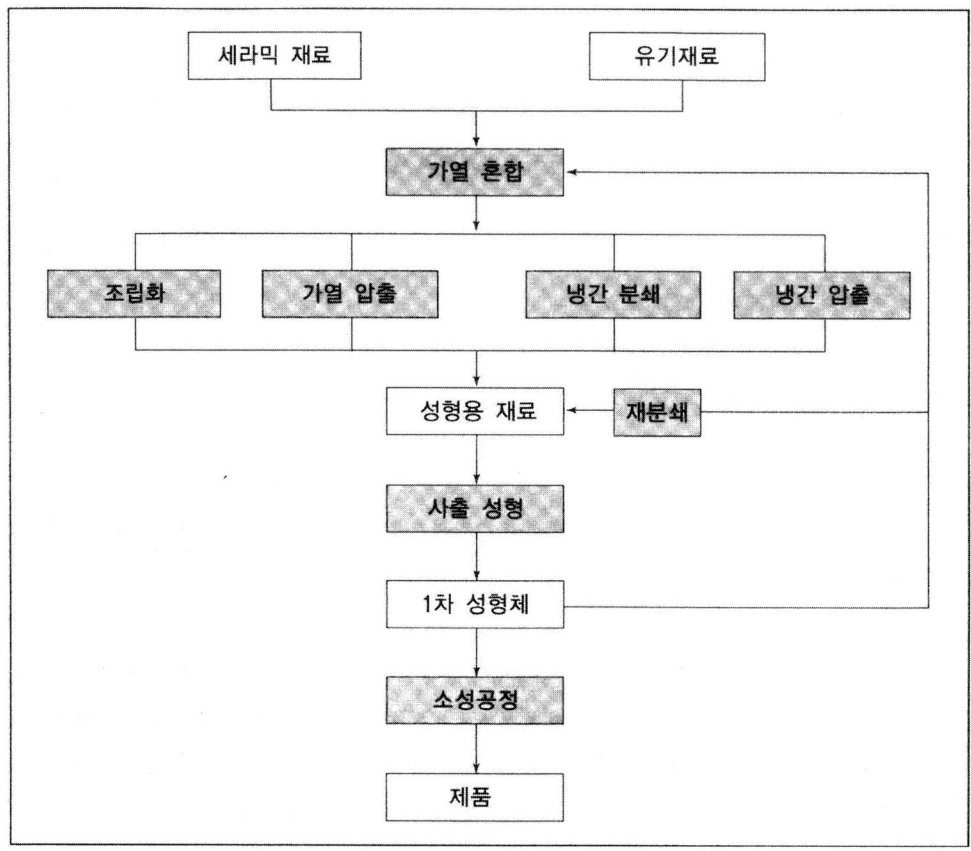

그림 7-45 세라믹스 사출성형 공정

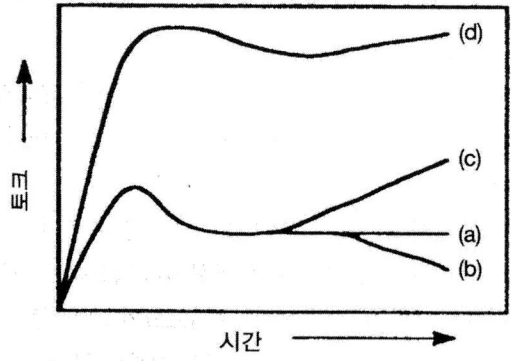

그림 7-46 혼합 중의 토크변화: (a) 습식 결합제, (b) 결합제 분해, (c) 결합제 경화, (d) 분말 과다.

속도로 혼합하는 경우에는 응집체를 분산시키는 데 보다 높은 전단응력이 요구된다. 일반적으로 전단응력이 응집체를 분산시키기 충분한 온도에서 그러나 최대항복점을 갖지 않는 온도범위에서 혼합한다.

(2) 성형 첨가물

분체의 종류, 입도분포, 평균 입자 크기, 비표면적 및 진비중 등의 자료로부터 표 7-14에 나타낸 성형 첨가제를 선택한다. 그러나 유기재료의 첨가량을 이론적으로 정할 수 있는 계산식은 없다. 일반적으로는 분체의 중량을 진비중으로 나눈 분체의 겉보기 용적을 계산하고, 그와 같은 양이거나 약간 작은 용량의 유기재료를 첨가한다.

혼합시의 열화와 사출성형시의 분자배향을 피하고 만족스런 유동점도를 만들기 위해서, 저/중간 분자량의 폴리에틸렌, 폴리프로필렌, 또는 폴리스틸렌계 결합제를 첨가한다. 왁스는 성형온도에서는 액체로, 연화점 이하로 냉각되면 결합제로 작용하며, 식물성 유지는 액체용매/가소제로서 역할을 하며, 스테아린산염은 윤활제이다. 소지내의 유기물은 보통 약 40vol% 정도로 고농도이기 때문에, 탈지공정에서 제품의 제반 손실이 없도록 유기물의 종류 및 첨가량을 조절하여야만 한다. 대표적인 열경화성 수지로는 가열시 교차결합하는 에폭시 수지가 사용되고 있다.

저압 사출성형에서는 왁스 또는 수성계를 사용한다. 왁스 결합제를 사용하면 비교적 낮은 온도와 낮은 압력에서 사출성형할 수 있다. 60℃ 이상에서 젤을 만드는 수용성 결합제를 사용하거나, 사출성형체를 동결시키고 승화에 의해 얼음을 제거하는 수성 사출성형도 이용되고 있다.

결합제 함량($100 V_b / V_p$)은 사용되는 결합제의 형태와 분말농도에 따라 변하며, 일반적으로 약 0.15 ~ 0.50 정도이다. 상대적으로 높은 충전밀도를 얻기 위해서는 분말의 함유량은 커야 하지만, 성형시의 충분한 유동을 위해서 점도는 105MPa · s 이하이어야 한다.

표 7-14 사출성형용 첨가제(wt%)

형 태	결합제	가소제	윤활제
왁스	파라핀 왁스(70%) 미세결정 왁스(20%)	메틸에틸케톤(10%)	–
수지	폴리프로필렌(67%) 미세결정 왁스(22%)	용융 왁스	스테아린산(11%)
수지	폴리스틸렌(45%) 폴리에틸렌(5%)	식물성 유지(45%)	스테아린산(5%)
에폭시	에폭시 수지(65%) 파라핀 왁스(25%)	용융 왁스	스테아린산부틸(10%)
수성계	MC(4%)	물(96%)	

(3) 사출성형기

사출성형기의 모식도를 그림 7-47에 나타내었다. 성형용 재료를 합체시켜 사출실로 보내는 데는 일반적으로 플런저가 사용되며, 플런저 압력은 30～100MPa 정도이다. 125～160℃ 범위로 가열된 재료는 스푸루를 통하여 노즐로부터 방출된다. 런너는 상부금형과 하부금형을 조이는 부분으로 굵고 짧은 편이 좋다. 금형 내에서의 성형체의 수축은 작아서(일례로 약 0.1～0.2%), 금형치수와 거의 같은 크기의 성형체가 얻어지며, 일반적으로 금형 내부의 공기가 외부로 나가지 않고 성형체 내부로 들어가기 쉬워서 탈지공정시 발포를 일으킨다. 따라서 금형에는 공기 탈출구를 약 10～20 μm의 깊이로 붙인다. 또한 금형에는 필히 냉각부를 부착시켜 냉각과 가열이 가능하도록 하며, 온도조절기와 접속시켜 금형온도를 일정하게 함으로써 성형체의 정밀도와 사이클을 향상시킬 수 있다. 금형의 마모문제는 가장 가는 게이트 부분에서 주로 발생한다. 부품은 경화된 공구강이나 스테인레스강을 사용하며, 내마모가 요구되는 부분은 표면질화시킨 강이나 탄화물 접합체를 사용한다. 사출성형기 및 재료의 일반적인 변수를 표 7-15에 나타내었다.

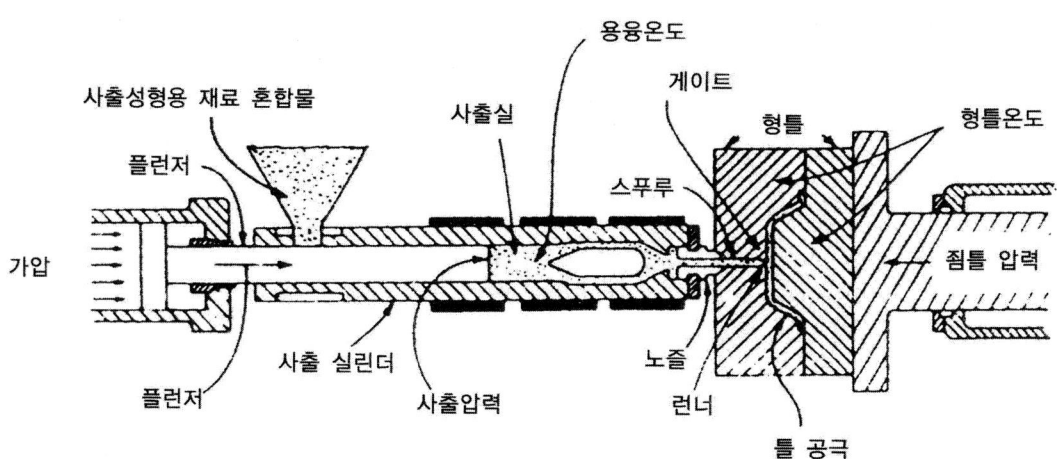

그림 7-47 플런저형 사출성형기(J.A.Mangels et al., "Advances in Ceramics", Vol.9, Am.Ceram.Soc., 1984.)

표 7-15 분말 사출성형에서의 사출기 및 재료의 변수

기계적 변수	재료 변수
재료공급기구	유동전단속도에서의 점도
통의 온도	냉각시의 점도변화
스푸루, 런너 및 게이트의 형상	고화온도
플런저 속도	체적수축
성형온도와 형상	열확산율
사출압력 및 시간	기계적 강도
사출 후 압력 및 시간	탄성률

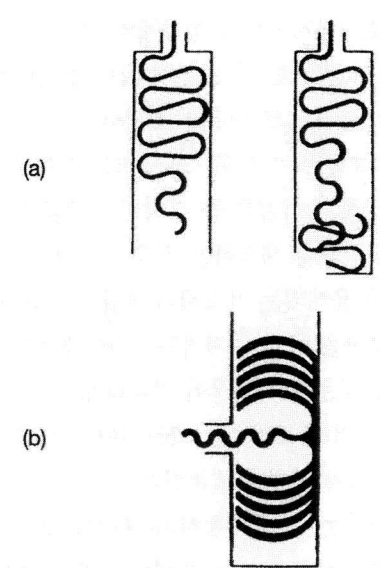

그림 7-48 충전형태

가열된 성형용 재료를 형틀 내로 유입시킬 때는 세심한 온도제어가 요구된다. 그림 7-48에 나타낸 바와 같이, 재료의 유동 패턴은 여러 가지 형태를 취할 수 있는데, (b)와 같이 충전은 유동단위들이 응집성 제품으로 서로 합체되도록 가능한한 균일하게 일어나야 하며, 공기가 재료 내부로 유입되어서는 안 된다. 윤활제는 유동과 형틀 충전시의 압력을 감소시키고, 형틀표면으로부터 사출성형체의 분리를 용이하게 한다.

재료가 노즐로부터 유동함에 따라 냉각이 일어나서 점도가 빠르게 증가한다. 유동의 활성화에너지가 작을수록 냉각시 점도증가가 느리며, 유동의 온도에 대한 의존성도 덜 민감하게 된다.

냉각 형틀에서의 유동은 전단속도의 감소와 냉각을 발생하는데, 이는 점도를 더욱 증가시키게 된다. 또한 소지 내의 세라믹 분말은 비열을 감소시키고 열확산율을 증가시킨다. 냉각시 부피변화는 중합체의 결정화에 의한 수축과 그의 가역적 열수축에 의해 발생한다. 100% 중합체계와 비교시 세라믹 재료는 훨씬 낮은 압축률과 작은 틀 팽윤 및 탄성회복을 나타낸다.

(4) 탈지 및 소성

성형체에 결함을 발생시키지 않는 승온속도로 가열해서 유기물을 분해 휘발시켜야 한다. 이는 사출성형법에서 가장 시간이 요구되는 공정이다. 큰 제품의 경우, 열증기로 모든 유기물을 제거하는 데 수 주일이 요구될 수도 있다. 탈지속도를 정하기 위해서는, 우선 사용하는 유기재료를 공기분위기 및 비산화분위기(질소가스) 중에서 승온속도를 일정하게 해서 TG-DTA 분석에 의한 가열감량곡선을 구한다. 곡선으로부터 유기재료의 적당한 조합 및 양적인 것을 선택하고, 가열감량곡선이 온도에 대해

서서히 감소하도록 한다. 실제로는, 탈지속도는 성형체의 크기, 특히 두께에 연관되며, 얇은 성형체는 빠른 속도로 두꺼운 성형체는 느리게 한다. 또한 복잡한 형태나 변형이 쉽게 일어나는 것은 보호대나 분체 중에 내장시켜서 탈지하는 방법도 이용되고 있다.

결합제는 액체유동, 용매추출, 증발 또는 승화, 열적 또는 산화성 분해 등의 기구들을 이용해서 제거한다. 액체유동과 용매추출 기구들의 이점은 큰 부피의 기체를 형성하지 않고 제거할 수 있다는 점이다. 액체 왁스와 같은 저점도의 액체를 제거하는 경우는 다공성 지지구 안으로 유기액체가 모세관 이동하는 기구를 이용한다. 용매에 용해되는 가소제나 윤활제는 용매추출법으로 제거한다.

일반적으로 유기 결합제는 열분해법에 의해 제거된다. 이 경우는 열적 반응에 의해 기체가 발생하며, 탈지가 불완전한 경우 탄소와 같은 고체물질이 잔류하게 된다. 기체의 생성속도는 낮아야 하며, 기체는 결함을 발생시키지 말고 완전히 표면으로 확산되어야 한다. 기체 제거는 확산제어이기 때문에, 제거에 대한 시간은 제품의 크기와 형태에 의존한다.

탈지공정만 고려한다면, 유기재료는 분해 증발하기 용이한 것이 좋지만, 분체와 유기재료를 가열 혼합하거나 성형용 재료를 사출기로 성형할 때는 분해하지 않고 안정한 것이 좋다. 이와 같이 상반된 특성을 요구하기 때문에 사출성형법은 쉽지만은 않다.

성형체를 탈지시키면 보통 유기물은 완전히 분해 휘발된 상태로 강도가 매우 약하기 때문에 이동시키거나 손을 댈 수 없다. 물론 유기물이 적어도 수 % 이내로 탄화된 상태로 잔존하는 경우도 있다. 이 경우는 충분히 공기를 유입시킨 산화분위기에서 유기물을 완전히 제거시키지 않으면, 일반적인 소성속도(대단히 빠름)에서는 부서지거나 발포를 발생하게 된다. 비산화물계에서는, 예를 들어 탄화규소에 있어서 유기물의 탄화문제는 작지만, 질화규소에서는 부착 반응해서 양호한 제품을 얻지 못하기도 한다. 따라서 감압소성이나 가압소성도 이용되고 있다.

7.2.7 주입성형

주입성형이란 슬러리 또는 슬립(미세한 점토를 지닌 수성 슬러리는 슬립(slip) 또는 니장이라고 함)을 흡수성 형틀에 유입시키고 착육층을 형성시켜 성형체를 얻는 방법으로, 주로 도자기, 식기, 위생도기의 성형에 이용되어 왔다. 특히, 위생도기는 거의 모두가 이 방법에 의해 생산되고 있다. 주입성형은 압축성형이나 압출성형에 비해 생산성이 떨어진다는 결점이 있지만, 성형이 곤란한 복잡형상 제품의 성형이 가능하고 성형설비가 적게 든다는 이점이 있다. 최근에는 알루미나, 마그네시아, 지르코니아, 페라이트, 탄화규소, 질화규소 등의 비점토계 소지 성형에도 적용하기에 이르렀다.

(1) 개요

주입성형의 공정을 그림 7-49에 나타내었다. 원료를 물, 해교제 등과 함께 볼밀로 소정의 입도까지 미분쇄하여 슬러리상을 만든다. 슬러리는 안정화(슬립특성의 변동을 최소화)를 위해 수일간 교반되고(숙성), 수분 및 점성을 충분히 조절한 후, 진공 탈포시킨다. 탈형제 도포 등 형틀처리한 석고형틀을 조립하고 슬러리를 유입시킨다. 형틀의 흡수에 의해 틀벽에 착육층이 형성되며, 시간과 함께 착육층의 두께가 증가한다(착육공정). 소정의 두께가 되면 여분의 슬러리를 배출한다(배장공정). 배장 후에도 형틀의 흡수는 계속되기 때문에 착육층의 수분은 더욱 감소한다. 따라서 주입성형체는 견고성이 증가함과 동시에 수축해서 형틀로부터 이탈할 수 있게 된다. 주입성형체를 탈형시키고, 생가공 및 마무리 가공한 뒤 건조시킨다. 석고형틀은 건조시켜 반복해서 사용된다.

　주입성형법은 배장주입법(drain casting)과 고형주입법(solid casting)의 2가지로 대별할 수 있다. 그림 7-50에 나타낸 바와 같이, 배장주입법은 앞서 설명한 바와 같이, 주입물이 형틀표면에 원하는 두께로 성장된 후에 과잉의 슬립을 형틀로부터 배출시키는 방법으로, 항아리, 도가니, 파이프 등 얇고 중공인 제품의 성형에 이용되고, 고형주입법은 형틀에 주입된 슬러리가 전부 착육되어 배장공정이 필요 없는 방법으로 두꺼운 제품, 굵은 결정립 구조내화물, 콘크리트 제품들의 성형에 이용된다. 또한 성형속도를 증가시키기 위하여 슬러리에 압력을 가하는 가압주입, 형틀을 진공상태로 하는 진공주입 및 원심분리법 등이 이용되기도 한다. 특히, 진공주입은 다양한 크기와 형태의 다공성 내화단열제품을 성형할 때 이용된다.

(2) 주입용 슬립

　슬러리의 거동은 화학조성 또는 입자 크기분포 등의 미세한 변화에 민감해서는 안 되며, 적절한 저장수명을 가져야 한다. 주입성형에서 제어가 요구되는 인자로는 슬러리 성분의 비율과 분산, 형틀 충전 동안의 슬러리의 레올로지, 주입속도, 착육층의 밀도와 항복강도, 배장시 유동 레올로지, 형틀로

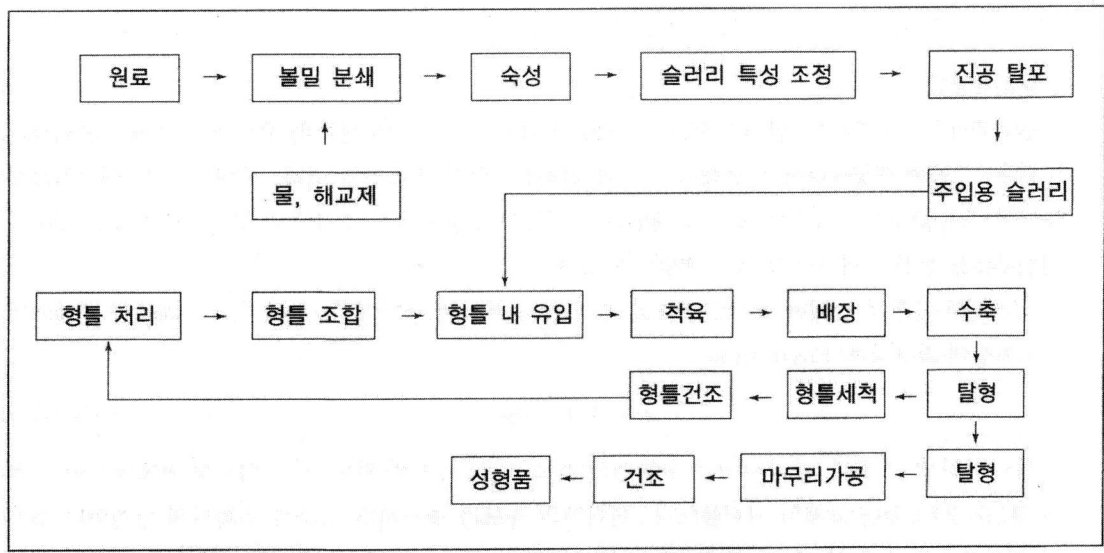

그림 7-49 주입성형 공정도

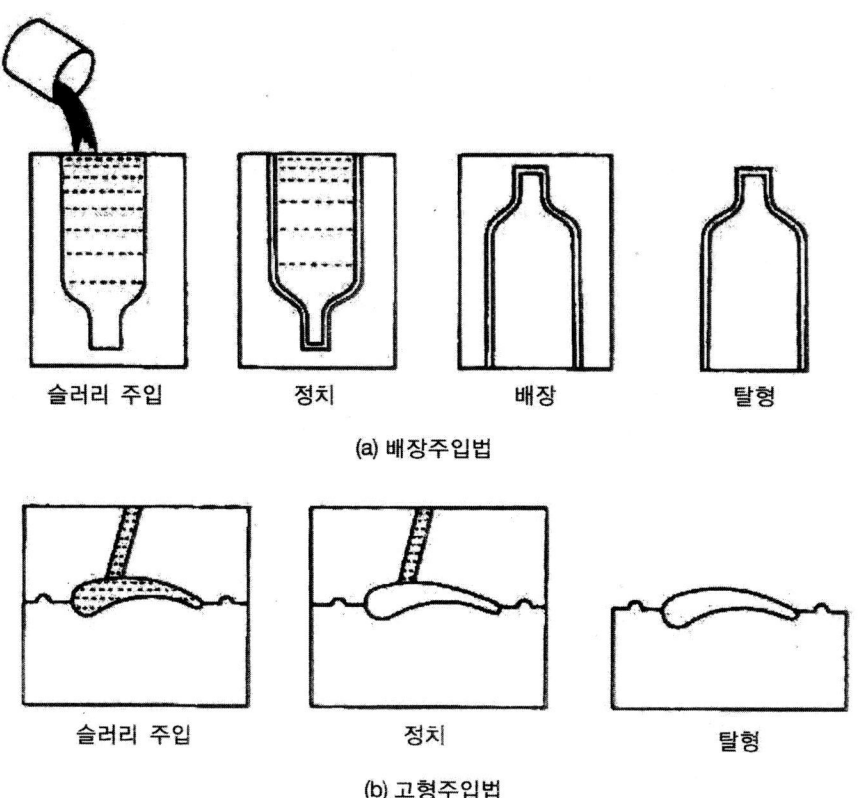

(a) 배장주입법

슬러리 주입 　　정치 　　배장 　　탈형

(b) 고형주입법

슬러리 주입 　　정치 　　탈형

그림 7-50 주입성형법

부터 착육층의 수축과 방출, 주입 성형체의 강도와 기계적 인성, 그리고 가공 등을 생각할 수 있다.

(가) 유동성

슬러리에는 적절한 유동범위가 있다. 유동성이 과하게 떨어지면 형틀의 세밀한 부분까지 유입되기 어려우며, 또한 배장불량이 발생해서 건조과정에서 균열이 발생하기 쉽다. 반대로 유동성이 과하게 좋으면 착육공정에서 슬러리 중의 조대입자가 침강해서 불균일한 조직으로 되기 쉽다. 또한 형틀의 접합부분을 통한 슬러리의 누수가 발생하기 쉽다.

슬러리의 유동성은 일반적으로 점도로 제어된다. 희박한 현탁액의 경우 점도는 매체와 입자와의 유동저항에 좌우되며, Einstein의

$$\eta = \eta_0(1 + k\varphi) \tag{7-30}$$

식으로 나타낼 수 있다. 여기서 η는 현탁액의 점도, η_0는 매체의 점도, k는 입자형상(예를 들어, 구형의 경우는 2.5), φ는 고체의 체적률이다. 현탁액의 농도가 증가하면 입자의 수화막의 영향이나 입자 간 저항효과가 증가하므로 식 (7-30)은 성립하지 않는다. 그 한계는 φ가 0.2 정도로 보고되고 있다.

농도가 더욱 증가해서 주입용 슬러리 영역이 되면($\varphi > 0.35$), 뉴튼 유동에서 벗어나기 시작한다.

그림 7-51에 슬러리의 대표적인 유동곡선을 나타내었다. 슬러리의 겉보기 점도는 유동곡선상의 임의의 점과 원점을 연결한 직선의 기울기와 같다. 그림 7-51(b)와 (c)에서는 전단속도의 증대와 함께 겉보기 점도가 저하한다. 그 이유는 입자 간의 응집력에 의해 슬러리 중에 약한 구조가 형성되는데, 전단속도의 크기에 해당하는 구조파괴가 진행되기 때문이다. 교반시간과 함께 점도는 저하하고, 정치시키면 다시 점도는 증대된다. 이러한 성질을 틱소트로피(thixotropy)라고 한다. 그림 7-51의 (b)와 (c)의 유동을 나타내는 슬러리의 대부분의 경우는 틱소트로피를 보이기 때문에 이것을 틱소트로피 유동이라고 부르기도 한다.

해교가 불충분한 슬러리의 유동곡선은 (b)와 (c) 형태가 되어, 슬러리는 항복값을 갖는 틱소트로피 성질을 나타내는 경우가 많다. 이러한 성질은 실제로 틱소트로피 주입성형으로, 즉 틱소트로피성 슬러리를 격렬하게 교반해서 유동화시켜 틀형에 유입하고 탈수에 의해 고화와 틱소트로피에 의한 고화 효과에 의해 착육두께가 두꺼운 성형체를 얻기도 한다. 그러나 일반적으로 틱소트로피성은 배장을 곤란하게 해서 부적당하고, 또한 입자 충전율이 큰 성형체를 얻기가 어렵다는 단점이 있다.

해교제를 첨가하면 입자분산이 진행되기 때문에, 슬러리의 항복값이 저하하여 틱소트로피성이 감

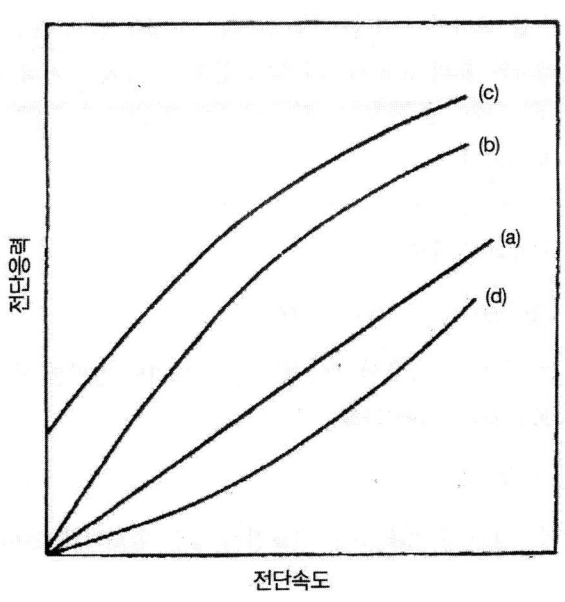

그림 7-51 슬러리의 대표적 유동곡선
(a) 뉴튼 유동(Newtonian flow)
(b) 유사소성 유동(Pseudoplastic flow)
(c) 소성 유동(Plastic flow)
(d) 다일라탄트 유동(Dilatant flow)

소하여 유동곡선은 뉴튼 유동에 가깝게 된다. 대부분의 도자기용 슬러리는 약간의 틱소트로피성을 지닌 뉴튼 유동을 나타낸다. 반면에 산화물 등의 비점토계 슬러리는 그림 7-51의 (d)와 같은 다일라탄트 유동을 나타내는 경우가 많다. 다일라탄시(dilatancy)는 교반에 의해 입자의 충전조직이 조대화되고, 점성입자 사이로 유동에 필요한 물이 흡입되어 점성이 증대하는 현상으로 특히 미립자 양이 적은 슬러리에서 현저히 나타난다.

충분히 해교시켜 뉴튼 유동으로 근사시킬 수 있는 정도의 슬러리의 유동성에 대해 생각해 보기로 한다. 일례로 건조분체에 물을 조금씩 첨가하는 경우, 첨가된 물은 우선 입자 간의 공극을 채워가게 된다. 입자간극을 채운 물의 양은 입자 충전율이 큰 소지일수록 적다. 이어서 입자표면에 수막이 형성된다. 수막은 입자와 함께 운동하는 물로서 물분자가 배향하고 있다는 점에서 일반 물과는 다르다. 수막을 구성하는 물의 양은 소지의 비표면적이 클수록, 입자의 수화도가 클수록 크다. 물을 더 첨가해서 수막으로 피복된 입자 간에 자유수가 존재하게 되면, 계는 유동하게 되며 점도는 자유수층의 두께가 증가할수록 작아진다. 따라서 동일한 점도를 나타내는 슬러리의 수분은 입자 충전율이 클수록, 비표면적이 작을수록, 입자의 수화도가 작을수록 작아진다고 볼 수 있다.

(나) 착육속도

슬러리의 착육과정은 석고의 모세관력에 의한 여과공정(석고형틀 내의 슬러리에 압력을 가해서 주입성형할 경우의 압력효과)으로 생각할 수 있다. 슬러리 중의 물은 석고의 흡수작용에 의해 틀 안에서 이동하며, 그 과정에서 틀 표면에 착육층이 형성된다. 이 경우 틀의 흡인력은 석고형틀 내에서의 물의 유동저항과 착육층에서의 물의 유동저항의 합과 같지만, 착육이 시작될 때를 제외하고는 틀 내에서의 물의 유동저항은 무시해도 될 정도로 작다. 따라서 착육속도는 착육층의 물의 유동저항에 의해 결정된다고 생각해도 무방하다.

착육두께 L의 입자층에 압력차 ΔP로 점도 η의 유체를 통과시킨 경우, 단위단면적당의 유량 dQ/dt는 D'Arcy의 법칙에 의해,

$$M^+ + OH^- \rightleftharpoons MOH(s) \rightleftharpoons MO^- + H^+ \tag{7-31}$$

로 나타낼 수 있다. 여기서 K_p는 층의 공극률과 입자 크기와 연관된 상수로 투과도(permeability)라고 하며, Carman-Kozeney 식에 의해

$$K_p = (1-F_3)^3 g \, / \, 5F_3^2 S^2 \tag{7-32}$$

로 된다. 여기서 F_3는 입자 충전율, S는 비표면적, g는 중력가속도이다. 식 (7-32)를 식 (7-31)에 대입하면,

$$dQ/dt = \Delta P g (1-F_3)^3 \, / \, 5\eta F_3^2 S^2 L \tag{7-33}$$

이 된다. 착육과정에서는 dQ의 물이 통과하면 두께 dL의 착육층이 형성된다. 슬러리의 입자 체적률을 F_1, 착육층의 입자 체적률을 F_2라고 하면,

$$dQ = (F_2/F_1-1) / dL \tag{7-34}$$

가 되며, 식 (7-34)를 식 (7-33)에 대입하면,

$$L^2/t = 2\Delta Pg(1-F_3)^3 / 5\eta S^2(F_2/F_1-1)F_3^2 \tag{7-35}$$

가 된다. 즉, 착육과정에서 착육층의 두께 L의 2승과 착육시간 t의 비 L^2/t은 시간과 무관하게 일정하며, 이를 착육속도상수라고 한다. 슬러리의 착육속도상수를 알면 임의 두께를 얻는 데 필요한 착육시간을 추정할 수 있다.

착육속도가 과하게 느리면 성형시간이 길어지기 때문에 생산성이 떨어지며, 소지의 물 투과성이 저하하여 건조시 균열이 발생하기 쉽다. 착육속도가 너무 빠르면 소지의 강도가 저하하여 성형이 곤란하게 된다. 따라서 착육속도상수를 잘 제어하여야 하는데, 참고로 입자 충전율과 비표면적이 증대할수록 착육속도상수는 현저하게 감소한다. 반면에 슬러리의 온도가 상승하면 점도가 작아지기 때문에 착육속도상수는 증대된다. 수분량을 증가시켜면 슬러리의 점도는 작아지지만, 착육시키기 위한 틀의 흡수량이 증가하기 때문에 착육속도가 늦어진다.

(다) 주입소지의 강도

주입소지의 강도는 성형체의 탈형 및 그 후 공정에서의 취급난이도에 중요한 영향을 미친다. 소지의 강도는 입자 간의 결합에 의해 발생하므로, 이것은 단위단면적당 입자의 접촉면적과 접촉면에서의 입자 간 결합력의 곱에 비례한다. 즉, 소지의 건조강도는 입자 충전율과 비표면적이 클수록 증대한다. 예를 들어, 알루미나 소지에 CMC를 첨가하면 건조강도가 증대한다. 그러나 여기서 한 가지 주의할 것은 CMC 첨가에 의해 강도는 증가하지만, 비표면적 증가에 의해서 착육속도상수가 현저히 저하한다는 것이다. 따라서 결합제를 선택할 때는 비표면적에 영향을 주지 않는 것이 바람직하다.

(라) 탈형성

탈형이 용이할지, 탈형시 균열이 발생할지는 주입성형에 있어서 가장 중요하다. 여기에는 앞서의 탈형시의 소지강도 외에, 소지의 최대변형량(소지가 파괴될 때까지의 변형량) 및 형틀과 소지 간의 부착강도가 연관된다. 탈형시 균열이 발생하지 않도록 하기 위해서는, 소지강도가 계면부착강도보다 충분히 커야만 한다.

착육완료시의 틀-소지계면에서 입자는 물을 사이에 두고 틀표면과 결합하고 있다. 수분이 감소하면 입자와 틀 간의 거리가 감소하기 때문에 결합강도가 증대한다. 그러나 이 과정에서 주입체는 수축하기 때문에 계면결합의 일부가 파괴되어 유효결합면적이 감소하여 결국 탈형강도(틀면으로부터 주입체를 분리시키는 데 필요한 힘)가 저하되기 시작한다. 물유리-소다회, 물유리-후민산소다를 첨가한 슬러리에서의 탈형강도의 변화가 그 예이다.

탈형성이 나쁜 경우에는 틀표면을 탈형제로 분체층으로 피복시키는 경우가 많다. 탈형제로는 칼슘염, 알긴산염, 활석, 흑연 분말이 이용되고 있다.

또한 탈형성은 슬러리의 형틀에 대한 젖음성과도 연관이 있다. 석고는 슬러리에 젖기 어렵기 때문

에 틀 내의 입자가 석고로 유입되는 경우는 매우 적지만, 형틀계면에 표면활성제로 도포해서 접촉각을 작게 하면 탈형성이 나빠진다.

(마) 가공성

탈형된 주입성형체는 구멍가공, 절단, 접착 등 여러 가지 가공처리된다. 이러한 가공성에는 소지의 가소성이 연관되며, 가공시의 소지의 강도, 최대변형량 및 수분차 등이 중요하다.

표 7-16에 주입성형용 조성의 일례를 나타내었다. 일반적인 도자기 성형법으로서의 슬러리 제조 조건은 경험적으로 거의 확립되어 있지만, 기능성 세라믹스의 경우에는 여러 가지 문제가 있다. 우선 원료분체로서 대부분 서브마이크론의 미립자이어서 형틀의 세공 내에 침입해서 탈형성을 저하시키며, 형틀의 성능도 저하시킨다. 즉, 일반적인 슬러리의 유동성을 향상시키는 데 요구되는 조건에 반대되는 어느 정도의 입자응집이 필요하다. 그러나 액 중에서 응집된 입자는 보통 틈새가 많은 구조이기 때문에 함수율이 높아서 건조 및 소성 수축률이 커지기 때문에 적당한 응집 입자가 생성되는 조건을 구해야 한다. 또한 소재에 따라서는 물을 분산매로 사용할 수 없는 경우도 있다. 예를 들어, 질화규소 등은 물에 의해 입자표면이 SiO_2로 변하여 소성품의 강도를 저하시킨다. 따라서 비수계의 분산매를 사용하여야만 한다.

표 7-16 주입성형을 위한 조성

재 료	농 도 (vol%)	
	도자기	알루미나
알루미나		40-50
실리카	10-15	
장석	10-15	
점토	15-25	
물	45-60	50-60
	100 vol%	100 vol%
해교제(wt%)		
규산나트륨	<0.5	
폴리아크릴산 암모니아		0.5-2
구연산나트륨		0.0-0.5
응고제(wt%)		
탄산칼슘	<0.1	
탄산바륨	<0.1	
결합제		
Na CMC		0.0-0.5

(3) 석고형틀

주입성형용 다공성 형틀 재료로는 석고($CaSO_4 \cdot 2H_2O$)가 많이 사용된다. 소석고($CaSO_4 \cdot 0.5H_2O$)에 물을 첨가해서 슬러리화 시키면,

$$CaSO_4 \cdot 0.5H_2O + 1.5H_2O \rightarrow CaSO_4 \cdot 2H_2O \tag{7-36}$$

의 수화반응이 발생해서, 수분부터 수십분 내에 응결경화가 시작된다. 석고형틀은 이 성질을 이용한 것으로 경화 중에 체적팽창(약 0.17%)이 작기 때문에 세밀한 부분까지 정확하게 제작할 수 있고, 또한 경화 후의 강도, 흡수성도 우수하다.

석고형틀을 제작하기 위한 슬러리의 물/소석고 무게비(W/P비)는 18.6/100 정도이며, 일반적으로 60/80 ~ 80/100 범위의 슬러리가 사용된다. 보다 일관된 형틀구조를 얻기 위해서는 온수를 사용하기도 한다. 경화 중에, 석고의 침상결정이 서로 연결하여 미세한 다공질 망목조직을 형성한다. 이러한 조직을 간단히 평가하는 방법으로, 일반적으로 흡수율과 확산계수를 측정한다. 흡수율 M은 형틀의 기공률 n과

$$n = \rho M / (1 + \rho M) \tag{7-37}$$

의 관계를 갖는다. 여기서 ρ는 석고의 진비중이다. 확산계수는 다음의 방법으로 측정한다. 석고봉을 세우고 그 하단을 물에 접촉시키면, 석고로 물이 침입해서 건습 경계가 상승하는 것을 관찰할 수 있다. 경계의 이동거리 x와 거기에 요구되는 시간 t는

$$D_g = x^2/t \tag{7-38}$$

의 관계가 있다. 여기서 D_g는 상수로 확산계수라고 한다. 석고를 반경 r인 평행한 모세관 계로 가정하면, 모세관 힘 P_i는

$$P_i = 2\sigma/r \tag{7-39}$$

가 된다. 여기서 σ는 물의 표면장력이다. 모세관에 물이 거리 x까지 유입된 경우의 유동저항은 Hagen-Poiseuille의 식에 의해,

$$P_i = (8\eta x/r^2)\,(dx/dt) \tag{7-40}$$

이 된다. 여기서 η는 물의 점도를 나타낸다.

석고의 흡수과정에서는 모세관 힘과 모세관의 유동저항이 동일하므로,

$$x^2/t = (\sigma/2\eta)r \tag{7-41}$$

이 된다. 따라서 확산계수는 형틀의 모세관 지름에 연관되는 양으로, 모세관의 지름이 커질수록 커진다.

일반적으로 석고형틀은 그림 7-52에서와 같이 약 5 μm의 최대 기공 크기와 40 ~ 50%의 겉보기 기공률을 갖는다. 공업용 주입형틀 제작시에는 W/P비를 크게 해서, 기공을 크게 함과 동시에 기공률을 최대로 한다. 그러나 이 경우 물의 흡수는 증가시키지만 강도가 감소한다(그림 7-53). 가압주입

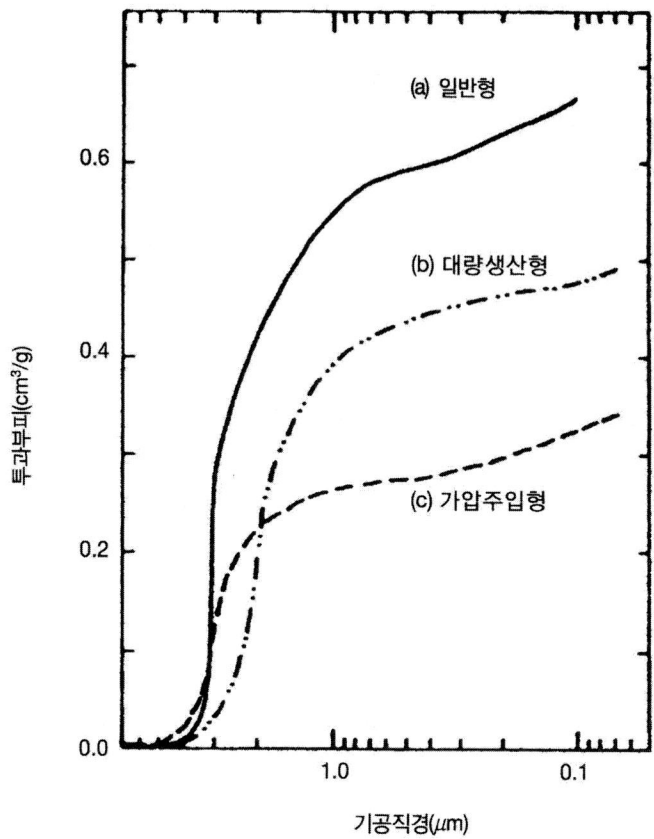

그림 7-52 공업용 건조 석고형틀의 기공 크기분포: W/P비 (a) 80/100, (b) 65/100, (c) 40/100(J.S.Reed, "Principles of Ceramics Processing", John Wiley & Sons, 508, 1995.).

성형용 형틀은 W/P비를 약 $40/100$ 정도로 한다. 연속적인 기공 통로를 형성시키기 위해서 초기 경화 후 형틀에 공기를 불어넣어 준다.

형틀의 흡수율은 W/P비에 크게 의존한다. 물의 일부는 소석고의 수화에 이용되고, 나머지는 경화 후의 건조에 의해 기공을 형성하게 된다. 이에 반해 형틀의 확산계수(모세관의 크기)는 물의 양, 교반 시간, 교반속도, 소석고 슬러리의 온도 등의 많은 조건에 의해 변화한다. 석고의 응결은 소석고가 물에 용해해서 2수염으로 되고, 그것이 석출해서 성장하는 과정으로 진행된다. 따라서 이들 조형조건이 형틀의 모세관 크기에 영향을 미치는 것은 2수염 결정의 성장조건이 변화하기 때문이다.

형틀의 기공률, 확산계수와 주입성형시 착육속도와의 관계는 다음과 같다. 착육속도는 흡인력 P에 거의 비례하므로 석고를 평행 모세관 모델로 가정하면,

$$P = (\sigma^2/7D_R)\{1 - (\sigma^2 x/2\pi\eta^2 D_g^{3})dQ/dt\}n \tag{7-42}$$

가 된다. 우변의 제1항은 형틀의 모세관 힘, 제2항은 형틀 내에서 물의 유동저항을 나타낸다. 일반

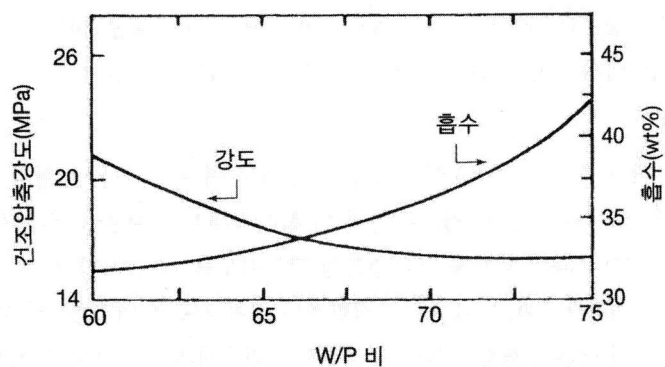

그림 7-53 W/P비에 따른 물흡수 및 건조압축강도(J.S.Reed, "Principles of Ceramics Processing", John Wiley & Sons, 508, 1995.)

적인 주입성형에서는 착육층의 물의 유량 dQ/dt가 율속이 되기 때문에 제2항의 효과는 작게 된다. 따라서 형틀의 착육속도는 기공율이 동일하다면 확산계수가 작을수록 크게 된다.

이제까지의 내용을 정리하면, 형틀의 확산계수가 클수록 형틀의 착육속도 및 성형체의 강도가 작아지며, 형틀의 흡수율이 증대함에 따라 착육속도는 빨라지며 강도는 작아지는 것으로 추정할 수 있다.

석고형틀은 형틀 건조실 또는 건조기에서 건조시켜 물함량을 감소시키는데, 약 40℃ 이상의 과열은 탈수를 일으킬 수 있기 때문에 주의하여야 한다. 형틀은 사용 직전에 물함량이 15% 이내의 범위가 되도록 물로 적셔진다. 이는 슬러리가 최초로 형틀표면과 접촉할 때 물흡수가 격렬하게 일어나는 것을 방지할 수 있다.

석고형틀의 단점은 물로 부분적 포화될 때 압축강도 및 마모저항이 약해지며, 침식이 발생하며, 열충격 저항이 작아진다. 슬러리가 산성이거나 또는 알코올 매체를 사용하면 석고형틀의 수명은 더 낮아진다.

(3) 성형체 결함의 제어

(가) 착육층의 불균일한 두께

착육층은 형틀의 불안정한 흡인 및 슬러리 수송, 또는 슬러리의 불안정한 주입속도에 의해서 두께가 불균일하게 형성된다. 앞서 설명하였지만, 형틀의 흡인은 기공 크기에 반비례하며, 기공 크기는 W/P비, 물의 온도, 전해질, 혼합강도 및 시간에 의해 영향을 받는다. 또한 형틀의 흡인은 물함량에도 의존한다. 주입속도의 불안정성은 배합물의 비율, 입자 크기분포, 해교조건 및 슬러리의 숙성 등의 불충분한 제어에 의해 발생한다.

형틀 내의 차등적 액체함량 그리고 형틀 사용에 따른 차등적 기공확대는 형틀의 흡인을 불균일하게 만들어 결국 두께의 불균일로 나타나게 된다. 형틀표면의 미세 기공들은 슬러리로부터 흡착된 입자들 또는 형틀건조시 표면에 침전되는 마그네슘과 같은 가용성 염에 의하여 막힐 수도 있다. 또한 슬러리의 점도가 불충분한 경우에는 침강입자들에 의해 두께가 불균일하게 될 수 있다. 이러한 침강 현상에 의해 주입성형체의 옆면보다 밑면의 두께가 더 두껍게 성형된다.

(나) 형태 변형

주입성형체는 취급 중에 소성변형이 발생할 정도의 응력을 받거나, 성형체 자체의 무게로부터 발생하는 기계적 응력, 또는 차등적 건조수축에 의해서 형태가 변형된다. 따라서 성형체는 그 무게와 취급시 도입되는 외부부하를 지지하기에 충분한 항복강도를 가져야 한다. 성형체의 강도는 입자 충전율, 결합제 부피/입자부피비($100V_b/V_p$), 결합제의 결합강도 및 입자응고에 따라서 변한다.

왜곡현상은 앞서의 다른 성형법에서와 마찬가지로 건조시의 차등적 수축에 의해 일어난다. 차등적 수축은 PF 또는 입자 크기 구배 및 비등축성 입자들의 배향에 의해 발생한다. 왜곡현상은 평균 수축, 액체농도 구배 및 입자들의 편리를 감소시킴으로써 최소화된다. 일반적으로 주입성형체의 선형 건조 수축률은 약 2~4% 정도이며, 가압주입법을 이용하면 1% 이하까지 감소시킬 수도 있다.

(다) 균열

형틀의 기하학적인 문제, 형틀표면의 부분적 부착 및 마찰로 인해 균열이 발생된다. 견고한 불순물로 인해 발생하는 인장응력도 균열을 일으킬 수 있다. 차등적 PF 영역, 입자 크기가 다른 영역들 사이 및 비등방성 수축에 의해서 큰 균열이 발생한다. 차등적 수축이 발생하는 원인으로는, 주입시간이 과하게 긴 경우에 일어나는 차등적 응고와 침강, 부적절한 형틀 설계에 의한 불균일한 흡인, 그리고 주입 동안에 노출된 표면으로부터 증발, 형틀표면에서의 입자배향 등을 들 수 있다. 일반적으로 큰 균열의 발생은 평균 건조수축을 감소시키고 수축의 균일성을 향상시킴으로써 감소시킬 수 있다.

(라) 그 밖의 결함

공동은 슬러리가 형틀과 접촉해서 점도가 급격히 증가하는 경우에 공기포획에 의해 발생되며, 형틀의 함수량의 적절한 조절 또는 형틀의 진동 등에 의해 제거될 수 있다.

기포는 슬러리 안에 내재하는 공기기포에 의해서, 또는 주입시 생성되는 기체에 의해서 발생하는데, 입자들의 적심을 향상시키는 계면활성제 또는 제포제를 첨가하거나 슬러리의 진공처리에 의해 제거될 수 있다. 또한 형틀표면의 거칠기, 형틀의 불균일한 마모, 형틀의 불균일한 흡인, 또는 불균일한 충전에 의해 성형체의 표면이 불균일하게 될 수 있다. 배출되는 슬러리가 매우 점성적일 때, 또는 형틀의 흡인이 매우 높고 배출되는 슬러리의 일부가 주입물 안에 남을 때도 표면이 불균일하게 된다.

7.2.8 테이프 주입성형

테이프 주입성형은 세라믹 원료분말과 유기재료로부터 구성되는 얇은 성형체를 연속적으로 성형하는 방법으로, 대표적으로 닥터블레이드(Doctor Blade)법과 캘린더(Calender)법이 있다. 테이프 성형에서는 일반적으로 0.1~1mm 정도 두께의 성형체를 제조하기 때문에, 성형된 테이프의 밀도, 표면상태, 유연성 및 두께제어 등이 매우 중요하다.

(1) 닥터블레이드법

닥터블레이드법은 균질의 슬러리를 캐리어필름 위에 얇게 성형시키는 방법으로, 전자기기용 세라믹스 기판, IC용 세라믹 패키지, 다층 세라믹 패키지, 다층 세라믹 회로기판, 세라믹 콘덴서 등의 성형에 많이 이용되고 있다.

(가) 개요

일반적으로 그림 7-54에 나타낸 장치를 이용한다. 성형용 슬러리는 A부분에 공급되고, B는 슬러리를 얇게 펴기 위한 블레이드이며, C는 슬러리의 캐리어필름이다. 슬러리의 유출량은 B의 블레이드와 C의 캐리어필름 사이의 간격 h 및 캐리어필름을 D방향으로 잡아당기는 속도에 의해 결정된다.

얇은 세라믹스 테이프의 두께를 소정의 치수범위 내로 제조하기 위해서는 블레이드와 캐리어필름 간의 치수를 정확하게 설정하여야 하고, 이어서 캐리어필름을 진동 없이 일정한 속도로 이동시켜야 한다. 또한 블레이드 부분에서는 슬러리의 압력, 즉 슬러리 액면의 높이에 의해서 유출되는 슬러리의 두께가 변하기 때문에, 슬러리의 액면을 항상 일정한 높이로 제어하여야만 한다. 따라서 두께를 고정밀도로 제어하기 위해서 2개의 블레이드로 슬러리의 압력을 제어하는 방법도 이용되고 있다.

(나) 슬러리

슬러리의 점성은 성형시 중요한 인자가 된다. 성형속도에 의해 점도가 변하지 않는 뉴튼 유체가 바람직하지만, 앞서 주입성형에서 설명한 바와 같이, 보통 고분자를 결합제로 사용하는 계에서는 오히려 약한 틱소트로피 유동을 나타낸다. 틱소트로피성의 슬러리를 사용하면 캐리어필름이 움직이기 시작하는 시점에서 점도가 급변하기 때문에 공기가 혼입되기 쉬워서 성형 테이프에 결함이 발생할 확률이 높다. 즉, 틱소트로피성의 슬러리는 장치 내에 충전된 상태에서는 점도가 높고, 캐리어필름이 이동하는 순간 슬러리가 블레이드 사이로 급격하게 유출되기 때문에, 슬러리의 이동과 함께 공기가 고점도 슬러리로 혼입하게 된다. 그 후 점도가 저하해도 일단 혼입된 공기는 저점도 슬러리에 내재하여 결함의 원인이 된다.

최종 슬러리의 점도는 슬러리 중의 용제의 양과 성형시 슬러리의 온도에 의존한다. 용제의 양이 많

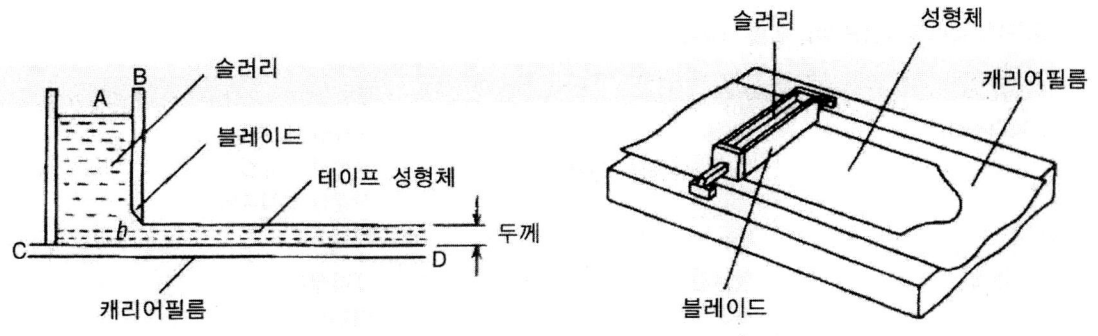

그림 7-54 닥터블레이드 장치의 모식도

을수록 또한 온도가 높을수록 점도는 낮아진다. 그러나 온도를 높이게 되면, 사용하는 용제의 비점 (표 7-17 참조)을 고려하지 않으면, 슬러리의 표면이 건조 또는 고화되어 슬러리 중에 혼재되어 성형 시 결함으로 나타나게 된다. 따라서 슬러리의 점도는 슬러리의 온도를 일정하게 유지하면서 용제의 양을 제어하는 방법이 바람직하다. 예를 들어, 대표적인 압전 세라믹스인 PZT 슬러리의 온도를 22 ± 2℃로 유지하며 용제의 양을 $15.8 \sim 18.4$wt%로 변화시켜서 점도를 $23 \sim 58$poise의 범위로 제어 할 수 있다. 테이프 성형에 적절한 점도는 18wt%의 용제를 첨가했을 때의 42poise이다. 이때의 슬 러리는 뉴튼 유체에 가까운 성질을 가진다.

일반적인 결합제는 단순히 세라믹스가 소성될 때까지 세라믹 분말을 서로 견고하게 결합시키기 위 한 매트릭스로서 존재하면 되지만, 다층 세라믹 패키지나 적층 콘덴서로의 응용에서 볼 수 있듯이 얇 은 성형체를 여러 층 적층해서 목적하는 세라믹 부품을 얻으려는 경우에는 얇은 테이프상으로서도 취급이 용이하도록 가소제와 함께 테이프를 적층시켜 우수한 접착성을 나타내어야 한다.

테이프 주입을 위한 결합제와 가소제 농도, $100V_b/V_p$는 약 $15 \sim 25$ 정도로, 앞서의 다른 성형법 보다 훨씬 더 높다. 결합제는 고분자량이며, 슬러리 안에서 잘 분산될 수 있어야 한다. 긴 분자들은 주입 동안에 배향되어, 보다 큰 인성과 강도를 부여한다. 그러나 결합제의 과도한 첨가는 입자분리를 증대시켜, 입자 충전성을 감소시킨다. PVA는 용제가 물 계통이기 때문에 건조시간이 매우 길어진 다. PVB는 우수한 결합제이지만 대단히 많은 양의 가소제를 필요로 한다.

가소제는 결합제의 유리천이온도를 감소시키고, 취급과 적층시 테이프의 유연성과 인성을 부여한

표 7-17 용제계의 비등점 및 기화열

용 제	비등점(℃)	기화열(℃)
물	100	2257
에탄올	70	856
트리클로로에틸렌	86	240
트리클로로에틸렌/에탄올의 혼합	71	—

표 7-18 테이프 주형용 결합제 및 가소제

구 분	결합제	가소제
비수용성	PVB 메타아크릴산 폴리메틸 PVA PE	프탈산 디부틸 프탈산 디옥틸 프탈산 벤질부틸 PEG
수용성	아크릴 MC PVA	글리세린 PEG1 프탈산 디부틸

다. 그러나 가소제는 결합제의 강도를 감소시키고, V_b/V_p비를 증가시키므로, 요구되는 기계적 성질을 부여하기 위해서는 적절한 결합제와 가소제의 결합이 필요하다. 가소제로는 프탈산 디부틸이 적층에 적합한 가소성과 접착성을 부여한다. 테이프 성형용 결합제 및 가소제를 표 7-18에 나타내었다. 그 밖의 첨가제들로는 슬러리가 캐리어필름 위에 잘 퍼지도록 하는 적심제, 표면평활도 향상을 위한 균질화제, 그리고 혼합시 거품을 방지하는 제포제 등이 사용된다.

테이프 성형에 사용되는 슬러리는 세라믹 분말이 용제나 결합제 등으로 구성된 액체 중에 균일하게 혼합되어야만 한다. 이것은 고밀도이면서 균일한 성형막을 얻기 위한 필수적인 요구조건이다. 세라믹 분말의 분산상태가 나쁘고 혼합이 불충분한 경우, 슬러리 중의 미분말은 응집상태로 되기 쉽고, 계가 균일한 혼합체를 이루지 못하기 때문에 슬러리는 다일라탄트성의 거동을 나타내며 결국 성형이 어려워진다.

세라믹 미분말의 균일한 분산은 물론 결합제나 가소제의 종류에도 영향받지만, 특히 계면활성제의 영향이 매우 크다고 볼 수 있다. 4장에서 논의되었지만, 계면활성제는 일반적으로 HLB값에 의해 친수성 및 친유성으로 구분된다. 이 HLB값의 대소는 용제가 유기계인 경우는 성형체의 밀도에 현저한 영향을 미친다. 입자크기가 1μm 이하인 알루미나의 경우, HLB값이 작은 계면활성제, 즉 친유성의 고분자량의 계면활성제가 미분말의 응집을 저지시켜 분산성을 좋게 한다. HLB값이 5 이하인 경우, 균질하고 고밀도인 테이프 성형막을 얻을 수 있으며, 표면의 평활성 및 소결밀도를 향상시키는 데도 효과가 있다. 공업적으로 사용되는 비수용성 슬러리의 조성의 예를 표 7-19에 나타내었다.

슬러리는 응집체를 분산시키는 전단력이 높은 비교적 높은 점도에서, 액체, 분산제, 분말, 저분자량의 다른 첨가제들을 볼밀로 12~24시간 혼합시켜 제조된다. 입자를 분쇄할 필요가 없는 경우는 적은 수량의 작은 분쇄매체를 사용해야 혼합시의 마모와 오염을 줄일 수 있다. 2단계로 결합제와 가소제를 첨가하며, 균일한 혼합을 위해서 2~24시간 동안 진행시킨다. 분쇄 혼합된 슬러리의 균일성 증대를 위해 체가름 공정을 행한다. 적절한 성형과 최상의 열적 및 기계적 성질을 위해서, 응집체와 용해되지 않은 유기재료는 테이프 성형막의 두께보다 훨씬 더 미세하여야 한다.

표 7-19 테이프 주입성형용 비수용성 슬러리의 조성

기 능	조 성	vol%	기 능	vol%
분말	알루미나	27	티탄산염	2.8
용제	트리클로로에틸렌	42	메틸에틸케톤	3.3
	에틸알코올	16	에틸알코올	16
해교제	청어기름	1.8	청어기름	1.7
결합제	PVB	4.4	아크릴 현탁액	6.7
가소제	PEG	4.8	PEG	6.7
적심제	프탈산옥틸	4.0	프탈산부틸벤질	6.7
			시클로헥산온	1.2

(다) 주입

닥터블레이드법을 응용한 연속식 테이프 주입성형기의 모식도를 그림 7-55에 나타내었다. 앞서 설명한 바와 같이, 슬러리 중의 분말농도는 매우 균일하여야 하며, 슬러리의 점도도 잘 제어되어야 하며, 주입전단속도에서 약 4000MPs · s 이상의 점도를 가져야 한다. 또한 점도는 온도에 크게 영향 받으므로, 슬러리의 온도제어도 매우 중요하다.

슬러리는 테플론 또는 셀룰로오스 아세테이트와 같이 깨끗하고, 평판인 비침투성의 불용성 표면 위로 주입된다. 테이프 성형체의 탈착을 쉽게 하고, 캐리어필름의 원활한 순환 및 재사용 수명을 연장시키기 위해서 계면활성제를 캐리어필름에 피복시키는 경우도 있다.

Y.T.Chou 등은 블레이드 아래의 압력유동과 이동하는 표면에 의해 생성된 층류와의 관계로부터 테이프 성형에서의 유동모델(그림 7-56)을 제시하였다. 즉, 캐리어필름의 이동속도 v와 테이프 성형막의 두께 H 사이에는,

$$H = A \, D_r \, h_0 \left[1 + h_0^2 \Delta P / (6 \, \eta_s \, vL) \right]$$

(7-43)

의 관계가 성립한다. 여기서 A는 측면유동에 의존하는 상수이고, D_r은 슬러리 밀도와 건조된 테이프 성형체 밀도의 비이며, h_0는 블레이드와 캐리어필름 간의 간격이다. P는 압력에 의해 발생되는 유동이며, η_s는 주입시 슬러리의 점도이며, L은 주입물의 길이($O \sim L$의 길이) 이다. 건조하는 동안에, 상당한 수축이 두께 방향으로는 일어나지만, 측면수축은 거의 일어나지 않는다. 주입시 테이프 성형막의 두께는 슬러리의 점도와 속도에 모두 의존한다. 식 (7-43)으로부터 h_0/η_s가 비교적 작은 경우에는, 테이프 성형막의 두께가 캐리어필름의 이동속도 변화에 거의 영향받지 않는 것을 알 수 있다. 그림 7-57로부터 슬러리 점도가 높을수록, 캐리어필름이 약 0.5cm/s 이상의 속도로 이동할 때, 테이프 성형막의 두께가 일정해지는 것을 알 수 있다. 일반적으로 길이가 25m 정도, 폭이 수 m, 이동속도가 약 2.5cm/s 정도인 테이프 주입성형기가 사용되고 있다. 또한 테이프 성형체의 두께는 25 ∼

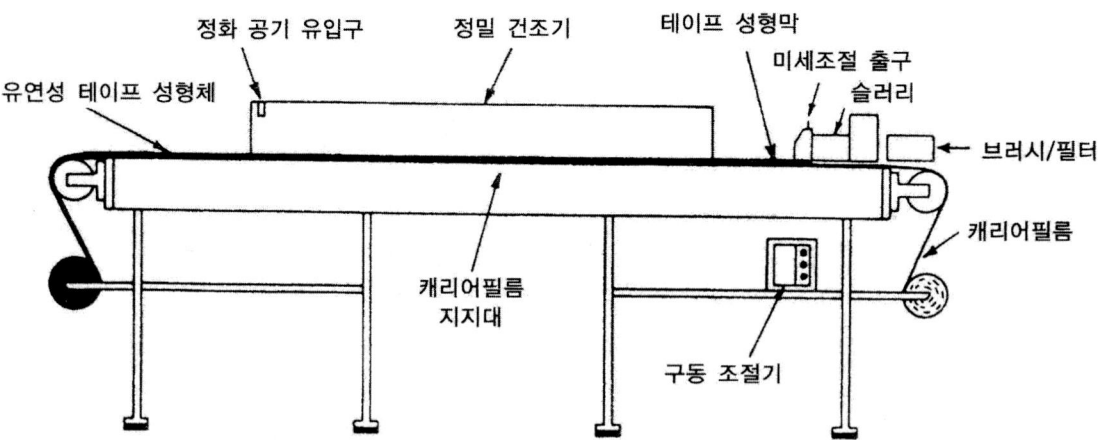

그림 7-55 연속식 테이프 주입성형기

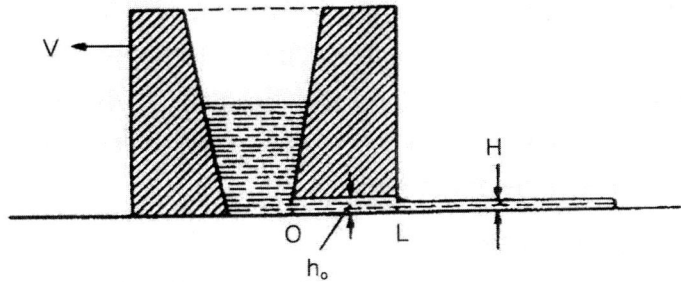

그림 7-56 테이프 주입성형에서의 유동모델(Y.T.Chou et al., J.Am.Ceram.Soc., 70(10), C280, 1987.)

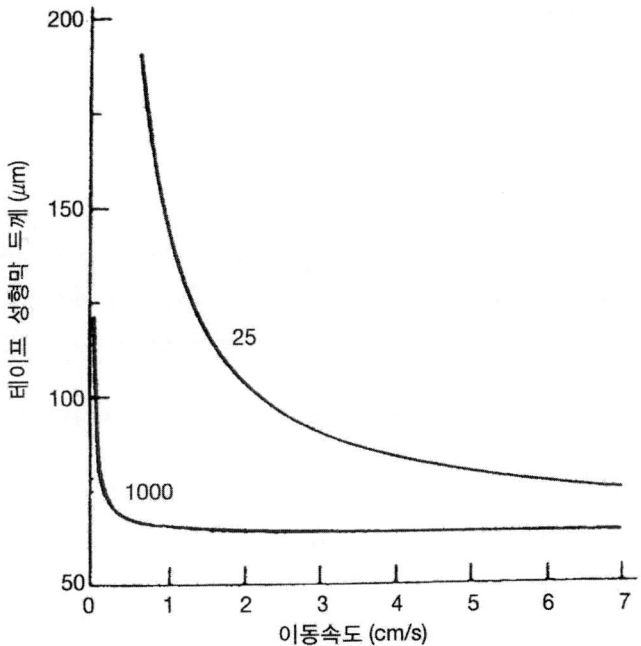

그림 7-57 테이프 성형막의 두께에 미치는 캐리어필름의 이동속도와 슬러리 점도(단위; mPa·s)의 영향

1250 μm 정도의 범위이다.

(라) 건조

테이프 성형막이 그림 7-55에서의 건조기 부분을 이동하면서 용매가 증발하고 최종적으로 점탄성인 테이프 성형체가 형성된다. 건조속도는 용매의 농도와 건조공기 안의 온도에 따라 변하는데, 건조온도는 용매계의 끓는점보다 낮아야 한다.

액체는 모세관 힘에 의해 건조되고 있는 성형막 표면으로 이동한다. 용매가 증발함에 따라서 수축이 일어나며 입자들은 서로 근접하게 된다. 건조 동안에 입자 또는 유기상의 편리가 일어나서는 안

된다. 가소제도 건조되고 있는 성형막 표면으로 이동하지만, 결합제가 흡착되어 있고 미세한 분말을 사용한 경우에는 고분자량의 결합제나 젤화된 결합제의 이동은 매우 작다. DPS가 1 이하가 되면 증기상의 이동에 의한 건조가 시작된다. 건조가 계속됨에 따라서, 점탄성 테이프 성형체는 더욱 탄성을 나타내게 된다. 건조된 테이프 성형체 내의 입자 충전율은 약 55～60%이고, 나머지 부피는 약 35vol% 유기물과 15vol% 기공으로 형성된다.

(마) 테이프 성형체 결함의 제어

테이프 성형체를 하소 · 소성시키면, 기공, 균열, 밀도의 불균일, 과한 표면거칠기 등의 결함이 발생하는 경우가 있다. 밀도의 불균일, 특히 분말 응집체 부분은 소결이 지연되어 저밀도를 나타낸다. 표면거칠기는 미세한 분말을 사용하고, 결정립 크기가 작도록 소성함으로써 감소시킬 수 있다. 표면 기공들은 주로 슬러리에 내재하고 있었던 기포에 의해서 그리고 슬러리와 캐리어필름 간의 적심이 부족할 때 발생한다.

(2) 캘린더법

캘린더법(압착 롤러법)에 의한 성형은 닥터블레이드법과 비교시, 고압하에서 진행되기 때문에 분말의 미분쇄나 열처리 등의 처리를 하지 않아도 성형밀도가 50～70% 정도인 성형체를 제조할 수 있다. 따라서 고밀도의 성형체를 얻을 수 있기 때문에 수축률을 보다 작게 제어할 수 있으며, 이상 변형이 발생하기 어렵고, 또한 다른 성형법과 비교시 결합제의 첨가량이 적어서 하소가 용이하다는 장점이 있다.

(가) 성형방법

캘린더법에 의한 성형방법의 모식도를 그림 7-58에 나타내었다. 캘린더법에서는 먼저 폴리스티렌과 같은 열가소성 수지를 사용해서 띠상의 성형체를 제조한다. 띠상의 성형체는 압출성형에 의해

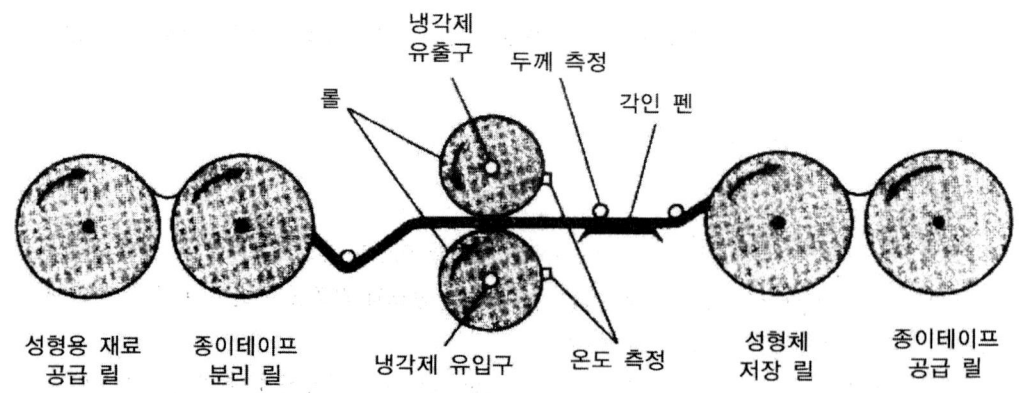

그림 7-58 캘린더법의 모식도

소정의 형상을 만들 수 있다. 그림 7-58의 좌측의 첫 번째 릴로부터 세라믹 분말을 함유한 열가소성 테이프가 공급되고, 두 번째 릴로부터는 테이프 간의 접착을 방지하기 위해 사용되었던 종이테이프를 분리시킨다. 열가소성 테이프는 압착용 롤로 공급되며, 일정한 압력하에서 2개의 롤 간을 연속해서 통과하면서 소정의 두께와 밀도를 갖는 성형체로 된다. 한번의 압착으로 목적하는 두께 및 밀도의 성형체를 얻을 수 없는 경우에는 이 롤을 여러 회 통과시키는 방법도 이용되고 있다. 압착 후의 성형체는 다시 종이테이프와 함께 릴에 감기게 된다. 이러한 캘린더용 롤의 온도는 열가소성 테이프의 유연성에 큰 영향을 주기 때문에, 물 등을 롤의 내부에 순환시켜 롤의 온도를 일정하게 유지시킨다.

(나) 재료의 유동

가소성 테이프가 세라믹 분말로 충전되어 있더라도 본래의 플라스틱 성질에는 변화가 없다고 가정하면, 압착에 의해 감소하는 두께는 롤 통과 후의 길이 증가분에 반비례한다. 그러나 성형 후의 두께는 롤 간의 간격보다 크다. 이 현상은 그림 7-59에 나타낸 재료의 유동이 있다는 것을 의미한다. 그림 7-59에서 테이프가 롤로부터 분리되는 점 h_2에서는 테이프의 이동속도는 두께방향으로 균일하며, 전체가 일정한 값을 가진다. 한편, 롤 사이에 끼어 있는 부분에서의 이동속도는 점 h_1이나 점 h_2에서의 속도보다 빠르다. 따라서 단면방향에서는 점 h_0의 테이프의 중앙부가 최대의 이동속도를 나타내게 된다.

점 h_1과 점 h_2 간의 테이프 이동속도의 증대는 테이프의 온도를 상승시킨다. 특히, 테이프의 중앙부에서는 롤을 냉각시켜도 수지가 국부적으로 증발해서 테이프에 균열 또는 기포가 생성되는 원인이 된다. 이러한 현상은 두께를 급격하게 감소시키려고 할 때 나타난다.

점 h_1에서 약간 떨어진 롤의 입구 근처에서는 그림 7-59에 나타낸 바와 같이, 테이프 중앙부에서 재료의 역류현상이 나타난다. 이것도 두께를 크게 감소시키지 못하는 원인이 된다.

세라믹 분말과 열가소성 수지를 혼합해서 성형한 캘린더용 테이프는 세라믹스의 함유량에 따라서는 10^3poise의 점도를 나타내기도 한다. 따라서 압착시 롤 간에 요구되는 압력이 $6ton/cm^2$ 정도가 되는 경우도 있다.

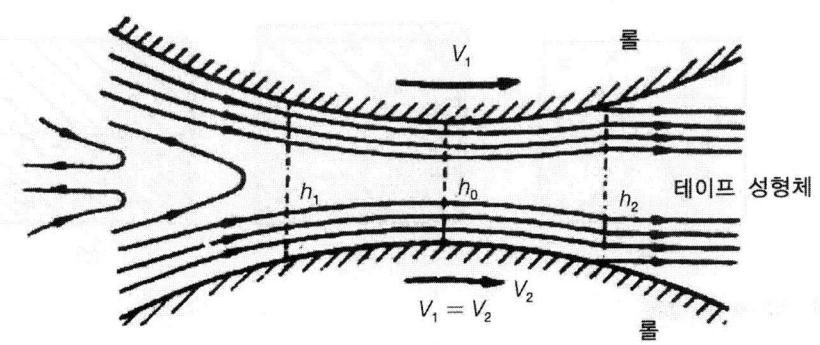

그림 7-59 캘린더법 성형시 롤 간에서의 재료유동

7.3 접합법

7.3.1 세라믹스-세라믹스의 접합

고내열성, 고전기저항, 고경고, 고내식성의 특성을 가진 세라믹스는 가공하기가 어렵고, 또한 기계적 강도 등의 신뢰성도 아직은 문제로 남아 있다. 따라서 세라믹스의 응용에 있어서 세라믹스들 간 또는 금속 등과의 조합에 의한 접합체, 복합재료 또는 디바이스, 시스템으로 해서 서로의 특성을 구현하는 경우가 많으며, 단독으로 사용하는 경우보다 훨씬 용도도 확대된다.

세라믹스의 접합에는 그림 7-60에 나타낸 바와 같이, (a) 분말, 파이버(장섬유상), 위스커(단섬유상) 등의 혼합체 또는 혼합소결체, (b) 코팅 등에 의한 표면피복, (c) 접합체 등 3종류로 대별할 수 있다.

접합시키기 위해서, ① 고체 위에 기체로 부착시키는 접합, ② 고체 위에 액체로 적셔서 접합, ③ 고상-고상계에서의 확산 및 반응에 의한 접합 등의 방법이 이용되고 있다. ②와 ③의 방법을 사용해서 접합시키는 경우에는 모재인 세라믹스 간에 접합촉진용 개재물을 삽입하는 경우도 있다. 표 7-20에 이러한 개재물을 나타내었다. 개재물 중에 접합시 액상이 조금이라도 생성하는 것을 솔더(solder)라고도 한다.

표 7-21에 각종 접합방식을 나타내었다. 고상-기상계 접합법으로는 이온플레이팅(Ion plating) 법, 스퍼터(Sputter)법 및 CVD법 등을 이용되며, 세라믹스 위에 Al_2O_3, SiO_2, Y_2O_3, In_2O_3, TiO_2 등의 산화물, TiN, Si_3N_4, CrN, AlN, ZrN 등의 질화물, TaC, SiC, TiC, ZrC 등의 탄화물 등 고밀도의 치밀한 박막층을 만들 수 있다.

고상-액상계 접합법으로는 각종 세라믹스에 에폭시계, 초산비닐계, 페놀계, 아크릴산 에스테르 등 접합성이 우수한 유기접합제를 사용하는 유기접착제법, 규산알칼리, 인산염계 및 실리카졸계 등 무기접착제를 사용하는 방법이 있다. 무기접착제의 접합온도는 일반적으로 100~400°C 정도로 낮지만, 내열성은 1000°C 또는 2000°C를 넘는 것도 있다. 그러나 접합부는 완전한 진공기밀성을 나타낼

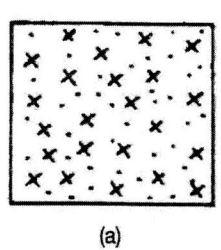
(a)

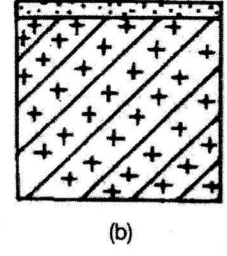
(b)

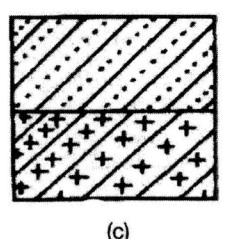
(c)

그림 7-60 접합(복합화)형태

표 7-20 접합촉진용 개재물

분류	개재물
금속재료	In, Al, Au, Ag, Pt, Ti, Zr, Be, Hf, Pd, Ti-Ni, Ti-Cu, Ti-Ni-Cu, Ti-Cu-Ag, Zr-Fe, Be-Cu, Ag-Si, Ag-Cr, Au-Cr, Mo, Mo-Mn, W, W-Mn 등
무기재료	$CaO-Al_2O_3-MgO$, $Al_2O_3-Y_2O_3-MgO$, $Al_2O_3-MnO-SiO_2$, $B_2O_3-PbO-ZnO$, SnO_2, $Si_3N_4-Al_2O_3-Y_2O_3-MgO$, ZrO_2-SiO_2, $Cu_2O-Al_2O_3$, $PbO-SiO_2$, 실리카졸 등
유기재료	에폭시계, 초산비닐계, 페놀계 등
금속-무기재료 혼합계	$Ti-Ni-Al_2O_3$, $Mo-CaO-SiO_2$, $Mo-Mn-CaO-SiO_2$, $W-CaO-SiO_2$, $Ag-Bi_2O_3$, $W-Mn-CaO-SiO_2$, $Cu-Bi_2O_3$, $Cu-Bi_2O_3-PbO$ 등
금속-유기재료 혼합계	에폭시-Ni, 에폭시-Ag, 에폭시-Cu, 초산비닐-Cu, 초산비닐-Ni 등
무기-유기재료 혼합계	Al_2O_3-에폭시, Al_2O_3-초산비닐, Si_3N_4-에폭시, SiC-에폭시 등
금속-무기-유기재료 혼합계	$Ni-Al_2O_3$-에폭시, $Ni-Al_2O_3$-초산비닐 등

표 7-21 각종 접합방법

구분	접합방법
고상-기상계	증착법, 이온플레이팅법, 스퍼터법, CVD법 등
고상-액상계	유기접착제법, 무기접착제법, 산화물 솔더법, 금속 솔더법, 고용점 금속법, 환원법 등
고상-고상계	고온가열법, 압착법, 직류전압인가법 등

수 없다. 그밖에 산화물 및 금속솔더법이 사용되고 있다. 솔더에는 산화물계와 금속계가 있으며, 솔더를 세라믹스 사이에 넣고 가열처리하여 접합시킨다. 산화물계 솔더의 종류는 대단히 많고, 처리 후 접합부의 조직에 따라 결정성 솔더와 비결정 솔더로 구분된다. 솔더의 조건으로는 접합시 피접합체를 손상 또는 변형시켜서는 안 되며, 접합부의 기계적 강도가 커야만 한다. PbO를 다량 함유한 융점이 300~400℃ 정도인 것, Al_2O_3, CaO, MgO, Y_2O_3, ThO_2, ZrO_2, Si_3N_4, AlN, SiC 등을 주성분으로 하는 융점이 1200℃부터 2000℃ 이상인 것까지 다양하다(금속솔더는 표 7-20을 참조).

고상-고상계 접합법은 기상 또는 액상의 효과 없이 고상 상호간의 확산 및 계면반응에 의해 접합시키는 방법으로 일반적으로 고온이 요구된다. 예를 들어, 1500℃에서 소결한 알루미나 세라믹스끼리 접합시키기 위해서는 1700~1800℃의 온도가 요구된다. 이 경우 모재가 수축하든지 변형되기도 한다. 따라서 고온가열 이외에 가압, 직류전압인가 등에 의해 접합온도를 낮추는 방법 등이 이용되기도 한다.

7.3.2 세라믹스-금속의 접합

세라믹스는 내열성, 내식성, 전기특성 등이 우수하지만, 인성이 약하다는 결점이 있다. 따라서 취성을 극복하기 위해서는 금속과의 접합 및 복합화가 필요하다. 여기에는 앞서 세라믹스 간의 접합에서와 유사한 접착제에 의한 접합과 솔더에 의한 접합, 황화동에 의한 접합, 기계적 접합 등이 이용되고 있다.

솔더에 의한 접합시 유의하여야 할 사항은 접합부의 기계적 강도가 커야 한다는 것 외에, 세라믹스와 금속의 열팽창계수가 유사하여야 하며, 피접합체와의 젖음성이 우수해서 세라믹스-금속 서로가 화학적 결합을 하여야 한다. 금속계 솔더법은 활성금속인 Zr, Nb 등과 저융합금을 형성하는 Ni, Cu, Ag을 공정조성이 되도록 해서 금속-세라믹스 사이에 넣고 진공 또는 불활성 가스분위기에서 1회 가열에 의해 접합시키는 방법이다. 주로 전자 세라믹스와 Ti의 접합에 이용되고 있다.

고융점 금속법은 세라믹스와 금속의 기밀한 접합에 폭넓게 이용되고 있다. Mo, W을 주성분으로 한 미분말을 유기결합제와 혼합해서 페이스트상으로 만든 것을 세라믹스 표면에 도포해서 가습 수소 중에서 고온처리한다. 그 후 니켈을 도금하고 가열로를 이용하여 상대 금속과 접합시킨다. 또한 귀금속법은 일반적으로 은 등의 귀금속 및 합금에 구리, 니켈을 첨가한 것을 사용한다. 전자재료의 전극, 세라믹스 기판의 회로형성용으로 폭넓게 이용되고 있다.

황화동에 의한 접합법은 세라믹스표면에 황화동(CuS)과 카올린 점토의 혼합 페이스트를 도포하고 대기 중에서 가열하면 황화동이 분해해서 세라믹스 내부로 금속 구리가 침투해서 도금층이 형성된다. 이것을 800℃ 전후에서 재가열한 후 탄산은을 도포해서 표면에 금속은을 생성시킨 후, 납땜에 의해 금속과 접합시킨다.

내열, 내식성이 요구되는 구조체를 제작하는 방법으로 세라믹스를 용융금속으로 둘러싸는 방법도 있다. 이 방법의 장점은 특별한 장치를 사용하지 않고도 세라믹스의 형상, 크기와 관계없이 세라믹스를 주형틀에 넣고 필요한 금속용탕을 유입시켜 간단하게 복합화를 시킬 수 있다는 것이다. 단, 이 방법에서는 세라믹스의 내열충격에 의한 파손 및 용융금속의 응고수축에 의한 파손을 주의해야 한다.

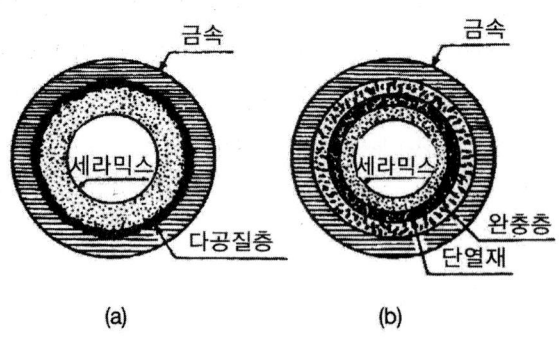

그림 7-61 금속주입에 의한 세라믹스-금속의 접합법: (a) Du Pont의 방법, (b) GM의 방법.

따라서 세라믹스표면에 단열완충효과가 있는 중간층을 형성시키는 것이 중요하다. 그림 7-61에 그 예를 나타내었다.

7.3.3 용 사

세라믹스, 금속 등의 재료를 용융상태로 해서, 그 액적을 고속으로 모재표면에 용사, 고화시켜 피복층을 형성시키는 방법이다. 용사방법에 따라 가스 용사, 아크 용사, 플라즈마 용사 및 폭발 용사 등으로 구분된다. 이 중에서 플라즈마 용사는 고에너지를 비교적 간단하게 얻을 수 있어서 고융점의 세라믹스의 용사에 유효하다. 여기서는 플라즈마 용사에 대해 설명하고자 한다.

플라즈마 용사의 원리도를 그림 7-62에 나타내었다. 아르곤, 수소 등을 주로 하는 가스를 용사총에 공급해서, 직류 아크방전으로 플라즈마제트를 발생시킨다. 그 고온고속 플라즈마 기류 내로 용사재료 분말을 유입해서 용융, 분출시켜 모재표면에 불어넣는다. 모재는 사전에 표면을 거칠게 함으로써, 용융재료가 거친 凹凸 부분에 유입, 고화되어 밀착성이 향상된다. 이 밀착력은 기계적인 힘으로, 일반적으로 2~5kgf/mm² 정도의 강도를 나타낸다.

플라즈마 용사의 주요한 특징은, ① 액상을 형성하는 재료는 거의 전부 피복이 가능하며, ② 표면 피복법 중에서 피막형성속도가 가장 빠르다. ③ 후막피복에 적합한 방법으로 최대 5mm 정도의 두께까지 용사가 가능하다. ④ 세라믹스의 용사층은 일반적으로 5~10%의 기공률을 나타내기 때문에, 열피로특성이 우수한 반면, 내식성이나 내마모 특성은 소결체에 비해 떨어진다. 따라서 저압분위기 용사나 HIP 처리, 레이저 조사 등으로 용사층의 치밀화를 향상시키는 방법도 소개되고 있다. ⑤ 소

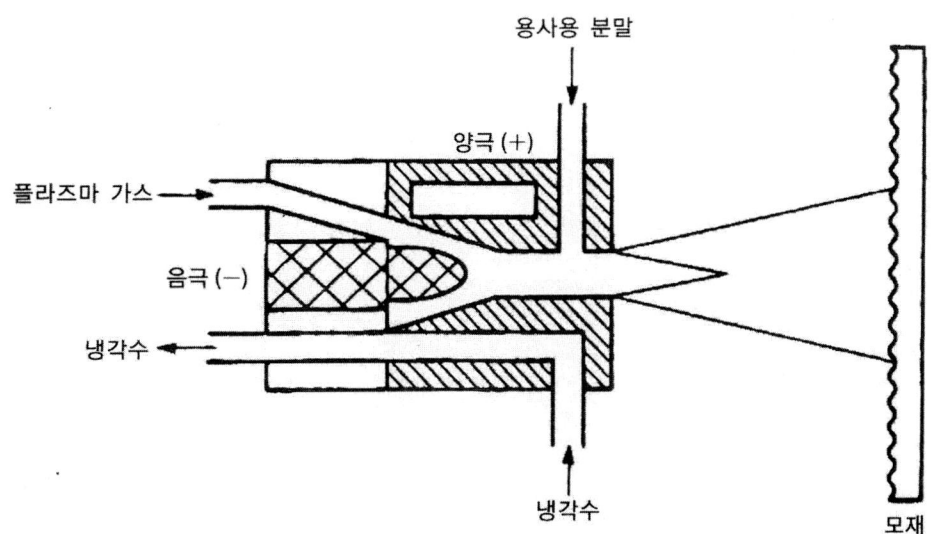

그림 7-62 플라즈마 용사의 원리도

음, 자외선, 분진 등에 대한 안전대책이 필요하다.

산화물 용사재료는 다양하며 이용범위도 대단히 넓다. 그 중에서 알루미나, 지르코니아, 티타니아 등의 용사는 용사 전의 분말재료와 용사 피복층 간의 결정구조 변화에 기인한다. 특성변화나 용사층 박리 등의 주의가 요구된다. 또한 지르코니아의 용사는 내식성 향상 및 모재와의 열팽창 차이에 의한 열응력을 완화시키는 목적으로 먼저 모재 위에 금속 결합층을 용사한 후, 지르코니아를 용사하는 방법도 이용되고 있다.

표면피복 외에, 용사는 FRC의 성형에도 응용되고 있다. FRC 성형은 강화섬유 위에 매트릭스 재료를 용사하는 방법과 단섬유와 매트릭스 재료를 동시에 용사하는 방법 등이 있다.

제**8**장

소 성

일반적으로 건조 또는 표면가공 처리된 생소지는 목적하는 미세구조나 특성 구현을 위해서 킬른이나 가열로에서 열처리된다. 소성(firing)이라 불리는 이 공정은 대부분의 경우, ① 결합제의 태움(burnout) 및 분해와 산화의 기체생성물의 제거를 포함하는 소결 전 예비반응, ② 소결(sintering), ③ 열적 및 화학적 어닐링(annealing)을 포함하는 냉각 등의 3단계로 진행된다.

소결이란 소성하는 동안에 소지 내의 입자들이 강도를 지닌 응결체로 서로 결합하여 수축과 함께 치밀화가 일어나는 것을 말한다. 그러나 다공성 내화단열재와 같이 소결 후에도 치밀화가 일어나지 않는 경우도 있다.

소성의 목적은, 원료를 소결시켜 일정한 형상이나 강도 등의 성질을 갖는 제품을 제조하는 것과 배합원료를 서로 반응시켜 사용목적에 적당한 성질을 부여하거나 또는 원하는 화합물을 생성시키는 것으로 대별할 수 있다. 소성공정에서 품질에 영향을 주는 주요한 인자로는 화학조성, 광물조성, 입도분포, 충전밀도 또는 부피밀도, 소성온도와 소성시간, 냉각속도, 소성 중의 분위기 등을 들 수 있다.

소성공정은 제품의 조성, 종류, 소성목적 등에 따라서 각각 변화되는 것은 물론이고, 배합원료의 조제, 성형가공 공정과 더불어 대단히 중요한 공정의 하나이기 때문에, 가열로 및 사용연료의 선택, 가열방식 등에 대해서도 숙지하여야 한다.

대부분의 세라믹 원료광물은 소성과정 중에 고유의 열화학적 변화를 일으켜 고온에서 안정한 상태가 된다. 원료광물의 열화학적 변화에는 열분해, 상전이, 반응, 산화, 환원, 결정화, 용융 등이 있다. 세라믹 제품을 고온에서 사용하기 위해 또는 소성과정에서 발생하는 문제점들을 제거하기 위해, 원료에 열화학적 변화를 일으킬 목적으로 미리 소성하는 조작을 하소(calcination)라고 한다.

8.1 소성 중에 일어나는 상변화

8.1.1 결정의 전이

(1) 소성 중의 전이

천연의 광물은 대개 저온형 결정이지만, 소성시키면 고온형 결정으로 전이하는 것이 있다. 이 전이현상에는 전이온도에서 가역적으로 급격히 변하는 $\alpha \rightleftharpoons \beta$형 전이(고저형 전이)와 어느 온도범위에서 비가역적으로 전이하는 지둔형 전이가 있다. 이들의 전이는 부피의 팽창 및 수축을 동반하는 것이 있으므로 이와 같은 변화를 하는 원료를 사용하는 경우에는 소성공정에서 안정한 고온형의 결정으로 변화시키지 않으면 안 된다.

좋은 예로 석영(quartz)은 소성에 의하여 고온형 결정인 크리스토발라이트(cristobalite) 및 트리디마이트(tridymite)로 전이하여, 비중 2.65의 석영에서 조금 작은 비중 2.26~2.30의 고온형으로 변화한다. 석영은 573℃에서 α형(저온형)이 β형(고온형)으로 전이하여, 0.45%의 선팽창, 1.35%의

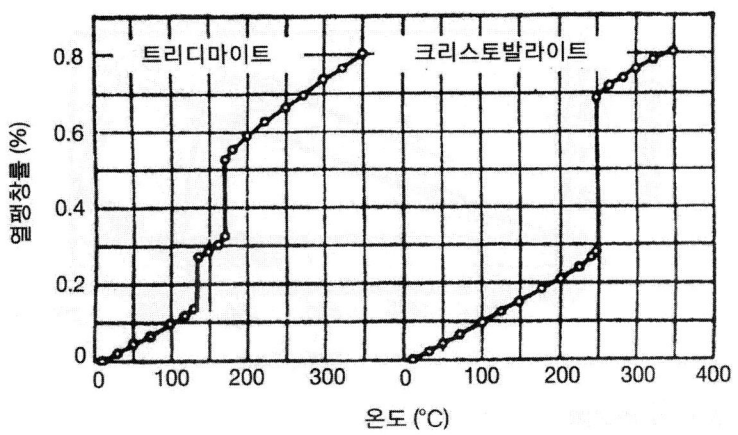

그림 8-1 실리카의 열팽창률

부피팽창이 발생한다. β-석영은 1250℃ 부근에서 β-크리스토발라이트로 전이하여 17%의 부피증가를 일으킨다. 또한, 그림 8-1과 같이 β-크리스토발라이트는 냉각하면 220℃에서 저온형의 α-크리스토 발라이트로 변하여 2%의 선수축, 6%의 부피수축이 발생한다. β-크리스토발라이트는 1700℃ 부근에 서 용융하여 이른바 석영유리로 되어 부피는 20% 증가한다. 이와 같이 변태로 인한 부피변화가 크므로 SiO_2를 함유하는 소지의 소성은 주의를 요한다.

내화원료로 사용되고 있는 남정석(kyanite)은 3.6~3.7의 고밀도이지만, 이것을 1300℃에서 가 열하면 흡열반응을 일으켜 서서히 물라이트로 변하기 시작하고, 1545℃에서 비중 3.16의 물라이트 와 크리스토발라이트로 변한다. 이때 부피팽창이 크게 일어나므로 내화물 원료로 사용하기 전에 미 리 소성하여 이상 팽창을 없앤다.

(2) 변태의 안정화

지르코니아(ZrO_2)는 2700℃의 높은 융점을 가진 우수한 내열재료이며 온도에 따라 다음의 세 가 지 결정구조를 가지게 된다.

$$\text{단사정} \underset{900℃}{\overset{1150℃}{\rightleftarrows}} \text{정방정} \overset{2370℃}{\longleftrightarrow} \text{입방정}$$

그림 8-2에 나타낸 바와 같이, 특히 저온에서 단사정 결정이 일어나며, 이때 부피변화가 수반되 고 있다. 그러므로 다결정 소결체인 지르코니아 세라믹스는 냉각과정에서 부피팽창으로 인하여 미세 한 균열이 발생되며 심한 경우 파괴에 이르게 된다. 따라서 지르코니아에 CaO, MgO, Y_2O_3 등을 첨 가하여 고용체로 하면 고온에서만 안정한 입방정이 상온 부근에서도 안정한 상으로 존재할 수 있게 된다. 이러한 상태의 지르코니아를 안정화 지르코니아(Stabilized Zirconia, SZ)라고 한다. 또한 지

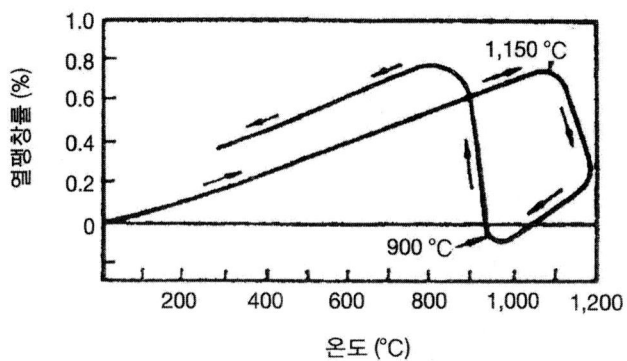

그림 8-2 지르코니아의 열팽창률

르코니아에 CaO, MgO, Y_2O_3 등을 첨가할 때 첨가량과 가열온도를 변화시키면서 고용체로 하면, 상온에서 단사정으로 있던 지르코니아가 입방정, 정방정, 단사정의 혼합상으로 구성된 부분안정화 지르코니아(Partially Stabilized Zirconia, PSZ)가 되거나, 특별한 경우 지르코니아 전체가 정방정(Tetraagonal Zirconia Polycrystal, TZP)으로 될 수도 있다.

(3) 점토제품이 소성과정 중에 일으키는 변화

생소지가 소성되어 도자기로 되기까지에는 배합된 각종 원료가 각각 가열에 의하여 건조, 탈수, 분해, 새로운 화합물의 생성, 결정의 전이, 유리화 등의 변화를 일으키며, 또 냉각에 의하여 유리질의 고화, 재결정, 결정의 전이 등을 일으킨다. 이러한 변화는 균일하게 일어나기 어렵고 균열이나 비틀림을 동반한다.

⑺ 초기변화

소성의 제 1단계는 건조이다. 공기 중에서 충분히 건조한 제품도 2～3%, 가열 건조한 것에도 0.3～1.0%의 수분을 포함하고 있는 것이 보통이다. 대부분의 점토광물은 200℃까지에서 흡착수를 방출한다. 승온속도가 지나치게 빠르면 제품에서 나오는 수분의 양이 통풍에 의하여 나가는 양보다 많고, 더욱이 제품의 온도분포가 균일하지 않아, 이슬점 이하의 황산가스와 수분이 제품 위에서 부분적으로 응축하여 스컴(scum)을 형성하든지 변색을 일으킨다. 두꺼운 제품의 경우, 수분이 내부에서 표면으로 이동하는 속도보다 온도가 빨리 올라가면 내부에 존재하는 수분이 증기로 되어 급격히 부피가 늘어나 균열이 생기든지 파열하게 된다. 그러므로 이때의 가열조작으로서는 통풍이 충분히 되도록 하고, 도입 공기도 건조한 공기를 사용하여 가열로 내의 습분량을 줄여야 한다.

원료에 함유된 유기물은 350～500℃에서 건류 연소되며, 이 온도를 지나면 결합제로 작용하던 유기물이 탄화되거나 연소되어 물품의 강도는 떨어진다. 따라서 건조기에 생긴 결함도 이 시기에 나타나는 경우가 많다. 더욱이 점토광물은 450～700℃에서 결정수가 탈수하며 흡열반응을 일으키므로, 이때의 가열로 내의 일반적 경향은 탈수로 인해 열이 잠열로서 제품에 흡수되어 온도가 올라가지 않게 된다. 이 때문에 열량은 충분히 공급하지 않으면 안되나, 불균일하게 가열되면 유기물 연소에 의한 강도저하와 함께 제품에 결함이 생기기 쉽다.

(나) 중기변화

산화단계로, 탄소의 산화속도가 빨라지는 것은 800℃ 전후부터이다. 이 단계까지 제품 중에 건류되어 생긴 탄소는 충분히 산화되지 않고 남아 중심부에 회색 또는 흑색부분이 생기는 경우가 있다. 산화는 제품이 다공질일 때에 시켜야 한다. 내부에 탄소를 함유한 채 소결이 시작되면 산화하여 소지 밖으로 방출되지 못해 소성품의 투광성이 줄어들던가 다포성의 상태, 즉 블로우팅을 일으킨다. 한편 이 시기에 탄산염 광물, 황산염 광물은 분해하여 가스를 방출한다.

그밖에도 점토 중에 불순물로 함유된 적철광(hematite, Fe_2O_3), 황철광(pyrite, FeS_2) 등이 가스를 방출하는데, 적철광은 자철광(magnetite, Fe_3O_4)으로 변할 때에 산소를 방출하고, 황철광은 분해하여 자황철광($Fe_{1-x}S(x = 0 \sim 0.2)$)으로 되고, 더욱 고온이 되면 SO_2 가스를 유리한다. 탄산염, 황산염, 철화합물로 남아 있는 상태에서 소결이 진행되면 블로우팅의 원인이 된다. 점토제품의 산화를 완전히 하려면, 필요한 시간만큼 충분하게 온도를 유지하고, 다량의 공기를 가열로 내에 유입시켜 주어야 한다.

산화의 마지막 단계에서는 일부 소결이 시작되어 생소지보다 강도는 조금 높게 된다. 이대로 냉각하면 초벌구이 제품이 되고 시유작업도 가능하다.

(다) 말기변화

소성의 마지막 단계로, 산화시기에서 시작된 소결반응이 점점 격렬해지고, 소지의 수축이 급격히 증가하여, 제품의 치수변화가 일어난다. 점토제품에서 소성이 진행됨에 따라 카올린의 물라이트화가 1000℃부터 시작되며, 유리된 실리카도 결정화하여, 고온에서 안정한 크리스토발라이트로 변화된다. 한편, 알칼리 또는 알칼리토류 원소는 석영과 반응하여 유리를 만든다.

8.1.2 열분해 공정

소결은 보통 제품의 온도가 용융온도의 $1/2 \sim 2/3$를 초과할 때 시작되며, 이 온도는 고상소결을 위한 원자확산, 또는 액상이 존재하거나 화학반응에 의하여 생성된 경우에 있어서는 확산과 점성유동을 일으키기에 충분한 온도이다. 소결전 가열공정에서의 재료변화는 건조, 유기 결합제의 열분해, 입자표면으로부터 또는 결정수를 지닌 무기질상으로부터 화학적으로 결합된 물의 증발, 출발원료 속에 또는 가공 중 오염에 의해 유입된 입자상 유기재료의 열분해, 일부 천이금속과 희토류 이온의 산화상태 변화, 그리고 첨가제로서 또는 연료의 구성물로서 탄화물, 황화물 등의 분해가 일어난다. 이 단계에서, 발생되는 기체의 압력에 의한 또는 상들의 불균일한 열팽창에 의한 응력은 소지 내의 취약 부분에 균열을 발생시키거나 파괴를 수반하는 경우도 있다.

소결 전 가열공정에서 발생하는 반응들은 열분석을 통해 예측할 수 있다. 가열초기과정에서는 건조 성형체에 잔존하는 액체 또는 외부로부터 흡착된 수분이 제거된다. 200℃를 초과하는 온도까지 흡착된 수분이 제품 안에 남아 있을 수 있다.

수산화물, 탄산염 등으로 된 원료광물은 가열에 의하여 흡열반응을 수반하고 열분해된다. 카올리나이트는 약 500∼650℃에서 탈수에 의한 흡열반응을 일으키고 약 14%의 수분을 방출하여 구조가 붕괴된다. 더욱 온도를 높이면 980℃ 부근에서 발열반응을 일으켜 물라이트(mullite)가 생성하기 시작하여 수축을 일으킨다.

점토질 내화물을 제조할 때, 카올리나이트질 점토의 전량을 생점토 그대로 사용하면 수축으로 인해 균열이 발생하므로 약 70%의 원료는 미리 하소하여 질적으로 안정화시킨 샤모트(chamotte)로 변화시켜 사용한다. 납석(pyrophyllite)은 함수량이 적고 소성수축도 작으므로 샤모트화할 필요가 없다. 탄산염 광물인 마그네사이트(magnesite) 및 돌로마이트(dolomite)는 흡열반응을 동반하여 열분해하고, 다공질의 산화물이 된다. 이것은 반응성이 좋아서 수화하기 쉬우므로, 더욱 높은 온도로 소성하여 안정한 클링커(clinker)로 하여 내화물의 원료로 쓴다. 이들 열분해를 일으키는 광물이 다른 원료 중에 종속적으로 함유되는 경우에는 내화물의 제조공정에서 성형 후 소성하는 것으로 되지만, 주원료인 경우에는 미리 충분히 소성하여 안정한 상태로 하여 성형해야 한다.

건조에 의해서 제거되지 않는 유기첨가제의 열분해는 소결시 치밀화 전의 중요한 단계이다. 불완전한 결합제 제거와 제어되지 않은 열분해는 제품에 결함을 생성시킬 수 있다. 이 결함들은 생산을 감소시키거나 제품의 성능을 손상시킬 수 있다. 생소지가 변형, 왜곡, 균열 형성 또는 기공의 팽창없이 열분해가 진행되려면, 결합제의 적절한 선택과 적절한 분위기에서 잘 제어된 가열이 필요하다.

결합제의 열분해는 결합제의 조성과 구조, 생소지 내 기공 안의 기체 조성과 유동에 크게 의존한다. 또한 그것은 유기물, 분말 및 기공상의 미세구조와 결합제가 제거됨에 따른 미세구조의 동적 변화에 크게 의존한다. 결합제의 열화학적 성질, 농도, 소지 크기, 소지의 배치방식, 가열속도 및 가열로의 분위기 역시 열분해 거동에 영향을 미친다. $100V_o/V_p$가 약 10보다 작은 소지는 일반적으로 반응영역과 소지표면 사이에 증기와 기체들의 이동이 용이한 기공 통로를 형성하고 있다. 이것은 압축성형체, 주입성형체 및 일부 압출성형체에서 나타난다. 열분해시간은 증기상 이동에 있어서의 확산거리에 의해 제어된다. 유기물의 분해와 증기화는 내부에 기체압력을 발생시키며, 이는 기체방출속도, 기체투과율 및 성형체 크기에 의존한다. 투과율은 결합제 장입과 기공구조에 따라서 변하며, 매우 미세한 입자들로 형성된 고밀도 성형체에서의 기체침투속도는 매우 낮다. 열분해에 대한 발열 및 흡열 반응은 내부온도와 반응속도를 변화시킨다.

공기 중에서 PVA의 열분해는, 초기에는 흡열방식에 의해 히드록시기와 수소 측면기들이 이탈하며, 탄화수소는 약 150∼500℃에서 발열방식으로 열화된다. 다른 공통의 측면기를 가진 비닐 결합제와 셀룰로오스 결합제도 열분해 범위에서 약간의 상이함이 있지만, PVA와 유사한 반응이 일어난다. 왁스와 PEG는 비교적 낮은 온도에서 용융되고, 증발하는 온도범위가 좁다. 결합제가 산화되면 열분해온도가 급격히 증가한다. 공기 중에서 PEG의 열분해는 사슬분열 및 산화성 열화에 의해 일어

표 8-1 결합제의 공기 중 열분해 후 잔류량

종 류	잔류량(wt%)
고무류, 왁스류	>1.5
MC	>1.0
PVA	0.6-1.0
HEC	0.8
PVB	0.4
아크릴	0.14
PEG	0.05-0.07

난다.

질화규소와 질화알루미늄 세라믹스는 질소와 같은 비활성 분위기에서 소결시키는데, 이런 비활성 분위기에서의 유기 결합제의 열분해는 공기 중에서와는 다르게 진행된다. 결합제의 초기산화는 입자에 흡착한 산소로부터, 또는 PEG와 같이 결합제 분자 내의 산소로부터 일어날 수 있다. PEG의 경우, 질소분위기에서 개시온도는 약 300℃이다. 잔류탄소는 입자표면으로부터 흡착된 산소를 제거하며, 탄화물과 질화물 세라믹스에서는 소결조제로서의 역할도 한다.

테이프 성형체나 사출성형체에서와 같이, 유기물 함량이 큰, 즉 $100V_o/V_p$가 10 이상인 성형체의 경우는 훨씬 더 큰 무게감소가 발생하며, 열분해시간도 길어진다. 물론 이때 거품이 발생하지 않도록 하여야 한다. 두께가 수 mm 이상인 사출성형체의 경우 결합제를 제거하는 데 수일이 걸릴 수도 있다. 사출성형체에서, 왁스와 같이 저분자량의 매개물은 증발에 의해 쉽게 제거되지만, 고분자량 중합체는 열적 열화가 발생한 후, 그 열화생성물이 증발하게 된다. PE의 열분해는 무질서한 사슬분열이 일어나는 열적 열화에 이어지는 산화성 열화에 의해 발생한다.

하소공정은 건식압축 또는 슬러리 주입에 의한 성형체와 같이 입자들이 접촉하고 있을 때는 부피 팽창이 작지만, 테이프 주입 또는 사출성체와 같이 입자들이 유기상에 의해서 분리되어 있는 경우에는 부피수축이 크게 일어날 수도 있다. 물론 그 수축은 결합제의 첨가량에 의존한다. 표 8-1에 나타내었듯이, 합성 중합된 글리콜과 아크릴 결합제의 경우는 하소 후 잔류물이 비교적 적다.

8.2 소 결

소결은 세라믹스 제조에 있어서 가장 중요한 속도과정이다. 소결현상의 제어가 세라믹스의 성능을 결정한다고 표현해도 과언은 아니다. 간단한 모델에 의한 소결이론은 대단히 발전되어 왔으나, 소결현상은 대단히 많은 분체의 변수에 영향을 받기 때문에 해석이 곤란하여, 소결이론을 실제적인 소결현상에 응용하기엔 많은 어려움이 따른다. 따라서 소결의 기초이론을 습득한다는 것은 세라믹스의 소결이 어떤 방향으로 진행할 것인가에 대한 기본적인 사고력을 증진시키는 면에서 대단히 중요하다.

8.2.1 소결현상

고체입자의 집합체가 융점 이하의 온도에서 가열에 의해 보다 치밀하고 강도가 큰 다결정체로 되는 현상을 소결이라고 한다. 고체입자의 집합체에는 많은 기공이 내포되어 있다. 따라서 소결현상은 입자들 간의 접합에 의해 기공이 제거되는 변화라고 볼 수 있다. 일반적으로 세라믹스 제조에서는 분체를 어느 형태로 성형한 후 소성하게 되는데, 이 변화에 의해서 성형체의 부피는 거의 반으로 된다. 즉, 고체와 거의 같은 부피의 기공이 소결에 의해 계의 외부로 배제된다.

그림 8-3은 텅스텐 압분체(성형체)의 성질이 가열에 의해 어떻게 변화하는가를 나타낸다. 가열에 의해 먼저 비표면적의 감소가 진행된다. 밀도는 1600K 부근에서 증가하여 2000K에서는 텅스텐의 진밀도(19.3g/cm³)의 약 80%에 달하게 된다. 이에 반해서 강도의 증가는 밀도의 증가에 비해 약간 느리지만 1800K 이상에서 급속히 증가한다. 이들 현상을 종합하면, 가열에 의해서 다음과 같은 현상이 일어나는 것을 예상할 수 있다.

먼저, 텅스텐 입자의 표면에 변화가 발생하여 표면적이 감소하고, 기공이 서서히 제거된다. 강도가 증가되려면 입자들 간의 접합이 충분히 진행되어야만 한다. 1800K 부근에서는 입자 간의 접합이 충분히 진행되고 있는 것을 강도의 증가로부터 추측할 수 있다. 완전히 기공이 제거되면 밀도는 19.3g/cm³이 될 것이지만, 2050K 부근에서도 그렇게 되지 않는 것은 기공이 내부에 잔존하고 있는 것을 의미한다. 왜냐하면 기공이 외부와 연결되어 있다면 비표면적이 급격히 작아지지 않기 때문이

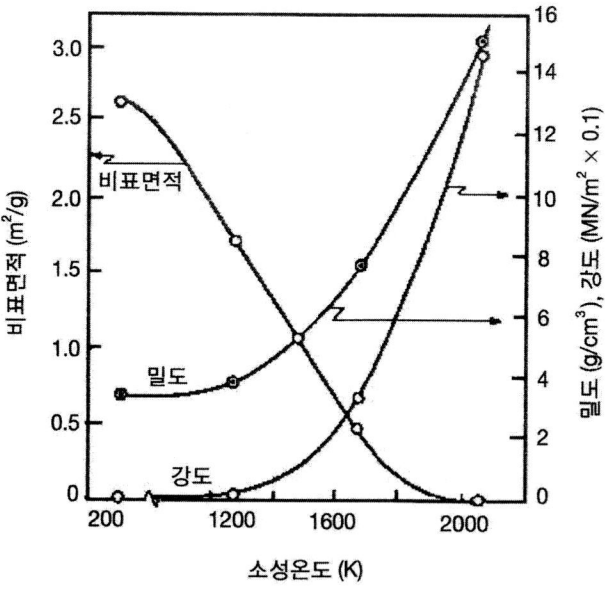

그림 8-3 텅스텐 압분체를 수소분위기 중 각 온도에서 1시간 소결시켰을 때의 성질변화(H.E.Exner, "Principles of Single Phase Sintering", Freund Publishing House, Tel-Aviv, 148, 1979.)

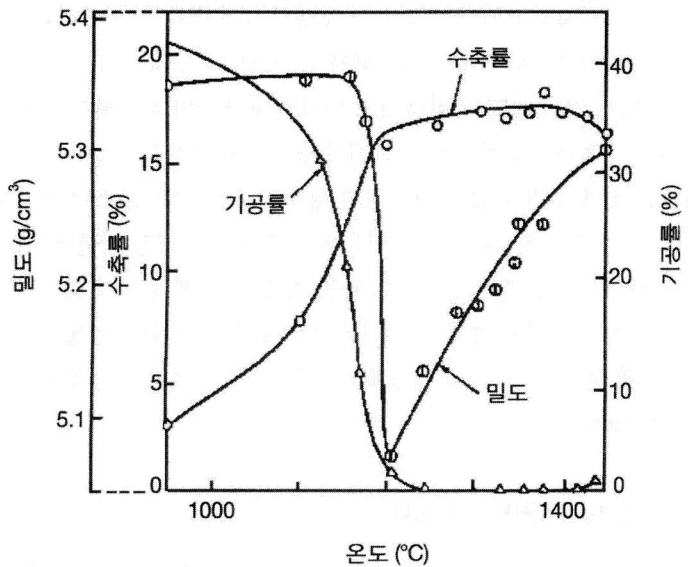

그림 8-4 Ni-페라이트의 소결에 따른 성질변화(S.L.Blum et al., J.Am.Ceram.Soc., 40, 149, 1957.)

다. 이 현상을 다른 측면에서 살펴보자.

그림 8-4는 점성이 작은 액체 중에서 측정한 밀도가 소성온도에 의해서 어떻게 변화하는가를 나타낸 것이다. 기공이 닫혀서 고립되어 있기 때문에 액체가 침입할 수 없어서 약 1150°C에서 밀도가 감소한다. 또 그때 수축이 발생하여 기공의 대부분이 제거되는 것을 알 수 있다.

이러한 결과를 종합하면, 압분체를 가열한 경우 일어나는 변화는, 가열기간 중 소결진행에 따라 성형체의 내부에서는 각기 다른 변화가 진행되는 것을 알 수 있다. 그림 8-3에 나타낸 텅스텐의 예에서는 아직 기공이 상당히 잔존하고 있으나, 분체의 성질, 조성, 소성조건 등을 적절히 선택함에 의해 진밀도에 근접하여 기공이 전혀 없는 소결체를 얻을 수 있다. 어떤 경우에는 광에 대해 투명한 세라믹스를 얻을 수도 있다.

이러한 소결에 있어서, 고체입자가 접합하여 입자가 하나의 입자로서의 성질을 잃고 벌크의 다결정질체로 되기 때문에, 입자의 변형, 접합, 더 나아가 입자의 성장이 일어나는 것으로 생각할 수 있다. 한편, 이러한 변화에 의해서 최초 입자 간에 존재하였던 기공은 형상의 변화와 함께 계의 외부로 배출되고, 그 결과 성형체의 밀도가 증가한다. 소결은 치밀화와 입성장으로 나누어 생각할 수 있으며, 이 2가지 현상은 독립해서 진행될 수도 있지만 대부분의 경우 동시에 발생한다.

8.2.2 소결의 열역학

그림 8-3에서 알 수 있듯이 소결에 의해 표면적이 감소한다. 분체와 다결정체의 표면적 차이가 소

결을 일으키게 한다. 즉, 표면에너지의 감소가 소결의 구동력이 된다. 예를 들어, 입경 0.1 μm의 알루미나 분체입자는 벌크의 알루미나와 비교해서 1mol당 약 190cal 정도 큰 표면자유에너지를 갖게 된다. 소결에 의해 입자 간의 접합이 발생하고 입자의 표면적이 감소해서 결정입계가 생성된다. 따라서 입계를 포함한 다결정체는 단결정과 비교해서 높은 자유에너지를 갖는다. 이와 같이 생각하면, 소결의 최종 상태로는 입계가 전혀 없는 단결정의 상태가 예측된다. 그러나 실제로는 가열에 의해서 단결정 상태를 만드는 것은 불가능하다. 그 이유는 소결의 구동력인 자유에너지의 차이가 본래 작고, 또 소결의 진행에 따라서 구동력이 점차 감소하는 것과, 고체에 있어서 물질이동이 느리기 때문이다.

그러면 소결에 있어서 압분체 중의 물질이동이 어떻게 진행되며, 어떻게 입자가 접합해서 기공이 제거되는가를 생각해 보기로 한다. 분체입자를 구형으로, 소결의 초기상태로 우선 2개의 구가 접합하고 있는 상태를 가정한다.

(1) 고체의 표면 및 계면의 에너지

표면에너지는 새로운 표면을 만드는 데 필요한 일로 정의된다. 따라서 새로운 표면(dA)을 만드는 데 요구되는 자유에너지 변화(dG)는 다음과 같다.

$$dG = \gamma dA \tag{8-1}$$

표면에 노출된 원자는 내부와는 다른 배위수를 가지며, 표면에너지는 원자의 배위수를 감소시키는 데 소모되는 에너지로 생각할 수도 있다. 결정성 고체에 있어서는 결정면에 의해서 원자의 충전상태가 다르기 때문에 단위면적을 만드는 데 필요한 일은 결정면에 의존한다. 치밀한 결정일수록 표면에너지는 작다. 표면에너지가 작을수록 안정하기 때문에, 주어진 부피에서는 표면적을 최소로 하려는 표면장력이 작용한다. 액체에서는 물질이동이 용이하고 표면장력이 모든 방향에서 일정하기 때문에 외력이 없다면 구형으로 되지만, 고체에서는 새로운 표면의 생성에 의존하기 때문에 만일 변형이 발생했다고 하면 간단히 제거되지 않고, 또 표면장력이 일정하게 작용한다고 말할 수 없다. 즉, 고체에 있어서는 표면에너지와 표면장력이 항상 일치한다고 말할 수 없다. 표면장력(T)은 표면자유에너지의 표면적에 대한 변화율로 정의할 수 있다.

$$T = \frac{dG}{dA} = \frac{d(\gamma A)}{dA} = \gamma + A\frac{d\gamma}{dA} \tag{8-2}$$

여기서 γ가 A에 의존하지 않는다면 $T = \gamma$가 된다.

동일상의 결정이 다른 방위에서 접합하고 있는 경우, 이 접합면을 입계라고 한다. 입계에 있어서도 표면에서의 정도는 아니지만 미포화 결합이 존재하므로 높은 에너지 상태가 된다. 물론 입계에너지는 두 결정 간의 방위관계에 의해 변화한다. 그러나 소결에 대해 논할 때에는 일반적으로 방위의 영향은 고려하지 않는다. 입계에너지의 크기는 화학결합에도 크게 의존해서 일반적으로 금속이나 이온결정에서는 표면에너지의 약 1/2, 공유결합에서는 1/2보다 크다.

(2) 분체 입자계의 열역학

먼저 분체입자를 구로 가정한다. 미세한 구입자의 표면에 있는 원자는 벌크표면상에 있는 원자와는 배열이나 대칭성이 다르기 때문에 주변의 원자와의 상호작용이 다르다. 그 결과 평면상에 있는 원자와는 다른 열역학적 성질을 갖게 된다.

원자배열의 대칭성에 의해 반경 r의 구면에 작용하는 힘을 ΔP로 하면, 구의 반경을 dr만큼 증가시키는 데 필요한 일은 그림 8-5에 나타낸 표면요소 $(\Delta x)^2$를 고려하면, $\Delta P(\Delta x)^2 dr$이 된다. 이때 표면에너지의 변화는 $\gamma\,dA$(dA는 표면적의 변화 $(\Delta x + d\Delta x)^2 - (\Delta x)^2$이다)이므로,

$$\Delta P (\Delta x)^2 dr = \gamma\,dA \tag{8-3}$$

또, $dA = 2(\Delta x)^2/r \cdot dr$이므로

$$\Delta P = \frac{2\gamma}{r} \tag{8-4}$$

일반적으로 2개의 곡률 r_1, r_2를 갖는 곡면에 작용하는 힘은

$$\Delta P = \gamma\left(\frac{1}{r_1} + \frac{1}{r_2}\right) \tag{8-5}$$

로부터 구할 수 있다. 곡률반경 r은, 물질쪽에 중심이 있는 경우, 즉 凸면을 정으로 하고, 물질쪽에 중심이 없을 때, 즉 凹면을 부로 한다. 따라서 凹면에서는 음의 압력이 작용하고 또 급경사점에서는 곡률반경의 절대값이 작은 쪽이 작용한다. 식 (8-5)에서 예상할 수 있듯이, ΔP는 r이 작을수록 크다.

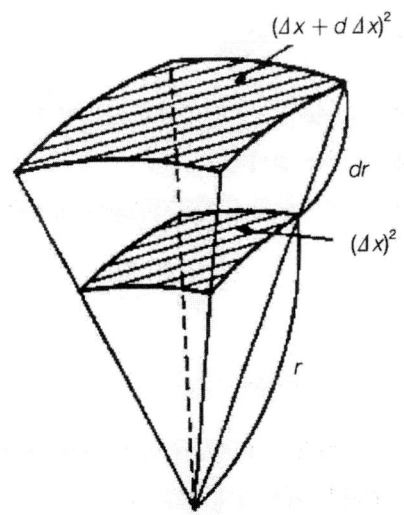

그림 8-5 곡면에 작용하는 힘

여기서 기공에 관해 생각해 보자. $r=0.1\,\mu\text{m}$, $\gamma=1500\text{dyn/cm}$ 라고 하면, 이 물질 내의 기공은 약 300기압의 음의 압을 받고 있는 것이 된다. 이 음의 압이 기공내의 물질이동을 촉진시켜 치밀화를 실현하는 구동력이 되는 것이다.

입자가 평면과 비교해서 과잉으로 갖는 자유에너지 $\Delta\mu$ 는 $\Delta\mu=VdP$의 관계로부터 구할 수 있다. V를 분자부피로 하면,

$$\Delta\mu=\mu_{(곡면)}-\mu_{(평면)}=\Delta P\cdot V=\frac{2V\gamma}{r} \tag{8-6}$$

으로 나타낼 수 있다.

반경 r인 기공의 표면 부근의 공공농도를 조사해 보기로 한다. 凹면에서는 $\gamma<0$이므로 $\Delta\mu<0$이 된다. 따라서 이 부분에서 공공을 형성하는 것은 평면과 비교시 $2V\gamma/r$만큼 에너지적으로 유리하다. 공공을 만드는 데 필요한 일(자유에너지)을 E, 농도를 c로 하면, 평면에서는

$$c_{(평면)}=\exp(-E/RT) \tag{8-7}$$

기공표면에서는

$$c_{(기공)}=\exp\left(\frac{-E+2V\gamma/r}{RT}\right) \tag{8-8}$$

따라서 기공표면에 있어서 공공의 과잉농도는

$$\Delta c=c_{(기공)}-c_{(평면)}=\exp\left(\frac{-E}{RT}\right)\exp\left\{\frac{2\gamma V}{rRT}-1\right\} \tag{8-9}$$

$\gamma V\ll RT$로 전개하면,

$$\Delta c=\exp\left(\frac{-E}{RT}\right)\cdot\frac{2\gamma V}{rRT}=c_{(평면)}\cdot\frac{2\gamma V}{rRT} \tag{8-10}$$

이것으로 공공의 농도구배에 의해 공공은 기공표면에서부터 평면으로 이동한다. 즉, 물질이 기공에 공급됨에 의해 기공이 소멸하게 되는 것이다.

$\Delta\mu=RTd\ln a$를 이용하면 역시 곡면상의 증기압 $P_{(곡면)}$과 평면의 증기압 $P_{0(평면)}$ 사이에는, 증기가 이상기체라는 가정하에

$$\ln\frac{P_{(곡면)}}{P_{0(평면)}}=\frac{2\gamma V}{rRT} \tag{8-11}$$

$$\Delta P=P_{(곡면)}-P_{0(평면)}=P_{0(평면)}(2\gamma V/RT\cdot r) \tag{8-12}$$

식이 얻어진다. 따라서, 예를 들어 물방울의 평형증기압은 벌크 물의 평형증기압보다 높다.

마찬가지로, 이상용액으로 가정하고 액상의 용해도 c는

$$\Delta c=c_{(곡면)}-c_{(평면)}=c_{(평면)}(2\gamma V/RT\cdot r) \tag{8-13}$$

으로 되며, 이것으로부터 입자가 작을수록 용해도가 크게 되는 것을 알 수 있다.

(3) 소결의 구동력

분체입자를 같은 크기인 구형의 충진물로 생각하면, 구와 구의 각각의 접촉점에서 접합이 일어나고, 구의 충진에 의해 발생한 기공이 변형 수축하며 소결이 진행하는 모델을 생각할 수 있다. 우선, 소결의 초기단계의 모델로, 그림 8-6의 (a)에 나타낸 상태는 안정하지 못하기 때문에 물질이동이 일어날 수 있는 온도에 도달하면 구와 구의 접촉점에서 접합이 일어나서 (b)와 같이 변화하는 것을 생각할 수 있다. 표면에너지가 최소의 상태는 (c)이지만 여러 가지 제약이 있어서 현실적으로는 실현 불가능하다. (a) → (b)의 변화를 보면 구와 구의 접촉부에서 물질이 이동함을 알 수 있다. 여기에는 크게 4가지의 수송기구를 생각할 수 있다.

(가) 증발-응축기구

凸부쪽의 증기압이 높기 때문에 공간을 통해서 凸부로부터 凹부로 물질이 이동하여 凹부를 메운다. 이 경우의 구동력은 凸부와 凹부의 증기압의 차이가 된다.

(나) 유동기구

凸부에는 구가 내부로 향하는 힘이, 凹부에서는 물질쪽에서부터 외부로 향하는 힘이 작용하기 때문에 점도가 충분히 작은 조건, 즉 유리와 같은 비정질 물질에서 응력을 완화하는 것처럼 점성유동이 일어난다. 즉, 凹부에 물질이 공급된다. 결정성 고체에 있어서는 소성유동이 일어난다. 이 유동에 의한 물질이동의 구동력은 응력구배가 된다.

(다) 확산기구

凹부에서는 공공의 농도가 높기 때문에 기공의 농도구배의 역방향으로 확산에 의한 물질이동이 일어난다. 기공은 凸면이나 입계 또는 전위에 흡수된다. 기공이 흡수되는 방법과 이동경로에 의해서 접합부 및 계의 기하학적 형상이 변화한다. 凹부의 높은 공공농도가 확산의 구동력이 된다.

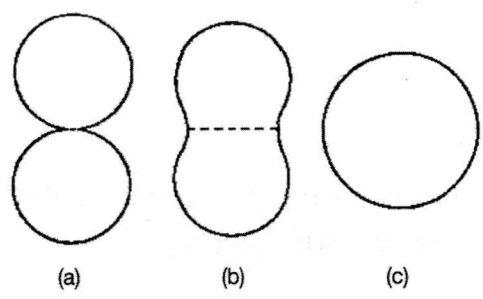

(a)　　　　(b)　　　　(c)

그림 8-6 소결의 진행

(라) 용해 및 석출기구

계 주위에 용해된 액상이 존재하는 경우에는 凸부와 凹부의 용해도 차이로 인해 액상을 통한 凸부에서 凹부로 물질이 이동한다. 입자가 서로 접촉하지 않은 상태로 액상 중에 분산되어 있을 때는 작은 입자가 용해해서 소멸하며 큰 입자가 성장한다. 이것은 앞서 6장에서 설명한 침전의 숙성 등에서 잘 관찰되는 현상이다.

8.2.3 소결의 속도론

소결과정은 다음의 3단계로 나눌 수 있다. 초기단계에서 분체입자의 접촉점에서 접합이 일어나고, 네크부가 입경의 약 20% 정도까지 성장하는 기간을 초기소결이라고 한다. 이 단계에서는 각각의 입자가 구별되며 4～5%의 수축률을 갖는다.

다음 단계는 중기단계로 입계가 넓어지고 네크부의 성장에 의해서 입계가 움직이기 쉽게 되어 입성장이 일어난다. 이 단계에서는 입자의 큰 변화가 일어나서 원래의 형상을 잃으며, 기공은 입자의 모서리부에 연속적인 파이프상의 망목상을 형성하게 된다. 수축률은 5～20%의 범위이며, 밀도는 95%에 달하게 된다.

말기단계에서는 입성장이 더욱 진행되고 기공은 폐기공으로 되어 입자의 교점이 존재하게 된다. 소결의 진행에 따라 기공은 구형으로 되며 입계를 따라 제거되어 밀도가 이론치에 가깝게 된다.

(1) 초기소결

앞서 설명한 바와 같이, 2개의 구 모델에서는 몇 가지 기구에 의해 물질이 구의 접합부에 공급되어 접합부가 성장하게 된다. 여기서 네크부의 성장에 의해 소결이 진행된다고 보고 등온에서의 소결의 속도식을 도출해 보기로 한다.

그림 8-7에 나타낸 바와 같이 네크부의 각 차원을 지정하면, 물질공급속도(dV/dt)를 구함으로써 x시간 경과 후에 네크부가 어느 정도 증가할 것인가를 알 수 있다. 여기서는 물질이동기구로서 증발-응축을 생각하고 네크부의 성장속도를 구해보자. 증발 및 응축속도(dm/dt)는 Langmuir 식으로부터 구할 수 있다.

$$dm/dt = \alpha \cdot \Delta P \left(\frac{M}{2\pi RT} \right)^{1/2} \qquad (8\text{-}14)$$

여기서 α는 적응계수, M은 분자량, ΔP는 증기압의 차이이다. 이것이 표면적 A의 네크부 표면에 수송되므로 밀도를 d로 하면, 네크부 부피의 증가속도는

$$\frac{dV}{dt} = \frac{dm}{dt} \cdot \frac{1}{d} \cdot A \qquad (8\text{-}15)$$

로 나타낼 수 있다. V와 A를 x로 나타내고, 적분한 뒤, 식 (8-12)를 이용하면,

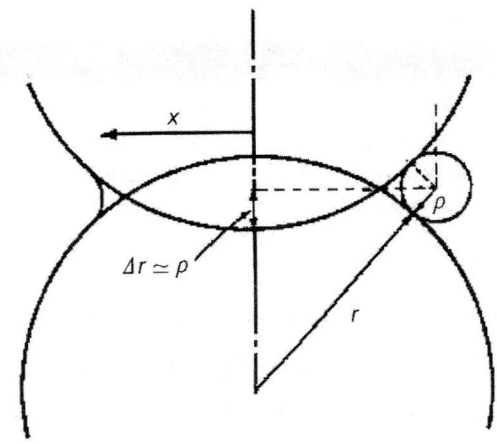

그림 8-7 네크부의 기하학

$$\left(\frac{x}{r}\right)^3 \cdot r^2 = \left(3\sqrt{\frac{\pi}{2}} \cdot \frac{\alpha \cdot M^{3/2} \cdot P_0 \gamma}{R^{3/2} d^2 \cdot T^{3/2}}\right) t$$

$$= 3\alpha\sqrt{\frac{\pi}{2}}\left(\frac{M}{RT}\right)^{3/2}\left(\frac{\gamma P_0}{d^2}\right) t \tag{8-16}$$

이 얻어진다. 등온소결에서는

$$\left(\frac{x}{r}\right)^3 \cdot r^2 = Kt \tag{8-17}$$

이 된다.

공공확산, 유동기구에서도 같은 유형으로 네크부의 성장속도를 유도할 수 있다. 여기서 공공확산의 경로를 고려하면 그림 8-8 및 표 8-2에 나타낸 바와 같이 네크부의 성장은 8개의 기구로 나눌수 있다. 그림 8-8에서 대부분의 경우 네크부가 공공의 용출구(source)로 되고, 凸표면, 입계 및 전위 등이 공공의 흡입구(sink)가 된다. 또 확산경로로는 표면, 입계 및 체적의 3가지가 있다.

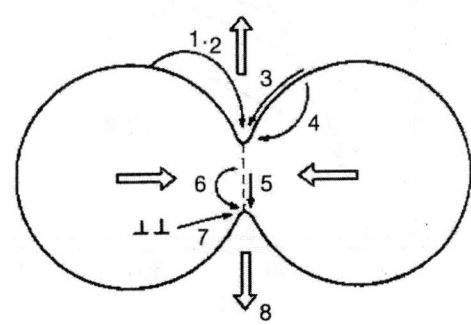

그림 8-8 소결시 물질이동기구

표 8-2 소결에 있어서 물질이동기구 및 경로

물질이동기구	경 로	물질이동기구	경 로
1. 증발-응축	표면 → 네크	5. 입계확산	입계 → 네크
2. 용해-석출	표면 → 네크	6. 체적확산	입계 → 네크
3. 표면확산	표면 → 네크	7. 체적확산	전위 → 네크
4. 체적확산	표면 → 네크	8. 유동	벌크 → 네크

그림 8-8에 나타낸 증발-응축과 표면화학 퍼텐셜 구배에 의한 확산에서는 네크부에 많은 물질이 공급되어 접합부로부터 물질이 제거되지 않기 때문에 구의 중심거리의 변화가 없다. 즉, 수축이 일어나지 않는다. 이에 반해서, 기공이 입계나 전위에 흡수되는 경우나 응력에 의해 유동이 일어나는 경우에는 구의 접합부나 중심으로부터 네크부로 물질이동이 일어나므로 수축현상을 관측할 수 있다. 수축률은 그림 8-7을 참조하면, $\Delta r/r (\approx \rho/r)$로부터 구할 수 있으므로, 식 (8-17)로부터 수축속도를 구할 수 있다. 이러한 이론식은 실험으로 확인되어 초기소결 과정에서는 비교적 일치되는 것으로 보고되고 있다. Cu, Ag, Fe, Al_2O_3, Fe_2O_3, BeO, U_2 등에서는 체적확산, 얼음에서는 표면확산, NaCl에서는 증발-응축, Al_2O_3 중에서의 O^{2-}나 저온의 Cu에서는 입계확산, 유리에서는 점성유동이 확인되었다.

소결은 전술한 기구 중에서 단 한 가지의 기구에 의해 진행된다고는 볼 수 없다. 소결의 정도나 온도에 의해 기구가 변화하거나 또는 몇 가지 기구가 동시에 진행되기도 한다. 예를 들어, Cu의 경우 저온에서는 입계확산, 고온에서는 소결의 진행에 따라 표면확산에서 체적확산으로 변화하는 것으로 보고되고 있다(그림 8-9 참조).

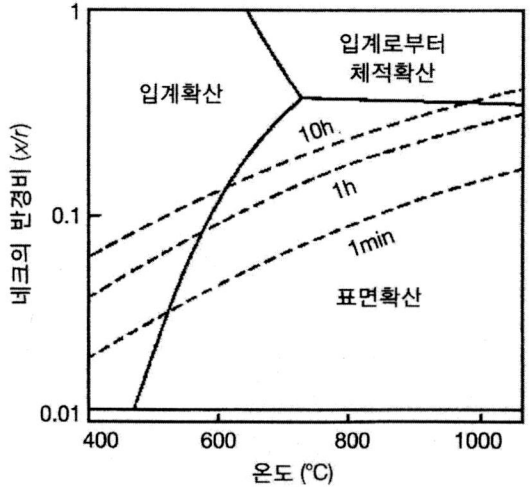

그림 8-9 2구 모델의 소결 다이어그램(Cu): 입계는 50%의 기여를 나타냄(M.F.Ashby, Acta Met., 22, 275, 1974.)

균일하게 충전된 구들의 소결 초기단계에서의 시간에 따른 수축($\Delta L/L_0$)에 대해서는 많은 연구자들에 의해서 모델화되었으며, 대표적으로 Coble의 식을 소개하면,

$$\frac{\Delta L}{L_0} = \left[\frac{K D_V \gamma_S V_V t}{k_B T d^n} \right]^m \tag{8-18}$$

과 같다. 여기서 D_V는 부피가 V_V인 공공의 겉보기 확산율, d는 결정립의 지름, K는 기하에 의존하는 상수, m과 n은 질량수송기구에 의존하는 상수들이다. 보통 n값은 약 3 정도로 관찰되며, 이는 표면확산이 지배하는 기구임을 의미한다. 또한 m은 보통 0.3~0.5 범위에 있다. 확산율이 온도에 지수함수적으로 의존하므로, 수축도 온도에 크게 의존한다. 또한 식 (8-18)로부터 입자 충전율이 같다면, 입자가 작을수록 수축이 빠르게 일어난다는 것을 알 수 있다.

(2) 중기 및 말기 소결

초기소결에 대해서는 많은 속도식이 발표되어 있으나, 중기 및 말기에 관해서는 취급하기가 복잡한 관계로 그다지 많지 않다. Coble은 입자가 충분히 접합해서 다면체 구조가 된 단계에서는 원통상의 기공이 입자 모서리에 존재하고, 그 파이프가 공공의 확산에 의해서 점차적으로 가늘어진다는 모델을 구상하여 기공률의 감소를 입계 및 체적 확산으로 식을 유도하였다. 말기단계에서는 기공이 독립하여 4개의 입자 교점에 위치한다는 모델을 구상하여 기공률의 시간변화를 구하는 식을 도출하였다. 중기단계에 있어서 이러한 단순화된 모델로 분체계의 소결을 설명할 수 있을 것으로는 생각되지 않지만, Al_2O_3, Cu 및 ZnO에 있어서 소결실험으로부터 구한 확산계수는 지금까지의 확산에 의해 구한 값과 비교시 거의 일치함을 알 수 있다. 뒤에서 설명하겠지만, 중·말기에서 기공의 거동은 입성장과의 연관성을 무시하고는 생각할 수 없기 때문에 속도식을 구하는 것이 곤란하다. 또 기공 내에 들어가 있는 기체의 영향, 기공 크기의 분포 등도 해석을 곤란하게 하고 있다.

8.2.4 소결의 실제

지금까지 설명한 극단적으로 단순화한 모델에 근거를 둔 이론으로 실제의 소결을 해석한다든지 제어한다는 것은 여러 가지로 곤란한 면이 있다. 여기서는 실제 소결에 있어서 고려하여야만 하는 사항을 이론과 대조해서 설명하고자 한다.

(1) 고상소결

(가) 분체의 소결에서 모델과의 차이

모델에서는 동일한 크기의 구가 충전되어 있다고 가정하였지만, 실제로는 분체는 구라고 말하기가 어렵고, 크기도 균일하지 않다. 또, 하나 하나의 입자 충전도 성형체 전체에 있어서 균일하다고는 볼

수 없다. Coble의 모델에서는 체심입방충전을 가정하고 있지만 이러한 충전이 실현될지는 의문이다. 특히 주의할 사항은 입자가 작게 되면 부착력이 크게 되어 치밀한 충전이 되기 어렵다. 입자의 형태가 불규칙하다면 기공의 형태도 불규칙할 것이다. 또, 입자 접촉점이 모두 같은 성질을 가질 것이라고 생각하기도 어렵고, 대부분의 경우 서로 다른 표면 및 응력상태에 있을 것으로 예측할 수 있으므로, 균일한 네크부 성장을 모든 입자에서 기대하기는 어려울 것이다. 기공은 소결의 진행에 따라서 시시각각 그 형태, 크기 및 분포가 변화할 것이다.

다음으로 중요한 사항은 입성장의 영향이다. 일반적으로 세라믹스 소결체의 결정립 크기는 출발원료 분체입자의 100배가 되는 경우가 있다. 이것은 소결시 입성장이 소성조작에 중요한 기여를 하고 있음을 의미한다. 세라믹스 제조에서 중요한 것은 중기 및 말기 소결이며, 이 단계에서의 소성제어에는 입성장에 관한 배려가 불가결하다.

(나) 입성장

동일상의 경계를 입계라고 하며, 입성장은 입계의 이동에 의해 진행된다. 결정립이 병합됨에 의해 입계면적이 감소하며, 계의 입계에너지가 감소한다. 따라서 열역학적으로 가장 안정한 상태는 입계를 전혀 내포하지 않는 단결정이다(그림 8-6(c)).

상변태에서 상성장의 구동력은 2개 상의 상대적인 안정성(화학퍼텐셜의 차이)이지만, 입성장에 있어서는 입계를 사이에 둔 2개 결정성 계면 부근의 화학퍼텐셜 차이가 입계이동의 구동력이 된다.

결정립 A와 결정립 B가 있다고 생각하고, 결정립 B가 결정립 A에 凸하게 접하고 있다면 입계 부근에서는 결정립 B의 원자가 높은 화학퍼텐셜을 갖는다. 따라서 입계는 곡률중심, 즉 B쪽으로 향해 이동하여 화학퍼텐셜의 구배를 완화시켜 결국 평면이 되고자 할 것이다. 즉, 결정립 B의 원자가 조금 이동해서 결정립 A의 격자점으로 들어감에 의해 입계가 이동하게 되는 것이다.

속도론적 고찰은 앞 절에서의 설명과 동일하다. 입계 부근의 결정립 A와 결정립 B의 화학퍼텐셜은

$$G = \mu_B - \mu_A = k_0 \gamma_{g.b.} V/r \tag{8-19}$$

로 구할 수 있다. 여기서 $\gamma_{g.b.}$는 입계에너지, V는 원자부피, r은 곡률반경, k_0는 1~3의 정수이다.

등온에서의 입성장 속도식은 다음과 같이 유도된다. 입계이동에 의해 결정립은 다른 결정립을 소멸시키면서 성장한다. 어떤 시점에서 입자가 소멸하면 입자수가 감소하므로 그 양만큼 평균 입경이 증가하게 된다. 따라서 평균 입경 $\overline{D}$의 증가속도는 입계이동속도에 비례하므로 $d\overline{D}/dt$를 구할 수 있다. 입계의 이동도를 M, 원자의 이동거리를 δ로 하고, 구동력 $\Delta\mu$를 이용하면,

$$G = \frac{d\overline{D}}{dt} = \frac{M}{\delta} \Delta\mu \tag{8-20}$$

$\Delta\mu = 2\gamma_{g.b.} V/r$ 및 $r = \alpha\overline{D}$로 가정하면(여기서는 식 (8-19)의 k_0를 2로 하였고, α를 약 10으로 계산),

$$G = \frac{M}{\delta} \frac{2\gamma_{g.b.} V}{\alpha\overline{D}} \tag{8-21}$$

이 된다. 이것을 식 (8-20)에 대입하고, $t=0(\overline{D}=\overline{D}_0)$에서 $t=t(\overline{D}=\overline{D})$까지 적분하면,

$$\overline{D}^2 - \overline{D}_0{}^2 = kt \tag{8-22}$$

이 된다. 여기서 $k=4\gamma_{g.b.}VM/\delta\alpha$로 정수이다. 따라서 등온에서 평균입경 $\overline{D}$를 $\log t$에 대해 나타내면 1/2의 기울기가 얻어진다.

Kingery는 입성장 중에는 기공반경 r과 입경 D 사이에서의 기하학적 관계는 일정, 즉 $r \propto D$로 가정하고,

$$\frac{dD}{dt} = \left(\frac{k}{D}\right)\left(\frac{k'}{r}\right) \simeq \frac{k''}{D^2} \tag{8-23}$$

를 구했다. 이것으로부터 D가 $t^{1/3}$에 비례하는 식이 구해진다. 대부분의 세라믹스 입성장에서 2승보다는 오히려 3승쪽이 성립한다고 보고되고 있다.

실제 소결에서는 시료 내 입계의 곡률이 모두 동일하다고는 생각할 수 없다. 결정립 중에는 인접입자와의 배위관계가 유리하여 다른 입자를 병합해서 급격하게 성장하는 입자가 있다. 이와 같은 입자는 변의 수가 계속 많아져서 성장하기 쉽다. 이렇게 일단 우선적으로 성장이 발생하면 거대입자가 되며 기공을 내부에 내포하게 된다. 이러한 상황하에서는 기공제거가 간단하지 않아서 고밀도화하기가 곤란하다. 따라서 기공을 말기까지 입계에 머무르게 하는 방안, 즉 입성장의 제어가 필요하다. Al_2O_3에 MgO, Y_2O_3에 ThO_2 첨가가 그 예이다. 일반적으로 이상 입성장은 순수한 물질일수록 발생하기 쉽다고 알려져 있다. 또한 입도분포, 불순물, 액상, 거대 분체입자 등의 불균일성도 연관된다.

(다) 소결에서의 입계

접촉하고 있는 분체입자의 결정이 동일한 배열을 하고 있다고는 볼 수 없기 때문에, 입자접합에 의해 2개 입자 간에는 필히 입계가 존재하게 된다. 네크부가 작은 동안에는 입계가 이동하지 않는다. 왜냐하면 입계가 네크부에 있을 때가 입계면적이 최소가 되며, 에너지면에서도 유리하기 때문이다. 따라서 네크부가 성장하면 결정립의 방위차에 의해 발생하는 입계곡률에 의한 이동도에 의해서 입계가 이동하게 된다. 따라서 소결의 중기에서는 핵성장을 무시할 수 없다.

입계에너지는 표면에너지보다는 작지만, 네크부에 형성된 입계는 입계에너지로 인해 네크부를 안

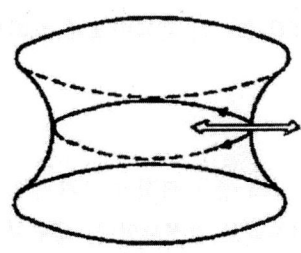

그림 8-10 네크부에서의 응력

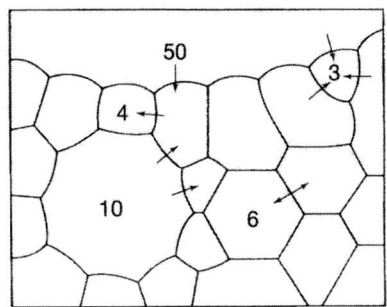

그림 8-11 결정립의 변의 수와 곡률이 상이한 소결체에서의 입계변위 방향(J.S.Reed, "Principles of Ceramics Processing", John Wiley & Sons, 600, 1995.)

쪽으로 잡아당기게 된다(그림 8-10). 이 힘은 입계면적이 크고 입계에너지가 클수록 현저하기 때문에, 네크부 성장의 구동력인 응력을 소멸시키는 방향으로 작용한다. 따라서, 네크부 성장이 진행된 단계에서는 성장속도가 감소하게 된다. 또, 입계에너지가 큰 물질에서는 소결이 진행하기 어렵다.

입계에너지가 결정방위에 관계없이 일정하다고 가정하면, 입계에서는 3개의 입계가 연결되어 있으므로 120°가 된다. 따라서 입계에 있어서 이 조건을 만족시키지 않는 경우에는 입계교점의 이동이 발생한다. 2차원 소결조직모델을 가정하면, 변이 6개인 경우는 입계가 직선이 되지만, 6개가 아닌 경우는 곡률을 갖게 된다. 즉, 그림 8-11에 나타낸 바와 같이 변이 6개 미만인 결정립은 볼록한 경계를 나타내고, 6개 이상인 결정립은 오목한 경계를 나타낸다. 따라서 변의 수가 6 미만인 결정립은 수축하고, 6 이상의 것은 성장하게 된다. 이와 같이 생각하면 입자가 정육각형인 조직은 결정립의 대소와 관계없이 안정한 것으로 보이지만, 에너지는 입자가 작은 경우에 높다. 그러나 국부적으로는 평형이 성립되어 구동력이 없다. 즉, 동역학적으로 안정한 상태라고 말할 수 있다. 현실적으로는 결정립의 변이나 교점에 편차가 있기 때문에 모든 결정립에서 이러한 균형이 유지되는 것은 아니며, 입계이동은 정지하지 않는다.

앞서 설명한 바와 같이, 계면을 통한 확산은 계면이 계면의 곡률중심을 향하여 속도 v_b

$$v_b = M_b\, \gamma_b\, (1/r_1 - 1/r_2) \tag{8-24}$$

로 변위를 일으킬 것이다. 여기서 M_b는 입계의 이동도이며, $[\exp(-Q/k_B T)]/T$에 따라서 변한다. r_1과 r_2는 곡률반경이다. 평균 결정립 크기가 곡률반경에 비례하고, M_b가 상수일 때, 평균 결정립 크기의 시간 t에 대한 의존성은

$$d_t^n - d_0^n = 2A\, M_b\, \gamma_b t \tag{8-25}$$

로 나타낼 수 있다. 여기서 d_0는 최초 평균 결정립 크기이고, A는 기하에 의존하는 상수이며, 결정립 크기의 분포가 시간에 따라 일정하다고 가정하였다. 대부분의 등온에서의 결정립 성장에 대한 정보는 식 (8-25)에 의하여 예측할 수 있으며, n은 2~3 범위의 값을 갖는다.

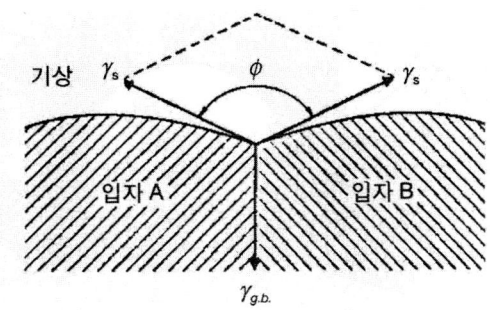

그림 8-12 입계와 표면의 균형

(라) 기공의 안정성

입계에서 기공의 안정성은 평형이면각에 의해 결정된다. 그림 8-12를 참조하면,

$$\gamma_{g.b.} = 2\gamma_s \cos\frac{\phi}{2} \tag{8-26}$$

이 된다. 입계와 결정립의 안정성과 마찬가지로 기공의 안정성을 생각할 수 있다. 단, 기공의 임계배위수(기공 주위에 있는 결정립수)는 ϕ의 크기에 의존한다. 일반적으로 ϕ는 150° 전후라고 알려져 있다. $\phi = 150°$라고 하면, 배위수가 12 이하의 기공이 수축해서 결국에는 소멸하며, 배위수 12 이상의 기공은 성장하게 된다.

이와 같이 기공의 안정성은 이면각과 배위수에 의해 지배된다. 주어진 물질에 있어서 이면각은 일정하다고 생각할 수 있기 때문에, 기공소멸을 촉진시켜 치밀한 소결체를 얻기 위해서는 다수의 결정립에 둘러싸인 안정한 기공을 만들지 않게 함이 중요하다. 다시 말하면 입자의 충전밀도를 높이는 것이 바람직하다.

작은 기공이 소멸하고 큰 기공이 성장하는 것은 이와 같이 기공의 배위수로 설명할 수 있다. 한 가지 지침으로, 결정립의 크기로 비교해서 작은 것은 배위수가 작고(구의 충진에서는 배위수가 12 이하), 큰 것은 배위수가 크다고 생각하면 된다. 에너지면으로 작은 기공이 높은 수축압(닫혀져 있는 경우)을 갖는다는 것은 앞에서 설명한 바와 같다.

(마) 기공과 입계의 상호작용

기공의 분포상황은 소결의 진행상황에 따라 다르다. 기공의 거동을 제어하는 것은 소결체의 성질을 자유롭게 조절하는 데에 중요하다. 따라서 기공의 이동도와 입성장 간의 상호작용에 대해 알아둘 필요가 있다.

① 기공이 존재하는 경우에서의 입계이동도: 기공이 입계에 있으면 입계의 이동을 방해한다. 입계위의 기공과 입계의 상호작용을 생각해 보자. 입계가 평면인 경우는 기공에는 힘이 작용하지 않기 때문에 중심이 입계 위에 위치한다. 그러나 입계가 아래로 이동하려는 힘이 작용하게 되면 입계는 기공

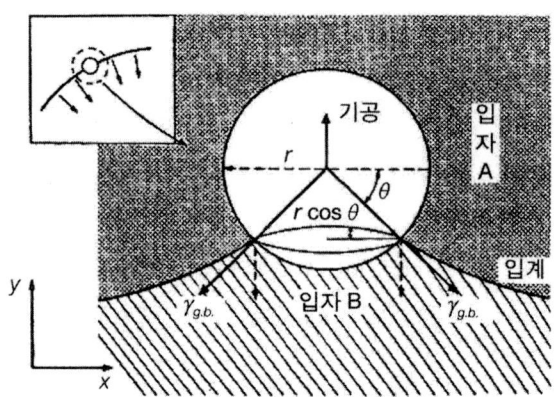

그림 8-13 기공에 의한 입계의 구속

을 밀어서 중심이 어긋나게 된다. 기공의 y방향으로 작용하는 힘 F는 그림 8-13을 참조하면,

$$F = 2\pi r\cos\theta \cdot \gamma_{g.b.}\sin\theta \tag{8-27}$$

에서 구할 수 있다. $2\cos\theta\sin\theta = \sin2\theta$이므로 F는 θ가 45°인 경우 최대로 된다. 이때 F_{max}는

$$F_{max} = \pi r\gamma_{g.b.} \tag{8-28}$$

즉, 반경 r의 기공이 1개 있는 경우, 입계이동의 힘은 $\pi r\gamma_{g.b.}$만큼 감소하게 된다.

입계 1cm당 반경 r의 기공이 N개 있을 경우의 입성장 속도를 구해 보자. 식 (8-20)을 참조하면, 입계의 구동력은 $\pi r\gamma_{g.b.} \times N$만큼 감소하므로,

$$\frac{d\overline{D}}{dt} = \frac{MV}{\delta}\left(\frac{2\gamma_{g.b.}}{a\overline{D}} - N\cdot\pi r\gamma_{g.b.}\right) \tag{8-29}$$

이 된다. 즉, 큰 기공이 많이 있을수록 입성장 속도가 작다. 소결초기에서 발생하는 입성장은 일반적으로 입계이동에 의한 것이 아니고 표면확산이나 기상수송에 의하기 때문에 이 조건을 만족시킨다. 즉, 밀도가 낮고, 기공이 많은 경우에는 입계이동이 방해된다. 입성장이 진행함에 따라 식 (8-29)의 제1항은 작아져서 결국에는 $d\overline{D}/dt = 0$이 되는 $\overline{D}$가 존재하게 된다. 이것이 한계입경이다.

기공의 부피분율을 f로 하면, 한계입경 D_l은 다음과 같이 구할 수 있다.

① 기공이 모두 입계에 있는 경우

$$D_l = \sqrt{\frac{8}{f}} \cdot r \tag{8-30}$$

② 기공이 전체로 분포되어 있는 경우

$$D_l = \frac{4}{3f} \cdot r \tag{8-31}$$

이 된다. 여기서 기공이 균일하며 일정한 크기라고 가정하였지만, 엄밀히 말해서는 타당하지 못하다. 기공의 성장은 입계에서 기공의 합체에 의해서, 또는 입계보다 더 작은 기공에서 더 큰 기공으로의 기공의 확산에 의해 일어난다. 특히 여기서 후자를 오스왈드 숙성(Ostwald ripening)이라고 한다.

(바) 기공과 입계의 상호작용

지금까지 기공은 이동하지 않는다고 가정하였지만, 실제로는 기공은 이동하는 것으로 실험적으로 확인되고 있다. Nichol은 기공의 이동도 M은 기공반경 r의 $-n$승에 비례하며, n은 물질이동기구에 의해 $3 \sim 4$의 값을 갖는다고 하였다. 일반적으로 기공이 작은 경우는 표면확산($n = 3$)이 진행되지만, 커짐에 따라서 체적확산($n = 4$)에서 기상수송($n = 3, 4$)으로 변화한다고 알려져 있다.

기공의 이동속도는 매트릭스 중의 존재 위치에도 강하게 의존한다. 입계에 위치하고 있는 경우가 가장 크고, 입계 부근, 입내 순으로 감소한다. 그 비는 $1 : 8 : 30$으로 알려져 있다. 따라서 기공이 일단 입내에 위치하고 있으면 제거되는 데 장시간이 요구된다.

입계에 기공이 N개/cm^2 존재하는 경우를 생각하면, 입계이동속도 V_b는

$$V_b = (F_b - NF_p)M_b \tag{8-34}$$

$$V_p = F_p M_p \tag{8-35}$$

으로부터 구할 수 있다. F는 힘, M은 이동도이며, 첨자 p와 b는 각각 기공과 입계를 나타낸다.

$V_b > V_p$이면 기공은 입계로부터 분리된다. $V_b = V_p$의 경우는 입계와 함께 이동하지만, M_b와 M_p의 상대적 크기에 의해 2가지 경우를 생각할 수 있다. 식 (8-34)와 (8-35)로부터

$$V_b = F_b \cdot \frac{M_p \cdot M_b}{NM_b + M_p} \tag{8-36}$$

이 되며, $M_p \gg NM_b$의 경우는 $V_b \simeq F_b M_b$ 입계율속, $M_p \ll NM_b$의 경우에는 $V_b \simeq F_b M_b/N$ 기공율속, 그 밖에 M_p와 NM_b가 서로 무시할 수 없는 크기범위에서는 $V_b > V_p$로 되어 기공이 분리되고 만다.

V_b와 V_b 식으로부터 기공이 입계로부터 분리되는 조건 $V_b > V_p$를 만들면,

$$\frac{F_b}{NF_p} > 1 + \frac{M_p}{NM_b} \tag{8-37}$$

의 관계를 얻을 수 있다.

기공의 크기, 입경, 에너지, 확산계수 등을 사용해서, F_b, F_p와 M_b, M_p를 구하고, 기공반경 r과 입경 D의 평면 중에 기공이 분리하는 영역을 그리면 그림 8-14가 얻어진다. 빗금친 부분이 기공이 분리되는 영역이며, 좌측은 입계율속, 우측은 기공율속이다. 그림으로부터 소성 중에 기공을 작게 유지할 것인가, 입성장을 억제할 것인가에 의해서만 고밀도화가 가능하다는 것을 알 수 있다. 기공이 작은 경우에는 입계율속이 되어야 할 것이고, 기공의 간격은 입경이 같다고 가정하고 있기 때문에 기공이 클수록 분리가 발생하게 된다. 어느 경우에도 입성장이 급격하게 발생하면 빗금친 영역 안으로

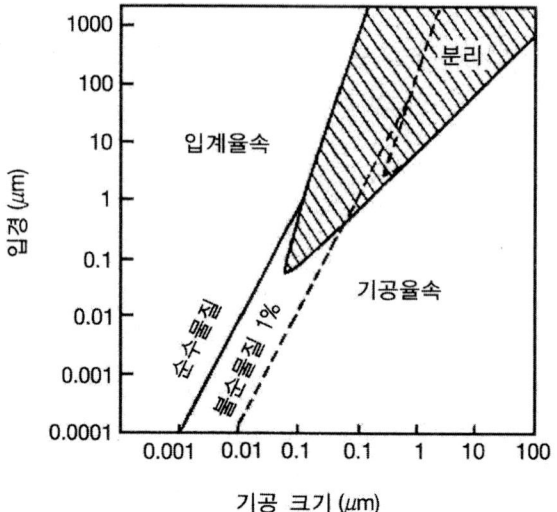

그림 8-14 기공과 입계의 상호작용: 기공은 표면확산에 의해 이동, 체적확산의 경우는 분리영역이 좌측하단으로 벗어
남(R.J.Brook, J.Am.Ceram.Soc., 52(1), 57, 1969.)

들어가서 기공이 입계로부터 분리하고 만다. 그림 8-14의 점선은 불순물을 1% 첨가한 경우의 영역
으로, M_p/M_b를 크게 함으로써 분리가 일어나기 어렵게 된다. Al_2O_3에 MgO를 첨가하는 효과가 여
기에 해당된다. 그러나 MgO가 M_p를 증가시키는 것인가, M_b를 저하시키는 것인가에 대해서는 아직
정설이 없다.

(사) 고상소결의 실제

평균입경 1 μm의 MgO를 첨가한 알루미나 분말의 가압성형체의 치밀화 거동을 그림 8-15에 나
타내었다. (a)와 (b)는 평균 입자 크기가 각각 0.8과 1.3 μm이며 상압소결한 경우의 밀도변화를 나
타낸 것이고, (c)는 0.8 μm의 분말을 고온가압성형(HP)한 경우를 나타낸다. 고온가압의 경우 치밀
화 개시 및 완료 온도가 보다 낮고, 고밀도의 제품을 얻을 수 있다는 것을 알 수 있다. 앞서 설명한 바
와 같이, 곡선 상승이 시작되는 점까지에 해당하는 약 2%의 밀도증가가 발생하는 영역을 초기단계라
고 한다. 대부분의 치밀화가 진행되는 영역을 중간단계라고 하며, 치밀화 속도가 급격히 감소되어 멈
추는 영역을 말기단계라고 부른다.

소결의 중간단계에서, 수축의 모델화는 결정립 성장과 기공 기하의 변화에 의하여 복잡하며, 미세
구조변화에는 한 가지 이상의 질량이동기구가 기여하게 된다. 이 단계에서 소결은 식 (8-18)의 매개
변수들에 의존하며, 또한 입자의 크기, 모양, 충전상태, 그리고 첨가제에 크게 의존한다. 입자 응결체
는 충전을 불균일하게 만들며, 최종적으로 불균일한 소결체가 되고 만다. 일례로, 그림 8-16에서 볼
수 있듯이, 분쇄공정에 의해 입자 응결체를 분산시킨 경우, 가압성형체의 벌크밀도는 크게 변화하지
않았지만, 입자 충전과 소결의 중간단계 거동이 향상되었으며, 소결밀도도 크게 증대하였다.

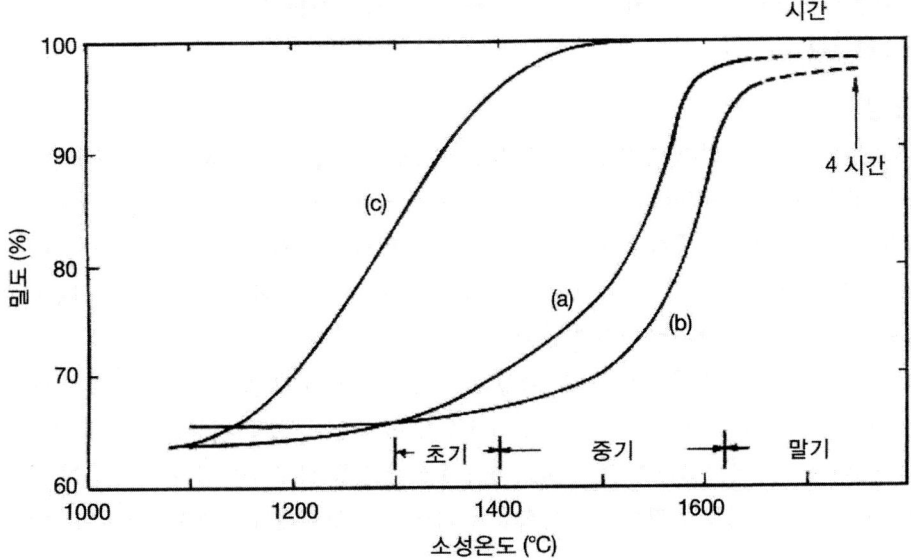

그림 8-15 두 종류 알루미나 가압성형체의 치밀화 거동 (J.S.Reed, "Principles of Ceramics Processing", John Wiley & Sons, 595, 1995.)

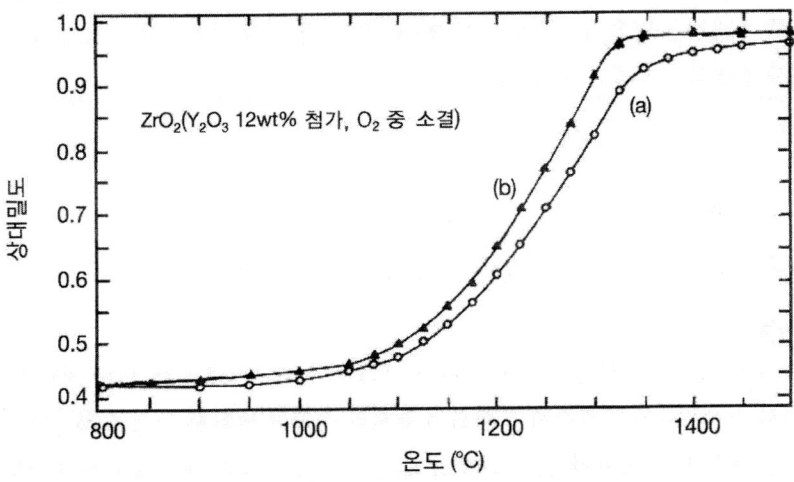

그림 8-16 안정화 지르코니아 가압성형체의 치밀화 거동: (a) 응결입자를 내포한 분말, (b) 분쇄 분말 (J.S.Reed, "Principles of Ceramics Processing", John Wiley & Sons, 600, 1995.).

(2) 소결을 지배하는 제반 인자

소결거동 및 소성에 의해 얻어진 소결체의 성질을 지배하는 요인은 원료에 의한 것과 소성조건에 의한 것으로 대별할 수 있다. 분체현상의 복잡함과 소결이 단순히 하나의 기구로 진행되지 않고 그

기구가 물질의 화학종에도 의존하는 것을 고려하면, 소결을 지배하는 일률적인 현상을 제안하기에는 어려움이 따른다.

(가) 소성온도

치밀화나 결정성장은 여러 가지 물질이동기구가 종합되어 일어나는 현상이며, 이러한 물질이동기구는 전부 열적 활성화 과정이므로 온도가 높을수록 유리함은 말할 필요도 없다. 소결은 상변화를 수반하지 않으므로 소결의 구동력은 온도의 영향을 직접 받지는 않지만 물질이동기구에 관여되는 공공의 농도, 증기압, 용해도, 점도 등이 온도의 증가에 따라 지수함수적으로 증가하기 때문에 온도상승이 소결을 촉진시킴에는 반론의 여지가 없다.

그러나 각각의 소과정에 주목해 보면, 활성화에너지가 동일하지 않고 온도의존성 또한 다르기 때문에, 얻어진 소결체의 성질(밀도, 기공 및 입자구조 등)이 다를 것으로 예상된다. 사실 동일한 밀도를 갖는 소결체라도 저온에서 소성한 것과 고온에서 소성한 것을 비교하면 입자 크기 등이 다르다. 저온영역에서는 표면이나 입계의 확산이 우선적임에 대해, 고온영역에서는 체적확산이 우선적으로 일어난다.

(나) 압력

소성을 가압하에서 행하면 치밀화가 촉진된다. 경험적으로 가압력의 대수와 밀도와는 직선적인 관계를 갖는 것으로 나타나 있다. 가압에 의해 소성온도를 낮출 수 있기 때문에 입성장을 제어하고 단시간에 치밀한 소결체를 얻을 수 있다. 확산계수는 압력에 크게 의존하지는 않기 때문에 유동기구에 의해 치밀화가 진행된다고 말할 수 있다.

Murray 등은

$$\frac{d\rho}{dt} = \frac{3P}{4\eta}(1-\rho) \tag{8-38}$$

을 유도하였다. 여기서 ρ는 상대밀도, P는 압력, η는 점도를 나타낸다.

(다) 가열속도

물질이동기구의 온도의존성이 온도에 따라 다르기 때문에 가열속도에 의해 지배하는 소과정이 변화한다. 따라서 소성온도를 일정하게 하여도 소결체의 성질이 변화할 것으로 예상된다. 이 경향은 입성장 속도가 큰 경우 더욱 중요하다. Palmour는 승온을 등속으로 하지 않고 수축속도가 일정하도록 승온조건을 결정함으로써 높은 소결밀도를 얻을 수 있다고 보고하였다. 이것을 통상의 등속승온 소결(Constant Rate Heating, CRH)과 구분해서 승온속도제어 소결(Controlled Rate Sintering, CRS)이라 한다.

(라) 분위기

소성분위기의 효과는 물리적인 것과 화학적인 것으로 나눌 수 있다. 독립된 기공에 들어간 기체는 기공의 수축에 의해 압력이 증가한다. 따라서 이 압력이 기공의 수축력($2\gamma/r$)에 저항하기 때문에 기공의 수축속도는 감소하고 결국에는 수축이 정지되고 만다. 기공을 제거하고 치밀화를 촉진시키기 위해서는 소성분위기로 진공 또는 확산속도가 큰 기체를 이용하여야만 한다. 알루미나의 경우에는 수소, 산소, 진공분위기에서가 질소, 아르곤, 헬륨분위기보다 높은 소성밀도를 얻을 수 있다. 또 Cu 를 수소 중에서 소성한 경우에는 기공의 체적이 크고, 아르곤 또는 진공 중에서는 기공체적이 감소한다.

금속의 소결에서는 산화물의 거동이 문제로 되지만, 세라믹스에 있어서는 환원성 분위기는 결함농도를 증가시킨다. 이 현상은 비화학양론 조성의 폭이 큰 물질에서는 특히 중요하다. 수증기 효과도 금속의 경우에는 무시할 수 있는 정도이지만 세라믹스에서는 무시할 수 없다. BeO를 습한 공기 중에서 소성하면 수축률이 건조공기에서와 비교시 감소한다. 이것은 $Be(OH)_2$의 생성에 의해 소결기구가 체적확산에서 수축을 동반하지 않는 증발-응축기구로 변화하기 때문이다. 분위기가 세라믹스표면과 상호작용을 일으켜 표면자유에너지를 변화시키는 것도 있겠지만 아직 자세한 관련 보고는 없다.

(마) 첨가물 및 불순물

일반적으로 세라믹 분체원료는 고순도의 것이 적기 때문에 소위 진성적(intrinsic)인 거동이 관찰되고 있다고는 말하기 어렵다. 불순물이 확산이나 표면 또는 계면에너지에 어느 정도 기여하는가에 대한 각각의 데이터 축석은 거의 없다. 또, 제3 성분이 표면, 입계 및 체적 확산에 다르게 기여할 수도 있다. 불순물이 어떤 것과 공존하는가에 따라서 소결거동이 크게 변한다. 진성적인 거동이 확인되는 불순물 준위는 알루미나의 경우 0.001∼0.1% 정도이다. 그러나 이 범위의 불순물에 관한 정보가 거의 없어서 불순물 효과를 명확하게 설명하기에는 어려움이 따른다. 소결에 있어서 미량 성분의 영향은 다음의 3가지로 나눌 수 있다.

① 고용체 형성: 결함농도 변화에 의한 확산속도의 변화를 예상할 수 있다. TiO_2, Cu_2O, Fe_2O_3 등의 다원자가 금속의 경우 이 효과가 크게 작용한다. 소위 원자가제어형의 결함을 발생시키는 것에 많다. 입계는 벌크와 비교해서 용해도가 높기 때문에 첨가물은 입계에 편석하여 입계와 기공의 상호작용에 영향을 미친다. 기계적 물성을 향상시키는 예로, 알루미나에 있어서 MgO 첨가효과를 들 수 있다. 알루미나에의 MgO 용해도 범위 내인 0.005wt%를 첨가함으로써 입성장을 제어할 수 있다. 또, 입계부근 10 μm 의 영역에서의 미소경도는 벌크보다 큰 것으로 보고되고 있다.

② 제2상의 존재: 모체와 반응해서 모상에 용해하지 않는 새로운 상을 형성한다든지, 전혀 모상과 상호작용이 없는 경우에는 첨가물은 입계, 많은 경우 입자의 교점에 위치한다. 이 제2상은 형상효과를 무시한다면 기공과 같은 작용을 하며 입계의 이동을 방해한다. 알루미나에 있어서 지르코니아가 그 예가 된다. 앞서 설명한 바와 같이, 입성장에 미치는 영향은 기공과 거의 같다고 보아도 좋다. 즉, 입성장에는 제2상의 크기와 부피분율이 기여한다.

③ 액상의 생성: 첨가물이 저융점인 경우 또는 첨가물이 모상과 공정 혼합물을 형성하는 경우에는 액상이 소결에 큰 영향을 미치게 된다. 소결거동은 액상과 모상과의 상호작용 및 액상의 체적분율에

의해 결정된다. 액상 존재하의 소결이론은 Kingery에 의해 발전되어 왔다. 액상을 통해서의 물질이동에 의한 확산이 촉진됨과 함께 저점도 액상의 개입에 의한 입자에 작용하는 힘의 불균일성을 완화하기 위한 입자 재배열이 쉽게 일어난다. 액상첨가에 의해 소성온도를 낮출 수 있고, 치밀한 소결체도 얻을 수 있다.

(바) 분체의 성질

소결이론식으로만 보면 분체입자의 영향은 입자경과 화학종에 의해 결정되는 표면에너지 및 확산계수만으로 생각할 수 있지만, 실제 소결에서는 소결거동은 얻어진 소결체의 성질이 같더라도 분체에 의해 광범위하게 변화한다.

① **분체의 소결특성**: 소결하기 쉬운 분체 또는 난소결성 분체라는 것은 어떤 차이를 나타내는 것인가? 어떤 경우에는 저온에서 수축이 시작하는 것을 나타내고, 어떤 경우에는 높은 밀도를 얻을 수 있는 것을 나타내기도 한다. 따라서 소결특성을 자세하게 기술할 필요가 있다. 저온에서 쉽게 수축하는 것이 항상 고밀도를 부여한다고는 말할 수 없는 경우가 많다. 단시간에 급속히 치밀화가 진행되더라도 충분히 높은 밀도를 얻을 수 없는 경우도 있다. 소결의 쉬운 정도는 치밀화와 결정성장 및 이들의 온도의존성, 시간의존성을 고려한 뒤에 확실하게 정의할 필요가 있다.

② **입자 크기와 형태**: 소결의 기초적 이론에 의하면 수축의 속도상수는 입자반경의 3승(r^3)에 역비례하므로 입자가 작을수록 수축속도가 크다. 소결의 구동력은 입자반경에 비례한다. 표면적을 크게하고, 기공을 채우기 위해 요구되는 물질의 확산도 입자가 작을수록 유리하다. 이와 같이 생각하면 분체입자는 미세한 것이 유리하게 보이지만, 실제 제조에 있어서는 분체의 취급이나 성형에 어려운점이 있다. 응집력이 증가하는 결과 높은 성형밀도를 얻을 수 없다는 것 외에도 분산이나 성형을 균일하게 진행시키기가 곤란한 점이 있다. 이것은 소결이라고 말하기보다도 성형조작의 문제로서 해결하여야만 하지만 독립적으로 처리하는 것은 불가능하다. 기능성 세라믹스의 경우 1차 입자의 크기는 $0.01 \mu m$가 하한이다.

입자의 집합상태도 중요하다. 입자가 단결정인가 다결정인가에 따라 수축거동이 다르다. 또 1차입자가 강한 응집체를 형성하고 있어 성형시에 제거되지 않는 경우는 입자 크기와 비교시 매우 큰 기공이 응집입자의 충전에 의해 발생한다. 이 기공은 배위수가 크고 안정해서 소멸하지 않는다. 1차 입자의 입경분포는 좁은 편이 좋다고 알려져 있지만, 충전율만이라도 높일 수 있다면 분포가 다소 넓더라도 크게 지장은 없다.

그림 8-17은 1차 입자의 크기가 약 $0.1 \sim 0.2 \mu m$ 범위인 제조방법이 다른 Fe_2O_3(순도 99.9% 이상)의 소결특성을 나타낸 그림이다. 이러한 소결특성의 상이함은 주로 입자의 응집상태와 균일성에 유래한 것으로 보아도 좋다. 사실 곡선 (a)의 분체를 볼밀로 분쇄함으로써 (b)에 가까운 소결특성을 얻을 수 있다. 이것은 응집입자의 파괴에 의한 것으로 이해할 수 있다.

일반적으로 소결에 사용되는 입자는 등축으로 이방성이 없는 것이 유리하다. 높은 충전밀도를 얻기 위해서는 형상이 이방성이 아닌 것이 확실히 유리하지만, 낮은 성형밀도로부터도 높은 소성밀도

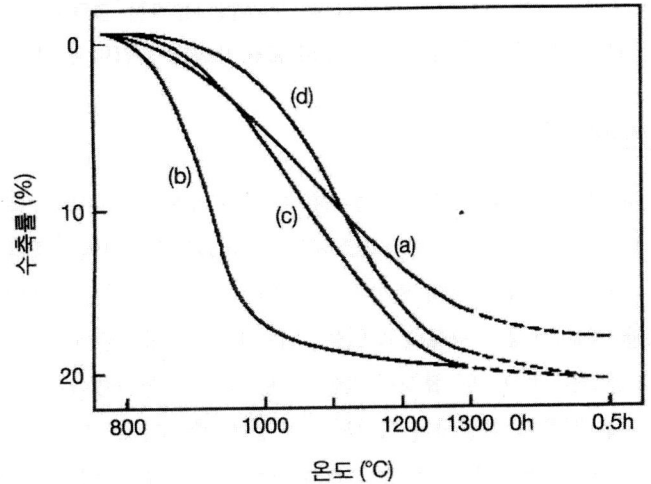

그림 8-17 Fe$_2$O$_3$의 소결(승온속도; 20℃/min)에 미치는 분체의 영향(T.Nomura et al., Powder Metallurgy, 26, 250, 1979.)

가 얻어지는 경우도 있다. 침상입자의 성형체에서는 등축입자와는 다르게 소결이 많이 진행된 상태까지 기공이 독립하지 않고 잔존하기 때문에 높은 소성밀도가 얻어진다는 보고가 있다. 형상이 이방성인 입자를 이용해서 입자가 배향된 소결체를 얻는 것도 가능하다. 일반적으로 이방성의 입자를 이용하면 수축도 이방적으로 발생한다.

근래 고밀도의 초미립입자를 효율적으로 충전시켜 종래보다도 낮은 온도에서 고밀도 소결체를 얻는 연구가 진행되고 있다. Al$_2$O$_3$, ZrO$_2$, TiO$_2$ 등 다수의 보고가 있다. 저온에서 입계확산을 충분히 이용해서 입성장을 촉진시키지 않고 기공을 제거하는 방법도 있다. 체적확산모델에 의하면 입경을 1/10로 하면 수축속도가 1000배로 향상된다. 따라서 200℃ 정도의 소성온도 저하도 충분히 기대할 수 있다.

③ **제조방법**: 세라믹스 원료분체는 모염의 하소나 산화물 혼합물의 고체화 반응에 의해 얻어진다. 일반적으로 저온에서 얻은 분체가 소결성이 우수하다고 말하고 있는데, 이것은 저온에서 얻은 분체 입자의 경우 결정자가 작아서 초기소결이 유리하다는 것에 지나지 않는다. 이것이 직접 고밀도화에 영향을 미치는가는 다른 문제이다. 또 저온에서 얻은 분체에서는 결정의 불완전성, 다수의 결함 등으로 인해 열평형 공공보다도 높은 농도의 공공을 갖고 있을 것으로 예상되며, 이것이 초기소결이 빠른 이유로 보고되고 있다. 그러나 이것은 소성초기에 소둔되어 제거된다.

모염의 화학종이 얻어진 산화물의 소결성과 연관이 있다는 지적이 있는데, 이것은 하소온도와 조합해서 응집과 연관시켜 이해할 수 있다. 고체반응에 의해 세라믹 분체를 얻는 경우에는 미반응물의 존재가 소결을 저해한다. 반응에 의한 체적변화나 국부적인 활성차이가 불균일성을 초래해서 이상 입성장의 원인이 되는 경우도 있다.

그밖에, 함유량이 일정하더라도 불순물 또는 첨가물의 존재형태나 상의 상태가 소결성에 영향을 미치는 경우가 있다. 예를 들어 첨가물의 입도나 첨가방법은 상이한 첨가물 효과를 나타내기도 한다. 분체의 여러 가지 성질의 불균일성은 수축 입성장의 불균일성의 원인이 된다.

(3) 소고(액상소결)

일반적으로 소고된 결합조직은 그 조직의 주체를 이루는 거친 입자와 이것을 결합시키는 매트릭스 또는 본드로 나눌 수 있다(그림 8-18). 매트릭스에는 유리질과 결정질의 2종류가 있다. 소성 내화물을 예로 들면, 소성과정 중 입자 사이에 생성된 고온 반응생성물인 액상은, 액상의 성분이 비교적 산성일 때, 즉 실리카를 비교적 많이 함유하고 있을 때는 냉각 후 대부분이 유리상태로 되고, 염기성일 때는 이온결합을 한 결정을 생성하여 결정이 집합된 매트릭스를 형성한다.

소고기구에서 중요한 것은 고상입자와 액상의 접촉상태, 즉 젖음이다. 액상의 젖음이 완전하면 모세관 현상에 의해 입자 사이에 액상이 침투되어 입자에 접하는 부분에는 렌즈상의 액상이 형성되고 표면장력에 의해 서로 잡아당긴다. 젖음상태가 양호할지라도 모세관 현상만으로는 기공을 채우던가 수축으로 인한 입자의 재배열작용을 할 수 없다. 따라서 소고온도에서 액상이 고상에 대해 어느 정도 용해도를 가져야 한다.

점토질 내화물은 유리질이 매트릭스로 작용하여 입자를 결합시키고 있으나, 염기성의 마그크로 (mag-chro) 내화물에서는 소성온도에서 존재하는 액상이 포스터라이트(forsterite) 등의 결정질 고용체로 매트릭스를 형성한다. 이밖에도 초경재료의 WC-Co계 서멧은 소성과정에서 용융금속 Co가 미립 WC을 용해하고 냉각과정에서 큰 WC 입자의 표면에 WC을 석출시켜 성장시킨다.

저온에서 사용되는 대부분의 세라믹 제품들은 소량의 유리상이 입계에 분포된 결정질 재료이다. 예를 들면, 알루미나 기판, 분쇄매체, 칼슘-마그네슘-알루미늄 규산염 유리상을 지닌 점화플러그 절연체 등이다. 액체가 각 결정립들을 피복시키면, 결정립의 과대한 성장이 억제되며, 낮은 온도에서 더 높은 밀도의 소결체를 얻을 수 있다. 그 예로, 마이크론 크기의 알루미나 분말의 입계에 5wt%의 알칼리토류 알루미노 규산염의 유리상을 형성시킨 가압 성형체의 치밀화 거동을 그림 8-19에 나타내었다. 액상형성에 의해서 보다 저온에서 고밀도화가 되는 것을 확인할 수 있다. 단, 1650℃에서 4시간 유지하면, 유리상에의 기공유착에 의해 치밀화가 저하되는 것(점선)을 볼 수 있다. 유리상은 인쇄된 후막이나 유약의 부착력을 향상시키는 데 필수적일 수 있지만, 유리상의 분포가 불균일하면, 치

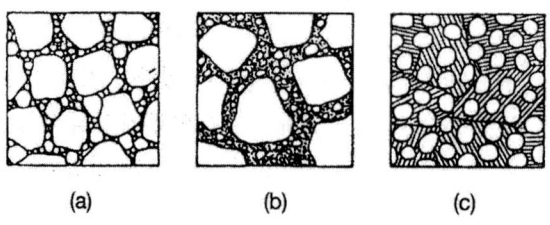

(a)   (b)   (c)

그림 8-18 소고 결합조직의 유형

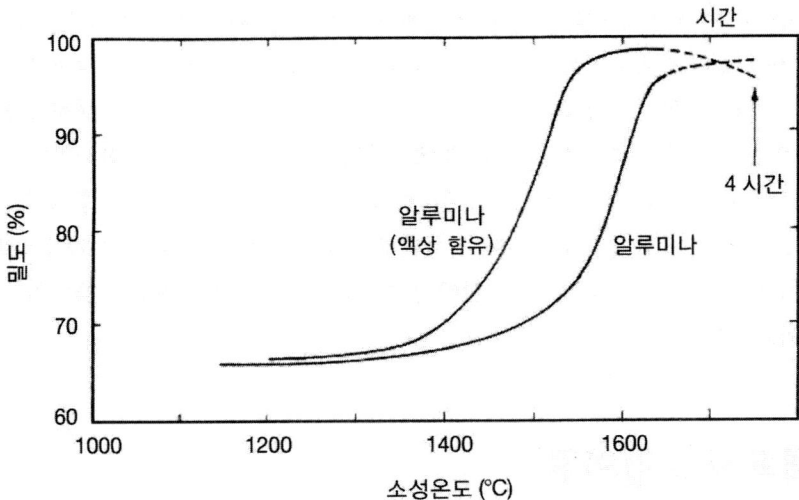

그림 8-19 유리상 존재에 따른 상대적 치밀화 거동(J.S.Reed, "Principles of Ceramics Processing", John Wiley & Sons, 608, 1995.)

밀화와 결정립 성장이 치등적으로 진행되어, 미세구조가 불균일하고, 평균밀도도 저하될 수 있다.

　결정립 크기가 1 μm 정도인 경우, 결정립을 피복시키는 데는 1vol% 이하의 액상으로도 충분하다. 그리고 액체의 점도는 너무 커서도 안 되고 소결시 저하되어도 안 된다. 소결시 액체는 입자들을 서로 당기며, 각진 입자들은 회전시켜, 미끄럼 및 재배열에 의해 더 치밀하게 한다. 액체로 둘러싸인 기공들은 접촉된 고체 입자들에 대항하는 수축 구동력을 갖는다. 고체가 어느 정도 용해도를 가지면, 액상소결은 계속 진행되며, 액체 내에서의 확산율이 클수록 질량이동 및 수축속도가 증대된다(그림 8-20). 모서리가 날카로운 입자나 작은 입자들이 우선적으로 용해되며, 액체를 통한 확산과 다른 영

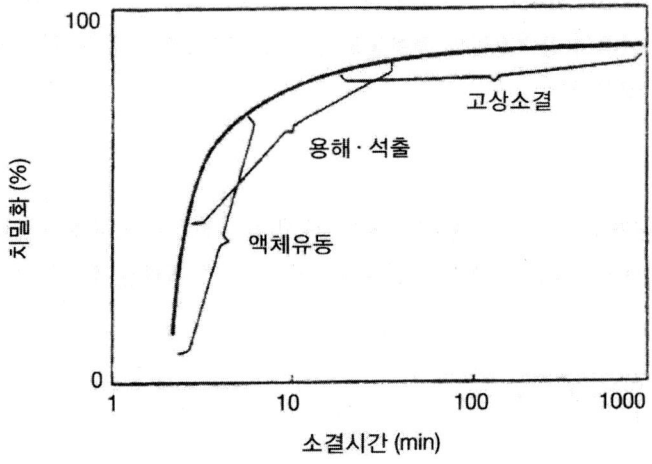

그림 8-20 액상소결기구의 모델(J.S.Reed, "Principles of Ceramics Processing", John Wiley & Sons, 609, 1995.)

역에서의 결정화는 결정립 성장을 일으킨다. 고체를 적시고 용해시키는 액상이 결정립들 사이를 급속히 침투하여, 분말 응결체들을 분산시킨다는 보고도 있는데, 이는 결정립의 과대 성장을 감소시킬 수 있다. 또한 입계에서의 점성유동은 수축속도가 약간 다른 미세 영역들 간의 변형을 통해 치밀화를 증진시킬 수 있다. 특별한 계에서는 치밀화 후에 유리상을 부분적으로 결정화시키는 방법도 시도되고 있다. 예를 들면, 질화규소 세라믹스의 경우, 소결촉진제로 Y_2O_3를 첨가한 후 낮은 산소분압에서 1700℃ 정도로 가열하면 입계의 유리상이 결정화되어 석출되며, 이것을 다시 가압소결하면 치밀하고 고강도의 소결체를 얻을 수 있다. 이와 같이 입계상을 결정화시켜 강도를 증대시키는 방법을 입계결정화 기술이라고 한다.

8.3 대표적 소결이론

8.3.1 확산기구에 의한 소결

(1) 쿠진스키(Kuczynski)의 소결이론

이 이론은 입자표면이 공격자의 소멸장소로 작용하는 경우에 상당한다.

그림 8-21과 같이 접촉하고 있는 구상입자 사이 또는 입자와 평면 사이에 만들어지는 네크의 반경 x와 시간 t의 관계를 $x^n \propto t$의 일반식으로 나타낼 수 있다. 이때 n은 정수이며, 물질이동기구에 따라 다른 값을 가진다. 부피확산의 경우 네크표면 아래의 공격자점의 과잉농도 ΔC는 ($\rho \ll x$)

$$\Delta C = \frac{2\gamma}{k_B T} \frac{\delta^3}{\delta} \left(\frac{1}{\rho} - \frac{1}{x} \right) C_0 \simeq \frac{2\gamma}{\rho} \cdot \frac{\delta^3}{k_B T} C_0 \tag{8-39}$$

여기서 γ는 표면장력, δ는 내부원자 사이의 거리, k_B는 볼츠만 상수, T는 절대온도, ρ는 네크표면의 곡률반경, C_0는 평면 아래의 공격자점의 평형농도이다. 공격자점의 농도구배를 근사적으로 $\Delta C/\rho$라 하면, 픽(Fick)의 식으로부터

$$A \frac{\Delta c}{\rho} D' = \frac{dV}{dt} \tag{8-40}$$

D'는 공격자점의 확산계수이다. 그런데 그림 8-21에서 근사적으로 곡률반경 $\rho = x^2/2r$, 네크의 표면적 $A = \pi x^3/2r$, 네크의 부피(오목렌즈 모양) $V = \pi x^4/2r$으로 나타낼 수 있으므로 x와 t의 관계는 다음과 같다.

$$\frac{x^5}{r^2} = \left(40\gamma \frac{\delta^4}{k_B T} D_v \right)^t \cdot t \tag{8-41}$$

D_v는 물질의 자기확산계수(self-diffusion coefficient)로 $D_v = D' e^{-E/RT}$와 같은 관계가 있다.

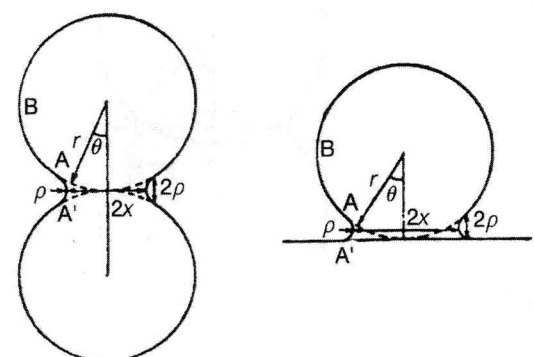

그림 8-21 소결모델(Kuczynski)

쿠진스키는 입자가 작을 경우에는 최후로 표면확산에 의한 소결이 진행한다고 생각하고 다음과 같은 소결속도식을 유도하였다.

$$\frac{x^7}{r^3} = \left(56\frac{r}{k_BT}\delta^4 \; D_s\right) \cdot t \tag{8-42}$$

(2) 킹거리(Kingery)의 이론

이 이론은 입자 사이의 응착면에 대한 면적증대와 더불어 입자 중심거리의 단축을 생각한 소결로 그 모델은 그림 8-22와 같다. 그림에서 네크의 곡률반경 $\rho = x^2/4r$, 네크의 부피 $V = \pi \, x^4/4r$이며, 확산선속(diffusion flux)은 근사적으로 $J = 4D' \; \Delta N$로 나타낼 수 있다. ΔN은 과잉공격자점의 수이다. 네크의 체적 증가속도 dV/dt는

$$dV/dt = 2\pi x \; r^3 \cdot J \tag{8-43}$$

따라서 다음과 같은 식을 얻을 수 있다.

$$\frac{x^5}{r^2} \simeq \frac{80\gamma\,\delta^3\,D_v}{k_BT}t \tag{8-44}$$

킹거리의 소결모델에서는 2개 입자의 중심거리 l에 대한 수축을 설명할 수 있다. 그림 8-22에서 θ가 매우 적을 때는 $2\rho \simeq \Delta l$(수축량), $\Delta l/l = x^2/2r$이므로 식 (8-44)에 대입하면, 수축률 $\Delta l/l$은

$$\left(\frac{\Delta l}{l}\right) = \left(\frac{20\gamma\,\delta^3\,D_v}{\sqrt{2}\,r^3\,k_BT}\right)^{2/5} \cdot \; t^{2/5} \tag{8-45}$$

1개의 입자에 n개의 입자가 접촉하고 있다고 가정하면, 부피수축률 $\Delta V/V$ (V는 최초입자의 부피)는 다음과 같다.

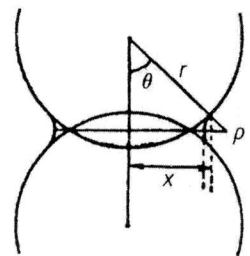

그림 8-22 소결모델 (Kingery)

$$\left(\frac{\Delta V}{V}\right) = \frac{3n}{8}\left(\frac{80\gamma\,\delta^3\,D_v}{r^3\,k_BT}\right)^{4/5} \cdot t^{4/5} \tag{8-46}$$

8.3.2 증발-응축에 의한 소결

(1) 쿠진스키의 이론

이 방법에 의한 물질이동기구의 기본식에는 곡률반경이 서로 다른 2개 표면의 평형증기압에 관한 Kelvin식과, 임의의 평형 증기압하에 있는 표면으로부터 그와 인접해 있는 증기압 표면으로의 응축속도에 관한 Langmuir의 식이 있다. 그림 8-21의 소결모델을 사용하면 Kelvin의 식은 다음과 같다.

$$RT\ln\frac{P_\rho}{P_r} = \frac{2M\gamma}{d}\left(\frac{1}{\rho}+\frac{1}{r}\right) \tag{8-47}$$

여기서 P_ρ는 곡률반경 ρ인 네크의 표면 증기압, P_r은 반지름 r인 입자표면에서의 증기압, M은 분자량, d는 밀도, γ는 표면장력, R은 기체상수, T는 절대온도이다. 소결초기에는,

$$\rho\ll r,\ \ln P_\rho/P_r \simeq \Delta P\,P_r,\quad \Delta P = P_r - P_\rho$$

따라서 식 (8-47)은

$$\Delta P = \frac{2M\gamma\,P_r}{d\cdot r\cdot RT} \tag{8-48}$$

물질의 응축속도를 G라 하면, Langmuir의 식은

$$G = \alpha\cdot\Delta P\left(\frac{M}{2\pi RT}\right)^{1/2} \tag{8-49}$$

α는 적응계수로 1에 가까운 값이다. 네크의 부피증가 속도(dV/dt)는 네크 전체 표면적에 걸친 물질의 응축속도와 같으므로,

$$dV/dt = \frac{G}{d} \cdot A \tag{8-50}$$

이 되어 최종적으로 쿠진스키의 식을 얻을 수 있다.

$$x^3 = K \cdot t \tag{8-51}$$

(2) 킹거리의 이론

킹거리는 소금의 결정입자에 관해 실험하여 소금이 증발-응축기구에 따라 소결하는 것을 확인하였다. 그러나 입자 중심 사이의 수축은 일어나지 않고 최초 구상입자이던 것이 타원형으로 변형하였으며, 분말 성형체에서는 강도의 증가에도 불구하고 수축이 거의 없다. 이러한 사실은 표면층에서만 물질이동이 일어나면서 소결하는 경우에서 예상할 수 있다.

8.3.3 유동에 의한 소결

앞의 두 물질이동기구는 원자나 이온이 1개씩 따로 떨어져 이동되는 경우이지만 이동단위를 보다 거시적으로 보아 소결에 대해 설명하는 것이 유동이론이다. 이와 같은 물질유동은 변형속도 σ가 전단응력 S에 비례하는 점성유동과 항복점에 상당하는 한계 전단응력 S' 이상의 응력에 의해 비로소 변형을 일으키는 소성유동으로 크게 나눌 수 있다.

$$\sigma = \frac{1}{\eta} \cdot S \qquad \text{점성유동} \tag{8-52}$$

$$\sigma = \frac{1}{\eta_\infty} \cdot (S - S') \qquad \text{소성유동} \tag{8-53}$$

여기서 η_∞는 변형속도가 무한대일 때의 점성계수이다. S가 충분히 클 때,

$$\sigma \simeq \frac{1}{\eta_\infty} \cdot S \tag{8-54}$$

로 S'의 영향이 무시되어, 결과적으로 점성유동과 같아진다.

(1) 프렌켈(Frenkel)의 이론

프렌켈은 2개 구상입자 사이에서 네크의 증대는 완만한 점성변화에 따라 진행한다고 생각하였다. 원자의 이동은 확산일 때는 농도구배에 따라 일어나지만, 점성유동일 때는 전단응력에 따라 격자 내의 퍼텐셜 구배가 생겨 일어난다. 소결에서의 전단응력은 표면장력에 의해 생기며, 네크 단면의 반지름 x와 t 사이에는 다음과 같은 식이 성립한다.

$$x^3 = \frac{3}{2} \cdot \frac{\delta\gamma}{\eta} t \tag{8-55}$$

(2) 맥켄지-셔틀워드(Mackenzie-Shuttleworth)의 이론

맥켄지와 셔틀워드는 다공성 물질 내의 구멍이 수축함으로써 치밀화가 일어난다고 생각하였다. 즉, 이들은 소결모델로서 푸뢸리히 및 작크(Frohlich 및 Sack)의 모델을 사용하여, 지름 r_2의 비압축성 고체의 껍질 내에 반지름 r_1의 기공이 존재한다고 생각하였다(그림 8-23). 여기에 외부로부터 $2r_1/r_2$의 압력을 가하여 기공과 물질의 껍질 사이의 밀도변화를 시간에 대한 함수로 나타내었다. 성형체의 밀도 ρ는 $1-(r_1/r_2)^3$이므로, 밀도의 변화는 반지름 r_1의 감소속도로 나타낼 수 있다. 성형체 내에서 기공을 제외한 부분, 즉 성형체 실질의 부피가 일정하고 기공의 크기도 일정하다면, 기공 전체의 수는 시간에 따라 변화하지 않는다. 따라서 성형체 실질의 단위부피당 기공의 수를 n이라 하면,

$$r_1 = \left(\frac{3}{4\pi}\right)^{1/2} \cdot \frac{(1-\rho)^{1/3}}{\rho^{1/3}} \cdot \frac{1}{n^{1/2}} \tag{8-56}$$

기공이 압축에 의해 변형될 때 소비된 에너지는 표면장력 γ에 의한 일과 같으므로, 점성유동의 경우 반지름 방향의 유동속도 u_1은

$$u_1 = -\frac{\gamma}{2\eta} \cdot \frac{1}{\rho} = \frac{dr_1}{dt} \tag{8-57}$$

따라서

$$\frac{d\rho}{dt} = \frac{3}{2}\left(\frac{4}{3}\pi\right)^{1/3} \frac{\gamma n^{1/3}}{\eta}(1-\rho)^{2/3}\rho^{1/3} \tag{8-58}$$

소성유동에 대하여서는,

$$u_1 = -\frac{\gamma}{2\eta_\infty \rho}\left(1 - \frac{3\sqrt{2S}\,r_1}{2\gamma}\ln\frac{r_2}{r_1}\right)$$

$$\frac{d\rho}{dt} = \frac{3}{2}\left(\frac{4}{3}\pi\right)^{1/3} \cdot \frac{\gamma n^{1/3}}{\eta_\infty}(1-\rho)^{2/3} \cdot \rho^{1/3}\left[1 - a\,(1/\rho-1)^{1/3}\ln\left(\frac{1}{1-\rho}\right)\right] \tag{8-59}$$

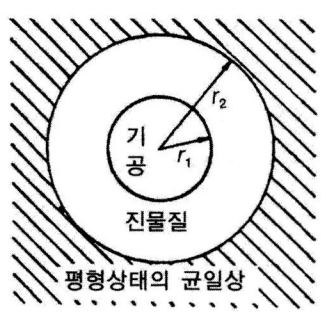

그림 8-23 소결모델(맥켄지-셔틀워드)

$$\text{단, } a = \sqrt{2}\left(\frac{3}{4\pi}\right)^{1/3}\frac{S'}{2\gamma\,n^{1/3}} \tag{8-60}$$

여기서 S'는 임계응력이다.

(3) 클라크-화이트(Clark-White)의 이론

클라크와 화이트의 소결모델(그림 8-24)에서 유동은 입자의 접촉점에 작용하는 모세관에 의해 일어나며, 물질은 입자의 외부표면에 따라 이동하여 입자 사이의 간극을 채운다. 이때 네크의 부피 V는,

$$V = 2\pi r^3\left(\frac{1-x}{x}\right)^2\left(1-\theta\frac{\sqrt{1-x^2}}{x}\right) = Ar^3 \tag{8-61}$$

r은 반지름, x는 $\sin\theta$, A는 x에 따라 변화하는 변수이다. 성형체 1g에 대한 수축 $\overline{V}$는

$$\overline{V} = (\text{성형체 1g에 대한 최초의 부피}) - (\text{성형체 1g에 대한 최후의 부피})$$

$$= V'd\left(\frac{1}{d} + q_0\right) \tag{8-62}$$

여기서 V'는 성형체 1g에 대한 네크의 부피로 $V/(1+Vd)$, Δ는 구상입자 1g당 네크의 부피, d는 밀도, q_0는 성형체 1g에 있어서 기공의 최초부피이다. A점에서, 유동을 일으키는 데 필요한 힘 p는

$$p = \frac{\gamma}{r}\left(2 + \frac{x}{1-x} - \frac{1}{\sqrt{1-x^2}}\right) \tag{8-63}$$

따라서 소성유동에 대한 식은 다음과 같다.

$$\frac{d\overline{V}}{dt} = \frac{\left(\frac{1}{d} + q_0\right)}{\left(\frac{1}{d} + V\right)} \cdot \frac{n\sqrt{1-x^2}}{2} \cdot k \cdot \left(2 + \frac{1}{1-x} - \frac{1}{\sqrt{1-x^2}}\right) \tag{8-64}$$

여기서 $k = \dfrac{\gamma\,h^3}{d\eta l\ r_0^2}$ 이다.

그러나 이 식을 유리분말 성형체의 수축속도에 적용하면 실측치가 계산치보다 훨씬 느리다. 이것은 분말이 임의의 입도분포를 하고 있기 때문으로, 소결 초기에는 작은 입자군이 반응에 관여하여 급속히 수축을 일으키나, 소결 후기에는 보다 큰 입자만이 남게 되어 수축속도를 저하시킨다. 이를 보정하기 위하여 최초의 반지름 r_0 대신 $r_0(1+Vd)^{2/3}$을 사용하였다.

$$\frac{d\overline{V}}{dt} = \frac{\left(\frac{1}{d} + q_0\right)}{\left(\frac{1}{d} + V\right)} \cdot \frac{n\sqrt{1-x^2}}{2} \cdot k \cdot \left(2 + \frac{1}{1-x} - \frac{1}{\sqrt{1-x^2}}\right)\frac{1}{(1+Vd)^2} \tag{8-65}$$

소성유동일 때는,

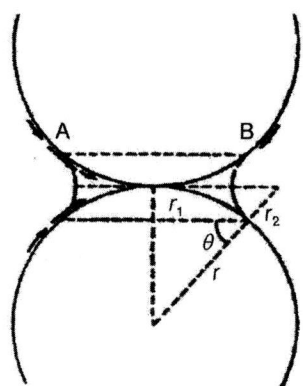

그림 8-24 소결모델(클라크-화이트)

$$\frac{dV}{dt} = \frac{\left(\dfrac{1}{d} + q_0\right)}{\left(\dfrac{1}{d} + V\right)} \cdot \frac{n\sqrt{1-x^2}}{2} \cdot k \cdot \left(2 + \frac{1}{1-x} - \frac{1}{\sqrt{1-x^2}} - \frac{X}{3\sqrt{1+Vd}}\right) -$$

$$X = \frac{3\,r_0 l}{2h\gamma}\,S' \tag{8-66}$$

여기서 S'는 임계응력, n은 입자 1개 주위의 접촉점 수, l은 유동방향으로의 미소길이, h는 유동층의 두께, γ는 표면장력, η는 점성계수, r_0는 시간이 0일 때의 입자반지름이다.

(6) 구보(Kubo)의 이론

클라크-화이트의 소결모델에서는 표면유동에 의한 입자간극의 충전이 일어난다고 가정하였기 때문에 입자 중심거리의 수축에 대하여는 명확한 설명이 불가능하다. 따라서 구보 등은 그림 8-25의 사선부 A가 간극 B로 유동함에 따라 중심 사이의 거리가 수축되며 수축과 가열시간의 관계를 구하였다. 소결 초기에는 중심 사이의 거리에서 일어난 수축량 l은 작아 $l \ll r$이므로, 근사적으로 $1 \simeq \rho$이다. A_1점에 작용하는 모세관의 힘 P는 근사적으로,

$$P \simeq r \cdot \frac{1}{\rho}, \qquad (단, \ \rho \ll r) \tag{8-67}$$

점성유동일 때, 단위시간당 이 부분을 지나 유동하는 양은 다음과 같다.

$$2\pi a h \frac{h^2}{2\eta l'}\,P \tag{8-68}$$

여기서 h는 유동층의 두께, l'은 유동방향으로의 미소한 길이이다. 이 양은 단위시간당 네크의 증가

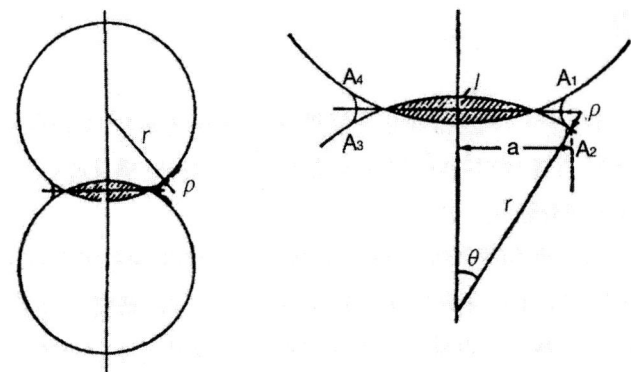

그림 8-25 소결모델(구보 등)

량과 같으며, 사선부 A의 부피는 $2/3 \cdot \pi l^2(3r - l)$로 표현되므로 네크의 부피 증가속도 dV/dt는

$$\frac{dV}{dt} = 4\pi rl \cdot \frac{dl}{dt} = \frac{\pi a}{\eta l'} \frac{h^3}{} \cdot \frac{\gamma}{l} \tag{8-69}$$

$$l^{5/2} = \frac{5}{4} \cdot \frac{h^3}{r^{1/2}l'} \cdot \frac{\gamma}{\eta} \cdot t \tag{8-70}$$

분말 성형체 중 가장 긴 변을 L, 수축량을 ΔL이라 하면,

$$\left(\frac{\Delta L}{L}\right)^{5/2} = \frac{5}{2} k \cdot t \tag{8-71}$$

$$k = \frac{h^3 \gamma}{2\eta l' r^3} \tag{8-72}$$

소성유동일 때는,

$$\frac{d\left(\frac{\Delta L}{L}\right)}{dt} = \frac{h^3 \gamma}{2\eta l' r^3}\left[\frac{\left(\frac{1}{\Delta L}\right)^{3/2}}{L} - \frac{2l' S' r}{h\gamma}\frac{\left(\frac{1}{\Delta L}\right)^{1/2}}{L}\right] \tag{8-73}$$

이 식에서 수축속도가 0인 무한대 시간 후의 수축량은,

$$\left(\frac{AL}{L}\right)_\infty = \frac{h\gamma}{2l' S' r} \tag{8-74}$$

이 값은 물질의 임계응력 S'가 클수록, 표면장력이 작을수록 작다.

8.4 냉각

소결된 세라믹스는 열적 또는 화학적 어닐링 처리가 불필요한 경우에는 대부분 소결용 가열로의 자체적인 냉각속도에 의해 냉각된다. 이를 로냉이라고도 한다. 냉각속도는 가열로의 용적, 발열방식, 설계 및 부품에 따라 변화한다.

일반적으로 세라믹스에 열충격이 가해지면 제품의 표면과 내부(중앙부)에 열응력이 발생한다. 급랭시키게 되면, 표면보다 내부의 온도가 높은 상태로 된다. 즉, 표면은 내부를 압축하고, 내부는 표면에 인장응력을 가하게 된다. 따라서 두께가 두꺼운 제품들의 경우는 냉각시 인장응력에 의한 표면균열 등의 결함발생을 억제하기 위해서 냉각속도를 줄인다.

일부 전기전자 세라믹스의 경우에는 성분이온의 산화상태를 변화시키거나, 화학양론성을 변화시키거나, 또는 상조직을 변화시키기 위하여, 소결시의 분위기와 다른 분위기에서 냉각처리된다. 일례로, 망간-아연페라이트를 소성할 때는 결정립 크기를 작게 하고, 산화아연의 휘발을 억제시키기 위해서 비교적 고산소분압의 분위기를 사용한다. 반면에 냉각시에는 단일상의 페라이트를 만들기 위해서 산소분압을 감소시킨다(그림 8-26).

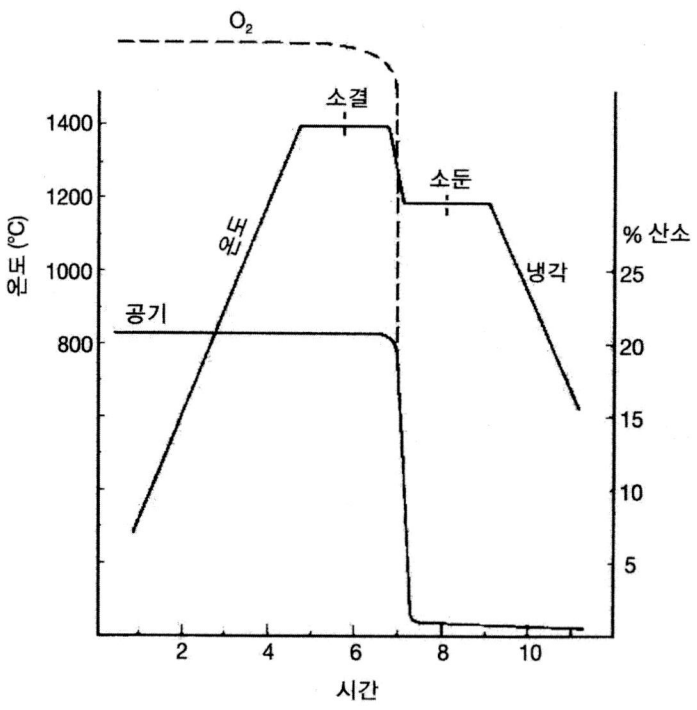

그림 8-26 아연페라이트의 소성 프로그램(T.Reynolds, "Treastise on Materials Science and Technology", Vol.9, Academic Press, NY, 211, 1976.)

매트릭스가 유리상인 제품의 경우에는, 온도구배에 의해서 발생한 유리상 내의 응력을 어닐링시키기 위해서, 일반적으로 유리천이온도(점도 $10^{12} \sim 10^{13}$Pa·s)를 서서히 지나도록 서냉시킨다. 또한, 앞서 설명하였지만, 석영과 같이 결정의 전이에 의해 큰 부피변화가 발생하는 경우에도 서냉하여야 한다. 불균일적인 열수축에 의해 균열 등의 결함이 발생하지 않도록, 로 내의 균일한 온도분포 및 냉각속도의 적절한 제어가 요구된다.

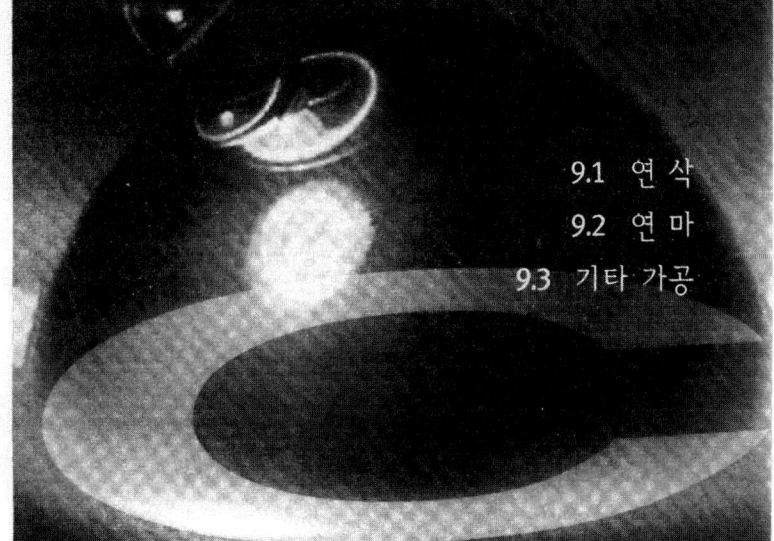

제 9 장

가 공

세라믹스는 재료, 조성, 결정입경 및 제조방법에 따라 다양한 특성을 지니고 있으며, 그 우수한 특성은 기능재료나 구조용 재료 등 여러 방면에서 주목받고 있다. 그 특성을 제품으로서 활용하기 위해서는 성형과 소결만으로는 요구조건을 만족시킬 수 없기 때문에 소결 후의 기계가공이 필요하게 된다.

일반적으로 세라믹스는 먼저 대략의 모양으로 성형하고, 후속 공정에서 최종 모양으로 기계적인 가공을 행한다. 기계가공을 위한 제품은 생소지 상태이거나, 부분 소성 또는 치밀하게 소결된 상태일 수 있다. 기계가공은 형상 및 치수제어, 또는 결합부분의 제거를 위해 이용된다. 건조재료 또는 다공성 소결체의 기계가공은 생-기계가공(green machining)이라 하며, 점화플러그 절연체나 고장력 전기 절연체의 표면윤곽, 생체용 세라믹스, 내마모성 구조용 세라믹스 등의 구조요소를 성형하기 위하여 사용된다. 치밀한 고강도 소결체의 경우는 경-기계가공(hard machining)에 의해 정밀한 크기, 모양 및 표면상태로 기계가공된다. 그러나 치밀한 소결체의 기계가공은 생-기계가공보다 10배 이상의 비용이 들기 때문에, 가능하면 성형체 상태에서 가공하는 것이 바람직하다.

기계가공시에는 사전에 절삭공구 및 연마재의 사양, 피가공 제품의 사양 및 작업 매개변수 등에 대한 조사가 필요하다. 절삭공구 및 연마재의 사양에는 절삭공구의 예리함과 각도, 연마재의 형태, 그리트 크기와 농도, 결합형태 및 기하 등이 속한다. 피가공 제품의 사양으로는 재료의 기하와 연도, 결정립 크기와 기공률, 재료의 열적 및 기계적 성질 등을 들 수 있다. 작업 매개변수로는 치수 정밀성과 표면 마무리 등이 속한다.

9.1 연삭

일반적으로 세라믹스는 취성이기 때문에 고정도, 고효율로 가공하기가 어렵다. 세라믹스의 연삭가공은 보통 다이아몬드 지석을 사용하고 있다. 그러나 가공조건에 따라서는 마무리면에 다수의 균열이 발생해서 제품의 품질을 저하시키는 경우가 있다. 세라믹스의 우수한 특성을 활용하기 위해서는 정밀하고 효율적인 가공이 필수적이며, 이를 위해서는 세라믹스의 연삭기구를 파악하고 적절한 조건에서 가공하는 것이 중요하다.

9.1.1 연삭기구

연삭가공에 있어서 피삭재의 제거기구는, 금속의 경우는 주로 피삭재의 전단미끄럼에 의한 연성파괴에 의하지만, 세라믹스의 결합상태는 공유결합이 주인 것, 이온결합이 주인 것 또는 이것들이 혼재한 것들이 있어서, 그 정도 및 종류에 의해 기계적 강도나 열적특성이 다르다. 따라서 세라믹스는 취성재료라고는 하지만, 가공하려는 세라믹스의 특성과 연삭가공 조건에 의해 제거기구가 다르게 된다.

(1) 세라믹스의 연삭기구

기계가공시에는 공구의 절삭작용 또는 그것과 유사한 작용에 의해 부스러기(chip)가 생성된다. 세라믹스의 경우에는 불안정한 균열전파에 의한 취성파괴로 부스러기를 생성하는 경우(그림 9-1(a))와, 소성변형 또는 소성유동에 의해 부스러기를 생성하는 경우(그림 9-1(b))로 나누어진다. 어떠한 부스러기를 생성하는지는 피가공물의 재료물성(파괴인성 등)과 가공조건으로부터 결정되는 연삭공구 끝부근의 역학적 환경에 의존한다.

조연삭(거친 연삭)시 연삭방향으로 분체상의 부스러기가 비산하며, 또한 지립 통과 후의 가공면에서의 부스러기 비산도 관찰되고 있다. 이것은 연삭할 때, 지립과의 접촉에 의한 응력이 균열을 발생시키고, 지립 통과 후에 급격한 응력 해방에 의해 균열부분이 이탈하는 현상으로 볼 수 있다. 즉, 지립에 의한 미세 균열의 생성이 세라믹스의 제거작용에 중요한 역할을 하고 있다.

한편, 정밀연삭에서는 미세 지립을 사용하기 때문에 지립이 피가공체로 파고 들어가기가 쉽지 않고 또한 지립 1개당 분담하중이 작다. 이 상태에서 연삭하면 연삭열 및 작은 하중으로 인해 지립접촉 영역의 세라믹스는 항복되어 소성유동이 발생한다. 그 결과 연삭 부스러기는 금속의 경우에서 볼 수 있는 유동형의 절단 부스러기로 된다.

이와 같이 세라믹스의 연삭에서 조연삭과 정밀연삭은 각각 그 연삭기구가 다르다. 조연삭에서는 지립에 의한 미세 파괴가 주이며, 정밀연삭에서는 소성유동형 부분의 제거가 주가 된다. 또한 그 정도는 가공조건이나 피연삭 세라믹스의 특성에 의해 변한다.

(2) 가공 변질층

일반적으로, 피삭재료의 표면부는 가공에 의한 기계적 및 열적 영향을 받아서 모재와 다른 조직이나 성질을 나타내는 층이 생성되는데, 이것을 가공 변질층이라고 한다. 세라믹스의 용도는 기계구조용 재료와 기능성 재료로 대별할 수 있는데, 기계가공이 주 대상이 되는 구조용 세라믹스에서는 가공에 의한 강도열화의 요인이 되는 가공손상의 평가가 매우 중요하다.

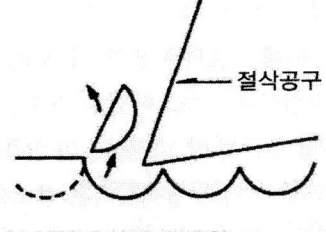

(a) 불안정 균열 전파형
부스러기 생성(취성파괴)

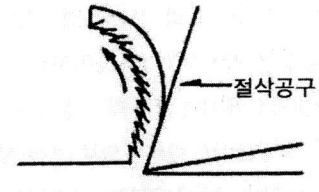

(b) 연속 유동형 부스러기
생성(소성변형)

그림 9-1 세라믹스의 절삭 부스러기 생성

가공 마무리면의 형상은 당연히 피가공물의 물성, 가공양식, 가공조건 및 공구조건에 크게 의존한다. 연삭 또는 절삭에 의한 세라믹스의 가공 마무리면의 거칠기는 대략 0.01~십수 μm 정도이다. 또한 마무리면에는 칩이나 균열 등의 취성적인 가공손상이 관찰되는 경우가 많다. 이것은 일반적으로 세라믹스의 인성이 낮기 때문에, 통상의 가공조건에서는 재료제거기구가 취성파괴에 의해 일어나기 때문으로 생각할 수 있다.

최근에는 부분안정화 지르코니아와 같은 파괴인성이 상당히 높은 재료가 가공대상이 되어, 소성변형에 의한 재료제거도 확인되고 있다. 예를 들어, 부분안정화 지르코니아를 다이아몬드 커터로 미세절삭하면, 금속절삭과 유사한 연속형 부스러기가 발생하여 고운 마무리면을 용이하게 얻을 수 있다. 유리화 다이아몬드 지석으로 연삭한 경우도 역시 양호한 소성변형이 일어나는 것이 확인되고 있다. 이러한 소성변형형 재료제거는 Al_2O_3-TiC를 낮은 연삭하중으로 정압연삭할 때도 관찰되고 있다.

세라믹스와 같은 취성재료라도 가공조건을 적절하게 제어하면, 예를 들어 절삭속도를 높게 해서 공작물 온도를 상승시켜 항복응력의 저하와 파괴인성의 향상을 꾀하며, 또한 미소 부스러기에 의한 응력장을 국소화시켜, 균열전파를 제어해서, 소성변형형 재료제거에 의한 마무리면 형상개선이 기대되고 있다. 그러나 아직까지 특정의 세라믹스에 국한되어 있고, 통상은 균열전파에 관여하는 취성파괴형의 재료제거가 행하여지고 있기 때문에, 마무리면에 균열이 가공손상으로 잔류하는 경우가 많다.

여기서 잔류균열의 생성기구에 대해 살펴보기로 한다. Sugita 등은 알루미나의 마이크로 절삭현상을 주사형 전자현미경에 의한 직접관찰과 파괴역학에 의한 이론적 해석으로 그림 9-2와 같은 잔류균열의 생성기구를 모식화하였다.

최대 주응력의 최대값이 발생하는 날 끝(피가공물과 접촉하는 절삭입자) 부근에서 주 균열이 생성하고(그림 9-2(a)), 절삭진행과 함께 최소 주응력방향을 따라서 앞쪽 아랫방향으로 성장하지만, 부스러기의 수배 정도가 되면 정지한다(b). 그 후, 주 균열의 끝 부근보다도 날 끝 부근의 응력집중 정도가 강하게 되기 때문에, 날 끝 부근에서 제2균열이 생성되고, 최대 전단응력 방향인 앞쪽 윗방향으로 성장한다(c). 이 제2균열이 전파해서 재료가 제거되는데, 한편 마무리면에는 주 균열이 잔류하게 된다(d). 이와 같은 기구를 반복하면서 마무리면에 잔류한 균열은 세라믹 부재의 품질을 현저하게 저하시킨다.

세라믹스의 기계가공 후의 잔류응력 평가는 알루미나, 질화규소, 지르코니아 등에 대해 행해지고 있는데, Lange 등은 알루미나의 다이아몬드 연삭(#320)에서 표면층에 약 145MPa의 압축 잔류응력이 생성되고, 1500℃에서 1시간의 소둔처리에 의해 소실한다고 보고하였다. 또한, Evans 등에 의하면, 질화규소는 연삭(#240 다이아몬드 지석)에 의해 표면 부근에 약 100MPa의 압축 잔류응력이 존재하는 것이 확인되었고, 다이아몬드 연마로 표면을 제거함에 따라 압축응력은 감소하지만, 20 μm 정도 깊이까지 높은 압축응력장이 존재한다고 보고하였다(그림 9-3 참조). Pascoe 등은 Ca-안정화 지르코니아의 연삭가공에서, 응력유기변태와 같은 정방정→단사정의 상변태가 발생하고, 정방정의 비율은 표면으로부터 깊어짐에 따라 급격하게 감소하며, 정방정→단사정의 변태에 따른 부피팽창에

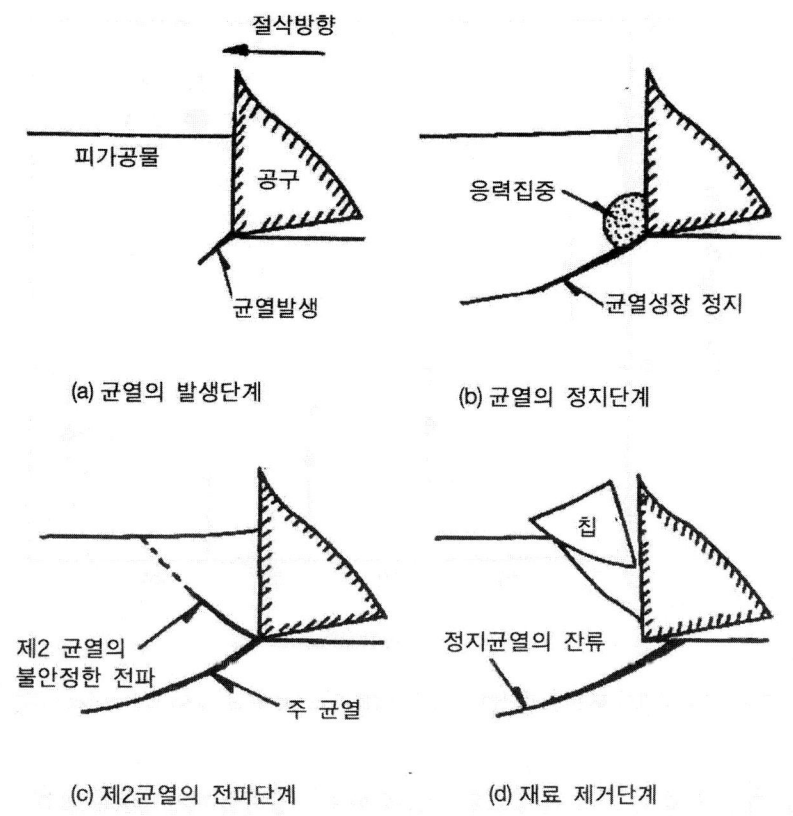

그림 9-2 마이크로 절삭에 있어서 마무리면의 잔류균열 생성기구(T.Sugita ed., "Ceramics Maching Processes", Yokendo, Tokyo, 105, 1985.)

의해 압축 잔류응력이 발생한다고 설명하였다.

다른 조건이 동일하다면, 마무리면의 거칠기가 증대함에 따라 파괴강도는 저하하는 경향이 있다. 이 강도저하는 주로 잔류한 표면균열에 기인한다. 선형파괴역학에 의하면 파괴인성이 일정하면, 강도는 균열치수의 증가와 함께 감소한다. 따라서 그림 9-2와 같은 기구에서 부스러기의 수배 정도의 균열이 잔류하면, 그것이 파괴원으로 되어 강도저하가 현저하게 나타나게 된다.

또한 압축 잔류응력의 발생은 파괴인성 측정에도 큰 영향을 미치며, 압자법에 의한 파괴인성은 20~30%나 과대 평가되는 경우도 있다. 소둔에 의해 균열형상이 변하며, 굽힘강도가 회복된다는 보고도 있다.

9.1.2 연삭 공구

세라믹스의 연삭에 있어서 현재 사용되고 있는 지석, 연삭조건, 마무리면의 형상, 연삭비 등에 관

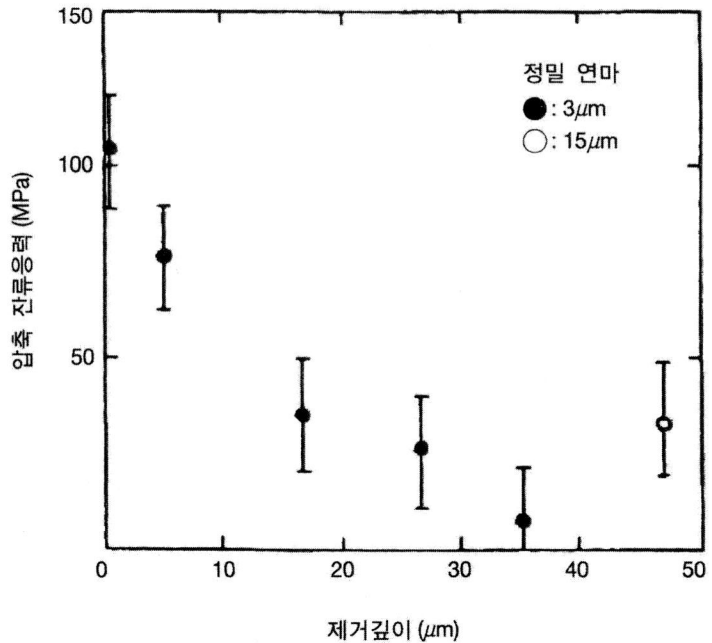

그림 9-3 연삭면 잔류응력의 표면층 제거법에 의한 변화(A.G.Evans et al., J.Am.Ceram.Soc., 69/1, 44, 1986.)

한 정보는 대단히 많다. 그러나, 발표된 정보에 따라 가공하면 예상대로의 결과가 얻어질 수도 있지만, 반드시 그렇지도 못하며 오히려 다른 결과가 얻어지는 경우가 많다. 이것은 세라믹스의 연삭가공에 있어서는, 연삭조건의 매우 작은 차이, 특히 사용하는 공작기계의 차이에 의해 결과가 크게 변한다고 말할 수 있다. 따라서 세라믹스 기계가공에 있어서 기본적인 가공기구 그리고 각종 조건이 가공현상에 어떻게 연관되고 있는가를 이해한다면, 발표된 정보도 유효하게 활용할 수 있다. 여기서는 세라믹스 가공용 다이아몬드 지석의 요소와 가공현상과의 관계에 대해 설명하고자 한다.

다이아몬드 연삭지석은 IDAS(Industrial Diamond Association Standards)를 기준으로, 지립, 입도, 결합도, 집중도, 결합제, 다이아몬드 지립층의 두께로 구별된다. 여기서 가공현상과 밀접한 관계를 갖는 요소는 지립, 입도 및 결합제이다. 또한 지석과는 직접적인 관계는 없지만, 세라믹스의 연삭가공시 대단히 중요한 역할을 담당하는 요소로서 가공조건 및 공작기계를 들 수 있다.

(1) 지립

다이아몬드 지립에는 천연(D)과 합성(SD)의 2가지가 있는데, 천연 다이아몬드 분말은 보통 단석으로 사용할 수 없는 다이아몬드를 분쇄한 것이기 때문에, 내파괴성 및 형상을 제어하기가 어렵다. 한편, 합성 다이아몬드는 형상 및 특성을 제어하기가 용이하기 때문에, 최근에는 거의가 합성 다이아몬드 분말을 사용하고 있다.

지립의 선택에서 가장 중요한 성질은 내파괴성이다. 8면체 또는 12면체의 단결정 지립은 내파괴성이 대단히 높기 때문에, 강고한 보지력을 지닌 지석으로 세라믹스 가공에 적합하다. 반면에, 불규칙적이고 불완전한 지립은 내파괴성이 낮아서, 미소한 파쇄가 발생하기 쉽고, 연속적으로 날카로운 절삭면을 생성하기 때문에, 보지력이 약한 지석으로 정밀가공 또는 전단파괴에 근거를 둔 경면가공에 이용되고 있다. 그밖에 이들의 중간적인 성질을 가진 많은 종류의 지립이 있으며, 피가공물의 재료특성 및 가공목적에 적합하게 선택하여야 한다.

지립 절삭면의 자생력이란 관점으로부터, 다이아몬드의 미세분말을 소결한 모자이크 구조를 갖는 지립 및 〈100〉 방향으로 선택적으로 결정성장시킨 침상형 지립 등도 개발되었다. 또한 Ni이나 Cu 등의 금속을 피복시킨 지립도 있다.

(2) 입도

일반적으로 연삭가공 마무리면의 거칠기는 지석표면에 위치한 지립의 절삭부분의 높이가 불균일할수록 거칠어진다. 따라서 지립 크기가 작을수록 절삭부분 높이의 분포폭이 작아져서 마무리면의 거칠기가 향상된다. 그러나 한편으로는 지립의 크기가 작을수록 연삭 중에 작용하는 절삭입자의 수기 증기해서 연삭저항이 크게 되거나, 지립의 마모 및 탈리가 발생하기 쉽다.

(3) 집중도

집중도란 다이아몬드층 $1cm^3$ 중에 내재하는 다이아몬드 지립의 양을 나타내는 것으로, $4.4ct/cm^3$의 것을 집중도 100이라 한다. 따라서 집중도 50의 다이아몬드층 $1cm^3$ 중에는 $2.2ct$의 다이아몬드가 내재되어 있다. 집중도 100의 것에는 약 25vol%의 다이아몬드 지립이 내재되어 있으며, 일반적으로는 75～100 정도의 집중도가 이용되고 있다.

집중도는 지석의 수명에 직접 관계하며, 170 정도까지는 수명은 집중도에 대체적으로 비례하고, 그 이상이 되면 저하하는 것으로 알려져 있다. 이것은 집중도가 높으면 절삭입자 1개당의 역학적 및 열적 부하가 작아지기 때문으로 볼 수 있다. 또한 집중도가 170 이상이 되면 결합제의 양이 적어지므로 지립의 보지능력이 저하해서 그 수명이 짧아진다. 따라서 세라믹스의 연삭에 있어서는 피가공물의 재료특성 및 가공조건을 고려해서 적절한 집중도를 선택하여야 한다.

예를 들어, 절삭입자에 부하가 크게 작용하는 V형 지석의 끝부분 또는 내충격성이 큰 재료의 경우에는 150 정도까지 집중도가 높은 것을, 반면에 피가공물과의 접촉면적이 큰 컵형 지석이나 파쇄성이 좋은 재료의 가공에는 30～50 정도까지 집중도를 낮춘다.

(4) 결합제

결합제는 다이아몬드 지립을 보지해서 베이스(보통은 금속)에 고정시키는 역할을 한다. 다이아몬드 층 중의 약 75%의 부피를 점유하는 결합제는 지석의 기본적인 성능에 직접적으로 관계하는 중요한

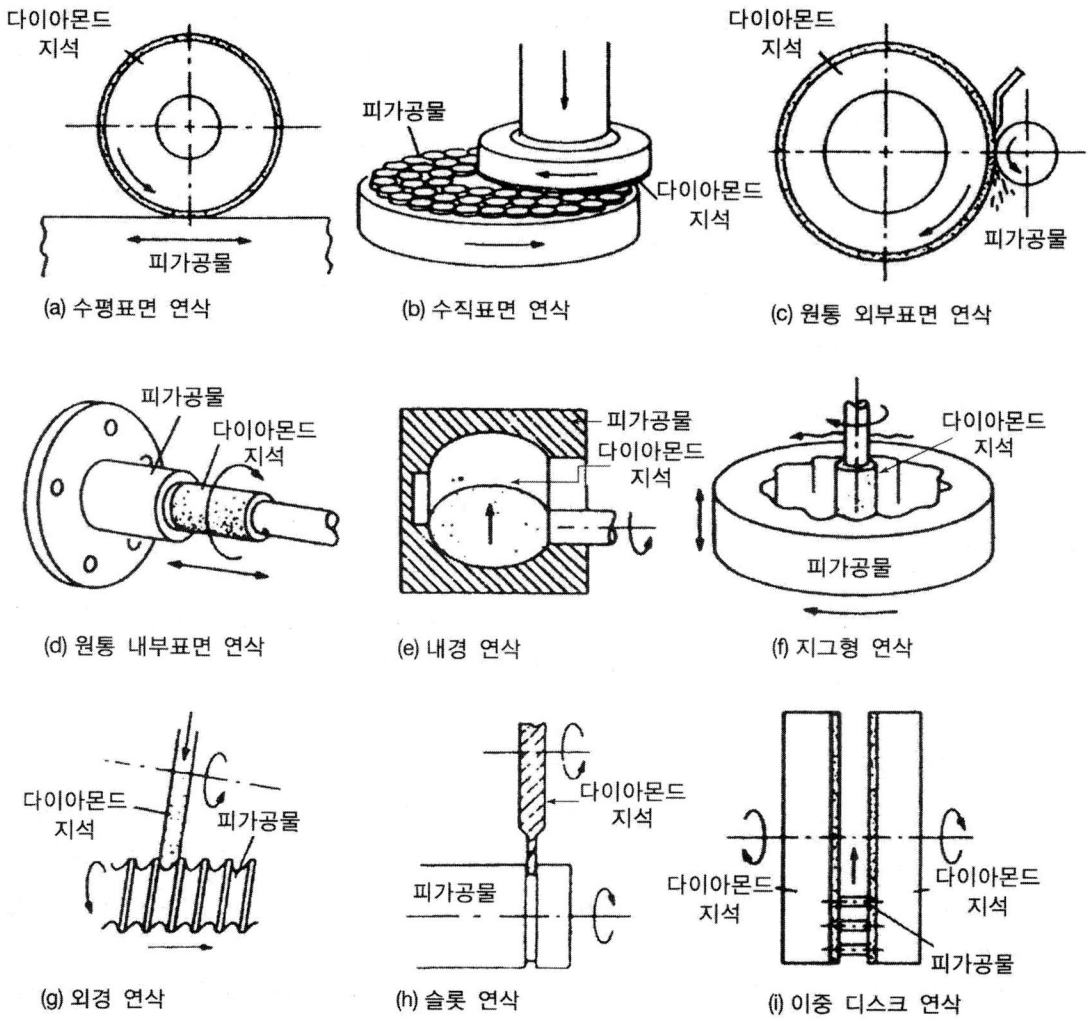

(a) 수평표면 연삭   (b) 수직표면 연삭   (c) 원통 외부표면 연삭

(d) 원통 내부표면 연삭   (e) 내경 연삭   (f) 지그형 연삭

(g) 외경 연삭   (h) 슬롯 연삭   (i) 이중 디스크 연삭

그림 9-4 다이아몬드 연삭바퀴를 사용한 연삭방식

요소이다. 그 기능에는, 역학적, 열적 부하가 작용하는 가공상태에서의 지립보지력, 강성, 내열성 및 내마모성 등을 들 수 있다.

현재 사용되는 결합제는 금속, 수지, 유리화 결합, 전기도금 등으로 대별되며, 유리화 결합은 주로 루비, 사파이어, 수정 등 보석 또는 반보석의 가공에 한정되며, 세라믹스 가공에는 거의 사용되지 않는다.

(5) 연삭공구(방식)

일반적으로 많이 사용되는 다이아몬드 연삭바퀴에 의한 연삭방식을 그림 9-4에 나타내었다.

9.1.3   구조용 세라믹스의 연삭가공

구조용 세라믹스는 일반적으로 다이아몬드 지석으로 습식연삭한다. 연삭 목적에 따라 고능률 연삭과 고정밀도 연삭(경면연삭)으로 대별된다.

세라믹스를 높은 재료 제거율로 연삭하는 경우, 부분안정화 지르코니아와 같은 고인성 재료를 제외하고는 재료의 미소파괴에 의해 제거된다. 따라서 비연삭 저항이 소성유동형 부스러기를 생성시키는 경우보다도 작은 반면, 마무리면에 균열이 잔존하여 재료의 강도가 저하하는 원인이 된다. 이러한 가공 변질층을 적게 하면서 고능률 연삭을 행하기 위해서는, 금속연삭의 경우보다도 미립이면서 집중도가 높은 지석을 사용해서, 가능한 작은 재료파괴를 다수 발생시키는 것이 바람직하다.

세라믹스의 피연삭성은 재료의 파괴인성과 탄성에너지 계수의 증가와 함께 저하하는 경향이 있다. 연삭특성에 미치는 재료 제거율의 영향은, 금속연삭의 경우와 정성적으로는 거의 비슷한 경향을 나타낸다.

지석의 마모량은 세라믹스의 종류와 소결법 등에 의해 다르지만, 일반적으로 고온가압 소결한 질화규소는 연삭비가 작고, 이어서 탄화규소, 알루미나, 부분안정화 지르코니아의 순으로 된다. 고제거율 연삭에서 유리화 지석은 연삭비가 낮아서 적당하지 못하다. 또한 입도가 미세할수록 연삭비는 낮아진다.

세라믹스는 경도가 높기 때문에 법선 연삭저항이 크게 된다. 특히 절삭부분이 마모하면 법선 연삭저항이 현저하게 증가해서 접선저항의 5배를 넘는 경우도 있다. 따라서 절삭입자가 피가공물로 유입되기 위해서는 큰 힘을 필요로 하며, 정압연삭에서는 고압력을 가하여야만 연삭이 시작된다. 특히 질화규소는 연삭개시힘이 크고, 제거속도가 낮다.

마무리면의 거칠기는 지석의 입도를 작게 하고 집중도를 증대시키면 어느 정도까지는 감소된다. 마무리 연삭에서는 제거율을 작게 해서 재료파괴가 작은 단위로 일어나게 하던가, 소성유동형 부스러기가 생성하는 조건을 선택함이 바람직하다. 또한 연삭액 중의 지립 및 부스러기의 제거도 중요하다. 연삭액이 연삭특성을 크게 변화시키는 경우가 있기 때문에, 피가공물 및 연삭조건에 대응해서 선택하는 것이 좋다. 일반적으로는 수용성 또는 저점도의 비수용성 유제가 사용된다.

9.1.4   경면연삭

경면연삭법은 래핑(lapping) 및 폴리싱(polishing) 등의 분말형 지석을 사용하는 경면마무리법과 비교시 형상정밀도를 얻기 쉬우며, 가공능률이 높으며, 범용성이고 쉽게 자동화로 할 수 있다는 장점을 가지고 있다.

연마지석으로 세라믹스를 경면으로 마무리하기 위한 방법으로 여러 가지 방법이 제안되고 있는데, 그 중 미립의 다이아몬드 지석을 이용하는 방법이 가장 많이 이용되고 있다. Ichida 등에 의하면, 고온구조용 세라믹스로 주목받는 사이알론의 경우, 12/25 μm 지석을 이용해서 연삭할 때 0.4 μm Rmax의 정도의 마무리면을 얻을 수 있었다. 표면에는 파쇄면과 균열이 다수 관찰되었다. 그러나 6/12 μm 이하의 미립 지석으로 연삭하면, 미세한 유동형의 부스러기가 발생하였으며, 또한 마무리면에도 취성적인 파면이 거의 없었고, 매우 평활한 경면을 얻을 수 있었다.

이와 같이, 지석의 입도를 작게 하고, 지석의 끝부분의 형태를 날카롭게 함에 따라, 부스러기 및 마무리면의 생성기구는 취성파괴형에서 소성변형형으로 변하게 된다. 이러한 성질은 세라믹스의 재료특성에도 영향받지만, 그 경향은 탄화규소, 질화규소, 지르코니아 등에서도 확인되고 있다.

세라믹스의 경면연삭에 있어서 고품위화, 고정밀도화 및 고능률화를 이루기 위해서 요구되는 조건을 연삭지석면에서 살펴보면, ① 내마모성이 우수한 지립(특히, 마멸마모가 발생하기 어려운 지립), 즉 단단하고 내열성 및 화학적 안정성이 우수한 지립을 사용, ② 미세한 지립을 강고하게 보지할 수 있는 결합제 사용, ③ 입도편차가 적은 지립, 즉 분급정도가 높은 지립을 사용하여야 한다.

연마지는 제품형상에 따라 시트, 디스크, 벨트, 롤 등 여러 가지가 있으며, 그 단면구조와 코팅방

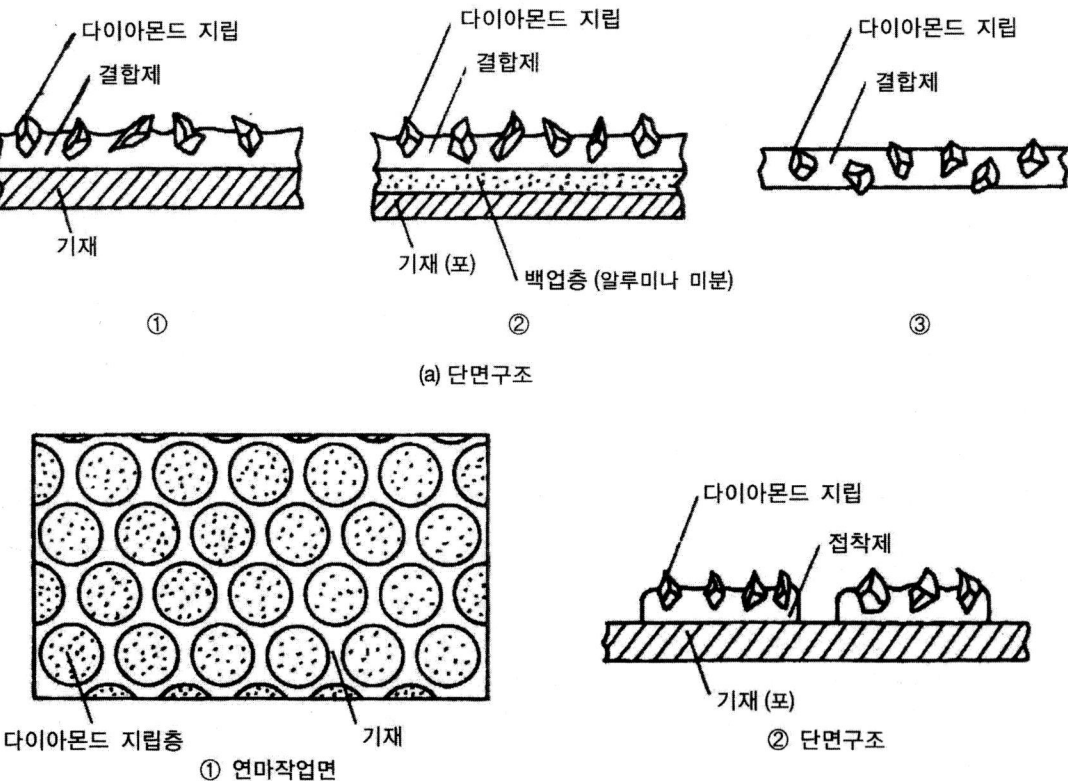

(a) 단면구조

(b) 코팅 패턴의 예

그림 9-5 다이아몬드 연마지의 각종 구조

식을 그림 9-5에 나타내었다. 가장 일반적인 구조가 (a)의 ①이지만, 포상의 기재로는 세라믹스 표면으로 지립을 강제적으로 유입시키기가 충분하지 못하기 때문에, ②와 같이 알루미나 미분에 의한 백업층을 만들어서 약점을 보완하고 있다. ③은 지립을 결합제와 혼련시켜 롤 성형한 것으로 연마시트로 사용되며 미세 지립 제품이 많다.

한편, 지립의 도포는 균일하게 전면에 코팅한 것과, 지립의 강제적 유입을 향상시키고 유연성을 증대시키기 위해서 그림 9-5(b)와 같이 부분적으로 코팅한 것이 있다. 세라믹스의 연삭에는 고마력, 고강성의 벨트형 연삭판이 필요한데, (b)의 연마벨트는 작용 지립수가 적어서 연삭저항이 감소하기 때문에 종래의 벨트연삭판으로도 사용이 가능하다.

연삭방식은 그림 9-6에 나타낸 바와 같이, 2가지로 대별된다. (a)의 교차 인자판 방식에서는 벨트의 전폭을 사용해서 피가공물의 진행방향과 직각으로 연삭하기 때문에, 벨트의 수명이 길고 피가공물의 평활도도 우수하여, 안정한 가공 정밀도를 얻을 수 있다. (b)의 평면왕복 접촉박판 방식에서는 연마벨트와 피가공물의 주행방향이 동일하며, 세라믹스의 특성에 대응하는 고무접촉박판의 재질, 고무의 경도 및 형상을 조절할 수 있다는 이점이 있다. 이러한 연마지 가공법들은 마이크로엣지의 국부 가공에 이용되고 있다.

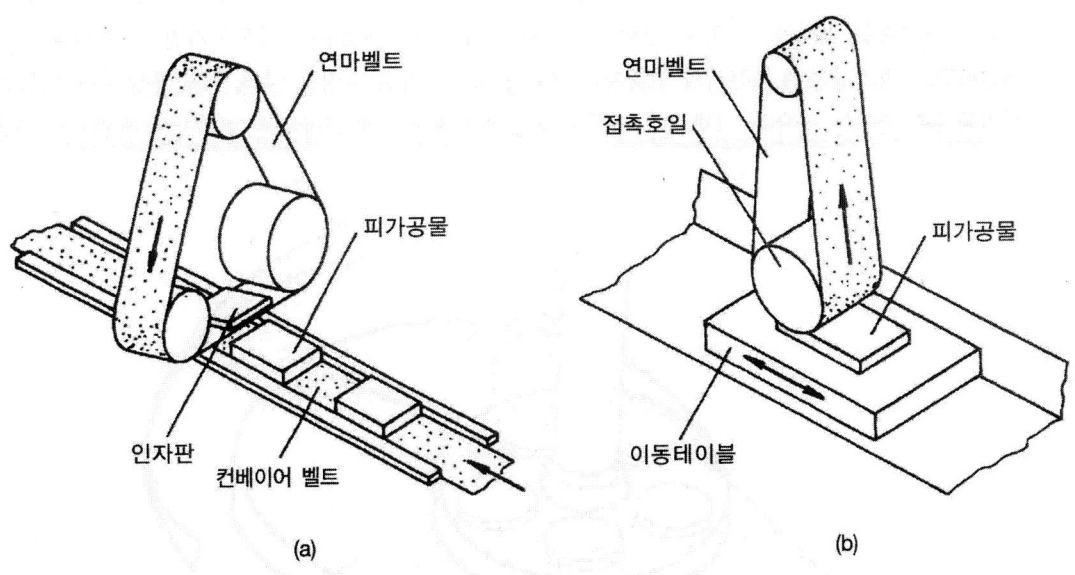

그림 9-6 세라믹스용 벨트연삭판의 연삭방식: (a) 교차 인자판 방식, (b) 평면왕복 접촉박판 방식.

9.2 연마

9.2.1 래핑

래핑(lapping)이란 래핑판과 피가공물 사이에 래핑액에 지립을 분산시킨 연마재를 넣고, 양자간에 압력을 가하면서 회전시켜, 지립의 긁는 작용과 전동작용에 의해 고정밀도의 연마면을 얻는 가공법이다. 래핑은 경면가공(polishing)에 앞서서 행하는 공정으로 형상치수와 표면상태를 고르게 하는 역할을 하며, 습식법과 건식법이 있다.

간단한 면마무리는 수작업에 의한 간이래핑기가 사용되지만, 일반적으로는 래핑장치를 사용해서 평면 또는 구면 등의 연마에 이용된다. 대표적인 래핑장치로는, 피가공물의 한쪽 면만 래핑하는 오스카형 래핑기가 있다(그림 9-7). 피가공물을 시료지지판에 고정시키고, 래핑판과 시료지지판 사이에 슬러리(래핑액과 지립을 혼합한 액)를 공급하면서 래핑판을 회전시켜 연마한다. 시료지지판은 마찰에 의해 래핑판과 같은 회전방향으로 자전한다. 시료지지판을 움직여서 면의 평활화를 꾀한다. 고정밀도의 경면을 얻기 위해서는 수련이 필요하다.

또한 대형 래핑판 위에 몇 개의 링(수정용 링)을 설치하고, 거기에 피가공물을 삽입하고 하중을 가하면서 연마하는 래핑마스터형도 사용되고 있다(그림 9-8). 래핑판을 회전시키면 링이 마찰에 의해 자전하면서 피가공물을 회전시켜 연마된다. 이 장치의 특징은 수정용 링에 의해 항상 자동적으로 평행면을 유지한다는 것이다. 그밖에 피가공물의 양쪽면을 동시에 연마하는 호프만형 래핑기도 이용되

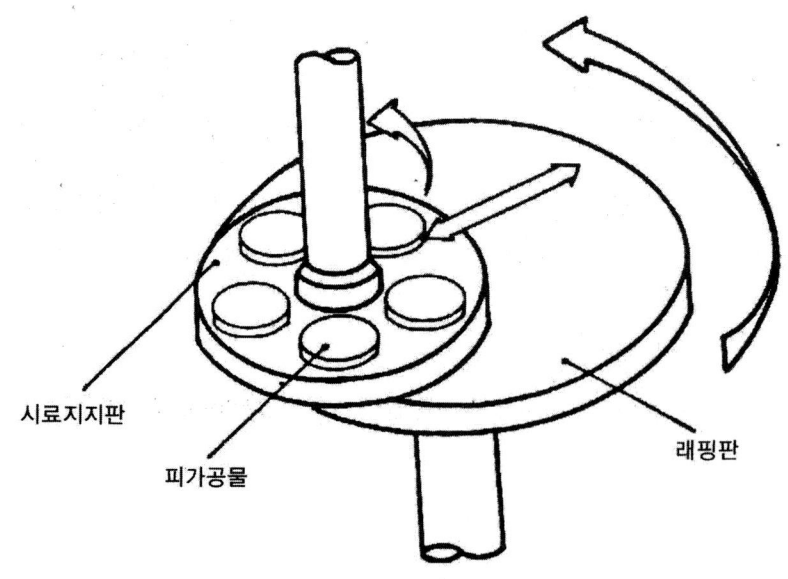

시료지지판

피가공물

래핑판

그림 9-7 오스카형 래핑기

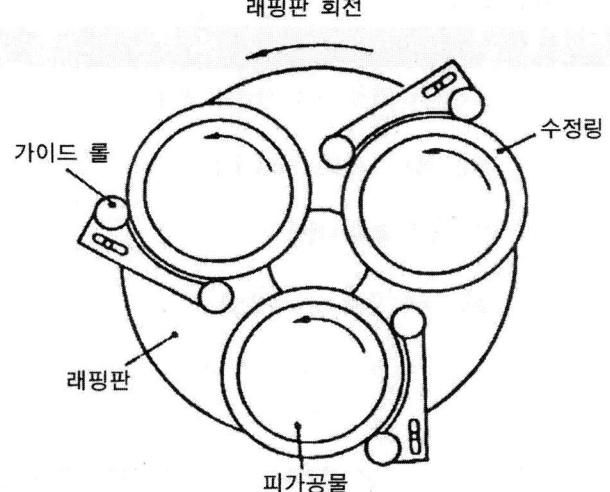

그림 9-8 래핑마스터형 래핑기

고 있다.

9.2.2 폴리싱

폴리싱(polishing)은 면의 평활화를 위한 마무리 기술로, 탄성 또는 점탄성적 성질을 가진 폴리셔
와 미분 지립을 이용해서 표면을 연마한다. 연삭이나 래핑 등으로 가공된 재료를 최종적으로 경면으
로 마무리하는 가공기술이다.

폴리싱은 개념적으로는, 연마조에 슬러리(미분의 지립을 혁탁시킨 액)를 넣고 회전시켜, 회전원판에
접착시킨 폴리셔와의 상대운동에 의해 평활한 면을 얻는다. 보통의 장치로 서브마이크론 정도의 평
활한 면을 비교적 쉽게 얻을 수 있다. 그러나 고정밀도의 면을 얻기 위해서는 강성이면서 고정밀도의
연마기를 사용하여야만 한다. 또한 폴리셔, 지립 및 가공액 등도 고려하여야만 한다.

폴리싱에 사용되는 지립 및 폴리셔를 표 9-1에 나타내었다. 지립은 수십 μm의 미분에서부터 수
십 Å의 초미분까지 있으며, 분급 정도가 우수한 것이 사용된다. 폴리셔는 마무리 정도나 양산성 등
을 고려해서 경험적으로 최적인 것을 선택한다.

초정밀 연마법으로는 EEM(Elastic Emission Maching), 플로트(Float) 폴리싱, 메카노케미컬
(Mechanochemical) 폴리싱, FFF(Field-assisted Fine Finishing) 등이 이용되고 있다. EEM은
전자나 이온과 비교시 충분히 큰 미분 지립(0.1 μm 이하)을 가공공구로 해서, 수평에 가까운 각도로
탄성충돌시켜서 표층부의 원자를 탄성파괴시키는, 가공 변질층이 없는 경면을 얻는 가공법이다.

플로트 폴리싱은 초정밀 고정밀도의 평면을 어기 위해 개발된 가공법으로, 그림 9-9에 가공원리
를 나타내었다. 정밀도가 우수한 평면을 얻기 위해서는, 먼저 고정밀도의 래핑 평면을 만들어야 한

표 9-1 폴리싱에 사용되는 지립 및 폴리셔

지립	폴리셔
Al_2O_3 SiC SiO_2 ZrO_2 CeO_2 Cr_2O_3 Fe_2O_3 다이아몬드	천연수지: 피치, 타르, 파라핀, 송진 등 섬유: 펠트, 나일론, 아세테이트 등 인공피혁: 폴리우레탄 등 경질 금속: 주석, 납, 땜납 등

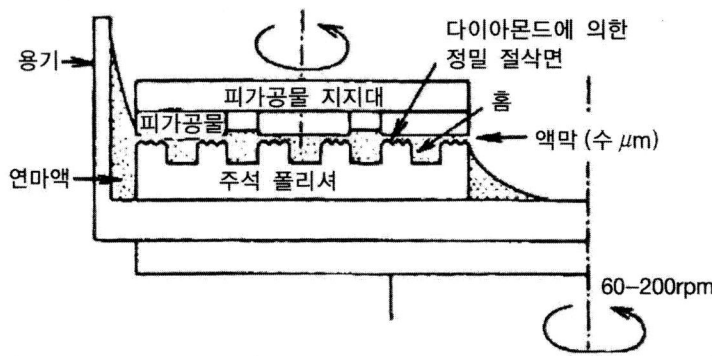

그림 9-9 플로트 폴리싱의 원리

다. 초정밀 평면 연마판을 사용해서 주석폴리셔를 다이아몬드바이트로 절삭한 후, 피가공물을 상부의 회전축에 설치하고, 폴리셔와 피가공물을 연마액 중에서 고속으로 회전시킨다. 이때 양자간에는 동압이 발생해서 유체윤활 상태가 발생한다. 피가공물은 주석폴리셔와 비접촉 상태, 즉 떠있는 상태에서 가공이 진행된다.

폴리싱은 일반적으로 피가공물보다 딱딱한 지립을 사용한다. 메카노케미컬 폴리싱은 피가공물보다 경도가 낮지만 화학적 반응성이 우수한 연질의 입자(바인더)를 지립으로 사용하는 것이 특징이다. 그림 9-10에 개념도를 나타내었다. 그림에 나타낸 피가공물과 지립의 접촉부분에서는 접촉시에 순간적으로 고온고압이 된다. 그 결과 계면에 고상반응이 발생해서 반응생성물이 형성되고, 그것을 고강성 폴리셔로 제거해서 연마가 이루어진다. 연삭의 흔적이 남지 않고, 가공변형 등이 극히 작은 경면을 얻을 수 있다. 사파이어, 수정 및 질화규소 등의 경면연마에 이용되고 있다.

자성재료나 자성지립 등의 자기기능성 재료를 이용한 표면연마법(FFF법)이 개발되어 폴리싱 압력을 전자기적으로 제어가 가능하게 되었다. 평면뿐만 아니라 자유곡면의 연마도 가능하다. 여기에는 지립을 직접 현탁시키는 방법, 폴리싱 압력 제어법, 작용 지립수 제어법, 자성지립에 의한 자기연마

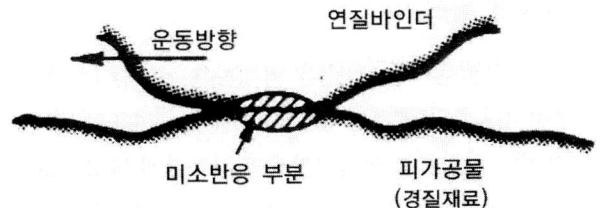

그림 9-10 메카노케미컬 폴리싱의 개념도

법 등이 개발되어 사용되고 있다.

폴리싱은 피가공물의 최종 마무리 공정이며, 품질은 본 공정으로 결정된다. 고정밀도의 표면을 얻기 위해서는 장치뿐만 아니라 지립, 폴리셔, 연마액 등도 충분히 고려해야만 한다.

9.3 기타 가공

9.3.1 절삭가공

절삭가공은 기계적 제거 가공법 중의 한 가지이지만, 에너지 효율과 생산성 그리고 경제성이 우수하기 때문에, 절단, 구멍가공, 평면가공 등 일반적인 가공법으로 폭넓게 사용되고 있다. 그러나 세라믹스는 경질취성 재료이면서, 절삭 부스러기가 소성변형을 주체로 하는 금속재료와는 다르게 절삭공구에 의해 국소적으로 부하가 걸린 부분의 취성파괴가 주체가 되는 제거기구이기 때문에, 공구재질의 엄선은 물론이고, 피가공물의 가공영역에 발생하는 파괴규모나 균열의 성장을 가능한 작게 한정시킬 수 있는 적절한 가공조건의 선택이 중요하다.

(1) 가소결 세라믹스의 절삭

취성의 세라믹스를 가소결 상태에서 절삭가공함으로써, 복잡한 형상의 가공능률을 향상시킬 수 있으며, 최종 소결제품과의 밀도차이가 작은 상태에서 절삭가공해서 불균일한 변형을 감소시켜 불량품 방지나 가공량의 경감을 기대할 수 있다.

가소결체의 절삭공구는 초경합금, 서멧, 세라믹스 등의 사용공구가 사용되며, 최종 소결에서의 수축량 및 변형량이 가소결 온도에서보다 크게 다른 경우도 있으므로, 절삭가공량은 가소결 온도를 기준으로 설정하여야만 한다.

(2) 쾌삭성 세라믹스의 절삭

세라믹계 구조용 재료로 개발된 초기 재질은 벽개성을 이용한 마이카(운모)계 세라믹스로 말할 수 있다. 즉, 조직 중에 무질서하게 존재하는 편상의 미세한 합성운모 결정에 의해 균열의 진전을 억제시켜 재료의 파괴인성을 향상시킴으로써 절삭가공이 가능하게 되었다고 볼 수 있다.

절삭공구는 고인성의 초경합금 공구(K10)가 적절하며, 피가공물의 열전도율이 낮은 경우에는 절삭액을 사용해야 한다. 최근에는 도석계, 티탄산알루미늄, 질화알루미늄 등을 주성분으로 하고, 벽개성을 지닌 불소계 운모나 기타 층상구조 화합물 등을 첨가해서 쾌삭성이 우수한 세라믹스가 개발되고 있다. 예를 들면, 질화알루미늄의 매트릭스 중에 미세한 질화붕소 입자를 균일하게 분산시킨 쾌삭성 세라믹스의 경우, 열전도율이 알루미나의 약 5배에 달하며 초경합금 공구로 건식절삭이 가능하다.

(3) 고경도 세라믹스의 절삭

실제로 절삭공구재의 경도는 피가공물의 약 4~5배 이상 높아야 하며, 고경도 세라믹스의 절삭에는 다이아몬드계 공구가 가장 유망하다. 그러나 천연 다이아몬드 공구는 단결정이며 벽개성이 있어서 충격에 비교적 약하기 때문에, 고경도이면서 취성인 재료의 절삭에서는 돌발적인 결함이 발생하기 쉽다. 이에 반해, 소결 다이아몬드 공구는 커터날의 예리성과 단단한 정도는 천연 다이아몬드보다 못하지만, 소결에 의해 다이아몬드 입자끼리 강하게 결합한 다결정체이기 때문에, 방향성도 작고, 벽개성이나 인성면에서 천연 다이아몬드보다 절삭공구재로 더 적합하다.

절삭공구는 건식절삭의 경우, 절삭속도에 따라 손상형태가 크게 변하기 때문에, 수명 또한 예측하기 어렵다. 이에 반해, 습식절삭에서는 어떠한 절삭공구도 건식의 수십배 이상 수명이 연장된다. 이것은 절삭유의 윤활효과에 의해 절삭저항과 마찰계수가 감소해서 저속 절삭영역의 역학적 손상을 억제시키기 때문이며, 또한 냉각효과에 의해 고속 절삭영역의 온도상승을 방지하여 소결 다이아몬드 공구의 열화를 저지하기 때문이다.

9.3.2 정밀절단가공

현재 광범위하게 이용되고 있는 지립에 의한 절단가공은 고정지립에 의한 절단과 유리지립에 의한 절단으로 대별할 수 있다(표 9-2).

내주날 절단법은 내주날(ID blade)이라고 불리우는 얇은 도너츠상의 스테인레스판의 내주에 지립(주로 다이아몬드)을 고정시킨 공구에 의해 절단하는 방법이다. 내주날은 외주에 장력을 가하기 때문에 외주날에 비해 강성이 크고, 날의 두께를 작게 할 수 있다. 한편, 복수의 날을 조합해서 절단할 수가 없기 때문에 절단효율이 떨어진다. 따라서 반도체 등 큰 구경이면서 고가인 재료를 고정밀도로 슬라이스하는 경우에 적합하다. 큰 구경의 피가공물을 절단하는 경우에도 내주속도가 변하지 않기 때

표 9-2 지립에 의한 절단가공

고정지립에 의한 절단	지석	내주날 (ID 블레이드)
		외주날 (OD 블레이드)
	다이아몬드 와이어	
	다이아몬드 밴드	
유리지립에 의한 절단	분사 절단	
	초음파 절단	

문에, 대형 날을 사용할 때는 외주속도가 매우 커져서 절단기 설계상의 장해가 된다.

내주날 절단은 정밀도가 요구되는 경우에 사용되기 때문에, 절단시 날의 휘어짐을 방지하여야 한다. 날의 휨 현상은 압연방향에 따른 합금의 강성의 이방성, 상하면의 절단정도의 상이함, 공기흐름에 의한 동압 및 냉각액 흐름에 따른 부압 등에 의해 발생한다.

외주날 절단은 얇은 금속원판의 외주에 지립(다이아몬드 또는 CBN)을 고정시킨 공구(컷팅 호일)로 절단하는 가장 일반적인 절단법이다. 내주날의 경우와는 다르게 복수의 컷팅 호일을 조합해서 사용할 수 있기 때문에 절단능력이 높다. 절단부분을 작게 하기 위해서는 가능한 호일의 두께를 얇게 하여야 한다. 물론 얇게 할수록 강성은 저하하기 때문에, 호일에 작용하는 원심력을 크게 해서 겉보기 강성을 증대시키고 있다. 따라서 외주날 절단의 경우는 작은 지석으로 회전속도를 빠르게 함으로써 호일의 반경방향으로의 실제 강성을 높이고, 또한 지석이 작을수록 호일과 피가공물의 접촉길이가 작아지기 때문에 절삭에 유리하다.

외부날 절단에서는 호일의 탄성변형에 의해 측면의 지립은 래핑상태가 된다. 따라서, 특히 호일의 회전속도가 빠를 경우에는 피공작물의 이동속도가 너무 느리지 않도록 주의하여야 한다. 또한 양측면의 끝부분에서의 마찰이 비대칭적, 즉 편마모가 발생하면, 호일의 외주에 축방향 힘이 발생해서 호일이 변형하기 때문에 절단의 정밀도가 저하된다.

다날 절단법은 그림 9-11에 나타낸 것처럼 두께 0.08~0.2mm 정도의 SK재 날을 다수 배열시키고, 슬러리상의 지립을 공급하면서, 왕복운동시켜 피가공물을 절단하는 래핑법의 일종이다. 따라서 가공열의 발생도 적고 가공 변형층도 작다. 그러나 왕복운동을 시키기 때문에 날의 운동폭이 길어져서 절단의 정밀도는 약간 떨어진다. 또한 날 측면의 래핑작용에 의해 절단부분의 폭이 넓어지는 결점도 있다.

날의 대용으로 와이어를 사용하는 방법도 있다. 이 절단법은 다날 절단법에 비해 절단부분의 폭이 그다지 넓지 않고, 절단의 정밀도도 우수해서 자기헤드의 최종 절단 등에 이용되고 있다. 그러나 와이어의 단선 및 유지비용이 비싸다는 단점도 있다. 와이어로는 0.076mm 정도의 극미세 선도 있으며, 수정, 가네트, 티탄 화합물 등 난삭재의 절단이 가능하다.

다이아몬드 밴드형 절단법은 다이아몬드 칩을 고정시킨 연속벨트를 고속으로 회전시켜 절단하는

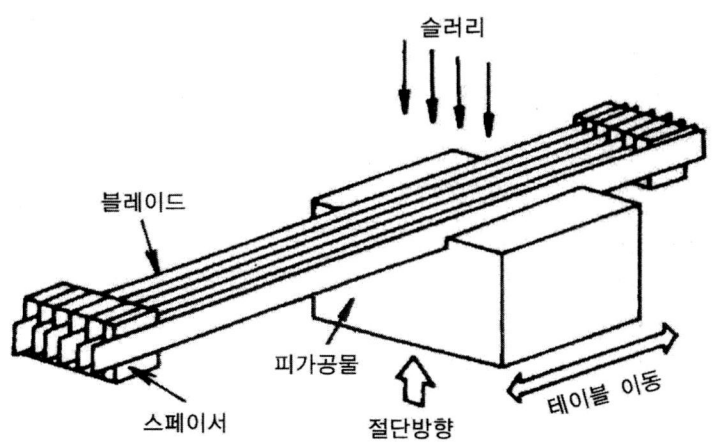

그림 9-11 다날 절단기

방법으로, 큰 구경의 피가공물을 절단하는 데 사용된다.

분사가공은 가압 유체가 노즐에서 분출되는 과정에서, 유체의 흐름에 고체입자를 혼입시켜 가속된 입자를 피가공물의 표면에 충돌시켜 가공면을 절삭하는 방법이다. 입자를 가속시키기 위해서 가압되는 유체로는 통상공기, 탄산가스, 질소 및 물이 사용되고 있다. 입자가 기체에 의해 가속되어 분사되는 경우를 건식블라스트, 물에 의해 가속 분사되는 경우를 습식블라스트라고 한다.

세라믹스에 사용되는 투사재로는 고경도이면서 인성이 있는 인공지립이 많다. 분사가공에서 가장 중요한 것은 가압유체가 노즐로부터 대기 중으로 분사되며 분사류를 형성하는 과정에서 고체입자를 어떠한 방법으로 분사류에 유입시켜 효율적으로 가속시킬 것인가이다. 이 가속 프로세스는 분사총 내에서 이루어진다. 유체를 분출하는 제트와 유체와 고체입자의 혼합체가 분사류로 분출되는 노즐의 형상과 구멍 크기 등이 분사가공의 효율을 결정하는 최대의 요소이다. 이러한 요건은 사용하는 유체의 종류, 압력, 투사재의 입도 및 비중에 의해서도 영향받는다. 노즐은 투사재와 항상 접촉하고 있기 때문에, 격한 마모에 견딜 수 있어야 한다. 최근에는 탄화붕소와 같이 내마모성이 우수한 재료로 제작한 노즐(초음속 노즐이라고 함)이 사용되고 있다.

9.3.3 구멍가공

고경도 취성재료의 절삭은 어렵기 때문에, 금속가공에서 사용하는 통상의 드릴공구로는 구멍가공이 곤란하다. 또한 세라믹스나 유리는 일반적으로 비전도성이기 때문에, 통상의 전해가공이나 방전가공을 이용할 수 없는 등 가공상의 제약이 많다.

(1) 코어드릴 가공

다이아몬드 지립의 코어드릴로 연삭가공하는 방법으로, 세라믹스의 최소직경 2mm 정도의 구멍 가공이 가능하다. 소다유리, 콘크리트 등에도 이용되고 있다.

(2) 초음파 코어드릴 가공

코어드릴은 유력한 구멍가공법이지만, 고강도 세라믹스를 가공할 때는 가공효율이 저하하는 경우 가 있다. 초음파 코어드릴 가공은 코어드릴에 초음파 진동을 복합시켜, 고경도 취성재료의 구멍가공 을 효율적으로 할 수 있는 방법이다(그림 9-12). 초음파 진동을 부가함에 따라 절삭력이 대폭 감소해 서 고강도 세라믹스의 가공도 비교적 용이하고, 가공능률이 향상되는 효과가 있다.

절삭공구를 회전시키지 않기 때문에, 다각형이나 특수한 원형의 구멍가공이 가능하다. 고정밀도의 가공이 가능하지만, 고경도 재료를 가공할 때 공구의 소모가 크다는 문제점이 있다. 또한 피가공물의 인성이 클수록 가공속도가 저하되고, 공구의 소모도 증대한다.

(3) 레이저 가공

금속은 물론 초경합금, 세라믹스, 다이아몬드 등 거의 모든 재료의 가공이 가능하며, 특히 미세한

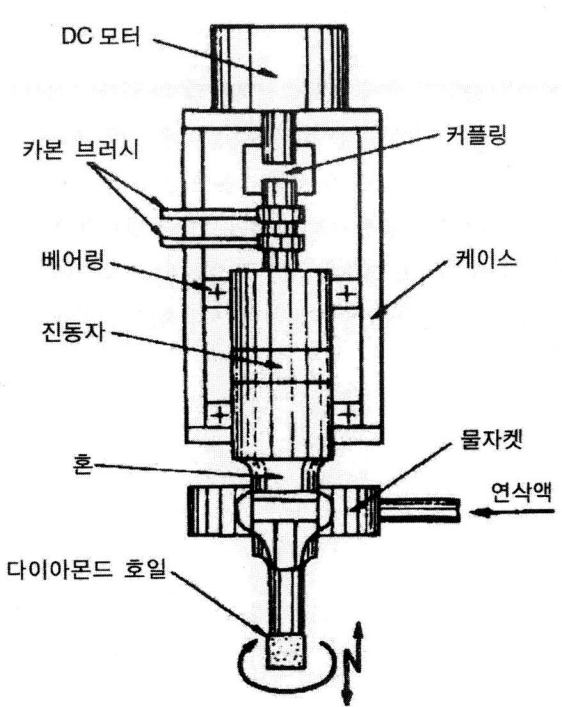

그림 9-12 초음파 진동 연삭장치

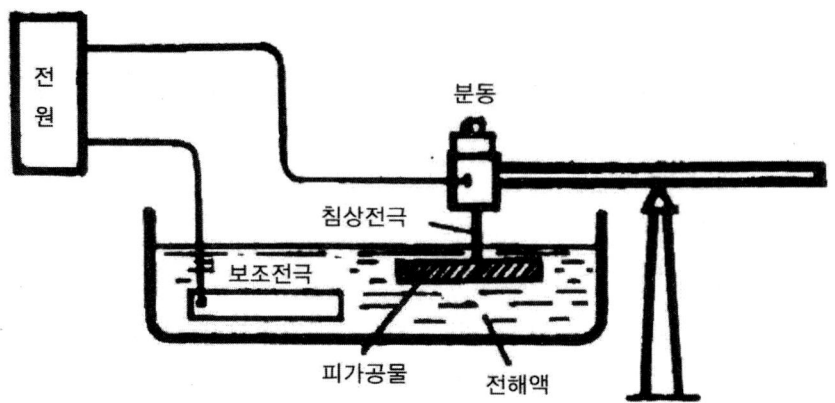

그림 9-13 전해액 중에서의 방전가공

구멍가공에 유효하다. YAG 레이저로 $10\ \mu m$, CO_2 레이저로 $50\ \mu m$ 정도의 구경을 갖는 구멍가공이 가능하다. 가공가능 깊이는 5mm 정도이다. 세라믹스에 대해서는 수분의 1초로 관통구멍을 얻을 수 있는 등 가공능률이 대단히 우수하다. 그러나 열균열이 발생하기 쉽기 때문에, 그 방지책이 주요 과제로 남아 있다.

(4) 방전가공

일반적으로 비전도체에는 통상의 방전가공을 적용시킬 수 없다. 그러나 비전도성 세라믹스에 있어서, 예를 들어 그림 9-13과 같은 전해액 중 방전가공장치에 의해 세공의 가공이 가능하다.

이 가공법은 피가공물을 전해액($NaOH$, $NaNO_3$ 수용액 등)에 함침시키고, 피가공물 위에 설치한 침상의 공구전극과 보조전극(Cu) 간을 통전시켜 구멍가공하는 방법으로, 통전시 공구전극의 주변에 발생하는 방전현상 등에 의해 에칭이 촉진되어 가공이 진행된다. 알루미나, 질화규소의 경우, 최소직경 0.3mm, 깊이 2mm 정도까지 구멍가공이 가능하며, 가공속도는 분당 0.1mm 이하이다.

찾아보기

■ 저자 약력 ■

배철훈(裵哲薰)

연세대학교 세라믹공학과(공학사)
연세대학교 대학원(공학석사)
東京大學校 대학원(공학박사)
東邦大學校 이학부 강사
東京大學校 공학부 문부교관
생산기술연구원 수석연구원/조교수
現 인천대학교 신소재공학과 교수

이홍림(李弘林)

연세대학교 화학공학과(공학사)
연세대학교 대학원(공학석사)
東京工業大學校 대학원(공학박사)
미국 Virginia 주립대학교 교환교수
영국 London 대학교 교환교수
호주 Sydney 대학교 교환교수
現 연세대학교 세라믹공학과 교수

세라믹 제조공정

2003년 12월 20일 초판 1쇄 인쇄
2003년 12월 30일 초판 1쇄 발행

저자/ 배철훈, 이홍림 공저
발행자/ 최규학

발행처/ 아이티씨

주소/ 서울시 은평구 신사1동 2-25
전화/ (02)352-9511~2   팩스/ (02)352-9520

등록일/ 2003. 4. 15
등록번호/ 제8-399호
ISBN 89-90758-13-0

저자 협의하에
인지 생략

값 18,000원